山茶

CAMELLIAS

沈荫椿 著

中国林业出版社

山茶
CAMELLIAS
沈荫椿 著
中国林业出版社

FOREWORD

Yin-Chun Shen was born in China in 1934 into a family with a great horticultural tradition. His late father Yuan-Ru Shen was well known in China as a highly respected authority in the field of horticulture. Yin-Chun Shen, now known as Y. C. Shen in the United States, has followed faithfully in the footsteps of his father, studying camellias, azaleas, orchids, penzai and penjing. He has written multiple books on horticulture which were published in China:Cultivation Arts in Miniature Pots in 1981, Orchid, in 1984, Azalea, in 1985. An article, Master of Miniature, about Y. C. Shen was published in the July 1986 issue of The Garden, the journal of the Royal Horticultural Society.

After his arrival in the United States, Y. C. co-authored The Chinese Art of Bonsai & Potted Landscapes which was published in 1991. In 2004 he wrote The Illustrated Encyclopedia of the World Famous Azaleas. Y. C. Shen has also written several articles including: Camellias in China Today in Camellia News, the journal of The Australian Camellia Research Society (No.165-Winter 2004) and A Brief History of Camellias in China in The Camellia Journal of the American Camellia Society (September 2003).

As a Chinese American, Y. C. Shen's interest in camellia research has increased. I first met Y. C. when I was President of our Peninsula Camellia Society. He attended our local show with expressed interest in studying and photographing local camellia hybrids. While at the show, I introduced Y. C. to two past Presidents of the American Camellia Society, Bob Ehrhart and Art Gonos. I was impressed by Y. C.'s sincere interest in studying camellias as well as his interest in what camellia attributes were valued in the United States. Over many years Y. C. has taken and selected thousands of photographs of different species and cultivars of camellias. He has also maintaining contact with the international horticultural community of experts in order to gain the most comprehensive knowledge available on camellias.

Three years ago Y. C. began to draft Camellias and obtained encouragement and support from many well known experts in seven countries.

This book contains a detailed introduction to the ancient records of Chinese camellia culture and history, an introduction to the history of the development of western camellias, and an introduction to the traditional camellias found in Europe, America, Australia and New Zealand. This book not only brings new knowledge to the horticultural world but also promotes the collaboration of East and West in the form of cultural exchange.

As President of the American Camellia Society I wish to introduce the people of China to our organization and welcome them to join so that they can learn about camellias grown in the United States. Among these camellias are hybrids developed over many decades by a long list of well known U. S. hybridizers. The American Camellia Society is a national membership society promoting the enjoyment and knowledge of camellias, providing education and research, and featuring publications which include The American Camellia Yearbook, The Camellia Journal, published quarterly, and a new website www. americancamellias.org. Once you have joined our organization online or through headquarters(The American Camellia Society, 100 Massee Lane, Fort Valley, GA 31030), you will have access to all of the historic articles and images in our library of publications on the website. We welcome your membership.

Barbara Coates Tuffli

President, American Camellia Society

序言一

1934年，沈荫椿出生在中国的园艺世家。他的先父沈渊如是一位闻名于园艺界、并备受尊崇的权威性人物。沈荫椿现在在美国被大家称为Y. C.，他忠实地遵循父亲的足迹，研究山茶、杜鹃、盆栽和盆景。他在中国时已出版过几本园艺书籍，如1981年《微型盆栽艺术》；1984年《兰花》；1985年《杜鹃花》。1986年英国皇家园艺协会杂志《花园》(The Garden)7月号中有一篇文章《微型盆栽高手》(Master of Miniature)介绍了沈荫椿。

他抵美之后，在1991年与2位挚友合著《中国盆栽和盆景艺术》(The Chinese Art of Bonsai & Potted Landscapes)。2004年出版了《世界名贵杜鹃花图鉴》(The Illustrated Encyclopedia of the World Famous Azaleas)。他亦发表了几篇文章，如2004年，在澳大利亚山茶协会《山茶报道》(Camellia News)冬季号第165期中刊出了他的《今日中国山茶》(Camellias in China Today)；2003年，在美国山茶协会《山茶杂志》(The Camellia Journal) 9月号中发表了《中国山茶简史》(A Brief History of Camellias in China)。

作为一个美籍华人，他对山茶研究兴趣日浓。当我初次与他相识时，我时任半岛山茶协会主席。他出席我会的山茶展览时，表达出研究兴趣，并拍摄了许多山茶杂交品种照片。展览时，我介绍了两位前任美国山茶协会主席，鲍勃·爱尔哈特(Bob Ehrhart)和阿特·戈诺思(Art Gonos)与他认识。他予我的深刻印象是，他有一片真诚研究美国山茶和它们的价值。近几年以来，他有选择地拍摄了数千帧不同栽培品种的照片。他与国际园艺界许多专家保持接触，从而获得大量综合性山茶知识。

3年之前，沈荫椿开始编撰《山茶》，获得7个国家许多著名专家的鼓励和支持。

这本书中翔实地介绍了许多中国古代山茶的文化和历史，也介绍了西方国家山茶的发展，以及发现的现时尚存活在欧洲、美国、澳大利亚、新西兰的许多中国传统山茶。这本书也给世界园艺界带来了新知识，并传播了东西方文化交流的史实。

作为美国山茶协会主席，我诚心诚意欢迎中国人民参加美国山茶协会。他们能学到有关山茶在美国的生长知识，其中有许多著名杂交育种家在数十年中发展了大量山茶杂交品种。美国山茶协会是一个全国性会员团体，每年出版《美国山茶年鉴》(The American Camellia Yearbook)和4期《山茶杂志》(The Camellia Journal)季刊。另外设有网址(Website) www.americancamellias. org，可以上网参加我们的组织，或者经过美国山茶协会总部（The American Camellia Society, 100 Massee Lane, Fort Valley, GA 31030)，可以浏览我们协会图书馆中许多具有历史意义的文章、出版物和图像。我们欢迎你们成为我们的会员。

美国山茶协会主席　**芭芭拉·科蒂斯·塔弗利**

Barbara Coates Tuffli

序言二

2001年我在主编《中国茶花文化》一书和《中国茶花》杂志时，结识了美籍华人学者沈荫椿先生。在专业上，在年龄上，他是我的师长。大概是志趣相同吧，我们一见如故。他被聘为专著《中国茶花文化》和中国花卉协会茶花分会会刊《中国茶花》的"特邀顾问"后，我们的联系更频繁了。我们远隔重洋，但交往密切，这使我想起了"海内存知己，天涯若比邻"的诗句。

沈荫椿先生最近将出版《山茶》。据我所知，这是集他毕生之功的巨著。他出身于园艺世家，在花木、盆景的环境中长大。他先父沈渊如先生是誉称"江南兰王"的一代园艺大师，拥有种植名贵花卉包括珍稀山茶品种的前后花园，早在20世纪40年代就誉满沪宁杭一带，对我国山茶、兰花、杜鹃花事业的发展作出了重大贡献。他从小就跟随父亲培育山茶等花卉，学习艺道，得其真传。他对花卉园艺有特殊的天赋，极聪颖，且好学，只要看山茶叶片，就能识别品种。1957年，他20岁刚出头，就在报刊上发表花卉园艺的文章，开始崭露头角。

1984年，沈荫椿去美国，开阔了视野，闯出了一个研究山茶的新天地。他遍收山茶名贵品种，深入调查中国古代流散在世界各地的山茶名种。他与美国、澳大利亚、新西兰、法国、意大利、日本和南非等国山茶界的头面人物和专家学者广泛交往，了解山茶研究动态和珍贵资料。他通过各种途径查阅了美国国会图书馆、大英图书馆等世界著名图书馆的山茶珍本、善本，调查日本皇宫、意大利教堂和非洲古代的茶花史料。因此，他占有了令人瞩目的茶花文献资料。

半个多世纪以来，沈荫椿先生始终坚持勤奋严谨的治学态度。他从事花卉园林研究一丝不苟，总要追根究底、正本清源，找到原生态的东西。他74岁了，还老当益壮，常夜以继日地研读、写作，生命不息，耕耘不止。他厚积薄发，不轻易发表言论，因而他发表的见解常引起学术界较大的反响。1981年他的《微型盆栽艺术》被称为中国微型盆景研究的开山之作。1991年他在美国出版的中英文对照版《中国盆栽和盆景艺术》饮誉世界，曾作为美国的国礼赠送给中国。他的研究引起了国际山茶界的关注：英国皇家园艺协会在1986年7月号《花园》杂志中专门推介了他的山茶盆景；美国山茶协会2003年《山茶》秋季号刊出了他的文章，封面和中心彩页刊登8个中国山茶珍品的照片；澳大利亚山茶协会的《山茶新闻》于2004年发表了他撰的《今日中国山茶》。

所有这一切，为他编著《山茶》打下了扎实的基础。笔者以为，该书将是一部传世之作。它具有权威性、科学性、新颖性和丰富性的特点。就权威性来说，世界一流的山茶专家为本书提供了最新也是最具权威性的资料；本书史实所依据的又是权威图书馆的权威文献和国际茶花协会的文件。就科学性来说，作者考证严谨，一丝不苟。他遍求原著，不满足于第三者的转述。为了弄清茶花品种的名称，他用中英日几国文字对照，从而勘误了不少讹传的"定论"。就新颖性来说，该书提供了许多首次面世的新史料、新品种。如首次发现中国山茶是先传入非洲后传入欧洲的确凿史料，推翻了过去的结论。就丰富性来说，它涉及古今中外丰富的山茶知识，有中国古代的山茶著作，有19世纪四大山茶图谱（英国两部，意大利、法国各一部），有日本皇宫收藏17世纪的山茶图谱，还有美国市场上17世纪彩绘中国古典山茶名种素描；1500幅彩照，又形象地展示了山茶的灿烂世界。可以说，它是山茶花与茶梅花的百科全书简编。

我在《中国茶花文化》的"概论"中曾说："美籍华人、著名茶花专家沈荫椿先生正在从事一个极有价值的课题：到欧美各国调查研究中国自明代以来流散在国外的茶花名品。这是一项十分艰巨的工程。……搞清这个问题，对于中国茶花品种的溯源，对于中外茶花文化交流的研究，对于中国茶花最早何时传入欧洲问题的研究，具有重要意义。"沈荫椿先生的《山茶》一书所取得的成就，已超出了我原来的期望，可喜可贺。沈荫椿先生不愧为中外茶花文化交流的友谊使者，后人将记住他和他的著作。

对他这部《山茶》巨著的出版，我谨表示衷心的祝贺！

张乐初

2007年12月于浙江师范大学

前 言 | PREFACE

余自幼处于四季花开不断、盆栽满园环境中，耳濡目染，秉性爱好，因而对花木园艺、盆栽艺道多了一番感情。

20 世纪 40 年代后期，秉承家严言传身教，课余之暇，相辅园事，知识益长，亦积下实践经验。

家严渊如公，早在 20 世纪 20 年代就广泛收集栽培名贵山茶、杜鹃、兰蕙、树桩盆栽。为拓宽品种，又向日本一些花木苗圃邮购特产山茶、杜鹃、兰花、松柏、木桃、海棠、棕竹、月季等，以及一些奇特矮性盆栽花树品种，如一岁藤、一岁樱、姬石榴、实成银杏等。其中山茶、杜鹃、木桃不光是作为欣赏，更作杂交、育种用。40 年代，所栽培山茶、杜鹃、兰蕙更是誉满沪宁杭一带。无锡园林局副总工程师黄茂如先生在 1998 年经由上海科学技术出版社出版《杜鹃花》；中国山茶协会副秘书长张乐初教授在 2003 年经由上海文化出版社出版《中国茶花文化》等专著中屡屡记载家严栽培、收集山茶、杜鹃、兰蕙精品之多冠盖海内。后裔之我向园艺学界致谢。

十年“动乱”，家严受尽冲击，人去物非，故园荡然无存，花木散失殆尽。“四人帮”倒台之后，虽后院大幅缩小，局隅一角，破残不堪，经余逐步收罗流失的花木品种，继续栽培，也渐见生机。

1984 年 10 月 7 日，承美国友升公司董事长沈坚白先生（与余并无亲缘关系）偕夫人郭志娴总裁鼎立相助，遂顺利去国。抵美后，工余之暇，花癖如故，四出寻访，多年以来与欧美、大洋洲、日本，乃至非洲山茶界人士或苗圃作广泛联络、结交，渐成知己，进而采撷新知，大开眼界。并逐年收集一些家严向往的山茶、杜鹃等珍奇品种，专心钻研。1986 年，英国皇家园艺协会杂志《花园》(The Garden)7 月号介绍了本人的山茶树桩盆栽艺术。2003 年，在美国山茶协会《山茶杂志》(The Camellia Journal)9 月号封面和中心彩页刊出了中国 8 个古典山茶品种及“中国山茶简史”(A Brief History of Camellias in China)。2004 年，澳大利亚山茶协会杂志《山茶报道》(Camellia News) 冬季号第 165 期刊出本人的“今日中国山茶”(Camellias in China Today)。综此，亦以告慰先父母在天之灵。

作者与父亲沈渊如先生合影（摄于 1957 年仲春家园花厅山茶盆栽展览时）

2004 年，余退休，着手整理 20 年以来收集的山茶资料、彩照，广泛阅读国际山茶书刊。经 3 年多编撰成初稿，书中收集欧洲、美洲、大洋洲、亚洲，乃至非洲各种山茶、茶梅品种彩照千余帧，文字 30 余万。

书中对中国山茶文化的对外传播史料作了许多补遗、匡正，至关重要者：中国山茶最早西传者并非英国人，也不是从 1739 年伊始，而是早在 16 世纪末叶已由荷兰、葡萄牙航海人员引去，且一度听从南非荷兰殖民地总督指令，凡从中国、日本引进山茶，应先种植在南非好望角。此乃南非山茶由来原貌，也是中国山茶西传欧洲的历史。又如 1739 年以来，英国人历年从中国引去山茶原种和栽培品种名称、地点，抵达英国后的去向等都作了清楚叙述。此外还介绍了中国山茶东传日本肇始于唐代等事例。这些苟存海外却在神州大地已失传的古老品种，默默地向国际爱好山茶的人们展示中国的独特文明。为抢救这些历史资料，为后人有志于深入探索，追寻那些“海外孤儿”的踪迹，本人记录在此，供人查考研究。

20世纪30～50年代，美国为引种中国云南山茶、金花茶时与中国专家们书信往来，以及其后运输过程等资料，首次披露于众。

随着中国改革开放政策深入开展，时有出国考察、访问团赴美、大洋洲、日本参观、交流，扩大了山茶知识层面。但行程匆匆，浮光掠影；往往走马观花，再加上某些“性相近，习相远”因素，以至于许多有价值的品种、资料都从眼皮底下漏掉了。当然，另一方面由于花期或早或晚，错失赏识机会，亦无可奈何。更有甚者一些新品种因涉及商业机密，往往不会公诸于众！为此，本人把20多年以来所见所闻，以及国际同好、专家们慷慨提供新资料、彩照一一辑录书中，以便读者对国际山茶发展史料和品种的来龙去脉，以及当今国际山茶动态、栽培应用等方面，有一个较为完整的了解。

在编写本书过程中，承中国山茶协会副主席兼副秘书长游慕贤先生，中国山茶协会副秘书长张乐初教授、中国山茶协会理事陈德松老师，中国科学院昆明植物研究所研究员朱象鸿先生，以及台湾邱创焕老、朱国栋先生、蔡灿玉先生均以多方支持，本人在此表示由衷的感谢。

本书之所以能详细介绍五大洲山茶、茶梅（包括杂交种）及日本一些特有亚种，承蒙国际山茶协会主席 Gregory E. Davis 先生；美国山茶协会主席 Barbara Coates Tuffli 女士和执行总监 Ann Walton 女士；美国南加州山茶协会杂志编辑 Mel Belcher 先生给予支持。尤其，要感谢闻名于世的美国怒起乌苗圃（Nuccio's Nurseries）业主 Tom, Jim, Julius 三兄弟提供方便，使我收集得许多珍贵品种资料。

余如，澳大利亚山茶协会杂志主编 Kenneth Tate 先生；

国际山茶协会理事（法国籍）Max Hill 先生，山茶专家 Jean Thoby 先生；

新西兰前山茶协会主席 Yvonne Cave 女士；著名育种家 Neville Haydon 先生；

意大利著名山茶专家、作家 Guido Cattolica 先生；

南非山茶王 J.van Bergen 先生；南非 Kirsten 国际园艺 Keith Kirsten 先生；

日本名古屋山茶协会会长杉原信司先生；

另外，又承美国 Matilda Yan Young 女士协助与国际园艺界联系；蔡乐毅先生偕夫人李洪霞女士作电脑工作；在此一并致谢。

陈棣先生偕夫人沈捷女士为本书出版事宜，予以多方关心，在此谨致以衷心谢忱。

上海植物园为本书的出版提供了经费资助和支持，使本书出版得以实现，谨在此致以衷心感谢。

24年耕耘，玉汝于成。《山茶》出版之际，聊作一束永不凋谢的山茶花，敬献给严父、恩师沈公渊如先生！余续继祖辈文化耳。

沈荫椿写于美国加州南旧金山寓所

2008年3月3日

ACKNOWLEDGMENTS

Without the help of many friends from various parts of the world where camellias flourish, I would not have been able to write this comprehensive account.

First and foremost, my thanks to the following individuals who allowed me to include many photos of new hybrid camellias which they have cultivated; Tom, Jim, and Julius Nuccio of Nuccio's Nurseries in Altadena, California; Barbara Tuffli, president, and Ann Walton, executive director of the American Camellia Society; Mel Belcher, editor of the Camellia Review of Southern California Camellia Society; J.van Bergen, well-known expert of camellias in South Africa, and Keith Kirsten of the Kirsten International Horticulture of South Africa.

I am grateful to the camellia enthusiasts in America, Europe, Australia, New Zealand, and Japan who share my love for these plants and were willing to provide me with their slides and information from their personal collections. My heartfelt thanks to Kenneth Tate, editor of Camellia News, Australia; Max Hill, director of International Camellia Society of France; Jean Thoby, camellia expert in France; Neville Haydon, a worldwide camellia expert and well-known camellia breeder of New Zealand; Yvonne Cave, former president of the New Zealand Camellia Society; and Guido Cattolica, well-known expert and author of many camellia books in Italy.

I would like to express my gratitude to the International Camellia Register for allowing me to consult and verify many historical facts and to Gregory E. Davis, president of the International Camellia Society and many other experts, who have helped me during the writing of this book.I am grateful also to the Shanghai Botanical Garden for supporting my research and sponsoring the publication of this book and my appreciation to Dean and Ella Chen for their help and assistance.

My appreciation also goes to Matilda Yuan Young for her assistance in translating and corresponding with the horticulturists worldwide. Last, but not least, my thanks to Ronnie Tsai and Hong Xia Li for their computer skills.

Yin-Chun Shen
March, 2008

目 录 | CONTENTS

CAMELLIAS 山茶

第1章

山茶简史

一、中国山茶发展概况

中国是山茶的故乡，世界上绝大多数原种自然分布于云南、四川、贵州、广西、广东、福建、湖北、湖南、浙江、海南、台湾、香港等地。

早在1800年之前三国蜀汉时代，张翊著《花经》中以“九品九命”的等级品评当时许多栽培观赏花木，山茶花被列入“七品三命”之中。成书于北魏（公元507—534年）的《魏王花木志》，记载了当时两大类山茶花的称谓：产于中原地区的“海石榴”和产于广西桂林（即如今桂林市）的“山茶”。其后，隋朝开皇十年（公元590年）的《野药集》中谈及两广、云贵的“南山茶”。上述两部著作中论述，可以说是初次把中国山茶分列成两大类，为后代山茶分类奠定了基础。

下及唐代（公元618—907年），段成式在《酉阳杂组》中对山茶的植物性状作了描述，并提及中原地区的“海石榴”和广西、四川的“山茶”。唐武宗时丞相李德裕（公元787—850年）著《平泉山居草木记》中谈及“己未岁又得番禺之山茶。……是岁又得会稽山之……贞桐山茗。”从这段文字中说明，其时引种了广东番禺和浙江绍兴二地的山茶。这也是山茶栽培史中首次谈及移植不同产地山茶的事例。唐代昭宗光化二年(公元899年),无名氏绘《南诏图传》（现藏日本京都有邻馆）中绘有云南南诏奇王细奴逻庭院中2个圆形花坛中栽植两株树龄约200年的云南山茶花满树盛开红茶花的画面，由此说明云南山茶早在唐代已作为庭院观赏花树了。

北宋（公元960—1279年），民间栽培山茶渐见普遍，如陆游的诗《人日偶游民间小园有山茶方开》就足以证明。其时品种逐渐增多，花朵色泽和花型变化日趋丰富。周师厚《洛阳花木记》中记载了7个茶花品种。徐致中咏山茶诗：“山茶本晚出，旧不闻图经。花深嫌少态，曾入苏公评。迩来亦变怪，纷然著名称。黄香开最早,与菊为辈朋。粉红更妖娆,玉环带春醒。伟哉红百叶，花重枝不胜。尤爱南山茶，花开一尺盈。月丹又其亚，不减红带鞓。吐丝心抽须，锯齿叶翦棱。白茶亦数品，玉磬尤晶明。桃叶何处来，派别疑武陵。愈出愈奇怪，一见一叹惊。”从诗句咏吟中的“迩来亦变怪，纷然著名称”，这说明山茶花自宋代方始正式有品种名称。诗中谈及“与菊为辈朋”的早花品种和“伟哉红百叶，花重枝不胜”的复瓣品种。又提及“尤爱南山茶，花开一尺盈”的巨花山茶。至于“愈出愈奇怪，一见一叹惊”，可见当时品种进化和发展盛况。另从喻良能诗作《闻庄鹏举山茶小盆葩华杂然有意举以见遗因作诗求之》中写到小盆盆栽的‘鹤头丹’。刘克庄《山茶》：“青女行霜下晓空，山茶独殿众花丛，不知户外千林缟，且看盆中一本红，……”这两首诗作充分说明了当年栽培山茶除既往一贯用传统地栽外，又发展成种植在盆中供作观赏了。

南宋（公元 1127—1279 年），著名诗人范成大在《桂海虞衡志》中记述了南方的山茶，称其为“南山茶”，把东部沿海地区及流传去中原一带的“海石榴”（简称“海榴”）称为“中州花”。这也就是后代把中国山茶分列成云南山茶和华东山茶两大类的命名之滥觞。其后，浙江天台人陈景沂在《全芳备祖》（前后集）中对“南山茶”和“中州花”的形态作了更为详细的描述、区分。另有浙江钱塘人吴自牧在《梦梁录》中记载：钱塘门外溜水桥及东西马塍诸地（即今杭州的武林门、半道红一带）栽培山茶情况，以及街市贩卖四时鲜花中提及秋茶花之事。并首次出现了“栽接一本有十色者”之嫁接技术，也说明了当时山茶嫁接技术的进展情况。

元代（公元 1279—1368 年），根据笔者管窥之见，凡流传下来的资料中除出现新品种‘渥丹’外几乎都是一些吟咏山茶花姿韵、色泽，以及应时应景赞叹而已。

明代（公元 1368—1644 年），为山茶兴盛、繁荣时期。其时，在发展云南山茶方面，成绩尤为显著，论述专著频频出现，如赵璧《云南茶花谱》中记载了近百种山茶；顾养谦《滇云纪胜》中描述了山茶花有紫者、朱者、红者、红白兼者诸色；冯时可《滇中茶花记》中介绍了种类有 72 种之多。另外，徐霞客《滇中花木记》谈及“垂者丛枝密干，下覆及地，所谓柔枝也”，这是山茶文献中首次见载云南山茶中有垂枝品种。

大药物学家李时珍《本草纲目》中记载了‘鹤顶茶’‘玛瑙茶’‘宝珠茶’‘杨妃茶’‘海榴茶’‘石榴茶’‘踯躅茶’‘宫粉茶’‘串珠茶’‘一捻红’‘千叶红’‘千叶白’等品种。其后，王象晋《群芳谱》中更为详细列述了 22 个山茶品种，并谈及具有香味的茶花‘焦萼白宝珠’。夏旦《药圃同春》中亦记述了香味山茶‘白钱花’。王世懋《学圃余疏》中谈及“黄山茶，白山茶，红白茶梅皆九月开，……”这是山茶文献中首次出现黄色山茶花。不过，它的色泽是金黄色或是淡黄、微黄；花是单瓣、半复瓣，或是复瓣，一切都没有谈清楚。为了找到答案，笔者曾试图从散见于英、美、法等国各大博物馆馆藏明代瓷器图册中寻找彩绘瓷器上有否绘有黄色山茶花之蛛丝马迹？结果，所发现的都是一些单瓣黄色山茶花朵。王世懋又在《学圃余疏》中记述了山茶越冬时，“作屋幕于隆冬，春时拆去。蕊多辄摘却，仅留二三，花更大。”400 多年前中国人民开创了用“屋幕”（即现代温室雏形）保护山茶不受冻害，安全越冬。用疏删过多花蕾，促使营养集中供给留存健硕花蕾，得以健壮发育，花开更大。那时欧洲人还不知道山茶花是什么植物的花，而中国人民已懂得运用超越时空的先进园艺技术了，足见中国人民的高度智慧。明代末叶崇祯年间，浙江永嘉人吴彦匡《花史》中列述温州山茶有：‘玉鳞茶’‘笔管茶’‘水红茶’‘宝珠茶’‘五魁茶’，又说‘五魁茶’能“一树花开，其状各异，虽奇太板，亦非妙品。”从这段描述中，可以看出其时一株山茶上出现了不同花型，堪称新奇。综观明代山茶栽培技术和品种发展已达到时代高度水平了。

清代（公元 1644—1911 年），山茶进入持续发展期。随着时代前进，栽培技术和管理法则渐趋科学化，培育出的新品种日见增多。一些热衷山茶艺道的文人、学者本着自身多年实践经验积累，纷纷著书立说，如康熙廿七年（公元 1688 年），陈淏子辑《花镜》卷三花木类考中山茶一节文字介绍：“……花之名色甚多，姑列于后。其开最久，自十二月开至二月方歇。性喜阴燥，不宜大肥。春间腊月皆可移栽，四季花寄枝宜用本体。黄花香寄枝宜用茶体；若用山茶体，花仍红色。白花寄枝同上。磬口花、鬯口花、宜子种。以单叶接千叶，则花盛而树久，以冬青接，十不活一二。”附山茶 19 种：“‘玛瑙茶’‘鹤顶茶’‘宝珠茶’‘焦萼白宝珠’‘杨妃茶’‘正宫粉’‘赛宫粉’‘石榴茶’‘梅榴茶’‘真珠茶’‘菜榴茶’‘踯躅茶’‘串珠茶’‘磬口茶’‘茉莉茶’‘一捻红’‘照殿红’‘晚山茶’‘南山茶’。”康熙四十七年（公元 1708 年）汪灏

等人编撰《广群芳谱》。康熙年间，高士共著《北墅抱瓮录》。康熙五十八年（公元 1719 年），笔名为朴静子的福建人著《茶花谱》（谱中只有文字叙述，没有图绘）。道光二十六年（公元 1846 年），江都（今扬州）李祖望《茶花谱》（此书已佚）对各地山茶品种有所增补。这些专著中所记载品种共计达 120 多个。道光二十九年（公元 1849 年），固始人吴其濬一生精研植物学，著植物学书颇多，以《植物名实图考》最著称于世。书中首次按照近代植物学理论，描述了云南山茶和山茶的形态特征。余外，一些地方志，如浙江的《温州府志》、《永嘉府志》中对温州茶花品种记载有‘百合宝珠’‘八宝’‘艮红出炉’‘艮大红’‘醉杨妃’‘大红茶’‘玉楼春’‘一捻红’‘抓破脸’‘金盏银台’‘御衣黄’‘旧衣黄’等，其中有些品种如‘八宝’‘醉杨妃’‘一捻红’‘抓破脸’等至今犹存。

道光（公元 1821—1850 年）之后，山茶事业相对停滞，随后逐渐进入衰退期。

1912 年 1 月 1 日建立中华民国临时政府以来，园艺界除继续推广传承山茶品种外，逐渐引用西方和日本园艺界一些先进栽培和管理方法。民国初，游学日本返回浙江温州的王敬敷先生，在繁殖山茶时一改传统靠接法、压条法，改用时新枝插法，并对日常栽培和管理法加以改良。另有吴品金先生在温州市郊设园圃专事栽培山茶，通过有性杂交，培育出‘新桃宝珠’新品种，这是在繁殖、发展新品种方面作出了新的示范。

1930 年，云南方树梅先生辑《滇南茶花小志》（共分三卷），其中卷二评类，对 72 个传统品种茶花名称作了考证，发现其中有许多品种至今仍流传于世。

20 世纪 20 年代以来，上海、苏州、无锡等地少数山茶爱好者通过邮购向日本一些苗圃选购了一些山茶和茶梅品种。笔者先父沈渊如先生自 20 世纪 40 年代起直至 60 年代一直在利用老品种和引进的品种与本国品种作有性杂交，曾培育出一些新品种，可惜，那些工作笔记和杂交品种都在“十年浩劫”中被毁掉或死亡了，现在只留下几页残缺不全的先父工作笔记，聊作历史见证。另有无锡李梦菊先生亦从日本邮购回一些特有品种。1933 年，著名学者左景烈先生，在广西防城大录乡首先采集到金花茶标本，使国际园艺界为之轰动。笔者先父沈渊如先生历经多年摸索山茶叶芽带踵扦插繁殖法，在 1937 年获得成功。其后，历年繁殖山茶名贵品种时，为节省材料，往往采用此法，成活率甚高。这法则曾在 1960 年全国园林会议上作介绍。往昔，山茶植株传统都是以自然丛生栽培，笔者先父曾在 30 年代对山茶植株加以攀扎造型，制作成树桩盆景，为山茶盆景作了开创性工作。沈渊如先生曾在 1948 年收集到两种黄山茶，一为“蜜色榴海”，另一为“蜜色榴台”。之后，及至 60 年代初曾先后繁殖出 9 株苗木，可惜都在“十年浩劫”中失传了。

第二次世界大战结束，羁旅重庆工作的葛敬恩先生受国民党政府任命为去台湾接收大员之一，并兼管昆明地区一些工作。完成任务后，去上海定居，搭乘飞机时随身携带了一盆云南山茶和一棵台湾产卡德利亚（Cattleya）兰，抵沪后，两盆花木年年盛花不已。当年，这两种花在华东地区属罕见品种。

叶芽带踵扦插成活生根、发新枝叶

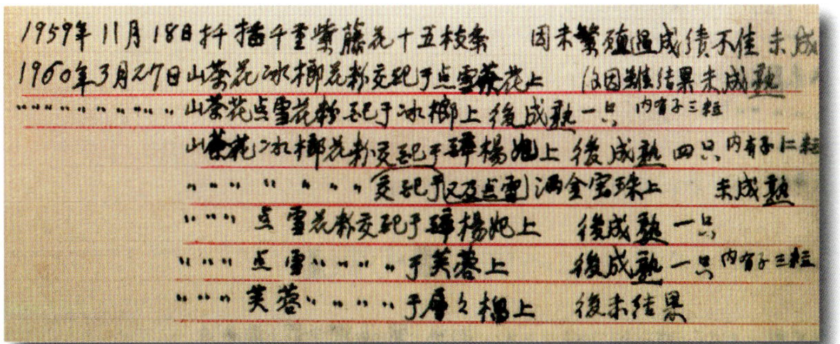
1959年11月18日扦插千重紫藤花十五枝条　因未繁殖過成绩不佳 未成
1960年3月27日山茶花冰椰花粉交配于点雪茶花上　(后因雌性结果未成熟
…… 山茶花点雪花粉交配于冰椰上 後成熟一只 内有子三粒
山茶花冰椰花粉交配于醉楊妃上 後成熟四只 内有子二粒
…… 交配于(又及点雪)洒金宝珠上 未成熟
…… 点雪花粉交配于醉楊妃上 後成熟一只
…… 点雪 …… 于芙蓉上 後成熟一只 内有子三粒
…… 芙蓉 …… 于層層樓上 後未结果

1960 年 3 月 27 日先父沈渊如杂交山茶品种工作笔记之一，笔者用红笔画线，以便读者阅读

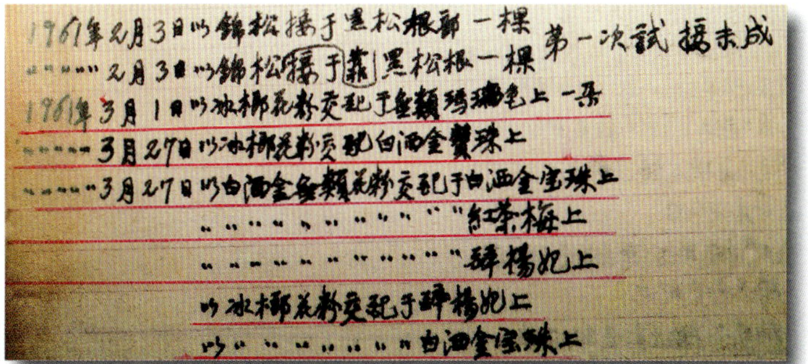
1961年2月3日以錦松接于黑松根部一棵　第一次試接未成
…… 2月3日以錦松接于(黑)黑松根一棵
1961年3月1日以冰椰花粉交配于金鑲瑪瑙邊上 一朵
…… 3月27日以冰椰花粉交配白洒金寶珠上
…… 3月27日以白洒金鑲花粉交配于白洒金宝珠上
…… 红茶梅上
…… 醉楊妃上
以冰椰花粉交配于醉楊妃上
以 …… 白洒金宝珠上

1961 年 3 月 1 日至 3 月 27 日，先父沈渊如杂交山茶品种工作笔记之二，笔者用红笔画线，以便读者阅读

故此，在 1957 年时，上海报章对卡德利亚兰作了报道。其时，家父与葛敬恩先生已熟稔，笔者曾跟随家父赴上海拜访，有幸赏识到同时盛开的卡德利亚兰花和云南山茶花，这也是云南山茶北移成活多年的首例。

1946 年，上海虹桥路美华村 1172 弄 1 号俞开龄先生加入美国山茶协会（American Camellia Society），成为当时惟一中国籍国际会员。

当年，俞先生曾引种过一些美国山茶品种。这是中国山茶文化史中个人首次引种美国山茶事例。其后先父和笔者与俞府阖家稔知，因此，有机会保存了上述资料，了解早年引种情况，这些资料也可说是中美山茶交流史中历史遗存见证物。

20 世纪 40 年代，云南省一位嗜好研究花木的业余爱好者刘幼堂先生，曾广泛收集全省各地云南山茶品种，种植在北郊瓦窑村专设园圃中，精心研究、栽培，并进行有性杂交，逐年培育出一些新品种，达到了一个新的水平。50 年代初，刘幼堂先生将自己多年以来苦心经营的所有山茶，以及其他花木悉数捐赠给中国科学院，种植于昆明植物园中，为日后研究云南山茶的工作者们创造了极为有利的条件。

1949 年，名闻上海地区的黄园业主黄岳渊、黄德邻父子俩编著《花经》，由上海新纪元出版社出版，书中详列各类花草树木品种，包罗万象，其中山茶一节，除介绍时新科学栽培和管理知识外，又列述了许多尚存于世的珍稀品种、优良品种，如‘铁壳红’‘锦袍’‘大松子’‘赤松子’‘宝珠’‘鹤顶红’‘老韦陀’‘五色牡丹’‘五色绒’‘韦陀甲’‘四面锦’‘踯躅红’‘串珠茶’‘茉莉茶’‘照殿红’‘雪塔’‘西施晚妆’‘六角茶’‘点雪’‘七星灯’（《花镜》中称为‘一捻红’）‘三学士’‘玛瑙茶’‘孔雀尾’‘小桃红’‘晚山茶’‘南山茶’。

1954 年，上海市园林管理处为丰富城市绿化、彩化、香化树木品种，委派龙华苗圃庄茂长工程师率领人员去云南昆明引回一大批云南山茶（*C. reticulata*）和云南杜鹃（Azalea）。翌年早春，笔者随家父去上海龙华苗圃观赏，大开眼界。其后，这批山茶和杜鹃曾先后在上海市中心人民公园公开展览。经过 5 年扩大栽培，将繁殖出来的一些新株分赠给南京、沈阳园林部门。1957 年 11 月，又将第二批新株中选择出一些优质棵本寄往苏联莫斯科总植物园。1959 年 5 月，庄茂长工程师根据 5 年以来工作实践中的记录，结合云南山茶史料、生物学特性、各品种简介以及栽培和管理等资料编著成《云南山茶花》，由上海科学技术出版社出版了。惟遗憾者，这批从高海拔地区移植到低海拔地区的云南山茶，长势日趋衰弱，旋而逐渐死亡掉了。

20 世纪 50 年代，研究云南山茶论著如雨后春笋般问世。俞德浚教授于 1950 年、1952 年和 1958 年相继发表了《云南山茶及其园艺品种》、《云南山茶花》以及《云南山茶花图志》，这些著作对研究云南山茶和发展起到了一定促进作用。1966 年，冯国楣、施宗明在中国科学院植物园工作委员会编辑《植物引种驯化集刊》第二集中发表了《云南山茶花植物学特性及花型分类的探讨》，文章中扼要地介绍了云南山茶花的悠久栽培历史，较详细地记述了云南山茶花的名称和生长发育习性，并初步提出花型分类、进化演变的顺序和示意图，以及今后的研究展望等。文后并附昆明植物园已经收集到的品

1947 年美国山茶协会年鉴 (The American Camellia Yearbook 1947) 扉页上俞开龄先生于 1948 年亲笔书写英文签名

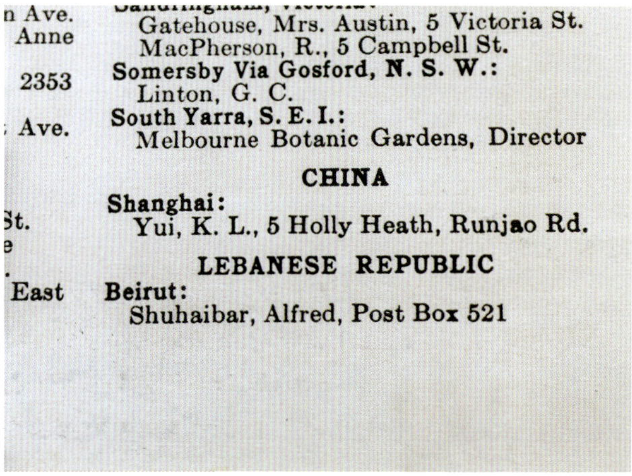

Gatehouse, Mrs. Austin, 5 Victoria St.
MacPherson, R., 5 Campbell St.
Somersby Via Gosford, N. S. W.:
Linton, G. C.
South Yarra, S. E. I.:
Melbourne Botanic Gardens, Director
CHINA
Shanghai:
Yui, K. L., 5 Holly Heath, Runjao Rd.
LEBANESE REPUBLIC
Beirut:
Shuhaibar, Alfred, Post Box 521

1947 年美国山茶协会年鉴末会员名册中中国地区仅俞开龄（Yui, K. L.）先生一人

种和近几年来选育的新品种名单。

20 世纪 60 年代期间，中国的山茶事业遭受到惨重损失，许多传统名贵品种几至濒临覆灭边缘。1978 年以后，由于国家拨乱反正，政策改变，山茶事业开始复苏。

台湾蔡福贵先生在 1984 年由台湾淑馨出版社出版《茶花》；1988 年仍由淑馨出版社出版《世界茶花集》；2005 年，又由淑馨出版社出版了《世界茶花专集》。这 3 本山茶专著记载了欧美品种、日本品种以及清代以来由福建移民带去的一些古老品种，有些在大陆已名存实亡了。书中以亲身工作经验，用简扼文字，深入浅出地对茶花的地理分布、分类、选引、繁殖法、栽培技术、盆栽法、盆景之制作技术、生理、病虫害防治、育种等一一作了介绍。这 3 本专著可谓中国当今颇具时代水准的山茶著作。

20 世纪 80 年代，园艺界对山茶研究进入最为兴旺的一段历史时期。广州中山大学张宏达教授经数十年苦心研究，编撰《山茶属植物的系统研究》出版，阐明了中国山茶属植物的分布及系统分类，为山茶的发展起了重要的推动作用。1981 年，中国科学院昆明植物研究所冯国楣教授和夏丽芳、朱象鸿研究员，在日本出版了《云南山茶花》图谱，收录 105 个品种；1986 年又出版了英文版，收录了 120 个品种，这两部外文版专著翔实地介绍了云南各地传统品种和一些新品种，较系统地向中外园艺界介绍了云南山茶的概况。浙江温州汪亦萍、俞仲辂合著《山茶花》，着重介绍浙江、安徽、四川等地品种，以及个别尚流传在温州地区的早年引进的日本山茶，共计 101 个品种。书中对山茶古树的调查，山茶栽培和管理，以及主要山茶品种的性状、特征都作了详细描述。

20 世纪 80 年代以来，中国经济日趋恢复、繁荣，人民生活渐趋安定，种植花草树木、盆景等重新获得人民的重视。各地山茶爱好者们广为收集、栽培，园林科研单位和爱好者们着手对各地山茶品种进行了调查、研究，并进行育种，培育新品种，甚或通过各种渠道从海外引进一些新品种。其时，杭州陈绍云、徐碧玉等对浙江的山茶和茶梅进行了调查、研究之后，于 1985 年出版了《浙江山茶花》。福建农学院对福建各地山茶进行了分类整理，于 1985 年由戴志棠、王金勋合著《福建山茶花》，较系统地介绍了福建山茶品种概况。四川省重庆园林科研所任如筠等人对四川山茶进行了分类研究。浙江省农科院原子能研究所与中国林业科学研究院亚热带林业研究所共同合作对山茶辐射育种和组织培养进行了深入研究。基于社会、经济迅速恢复，爱好种植山茶者的队伍扩大，全国山茶产业随之蓬勃地开展起来，提供了广阔的市场空间。此时一些有识之士酝酿把群众组织起来，便于指导和推动茶花事业向新的高度发展。当时，由冯国楣、施奠东、陈绍云倡议，于 1987 年 3 月 26 日在浙江省杭州市成立了中国茶花协会，并创设了《中国茶花》刊物。之后，各地相继成立了山茶分会，为恢复和发展山茶事业做了大量卓有成效的工作。

20 世纪 80 年代末至 90 年代，中国花卉协会茶花分会在江苏常熟、无锡，浙江杭州先后召开了 3 次茶花学术会议，收到了上百篇学术论文。1990 年，夏泉生在美国《世界山茶》学报上发表了"南诏图传"中古山茶的研究一文。1993 年，梁盛业出版了《金花茶》专著，书中列述了金花茶分类，并阐述了在细胞学和生物技术方面的研究，对金花茶杂交育种工作的发展又前进了一步。1995 年，庞金虎、冯志丹等人出版了《中国茶花》。1996 年，浙江温州林鸿鑫、叶茂宗、陈习之合著《中国温州茶花鉴赏》，介绍对温州茶花品种资源的调查、鉴别、栽培技术的总结；繁殖和育种领域的新技术探索和病虫害的防治实践。1998 年，浙江杭州高继银、陈绍云、徐碧玉出版《世界名

贵山茶》，书中列述了欧、美、澳大利亚和新西兰，以及中国和日本的红山茶、滇山茶、茶梅，包括它们的杂交品种共计 723 个，每个品种都有彩照刊出，随附文字简介。书中还介绍了当今国际山茶界研究和生产中的新技术、新理论，并重点介绍了茶花发展简史、原始种，以及栽培、繁殖、育种、病虫害防治方法等，是一本具有知识性和欣赏性的巨著。同年出版了张宏达、任善湘合著的《中国植物志》（第 49 卷第 3 分册），记载了中国现有山茶属植物共 20 个组 250 个种。为了解和鉴定中国山茶植物、开发山茶资源、进行山茶研究提供了翔实资料。2000 年 7 月出版了中国科学院昆明植物研究所闵天禄教授主编的《世界山茶属的研究》，该书是世界山茶属植物的研究专著，列述该属植物 119 种，划分为 2 个亚属、14 组，是当前中国学术界对山茶属植物的分类学和系统学研究的巨著。2000 年 11 月夏泉生编著《山茶花》，书中叙述了山茶栽培历史、起源、地理分布与资源，形态特征与生态生物学特性，介绍了山茶属植物分类、主要种类以及园艺品种，突出了山茶的繁殖、栽培管理、病虫害防治、育种等。

世纪之交，中国为迎接 2003 年国际茶花协会首次在浙江省金华市举行的大会，中国茶花协会在有关部门和领导的全力支持下，由张乐初、游慕贤、陈德松三位不辞辛劳，历时三年，行程万里，查阅了大量古今文献，共同编撰了《中国茶花文化》。书中把中国栽培山茶的历史追溯到1800年前三国蜀汉时期，介绍了古代的60余部茶花文献，近300首茶花诗词和韵文，以及与茶花相关的古今工艺美术品。并记述了实地勘察各地野生古山茶树和人工栽培山茶古树资源；列出了全国山茶原种和园艺品种，以及盆景艺术等。可以说，《中国茶花文化》是一部开创性皇皇巨著，亦是一部茶花文化的权威之作。

2004 年 1 月，游慕贤、张乐初和陈德松三位共同编写《茶花》，由中国林业出版社出版。这是三位继编著过中国有史以来第一部山茶巨著《中国茶花文化》（由上海文化出版社出版，作为给 2003 年国际茶花协会大会的献礼）之后的又一本山茶专著，虽然与《中国茶花文化》是不同层次的著作，但却是可以互补的姐妹篇。书中吸取了许多专家和茶花爱好者们的实践经验，并介绍当今国外先进的栽培技术和信息，结合插图，予读者增加了直观性，能较快地掌握盆植山茶栽培和管理的基础知识。是一本具有实用价值的工具书。

2005 年 3 月，浙江科学技术出版社出版了高继银、帕克斯（Clifford R. Parks）、杜跃强共同编著的《山茶属植物主要原种彩色图集》，图文并茂，展示了山茶属植物 280 个原种中的 199 个（包括变型和变种在内），对它们进行了概况介绍和简要性状描述。这本巨著可作为山茶界科技研究人员和业余爱好者们必备的物种典籍和范本。

二、国际山茶发展、交流概况

（一）亚洲

山茶原产于中国、日本、朝鲜、尼泊尔、印度、缅甸、越南、老挝等国。据日本文献资料记载，早在中国唐代（公元 618—907 年）就有日本的访唐僧从中国带回一棵‘石榴茶’，其后改为‘伊势椿’（本书作者注：按这个椿字是日文中的片假名，形似中国的汉字，翻译成中文为山茶）或称‘莲花椿’。日本平凡出版社 1933 年版的《大百科词典》第 2 卷中记载：“……当时的伊势椿（石榴茶）、莲花椿与现在的‘卜伴’称呼是通用的。今天伊势卜伴寺里的这棵树据说是访唐僧人从中国带回的”。伊势的卜伴寺现在已不存在了，有确切的传说这个寺里直到江户前期（公元 1601—1702 年）肯定还有伊势椿的古树，不久就用该寺的名字把这棵古树称为卜伴椿，在尾张地方则进一步变为红卜伴（上述内容详见中国花卉协会茶花分会主办《中国茶花》2004 年第 1 期内转载日本名古屋椿协会杂志《椿》36 号，由名古屋茶花协会茶文化方面的权威人物杉原信司撰文《红卜伴茶花之谜——中国的探询之旅》。由中国科学院昆明植物研究所王仲朗先生翻译）。另外，日本在公元 777 年，有 9 首著名诗文中提及：中国唐代玄宗开元四年（公元 716 年）曾赏赐一些山茶给日本派遣前来的遣唐使们（这段资料引自 Camellias of Japan are celebrated in written history and museums by T. Jeffrey Hughes and Takahiro Matsubra of The Camellia Journal Sep.-Nov., 2004 of ACS）。综上所述，足证早在唐代已有一些中国山茶传去日本了。

下及明代，诗人严易写了一首《咏洋茶》诗：

“缕析肌分采撷成，蜀江新濯锦丝明。
白珩为宝儿何值，玉茗争传浪得名。
翠幕雕栏咏亦称，竹炉禅榻赏尤清。
花中九锡直无忝，付与传人取次评。”

按明代（公元 1368—1644 年）时期，欧洲人还不知道山茶为何物。故此，《咏洋茶》肯定是指来自日本的东洋山茶。又根据日本皇宫宫内厅所藏江户时代（公元 1601—1867 年）的《椿花图谱》上下两册之下册文字说明部分中有一段内容谈及：“山茶是我国原有的植物，并非由海外移植而来。但是其中有一个品种的原产地是在中国的云南、贵州和广西，在中国明代中后期被发现，在江户时代出现在日本的园艺界，一直流传至今。但由于年代久远，现已无法推断移植的具体时间。可是经过日本有关方面多方面考证该品种是在江户时代通过南方贸易从长州藩（山口县）、萨摩藩（鹿儿岛县）等地引入日本的。并且它是从萨摩藩（鹿儿岛县、宫崎县一部分）引进的这段历史已被确定。这种山茶现在在日本有些地方依然被称做‘萨摩红’”（上述这段日文翻译成中文是由旅日华人、现任日本东洋兰协会理事、上海市花卉协会兰花分会副会长王永康先生代劳）。关于‘萨摩红’这个品种，现代国际山茶学术界把它列入滇山茶（*C. reticulata*）品种内。

日本江户时代（公元 1601—1867 年）至明治年代早期（公元 1868—1890 年），山茶事业进入兴旺期，在原有传承品种基础上培育出许多新品种，以其数量、品种的繁多，堪称时代先进。在这 289 年期间出版了许多茶花图谱、图卷、画屏、杂著、笔记等，如《平山椿屏风》记载 60 个品种；《隔蓂记》记载 20 个品种；《百椿集》记载 100 个品种；《百椿图卷》记载 30 个品种；《椿花铭鉴》记载 234 个品种；《花坛纲目》记载 201 个品种；《地锦抄》记载 229 个品种；《本草花莳绘》记载 100 个品种；《诸色花形帖》记载 145 个品种；《本草图谱》记载 65 个品种；《山茶花名寄帖》记载 121 个品种；《植木屋文助笔记》记载 30 个品种；《剪花翁传》记载 35 个品种；《椿伊吕波名寄色附》记载 256 个品种；《椿花集》记载 199 个品种……前面提及那些图谱、图卷、画屏、杂著、笔记中有些品种是彼此重复的。这些专著既记录了日本不同时期培育出的山茶品种，也对日本山茶的宣传起到了普及、提高作用。按日本江户时代为中国明代万历二十九年（公元 1601 年）至清代同治六年（公元 1867 年）。在这期间，中国有关山茶品种记载散见于许多花木杂著中计 120 多个品种，至于图谱及至清代康熙五十八年（公元 1719 年）才由福建人、笔名为朴静子著的《茶花谱》（只有文字描述，没有图绘）；道光二十六年（公元 1846 年）江都（今江苏扬州）人李祖望著的《茶花谱》（此谱已佚），这两部专著记载了山茶品种 92 种，但至今没有发现留传原刻本，只有在其他书中谈及此书。甚者，令人不解者，为什么中国至今竟没有发现流传下来任何黑白图绘或彩绘山茶品种图谱、专集呢！？这个问题值得各界去探究。

‘萨摩红’

进入清代（公元 1644—1911 年），随着航海事业逐渐发达，中日民间交往方便，双方爱好花木人士时有引回一些花木品种。清代画家高士奇（公元 1644—1730 年），曾在所作《平湖茶花诗》的序文中谈及："海航载日本东洋茶花，有红白两种。红者正赤，千叶。白者花大如碗，中含金粟，与花瓣相错，开久微红。真异种也。以诗纪事"。道光廿三年（公元 1842 年），吴县（今江苏苏州郊县）顾禄著《桐桥倚棹录》卷十一园圃篇中提及："……洋茶、洋鹃、山茶、山鹃……"足见当年东洋山茶已在中国园圃中普遍应用了。光绪年间（公元 1886 年前后），浙江永嘉地方的王敬敷先生留学日本回国时，据传曾带回一些日本山茶品种，在温州栽培、繁殖发展。

20 世纪 30 年代以来，无锡沈渊如、李梦菊；上海经营花圃事业"黄园"业主黄岳渊、黄德邻父子俩曾先后向日本一些苗圃邮购许多特有山茶品种。

1937 年 7 月 7 日至 1945 年抗日战争胜利前夕，由于中国人民同仇敌忾，因此，引进日本山茶之举停止了。

1949 年，新中国政府成立，由于国外资本主义国家对中国实行歧视、围堵政策，企图孤立、扼杀社会主义新中国。因此，中国民间与国际山茶界交流活动由此长期中断了。

1976 年，全国各行各业开始恢复正常运作，园艺部门在恢复工作中对各地特有传统山茶品种重新全面调查、研究，并编写专著，如中国科学院昆明植物研究所冯国楣、夏丽芳、朱象鸿编著《云南山茶花》日文版，于 1981 年在日本出版，引起同行们很大兴趣。1982 年 2 月，夏丽芳、朱象鸿又应日本有关方面邀请，参加在日本东京西武百货公司内举办的"国际茶花展"，随身携带去 25 个云南山茶品种，共 90 盆参展。并在学术交流会上作了发言。同年又与日本西武舞鹤植物所在北京签订了科研技术交流协议。1995 年云南省与日本德岛县建立友好城市关系，云南省政府委托昆明植物研究所承办挑选滇山茶品种 51 个，山茶属原种 4 种，总共 531 株，从 1996 年至 2000 年先后分成 3 批送去，作为礼品赠送给德岛县。

1979 年 11～12 月期间，日本大岛市的广　寺田先生捷足先登，从中国引去几枝金花茶接穗，经嫁接成活后，大量繁殖、发展。随后由山口湛夫和吉川和男率先利用这些金花茶与日本一些山茶园艺品种杂交成功，首先培育出微黄色至淡黄色系列品种（详见本书黄山茶篇），有单瓣、半复瓣、复瓣之别。这些杂交新品种的色泽，虽然尚未达到人们梦寐以求的金黄色，但是，它们的出现毕竟是一个重大突破，只要我们持之以恒，深信在不久的将来，一定会天遂人愿！

20 世纪 80 年代以来，随着中国政府实施改革开放政策的深入，中外山茶界交流活动日趋活跃，双方研究机构、业余爱好者组织或个人出国访问、交流逐年增多，时有带回一些品种和国外出版的山茶书刊，以及一些时新品种通过各种渠道不断进入中国。而中国逐年开发出一些新的山茶原种和残存优良传统园艺品种，亦引起国际相关组织、研究人员、民间爱好者的莫大兴趣，急切希望去中国作深入了解、考察和研究。其中有一位日本著名研究红山茶（*C. japonica*）起源的专家杉原信司先生，为了考察、论证红山茶起源问题，曾先后到中国大陆有关野生红山茶分布的地方，爬山涉水，不畏艰难，考察 8 次，又去台湾考察 1 次。经过详细调查、研究各处野生红山茶所在地的自然环境原生态，细致观察、分辨植物性状等，证实中国东南沿海一带自然分布的红山茶与日本原生红山茶都属于 *C. japonica*。充分体现出治学严谨的工作态度。杉原信司先生每次到中国进行考察时都会携带一些日本研究山茶的资料、信息送给中国同行们；返回日本后，亦会把在中国调查、考察时所见所闻，以及中国同行们的研究成果写成文章介绍给日本山茶界，分享知识，为增进中日两国山茶事业交流作出贡献。

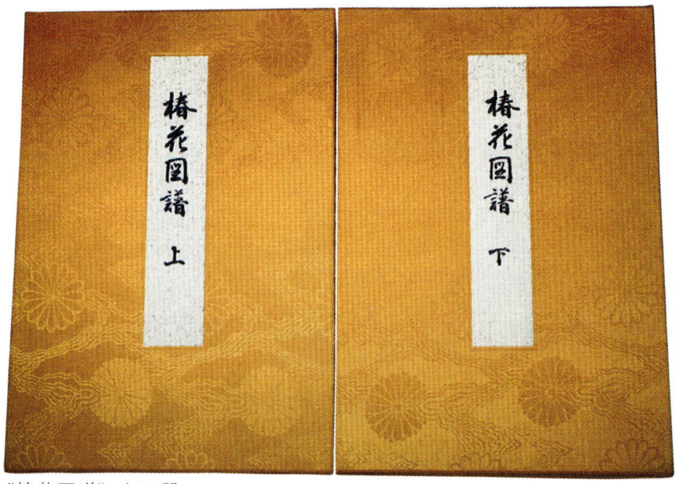

《椿花图谱》上下册

亚洲东南亚国家的气候终年炎热又潮湿，按这种气候、环境，是不适宜种植山茶的，即使种植成活，由于周年没有休眠期，植株很难孕育花蕾、开花。1995 年 6 月至 1996 年 6 月，美国南加州山茶协会梅尔·比彻尔（Mel Belcher）先生和博比（Bobbie）先生带着这个疑问去马来西亚各地勘察，究竟有否人士在栽培山茶和杜鹃？几经奔波，终于在低海拔山区发现有一位原先居住在美国的谭钦帕先生（Mr. Tan Chin Pa）移居马来西亚后，在山区经营山茶专类苗圃，种植滇山茶（*C. reticulata*，但是没有滇山茶杂交品种），红山茶（*C. japoncia*）品种，总共有 300 多个品种，所有植株都种植于陶盆中，没有看到他用黑色塑料盆种植山茶。至于日常繁殖，常用皮接法，可是成活率不高。梅尔先生建议用劈接法试试，并当场亲手作了示范。可是，鉴于马来西亚气候问题，劈接法是否可以提高繁殖成活率，那只能拭目以待了。在马来西亚有一些寺庙常出现地栽山茶树群景观。总之，在马来西亚凡地处海拔稍低、周遭有树荫遮阳环境，山茶还是能够生长的。可是，由于气候没有明显四季变化，以致造成周年断断续续开花，花朵松散、娇弱。

杉原信司先生

中国和越南毗邻两侧纵深地区山林中或低地雨林中，甚或丘陵地区，盛产世界上特有金花茶组许多原种（但是，有个别种只产于单一国家内）。早在 1956 年，美国植物引种部门已去越南引种几种金花茶原种，意欲作为进行杂交培育黄色山茶花亲本之一，经多年试验没有成功。

1994 年、1995 年、1997 年，法国科研部门去北越考察金花茶原种途中发现了两个金花茶原种：一为库克芳金花茶（*C. cuphuongensis* Ninh & Rosmann）；另一为胡龙金花茶（*C. hulungensis* Rosmann & Ninh）。1998 年，在法国园艺协会资助之下，又去南越考察，在半岛内地海拔约 800m 林同省巴老地区发现了一个金花茶新种 *C. vidalii* Rosmann, sp. nov.。

美国南加州山茶协会梅尔·比彻尔（Mel Belcher）在指导、示范（中间弯身者）嫁接山茶

如今，国际山茶界一些热衷于研究培育黄色山茶花的国家，如美国、澳大利亚、新西兰、意大利等专业人士和业余爱好者纷纷去中国、越南产金花茶原种地区考察、采集期间陆续发现新金花茶原种。欧美、澳大利亚、新西兰、日本等一些研究单位、苗圃和私人研究者至今仍不断广泛收集，几乎把所有已发现的各种金花茶原种都引种了，由此提供了拓宽研究培育黄花山茶广度和深度的条件，期待一个真正金黄色山茶花新品种早日出现。

1991 年，日本山茶协会在各地分会支持下，搜集了日本古今山茶 2200 个品种、茶梅 200 个品种及相关资料，历时 7 年编撰《日本山茶和茶梅铭鉴》（日文原名为《日本ツバキ·サザンカ名鑑》），于 1998 年出版。1999 年 3 月 23 日，国际山茶协会在日本宫崎市召开，《日本山茶和茶梅铭鉴》作为大会赠与

谭钦帕先生经营山茶苗圃场地一角

谭钦帕先生（Mr. Tan Chin Pa）

美国山茶协会授予上海植物园胡永红园长的荣誉会员证书

上海植物园胡永红园长与美国山茶协会芭芭拉·塔弗利会长（President Barbara Tuffli）合影

各国与会人员的纪念读物。与此同时，日本茶花协会为纪念成立45周年，又出版了一本《日本茶花文化史》，书中详细介绍了历代日本茶花历史文献资料，一并作为礼物赠送与会贵宾。2003年由日本山茶协会主席安达曈子出版了《安达曈子的世界名花——山茶花物语展》，书中详细列述了日本自古至今山茶发展史实。扼要介绍了国际山茶发展简史，并对山茶（包括亚种）、滇山茶、茶梅作了科学性分类，介绍与山茶有关的工艺品、插花艺道、景观等。

日本自古至今山茶专著多达1100多册，其中33册是在1900年之前出版的。这许许多多古谱、旧著，见证着日本发展山茶的历史，记录了日本研究、发展山茶的智慧和创造。这些文化遗产，不光是日本的，它们是人类的人文精神和丰富的山茶和茶梅文化内涵。现在有许多品种不见了，但是，在这些谱、集中还能看到它们的芳名、踪影，让后人认识日本先辈们在各个时期的贡献。

1999年3月，中国浙江省金华市派出以杨守椿副市长为首，率领中国茶花协会代表团赴日本参加国际茶花协会宫崎大会。3月23日会议时，中国代表团第一次提出申办2003年国际茶花会议在中国浙江省金华市举办。3月24日下午举行的理事会上，出席的28名理事中竟有26名同意，由此，中国金华市当选为第16届国际茶花大会的举办城市。此后，金华市在各级领导支持下，着手筹备中国茶花文化园和茶花物种园的规划、设计和建设工作，并将这两处园地定为2003年国际茶花协会金华大会的主要场地之一。

2003年，国际山茶协会金华大会在3月6～10日隆重举行，迎来30多个国家贵宾和3000多位国内宾客，与会人数多达万余人。鉴于半个多世纪以来国际政治形势关系，造成东西方隔阂，因此，外国园艺界对中国具有1800多年山茶文化史的了解仍有待拓展。所以，中国把2003年国际山茶大会设在被喻为山茶之乡的金华市举办，除了弘扬中国古老山茶文化和新发展外，更重要的是此次大会被看作是国际山茶文化交流的新开始。通过这次大会期间举办论坛、展览和友好交流，彼此学到了山茶文化和精神，搭建了各国山茶界之间友好合作对接的平台，为推动各国山茶发展作出了更好的贡献。

2008年7月26日，上海植物园园长胡永红博士访美圆满成功。其返华之日，在旧金山国际机场休息室会见了美国山茶协会会长芭芭拉·塔弗利（Barbara Tuffli）女士，两者交谈甚欢，洋溢着真挚的中美友好情谊，芭芭拉女士向胡博士颁赠了美国山茶协会特制荣誉会员证书。这是21世纪中美山茶文化交流中新篇章的历史见证。

（二）欧洲

17世纪之前，西方园艺界根本不知道有山茶花这种植物。早在16世纪末叶，葡萄牙人、荷兰人已把中国和日本的山茶带去非洲和欧洲（详见非洲篇）。公元1660年末，英国伦敦一位药剂师詹姆斯·佩蒂弗（James Petiver）在中国厦门港口看见有人兜售一朵干燥茶梅花（按当时社会上一些江湖郎中或江湖术士常佯称它有壮阳功效），方才知道有这种植物。1670年，英国东印度公司有一位英国苏格兰籍医生詹姆斯·坎宁安（James Cunningham），工余之暇，喜爱收集一些中国草药堪作标本，并寄去英国。其中就有后来被西方植物分类学称为 *Camellia japonica*（山茶）和 *Camellia sasanqua*（茶梅）的标本。1684年，英国派遣一批贸易人员去中国浙江舟山设立贸易站。之后，詹姆斯·坎宁安医生把在舟山搜集到的一枚茶花标本和几帧茶花素描画寄去英国，遂引起人们对这种花朵和素描图中的植物有了进一步认识。其时，又有另一位在东印度公司工作的德国籍医生恩杰伯特·凯姆弗（Dr.

Engelbert Kaempfer）在日本访问期间参观了许多花圃，对看到的一些花木品种包括其后被植物分类学家命名为 *C. japonica*（山茶）和 *C. sasanqua*（茶梅）的植物作了详细研究，于1712 年出版了一份具有 23 个日本原名译音品种名称的山茶目录。鉴于当年欧洲植物学家们对这种新植物还没有予以正式科学命名，因此，暂时把这些植物泛称为"中国玫瑰"（Rose of China）。

山茶拉丁文学名 *Ruellia grandiflora*，是由福斯凯尔（Forskel）首先命名。其后由林奈（Linnaeus）立即采用作为这美丽灌木的名称。

林奈为纪念卡米利（Camelli）神父在 1739 年从日本引进山茶到欧洲，遂以 Camellia 作为山茶的英文名称。右列为 1838 年与法文版同年出版的英文版《山茶属专论》（MONOGRAPHY OF THE GENUS CAMELLIA）第一章第 1 和第 2 段与上述 2 段中文相同英文原文影印件。

MONOGRAPHY

OF THE

GENUS CAMELLIA.

CHAPTER FIRST.

SECTION 1.—*The Origin and Botanical Characteristics of the Camellia.*

THE name of Camellia, first given, by Forskal, to *Ruellia grandiflora*, was immediately applied by Linnæus, to the beautiful shrub, which is the subject of this work.

Linnæus conferred upon it this name, as a testimony of gratitude to father Camelli, a Jesuit, who, in 1739, imported it from Japan, into Europe.

18 世纪以来，由于英国园艺界对山茶了解渐多，爱好山茶人士逐渐通过各种渠道向中国引种了许多山茶品种和原种。英国剑桥大学植物园在1742 年刊出花木目录中首次提及 1739年引入山茶之事。现根据笔者多年查阅并汇综英国自 1739 年起引种中国山茶及原种事例列述如下：

1739 年，皮特里公爵（Lord Petre）从戈登（Gordon）先生处买得从中国带回的 2 棵不同品种红色山茶，一棵为单瓣，另一棵为半复瓣。

1792 年英国东印度公司"卡内的克"（Carnatic）号船长康诺（Connor）为斯莱特（J. Slater）先生带回 2 棵山茶，一为'雪塔'（'Alba Plena'）；另一棵为'点雪'（'Variegata'）或称'Old Double Striped'，该花红色花瓣上杂缀白色斑、块色晕。笔者先父沈渊如先生早在 20 世纪 30 年代已栽培与此同名同样传统老品种'点雪'，在十年动乱期间散失，不久笔者又托人在拍卖我家的花木时买回，幸存至今。

1794 年，罗伯特·普雷斯顿爵士（Sir Robert Preston）带回一棵深红色复瓣山茶。后来把它称呼为'重瓣鲁布拉'（'Rubra Plena'）。

1804 年，邱园（Kew Gardens）从中国引回一棵花呈玫瑰红色、半复瓣品种，其后把它命名为'雾中红花'（'Middlemist's Red'）。

1806 年，邱园又引回 2 个品种，一为红色'宝珠茶'[在中国引种时被告知中文名称为'宝珠茶'（'Po Chu Cha'）。返回英国后改用英文名称为 'Anemoniflora']。另一个品种为具有微香的半复瓣的'琉球大红'（'Myrtifolia'）。同年，另有人引种一棵苍白色中微透粉红色、重瓣的'东方亮'（'Incarnata'）。后来送给阿米丽亚·休姆夫人（'Lady Hume'）栽培。之后，亦被称为'阿米丽亚·休姆女士'（'Lady Hume'），或称'休姆夫人的粉腮'（'Lady Hume Blush'），它与现今尚存活于美国和中国的'东方亮'的花色、花形、叶色、叶型都一样。

1808 年，有人为查尔斯·格雷维（Charles Greville）引去一棵红色、半复瓣品种'双心'（'Semi-Duplex'）。

1809 年，由洛狄杰斯（Loddiges）引回一棵深红色、牡丹型品种，其后命名为'洛氏红'（'Atrorubens'）。

1810 年，由韦尔班克船长（Captain Welbank）为特纳（Charles Hampden Turner）先生随船顺

带回一棵‘绯色牡丹’('Paeoniflora')。同年，邱园引回一棵‘白牡丹’('Paeoniflora Alba')，以及一棵乳白色、瓣基呈浅玫瑰红色半复瓣‘绒球’('Pompone')。

1811年，威廉·克尔（William Kerr）为英国邱园中的皇家庭院（the Royal Gardens）从中国进口一棵白色油茶（*C. oleifera*），由东印度公司轮船“克夫内尔斯”("Cuffnells")号船长韦尔班克（Captain Welbank）随船带回。其后命名为‘班克斯女士的山茶’('Lady Bank's Camellia')。

1816年，英国人从中国引种一棵从‘雪塔’芽变出瓣缘呈短须状般的变种，鉴于当时没有名称，带去英国后，就以‘须边’('Fimbriata')作为命名。1998年，浙江科技出版社出版《世界名贵山茶花》，其中介绍这个品种时，作者把它译为‘秀雅白齿轮’，并错误地介绍：“系中国品种‘雪塔’被引到欧洲后突变出的一个花瓣有锯齿的品种，1816年公布……”可是，与国际权威山茶品种登录巨著《国际山茶登录》（The International Camellia Register）第611～612页上详细介绍‘须边’是在中国发现的‘雪塔’('Alba Plena')芽变品种，且是从中国引去英国的。《世界名贵山茶花》中那段“被引到欧洲后突变出的一个花瓣有锯齿的品种”之说，实属纰缪矣。

1816年，英国东印度公司船长理查德·罗韦斯（Captain Richard Rawes）替帕尔默先生（Mr. T. C. Palmer）从中国带回一棵樱花短柱茶（*C. maliflora*）。

1816年，韦尔班克船长（Captain Welbank）和理查德·罗韦斯船长（Captain Richard Rawes）各自带回一棵白色中略呈微黄色重瓣山茶花。其后，被命名为‘韦尔班凯纳’('Welbankiana')。

1819年，英国人塞缪尔·柯蒂斯（Samuel Curtis）出版了《山茶属研究》（Monograph on the Genus Camellia），这本书是19世纪第一本著名的山茶花专论，至今仍有一定参考价值，且是研究17世纪以来引种中国山茶花的经典著作。

1820年，英国皇家园艺协会从中国引回一棵淡红色、花瓣上脉络纹呈绯色，而瓣缘则呈白色的半复瓣品种。其后，命名为‘佩利戴牡丹’('Paeoniflora Pallida')或称‘洛克夫人’('Lady Loch')。

1820年，英国人帕尔默（Thomas Carey Palmer）先生引回一棵深红色、牡丹型（有时会开花呈宝珠型）的‘佛顶茶’('Rawesiana')。

1820年，英国东印度公司理查德·罗韦斯船长（Captain Richard Rawes）在中国广东一间名为“发财”的苗圃买得一棵没有名称的半复瓣云南山茶，带回伦敦后送给肯特（Kent）市的帕尔默（Thomas Carey Palmer）先生，1826年首次开花，这是第一棵云南山茶被引种去欧洲后开花。其后，大家一直没有为它命名，因此，园艺界仅仅以云南山茶作为称呼。直至19世纪末叶，大家遂用‘罗韦斯船长’('Captain Richard Rawes')作为称呼。

1820年，英国查尔斯爵士（Sir Charles）和朗女士（Lady Long）带回一棵很可能是‘琉球大红’('Mytifolia')芽变品种，由于它的花瓣排列呈涡旋形，故此，称它为‘涡旋’('Involuta')。

1820年，由罗韦斯船长(Captain Rawes)带回一棵颜色比大红色‘宝珠茶’('Anemoniflora')色泽稍淡、花形更凹的宝珠型（Anemone form）山茶花，可是，其叶片却没有‘宝珠茶’那般平坦，花期尤长。当时英国人称它为‘格雷辛怒维斯’('Crassinervis')。后来，这个品种归由肯特（Kent）先生所有，故亦称‘肯特的山茶’('Kent's Camellia')。

1821年，布兰克船长（Captain Le Blanc）为英国伦敦园艺协会（The London Horticultural Society）带回一棵玫瑰红色、牡丹型小花品种。但是，有时花朵瓣从呈扇形般旋转开。其后，命名为‘玫瑰’('Rose')或‘布兰克红’('Le Blanc's Red')。

1822年，英国人帕尔默（T. C. Palmer）在法国鲁昂市（Rouen）的一处花园（一说是在一所苗圃）中觅得一棵没有名称的山茶花。据说是由一位名叫鲍尔的先生（Mr. Ball）从中国带去英国，然后，又传去法国。

柃叶连蕊茶（*C. euryoides*）

1822年，英国伦敦园艺协会（The London Horticultural Society）派遣花工约翰·朴茨（John Potts）去中国搜集各种新奇植物品种。在归途中宿疾肺结核病复发，返抵英国后不久即病死。随船带回一些嫁接过的山茶棵本亦都死了。但是，所有砧木却仍活着，翌春陆续从砧木上萌发出新枝丛，继续生长。事隔多年之后，方知道这些幸存砧木是一种山茶原种——柃叶连蕊茶（*C. euryoides*）。上述这段史实在1830年、1831年和1837年由钱德勒和布思共同撰文《大不列颠公园栽培山茶品种图说》（Chandler, A. and Booth, W.B.1830, 1831, & 1837, Illustrations and Descriptions of the plants, which comprise the varieties of *C. japonica* cultivated in the Gardens of Great Britain.）以及1969年弗莱彻著《皇家园艺协会史话》（Fletcher, H.R.1969, The Story of the Royal Horticultural Society）中都提及。而中国浙江科技出版社在2005年3月出版《山茶属植物主要原种彩色图集》P.237上柃叶连蕊茶之概况中介绍："西方国家开始是作为砧木引进柃叶连蕊茶的，嫁接失败后它才得以存活栽培"之说相悖。

1823年，德拉蒙德船长（Capt. Drummond）为英国皇家园艺协会带回一棵重瓣油茶（'Double Oleifera'）。

1824年，由约翰·丹皮尔·帕克斯（John Dampier Parks）为英国皇家园艺协会带回一棵花径约9cm，重瓣花，呈深玫瑰红色，花朵中心花瓣上常出现杂缀白色条纹，于1827年首次开花，命名为'覆瓦'（'Imbricata'）。

1824年，约翰·丹皮尔·帕克斯又为英国伦敦园艺协会（The London Horticultural Society）引回一棵花呈淡或深粉红色，牡丹型，花径约10cm的香味山茶。其后，命名为'帕克西'（'Parksii'）。但是，19世纪以来，在法国出现了名称相同的品种，但却是单瓣花，花呈深红色。并且，更有人与帕尔默（T. C. Palmer）在早年引去英国的'佛顶茶'（'Rawesiana'）山茶花相混淆，变成又一同名异物。

1824年，英国人帕尔默（T. C. Palmer）从中国引回一棵花呈深红色，有时花瓣丛出现白色斑晕，花呈牡丹花型，花径约10cm的品种。当时，在中国称为'佛顶'（'Futting'）。引回英国后改为'罗威西恩纳'（'Rawesiana'）。但是，在1831年又被钱德勒（Chandler）和布思（Booth）两人改称为'斯比西萨'（'Speciosa'）。

1824年，帕克斯（D. J. Parks）从中国广东引回英国一棵白色花瓣上稀疏杂缀红色条纹的重瓣花，花径10～11cm，后来把它命名为'萨拜尼纳'（'Sabiniana'）。

1829年，塔特（Tate）从中国引回一棵深红色重瓣品种。可是，这个品种花型不稳定。其后为道贺里维斯船长（Capt. Reeves），遂把该品种命名为'里维西纳'（'Reevesiana'）。

1840年，意大利人伯利西（Berlèse）在他的《专论》（MONOGRAPHIE）中谈及从中国引种去英国一棵花呈樱桃红色，重瓣，花径约9cm的茶花品种，命名为'弗雷泽里·鲁布拉'（Fraseri Rubra）。

1841年，帕克斯顿（Paxton）在他的《植物学杂志》（Magazine of Botany）中谈及几年前从中国引去英国一棵花呈淡粉红色，花瓣上杂缀红色细短条纹或覆粉红色斑晕，牡丹型品种，其后命名为'阿伯蒂（'Albertii'）。

1848年，英国人罗伯特·福琼（Robert Fortune）从中国邻近上海的一家花圃中觅得一

‘威廉姆斯’（*C. hybride* 'J.-C. Williams', Courtesy of Jean THOBY, France）

棵花呈淡黄色的油茶（*C. oleifera*）。之后，以西班牙文人名‘晃’（'Jaune'）作为命名；又以英文‘福琼的黄色’（'Fortune's Yellow'）作为别称。

1850 年，英国人从中国引去玫瑰连蕊茶（*C. rosaeflora*）。

1854 年，罗伯特·福琼（Robert Fortune）从中国引回一棵白色花瓣上杂缀淡粉红色条纹的重瓣山茶花，按照引种时中文原名称译成英文‘Cup of Beauty’。

1857 年，云南山茶‘松子鳞’被引去英国后，冠以英文名称‘Pagoda’，亦以‘罗伯特·福琼’（'Robert Fortune'）称呼。

1874 年，英国引去广东山茶（*C. hongkongensis*）。

进入 20 世纪，继续有一些山茶原种被引去欧洲，如 1912 年引去突形山茶（*C. cuspidata*）。1917 年，由英国爱丁堡皇家植物园乔治·福雷斯特（George Forrest）在中国和缅甸萨尔温（Salwin）和沙威利（Shweli）河流域山区发现，并收集了一些怒江山茶（*C. saluenensis*）种子，经由水路运去缅甸再托运回英国之后，交由威廉姆斯（J.-C. Williams）放在他在凯尔海斯（Caerhays）的花园中播种、栽培。1931 年威廉姆斯用红山茶（*C. japonica*）与怒江山茶杂交，培育成闻名于世的‘威廉姆斯’杂交种（*C. hybride* 'J.-C. Williams'）。乔治·福雷斯特为深入中国西部山区勘察山茶原种，在云南府（当时地域范围称谓，即现管辖禄丰、易门、晋宁、宜凉、嵩明县）曾培训几位当地山民为助手，协助收集山茶原种种子。自 1904 年至 1932 年期间，他多次率领中国助手们去云南西部对山茶原种作广泛性勘察。并于 1913 年和 1931 年，把收集到一些原种种子如滇山茶（*C. reticulata*）、云南连蕊茶（*C. tsaii*）、大理茶（*C. taliensis*）、怒江山茶（*C. saluenensis*）经由水路陆续运送去缅甸，再转运去英国。最后，乔治·福雷斯特在 1932 年 1 月 6 日早晨突然病死在云南省腾县（Tengyueh，即腾冲）。

综观前述许多中国古老优秀园艺品种，在神州大地几乎已看不到它们的影踪了，然而在异国他乡，仍然能在一些史料中找到它们当年西渡过程的资料，以及散落在一些科研单位、专业苗圃、着力研究中国山茶的爱好者们的园圃中发掘出蛛丝马迹。笔者每每在勘察中看到这些“海外孤儿”的姿容倩影时，不无感慨！想当年，中国贫穷、落后，国势衰弱，英国人在中国肆意搜集后运回欧洲，这种行为在某种程度上是一种掠夺。不过，从另一角度看，也可说是一种文化传播、交流。这些苟存活在海外，却在神州大地大多数已失传的古老园艺品种和一些原种，默默地向国际爱好山茶花的人们展示着中国的独特文明。为抢救历史资料，为后人有志于深入探索、追寻那些“海外孤儿”的踪迹，笔者就此在本章中记录下来，免得后人缺少相应资料而难以详细查考。

自 1739 年至 1920 年，英国人从中国引去许许多多山茶原种和园艺品种，之后，又陆续传去欧洲各国（以意大利、法国、比利时、德国、葡萄牙、西班牙为主）。

自 16 世纪以来，作为当时航海强国之一的荷兰、葡萄牙，经常去日本作贸易，顺便带回一些日本山茶品种，其中有一个早在 1739 年日本出版《本草花莳绘·椿之卷》中辑录的‘オランダ紅’（中文译为‘荷兰红’；英译为‘Holland Red’。现今在中国有关著作中则称谓‘阿兰陀红’）。其后，又传去西班牙。根据 1887 年葡萄牙的山茶品种目录中，由西班牙人培育出新品种已达 161 个。尤其在 1949 年葡萄牙人培育出一种淡紫红色宝珠型品种，假如在气温偏冷情况下开花，往往呈茄紫色，且花瓣上偶然出现细小白色斑晕，为培育出这种罕见色泽，遂以葡萄牙著名航海家麦哲伦的亲属姓名（Dona Herzilia de Frietas Magalhaes）作为该花命名（现在中国大陆把它译为‘玛卡拉斯’，台湾则译为‘埃及艳后’）。

意大利是欧洲培养山茶迅速崛起的强国。18 世纪早期有一位路易·萨科（Luigi Sacco）医生，业余爱好栽培山茶，广泛收集品种。1838 年意大利著名植物学家阿佩·贝雷斯（I'Abbé Berlèse）在他的《山茶属专论》（<u>Monographie du Genre Camellia</u>）中记载了 280 个品种，

1840 年第二版书中介绍品种多达 508 个。19 世纪以来，意大利山茶界培育出许多著名新品种，如 1840 年的‘萨科 · 维拉’('Sacco Vera')；1848 年的‘伯里公爵’('Duchess de Berry')；1851 年的‘普兰尼皮塔拉’('Planipetali')；1853 年的‘帕维奥拉’('Parvula')；1855 年的‘帕林纳 · 玛吉’('Paolina Maggi')；1856 年的‘美丽的罗曼纳’('Bella Romana')；1858 年的‘康泰萨 · 瓦隆夫’('Contessa Woronzoff')；1863 年的‘卡洛泰 · 帕普多夫’('Carlotta Papudoff ')，等等，这些品种至今仍盛名不衰。

当今意大利山茶界最负盛名者，当推卢加（Lucca）古城的惠爱笃 · 加笃里加先生（Mr. Guido Cattolica)，他广泛收集品种，特别是 18 世纪以来欧洲各地培育出的名贵品种，几乎悉数齐备，园中许多山茶古树树龄最久者有 150 多年了。另外两位山茶栽培者，P. 海尔罗伯兰特先生（Mr. P. Hillebrand）和 G. 伯托拉齐先生（Mr. G. Bertolazzi)，他们把多年栽培中获得的经验和知识，编撰成《古典山茶》(Antiche Camelie)，书中汇集了欧洲古今名种 300 个，12 个中国古典品种。此书亦可说是当今介绍欧洲古典山茶品种的总汇。

法国栽培山茶肇始于 19 世纪早期，由意大利神父阿佩 · 贝莱斯（I' Abbé Berlèse）于 1819 年移居法国时带去一些山茶种子，培育出近百棵山茶，历经 25 年潜心栽培，成绩卓著，使种植山茶在法国升华为一种文化。阿佩 · 贝莱斯神父其后又出版了《山茶属图谱》(Iconographie du Genre Camellia）1841—1843 年，这部专著直至现今仍被学术界一致公认为是具有高度学术性的巨著。

与此同时，法国南特（Nantes）市市长弗迪南德 · 法佛先生（Mr. Ferdinand Favre）大力支持发展种植山茶，以致使这个城市成为法国山茶花事业的发祥地。南特市有几家颇具规模的园林专业公司，其中以 1864 年创立的亨利 · 纪夏（Henri GUICHARD）公司为早期实行专业化大批培植山茶的大型企业。第二次世界大战（1939—1945 年）后，法国又出现了一批为数不多的山茶专业苗圃。但是，亨利 · 纪夏公司仍是惟一运用连作方式大批种植山茶的龙头企业。1955 年起，这家公司又进一步推动了法国发展种植山茶事业。19 世纪以来，法国培育出许多优秀山茶品种，详见本书第 6 章。

比利时栽培山茶肇端于 19 世纪 20 年代后期，先有比利时人弗雷赞 · 冯 · 西博尔德（Franz von Siebold) 在 1829 年从日本引回一棵花呈红色，花瓣上杂晕白斑半复瓣山茶花，其原名为‘正义’('Masayoshi')。随后交由路范植物园（the Botanical Garden of Louvain）的首席花工 M. 唐克拉里（M. Doncklaer）栽培、管理。故此，其后，遂更名为‘唐克拉里’('Doncklaer')。1833 年，培育出‘凯旋’('Triumphans')。1834 年，培育出‘拉利福里’('Lalifolia')。1855 年之前培育出‘皮科琳女士’('Madame Picouline')。著名园艺家安布罗斯 · 维施艾费尔特（Ambroise Verschaffelt）自 1848—1860 年出版了《新山茶图谱》(Nouvelle Iconographie des Camellias 1848—1860）共 13 卷，书中介绍了许多欧洲时新名贵品种。1858 年之前，培育出‘克里乌帕特莱·诺瓦’('Cleopatra Nova')。1859 年，培育出‘尤金 · 拿破仑王子’('Prince Eugen Napoleon')。其后，山茶界逐年多多少少培育出一些优秀品种，在欧洲山茶界声名雀起。

关于德国栽培山茶历史在学术界众说纷纭，有的说早在 16 世纪已从中国带回山茶种子培育出许多品种，因此，德国是欧洲栽培山茶先导者。有些资料则说，在 17～18 世纪向英国邱园引种过一些山茶品种。笔者汇总许多翔实资料研究核对，具有令人置信不疑者，应该肇始于 1808 年，德国东部皮尔林滋（Pillints）公园曾向英国邱园引种之说符合实情，是时在法兰克福（Frankfurt)、萨克森（Saxony)、德累斯顿（Dresden)，以及北部沿海地区均有一些栽培山茶苗圃业者。其中当推名为西迪尔（T. O. Seidel）者开设西迪尔苗圃规模最大，每年种植大量盆植山茶，用船和马车运输，出口去西欧和俄国的圣彼得堡，以及黑海地区的敖德萨，甚至东欧的一些国家。1880 年起，由于人们觉得冬季气温严寒，栽培山茶必须要有温室才能安全越冬，遂改种植一些耐寒植物，因此山茶市场日趋萎缩。众多山茶经营者中，惟西迪尔苗圃仍惨淡经营，直至发生第二次世界大战为止。战后，有些经营山茶的苗圃渐趋复苏，德国西部

'雅致'('Elegans Chandler')

'苏尔坦'('Grand Sultan')

'白斑十全十美'('Maculata Perfecta')

'安娜·娓凯尼'('Anna Zucchini')

发展得较快，尤其一些公园，诸如格利斯威勒（Gleisweiler）公园、法兰克福（Frankfurt）、温斯特（Wingst）公园等栽培品种较多，又纷纷培育自己的耐寒新品种，以扩大种植室外品种。德国许多栽植山茶的公园，已成为国内外游客必去参观的景点。德国山茶协会就设在温斯特公园内。19 世纪，欧洲文化、经济、科技等方面进入近代化。鉴于此，在引进许多中国山茶园艺品种和一些原种后，在栽培技术和管理法则等方面渐趋科学化。因而，常通过有性杂交培育出许多杂交品种；或经分离芽变枝条进行扦插或嫁接，把变异性状固定下来，培养成为一个个枝变品种。在此情况之下，一些有识之士，如英国植物学家和昆虫学家可的斯（William Curtis 1746—1799）在 1787 年开始出版《植物杂志》（The Botanical Magazine），每期杂志中常有几位绘画家，诸如詹姆斯·索威伯（James Sowerby）、悉丹哈姆·爱德华兹（Sydenham Edwards）、威廉·基尔伯恩（William Kilburn）等为一些文章中作精彩工笔彩绘品种插图，山茶花就是其中之一。

与此同时，英国人塞缪尔·可的斯（Samuel Curtis）在 1819 年出版了《山茶属研究》（Monographie du Genre Camellia）。英国人布思（Booth）、威廉·钱德勒（William Chandler）和阿尔弗雷德·钱德勒（Alfred Chandler）三人一起在 1831 年出版了《草木图说——山茶》（Illustration and Description of the Plant--Camellias）共 6 卷。意大利人阿佩·贝雷斯（I'Abbé Berlèse）移民法国后在 1841—1843 年出版了《山茶属图谱》（Iconographie du Genre Camellias）共 3 卷。比利时著名园艺家安布罗斯·维施艾菲尔特（Ambroise Verschaffelt）在 1848—1860 年出版了《新山茶图谱》（Nouvelle Iconographie des Camellias 1848—1860）共 13 卷。这 4 部巨著内容丰富、翔实，彩色图绘品种繁多，列出了许许多多欧洲人在不同时期培育出的新颖品种；亦介绍了引入中国的珍稀山茶的图绘和资料，予欧洲园艺界提供了即时赏识、对比，也让爱好人士容易了解中国和欧洲山茶发展的历史脉络。同时，欧洲人一边以智慧和勤奋续写着西方山茶发展史，一边弘扬着欧洲的新山茶文化。因此这 4 部图谱被赞誉为 19 世纪四大山茶图谱。

2003 年 2 月 3 日，作者去洛杉矶亨廷顿植物园拜访植物园园艺监督安·理查森（Ms. Ann Richardson is Horticultural Superintendent care of The Huntington Botanical Gardens）时，承她馈赠从《新山茶图谱》中挑选出一些品种的影印彩色图绘。现选出 4 帧随附书中，以飨读者。

20 世纪以来，英国率先利用油茶（*C. oleifera*）与山茶（*C. japonica*）园艺栽培品种杂交，研究、开发出耐寒山茶，到下半世纪渐见端倪。美国进而又培育出一些能耐严寒的品种。20 世纪末，北欧挪威、丹麦等国家一些山茶爱好者竟在露天地植成功，年年花开满树。有关详细资料，可阅读美国威廉·L. 阿克曼（William L. Acherman）在 2007 年出版新著《突破限制——耐寒山茶的育种、繁殖与栽培》（Beyond the Camellia Belt Breeding, Propagating and Growing Cold-Hardy Camellias）。

(三) 大洋洲

1. 澳大利亚

澳大利亚栽培山茶最早是由英国移民亲属于 1821 年 5 月 30 日，由约翰·麦克阿瑟（John Macarthur）从英国伦敦写信给在澳大利亚新南威尔士的兄弟詹姆斯（James），谈起在英国看到时兴山茶花开得如何艳丽丰腴、动人，为此，打算从英国引种一些品种去澳大利亚发展。于 1831 年，先后引去了‘君主’('Sovereign')，‘鲁布拉’('Rubra')，‘韦尔班凯纳’('Welbankiana')，‘大白’('Double White')，‘卡内’('Carnea')，‘宝珠茶’('Anemoniflora')，‘琉球大红’(亦称‘六角大红’，'Myrtifolia')，‘东方亮’('Incarnata' 或 'Lady Hume' s Blush') 等。

1845 年 1 月 6 日，威廉·麦克阿瑟（William Macarthur）着手从事大量山茶实生苗培育工作，培育出一些名贵品种，其中尤以‘玛卡德’('Aspasia Macarthur')，曾名噪一时。其时，另有几位杰出育种家，如迈克尔·格尔福爱尔（Michael Guilfoyle）、T. W. 谢菲尔德（T. W. Shepherd）、亚历山大·亨特（Alexander Hunter）等在培育、发展澳大利亚山茶品种中都发挥了积极作用。

20 世纪以来，沃特豪斯教授（Professor Waterhouse）对发展澳大利亚和新西兰山茶事业方面可谓殚思极虑，贡献良多。他亦是国际山茶协会创始人之一。

2. 新西兰

19 世纪早期，新西兰刚着手栽培山茶，起始时的品种都是经由去澳大利亚定居的英国移民从法国引去，另外，把一些早年从中国引种去英国的品种辗转传去新西兰，诸如‘白覆瓦’('Imbricata Alba')，‘阿斯帕西爱’('Aspasia') 等。20 世纪中叶以来，新西兰山茶界一些有识之士，群相奋发图强，培育新品种，成绩卓著。其中，尤以奥斯·布卢姆哈特先生（Mr. Os Blumhardt），布赖恩·杜克博士（Dr. Brian Doak），内维尔·海登先生（Mr. Neville Haydon）等培育出许多别具一格的种间杂交种；尤其一些“纳须弥于芥子”的微型山茶花品种，享誉国际同行间。

新西兰属海洋性气候，四面靠海，但没有台风侵扰，每隔数天就下雨，年均气温在 20℃左右，非常适合树木花草生长。由此，新西兰山茶事业蓬勃发展。自 20 世纪中叶起，在培育新品种方面紧起直追，竟能与执世界山茶业之牛耳者美国相颉颃、媲美，受世人瞩目。

作者（右）与堂本先生合影

堂本胞弟偕夫人在作者家中合影

(四) 美洲

18 世纪前后，一些英国移民去美国后向英国进口一些山茶品种在定居处栽培、繁殖、发展。如 1797 年，新移民约翰·史蒂文斯（John Stevens）引进一个单瓣红山茶。1800 年，迈克尔·弗洛埃（Michael Floy）从英国伦敦携带回一棵白色重瓣‘大白’('Alba Plena')，其后，送给定居在新泽西州（New Jersey）的约翰·史蒂文斯。1806 年，约翰·普林斯（John Prince）收到好友约瑟夫·巴雷尔（Joseph Barrell）送给他的一棵白色重瓣山茶花。其后，迈克尔·弗洛埃在纽约开设了几处苗圃，并嘱咐在英国的儿子多收集一些山茶品种。自 1809 年起，迈克尔·弗洛埃开始用山茶种子育苗，曾培育出 24 个新品种，他可称为美国第一位山茶育种者。其时，另外尚有博尔（Boll）、J. B. 史密斯（J. B. Smith）、比卡（Becar）等人亦进行山茶育种工作，事后，他们还把培育出的新品种出口去欧洲。自

怒起乌苗圃（Nuccio's Nurseries）第一代经营者：乔（Joe）和朱利叶斯（Julius）

怒起乌苗圃（Nuccio's Nurseries）第二代经营者：从左至右依次为吉姆（Jim）、汤姆（Tom）和小朱利叶斯（Junior Julius）

作者与美国山茶协会前主席戈诺斯先生（Mr. Art Gonos）（右）和现任主席芭芭拉·塔弗利女士（Mrs. Barbara Tuffli）（中）合影

1809 年至 1838 年的 29 年中，美国培育出的新品种登录入册者共计 213 个。但是，根据美国一些专家们评论，有些至今仍存世同名品种是否就是当年培育出的品种？颇多置疑！

1820 年，一位著名苏格兰籍山茶育种爱好者托玛斯·霍格先生（Mr.Thomas Hogg）移民到美国。自 1822 年至 1855 年，他经营花圃。1834 年，在他的一份出售山茶商品目录中列出 39 个品种。托玛斯·霍格逝世后，由他的两个儿子继承父业，其中有一位儿子去日本考察 8 年，引回许多山茶品种。至 1874 年，在他们的出售山茶商品目录中，品种数量增加至 69 个。

美国早期栽培、发展山茶事业主要在东部波士顿地区。其时有 4 位先驱者，如马歇尔·P. 怀尔德（Marshall P. Wilder）、罗伯特·J. 哈利戴（Robert J. Halliday）、C. M. 霍维（C. M. Hovey）、P. J. A. 伯克曼斯（P. J. A. Berckmans），其中尤以马歇尔·P. 怀尔德先生的成绩最为突出，他曾一次就培育出 600 棵实生苗，毕生收集不同山茶品种达 1000 多个。

20 世纪以来，美国西部栽培山茶事业相继腾飞，且有后来者居上趋势。20 世纪初，美国西部的一些日裔园艺人士，如堂本（Toichi Domoto）兄弟俩在西海岸同业中赫赫有名，并为引进日本各类山茶品种的先驱者。而且，在驯养过程中又培育出许多新品种。笔者于 1984 年抵美后，常去堂本先生的苗圃参观、访问，日久后，渐成知己。

1935 年，意大利移民乔·怒起乌（Joe Nuccio）和胞弟朱利叶斯·怒起乌（Julius Nuccio）在加州阿塔迪那（Altadena）创设怒起乌苗圃（Nuccio's Nurseries），从事花木经营，稍后以繁殖、出售山茶和杜鹃为主要业务，并从事杂交培育工作。他们的子女成年后，续由乔的儿子小朱利叶斯（Junior Julius）和叔父朱利叶斯的长子汤姆（Tom），次子吉姆（Jim）共同掌管经营业务。至 2007 年，苗圃所经营各种山茶品种达 600 多个。并且，续年培育出许许多多优良品种，誉满国际。怒起乌花圃为当今美国最著名的山茶和杜鹃花圃。亦是国际上最著名的山茶花圃之一。

美国北加州气候温和，雨量适中，土壤肥沃，极适宜山茶生长，故此，种植山茶爱好者较美国其他地方为多，更有一些人钟情杂交繁殖，培育新品种，最具典型者，如现住核桃溪市（Walnut Creek）的前美国山茶协会会长罗伯特·E. 爱尔哈特（Robert E. Ehrhart），在他的宅后广阔松林中地植、盆栽各种山茶约 3000 多棵，每年经他在不同品种之间授粉杂交，坐果率极高，每年播种后出苗常达数百之多，逐年开花时优胜劣汰，选出许多优秀新品种。

美国山茶协会成立于1945年，历届会长都是栽培、培育山茶的爱好者，经验丰富，又具有领导才能，协会上层工作人员们干练多才，每年除出版4期杂志（The Camellia Journal）外，并有年鉴（American Camellia Yearbook）分赠会员们，或出售给园艺爱好者，让大家获得各种信息，也使协会成为爱好者们对话、交流的场所。故此，协会办得有声有色，誉满国际。笔者与前几任主席如罗伯特·E.爱尔哈特（Robert E. Ehrhart）和阿特·戈诺斯（Art Gonos）先生相识，并与现任执行总监兼秘书安·沃尔顿女士（Mrs. Ann Walton）均熟稔。承他们多方协助，结识了许多国际同好。而今，美国山茶协会以新的视野，引导广大爱好者们迈向新的阶段，为国际山茶发展发挥了积极作用。

现任执行总监安·沃尔顿女士（Mrs. Ann Walton）

中美洲国家气候炎热、干燥，一般情况之下不适宜山茶生长，故而，在国际山茶界几乎从未报道过中美洲栽培山茶的事迹。可是，在1989年年初，有一位美国人维奥莱特·洛特·菲利普斯（Violet Lort Phillips）去中美洲危地马拉（Guatemala）度假时，竟在它的首都危地马拉城（Guatemala City）和安梯瓜（Antigua）地方的一些私人花园中发现有许多地植矮丛山茶，满树花蕾丛生，茁壮生长着。按这些地方海拔大多在1829m（6000英尺），夜间气温平均为10℃（50°F），而白天气温则平均为21.1℃（70°F），山茶在这些有树木遮荫的花园环境中生长，日夜温度又相宜，年年花开花落，生长自如。

本章前面谈及自1793年至1920年，英国人从中国搜集去许多山茶园艺品种和原种。笔者自1984年移居美国至今，在专业苗圃中看到一些自20世纪中叶以来经由美国山茶爱好者从中国带回来的一些山茶原种种子，经培育至今已长成灌木状植株；另有一些美国人从日本、缅甸、越南带回一些山茶属植物原种种子亦已长成株丛了。它们在漫长岁月中，有些原种受不同自然环境和不同生态环境影响，发生了自然演变现象；或经自然杂交或种间杂交，培育出新杂交种。笔者在美国生活24年期间时有去相关苗圃零散地发现上述一些原种的变异现象，为留作资料依据，拍摄了一些照片。至于它们是否发生变异？或演变多大，还待中国专家们鉴定。现根据笔者在各苗圃所看到上述那些植株上所系名称标牌，介绍如下：

作者与美国山茶协会前主席罗伯特·爱尔哈特先生（Mr. Robert E. Ehrhart）（左）和拉里先生（Mr. Lary Pitts）（右）在他的茶花园中合影

紫果茶（*C. purpurea*）

紫果茶实生种（*C. purpurea* seedling）

五柱滇山茶自然杂交种（*C. yunnanensis* HYB）

怒江山茶与琉球连蕊茶杂交种（*C. saluenensis* × *C.lutchuensis*）

攸县油茶实生种（*C. yuhsienensis* seedling）

紫果茶（*C. purpurea*）和它的实生种

本种主要原产于日本。20 世纪中叶，美国怒起乌苗圃（Nuccio's Nurseries）引种。

花呈暗红色，单瓣型，花径 3.5～4cm。叶呈椭圆形，前端反曲，叶色碧绿。树性直立，树丛较密。

多年后，怒起乌苗圃用紫果茶种子（业主没有记录是自花授粉或异种授粉）培育出实生苗，成株后，花色依旧，只是花呈筒形。叶长约 5cm，宽 2.5～3cm，叶色苍碧、有光泽。

怒江山茶与琉球连蕊茶杂交种（*C. saluenensis*×*C. lutchuensis*）

由美国怒起乌苗圃（Nuccio's Nurseries）培育出。

花呈白色或微透浅粉红色晕，单瓣型，花径 6～7cm，先端有凹口。叶呈长圆形至椭圆形，先端急尖或渐尖。

五柱滇山茶自然杂交种（*C. yunnanensis* hybrid）

由美国怒起乌苗圃（Nuccio's Nurseries）园中栽培五柱滇山茶经自然杂交后所结种子培育出。

花呈淡红色，有时花瓣中央部位呈浅粉红色，花瓣微皱，花径 5～6cm。叶呈椭圆形，先端渐尖，叶色苍绿。树性强健。

攸县油茶实生种（*C. yuhsienensis* seedling）

由美国山茶爱好者理查德·施丘霍夫（Richard Schulhof）从中国带回种子播种育出。

花呈白色，花瓣 5～7 枚，花瓣先端有凹口，花径 6～6.5cm。叶呈椭圆形，先端渐尖、下弯，叶长约 6cm，宽约 4cm。现由美国怒起乌苗圃（Nuccio's Nurseries）培养中。

琉球连蕊茶杂交种
(*C. lutchuensis* HYB #2)

由美国怒起乌苗圃（Nuccio's Nurseries）把园中栽培琉球连蕊茶（*C. lutchuensis*）所结蒴果种子播种育出。

花呈淡粉红色，有时花瓣中央及至下半部色泽稍浅，花瓣 5 枚，花径 4cm 左右。叶呈披针形，长约 5.5cm，宽 2.2～2.5cm，叶前端下弯。枝丛斜生。

陈氏红山茶实生种 (*C. chunii* seedling)

由美国怒起乌苗圃（Nuccio's Nurseries）从园圃中植株上所结蒴果中的种子播种育出。

花呈橙红色，单瓣型，花径 3～4cm。叶呈披针形，叶脉网状密布、明显。

滇山茶（*C. glabsinpetala*）

花呈淡粉红色，单瓣型，花瓣微皱，花径 8～10cm。叶呈披针形，叶色苍碧，叶缘叶齿呈浅土黄色，是为特色。由美国怒起乌苗圃（Nuccio's Nurseries）培养中。

五柱滇山茶实生种
(*C. yunnanensis* seedling)

由美国山茶爱好者理查德·施丘霍夫（Richard Schulhof）从中国带回种子播种育出。

花呈乳白色，花径 5～7cm，微香。叶呈卵形，先端渐尖。现由美国怒起乌苗圃（Nuccio's Nurseries）培养中。

凹脉金花茶实生种
(*C. impressinervis* seedling)

由美国山茶爱好者理查德·施丘霍夫（Richard Schulhof）从中国携回种子播种育出。

花呈淡黄色，花径约 5cm，单瓣型。叶呈长椭圆形，先端急尖状，叶长 12～15cm，宽约 5cm，叶面中脉、侧脉网脉凹陷，叶齿细密。现由美国怒起乌苗圃（Nuccio's Nurseries）培养中。

琉球连蕊茶杂交种（*C. lutchuensis* HYB #2）

凹脉金花茶实生种（*C. impressinervis* seedling）

滇山茶（*C. glabsinpetala*）

五柱滇山茶实生种（*C. yunnanensis* seedling）

陈氏红山茶实生种（*C. chunii* seedling）

怒起乌苗圃杂交种（'Royal Velvet'×*C. semiserrata*）

西南山茶变种（*C. pitardii* var.）

西南红山茶变种（*C. pitardii* Ballan Chanica R. S. #5）

长果连蕊茶实生种（*C. longicarpa* seedling）

蒙自连蕊茶杂交种（*C. forrestii* HYB N#9421）

怒起乌苗圃杂交种（'Royal Velvet'×*C. semiserrata*）

由美国怒起乌苗圃（Nuccio's Nurseries）用红山茶‘皇家天鹅绒’（'Royal Velvet'）与山茶原种南山茶（*C.semiserrata*）杂交育出。

花呈大红色，半复瓣型至复瓣型，花径7～8cm。叶呈椭圆形，长9cm左右，宽约5cm，侧脉凹陷，叶面有光泽。

西南山茶变种（*C. pitardii* var.）

由美国怒起乌苗圃（Nuccio's Nurseries）引进。

花浅粉红色，单瓣型，花瓣5枚，有时花瓣上覆绯色杂晕，花径5～7cm，花芽多腋生。叶呈薄革质，色碧绿，长圆状椭圆形，长6～8cm，宽3cm左右，先端渐尖。枝条紫褐色，光滑。

西南红山茶变种

（*C. pitardii* Ballan Chanica R.S. #5）

由美国怒起乌苗圃（Nuccio's Nurseries）引进。

花呈橘红色，单瓣型，花径4～5cm。叶呈长披针形，长约8cm，宽约5cm，新叶呈淡红色。

长果连蕊茶实生种（*C. longicarpa* seedling）

由美国怒起乌苗圃（Nuccio's Nurseries）引进。

花呈白色，花瓣作磬口状，单瓣型，花瓣5～7枚，花径约4cm。叶呈椭圆形，先端渐尖或尾尖。叶长7～8cm，宽约3cm。

蒙自连蕊茶杂交种

（*C. forrestii* HYB N#9421）

该杂交种由美国加州怒起乌苗圃（Nuccio's Nurseries）于1994年培育出。

花呈白色，单瓣型，花径3～3.5cm。叶呈倒卵形，先端渐尖或尾尖，叶长3～4cm，叶色黛绿，嫩芽、新叶都呈紫红色。枝丛稠密，株低矮，6～7年生树龄植株仅高20余厘米。

赤木质苗圃杂交种 9818（Heartwood Nursery HYB 9818）

该杂交种是由美国赤木质苗圃（Heartwood Nursery）于 1998 年用西南红山茶（*C. pitardii*）与华东山茶品种‘汤姆·奈孙’（'Tom Knudsum'）杂交育出。

花呈绯色，复瓣型，花径 7～8cm，顶生或腋生。叶呈长椭圆形，长 7～8cm，幅宽约 3.5cm，叶色黛绿、无光泽，叶面微隆。树性强健。

滇缅茶杂交种（*C. irrawadiensis* × *C. sinensis* var. *sinensis*）

由美国怒起乌苗圃（Nuccio's Nurseries）引种。从植物学性状上看，几乎与滇缅茶（*C. irrawadiensis*）难以分别。只是花径稍小，叶狭且短而已。可是，按植株上所系资料看，该杂交种是由滇缅茶（*C. irrawadiensis*）与茶（*C. sinensis* var.*sinensis*）杂交育出。

东南山茶变种（*C. edithae* var.）

该变种是由美国加州怒起乌苗圃（Nuccio's Nurseries）种植山茶原种东南山茶（亦名尖萼红山茶，*C. edithae*）发生变异而成，花呈重瓣型，花径约 6cm，常在 5～6 月份盛花，本文随附彩照，由笔者在 5 月 21 日拍摄得，其时，尚有许许多多花蕾刚露色。叶呈卵状披针形，先端渐尖，叶基部呈圆形至心形，叶长约 7cm，宽约 5cm，叶面主脉和侧脉凹陷，形成叶面微隆，叶色又翠绿，如混放在其他山茶丛中，明显别致，分外耀眼、惹看。

‘垂枝’玫瑰连蕊茶杂交种（*C. rosaeflora* 'Cascade'）

该杂交种于 20 世纪 80 年代初由美国加州怒起乌苗圃（Nuccio's Nurseries）培育出。枝丛呈垂枝形，其余，如花颜色、花型、花径；叶形、大小、长短均与玫瑰连蕊茶（*C. rosaeflora*）相同。

滇缅茶原种（*C. irrawadiensis*）

赤木质苗圃杂交种 9818（Heartwood Nursery HYB 9818）

滇缅茶杂交种（*C. irrawadiensis* × *C. sinensis* var. *sinensis*）

东南山茶变种（*C. edithae* var.）

‘垂枝’玫瑰连蕊茶（*C. rosaeflora* 'Cascade'）

'垂枝雪花'('Snow Drop Cascade')

'大花'玫瑰连蕊茶 [*C. rosaeflora* 'Grande'(N#9120 TR)]

大花连蕊茶 2000 年 2 号(*C. grandiflora* 2000#2)

未命名'梦'杂交实生种(Unnamed hybrid seedling of 'Yume')

帕克斯杂交种(Prof. Parks *C. yuhsienensis* × *C. vietnamensis*)

未命名'梦'杂交实生种(Unnamed hybrid seedling of 'Yume')

'Yume'是日文片假名'梦'的读音,而'Dream'是'梦'的英文名称。它是攸县油茶(*C. yuhsienensis*)与冬茶梅(*C. hiemalis*)'狮子头'的种间杂种。于1981年由日本荻屋熏(Kaoru Hagiaya)命名、发表。未命名'梦'实生种是由怒起乌苗圃(Nuccio's Nurseries)培育出。

花呈粉红色,单瓣型,花径约 4.5cm。叶呈椭圆形,长约 5cm,宽约 3cm,叶色葱绿。枝丛扩展。

帕克斯杂种(Prof. Parks *C. yuhsienensis* × *C. vietnamensis*)

该杂交种由美国北卡罗来纳大学帕克斯教授(Prof. Clifford R. Parks)用攸县油茶(*C. yuhsienensis*)与越南油茶(*C. vietnamensis*)杂交育出。

花呈白色,单瓣型,瓣端有凹缺,单花顶生,花径约 6cm。叶呈椭圆形,先端急尖至渐尖,叶面中脉、侧脉凹陷。枝丛呈紫褐色,柔长。

大花连蕊茶 2000 年 2 号(*C. grandiflora* 2000#2)

该杂交种由美国人理查德·施丘霍夫(Richard Schulhof)于 2000 年从中国带回种子播种育出。

花呈淡粉紫色,单瓣型,花瓣 5 枚,花瓣先端有小裂口,花多腋生。叶呈长椭圆形,先端渐尖,叶面光洁,叶色黛绿。

'垂枝雪花'('Snow Drop Cascade')

该实生种由美国山茶爱好者史蒂夫·坎贝尔(Steve Campbell)经由'雪花'('Snow Drop')实生苗中选出。

花呈白色中微晕浅粉红色,瓣上偶缀暗红条纹,单瓣型,偶有半复瓣型出现,花径约 3.5cm。叶呈椭圆形,先端急尖至渐尖。垂枝性。

'大花'玫瑰连蕊茶 [*C. rosaeflora* 'Grande'(N#9120 TR)]

美国怒起乌苗圃(Nuccio's Nurseries)从玫瑰连蕊茶实生苗中选出。其颜色、花型都与亲本相同,只是花径和叶片稍大了一些。树性强健,直立型,枝丛扩张,适宜园林种植。其专利号码为 N#9120TR。

（五）非洲

关于非洲引种中国和日本的山茶方面的史料，至今仍鲜为人知。笔者承蒙南非山茶王（South Africa's King of camellias）简·范·伯吉先生（Mr. Jan van Bergen）提供《各种山茶在南非》（Camellias in South Africa），方才详细了解南非的山茶由来、栽培品种，以及发展情况等。现扼要介绍如下：

早在 1600 年后期，荷兰人、葡萄牙人已把中国和日本的山茶带去非洲和欧洲了。17 世纪荷兰人西蒙·范·德·史特尔（Simon van der Stel）担任南非总督时，要求荷兰东印度公司船长们把从中国和日本带回欧洲去的山茶先种植在南非的“康普尼亚公园”（"Compaqnie Gardens"）。日后再从好望角（the Cape）运去欧洲。这些种植在南非的山茶存活与否，不能确定。不过，至今在好望角一带仍旧可以看到一些树龄非常古老的山茶古树；余如纳塔尔（Natal）中部地区的皮特玛立泽堡（Pietermaritzburg）有一棵树龄至少有百年的山茶；另外，在南非北部玛戈巴的克洛夫（Magoeba's Kloof）地方亦有一些年老山茶树。至于现代从欧洲、美洲、大洋洲各地引种云南山茶则种植在皮特玛立泽堡植物园（Pietermaritzburg Botanical Gardens）和莎美西（Somerset West）的弗杰莱吉家产园地（Vergelegen Estate）中。

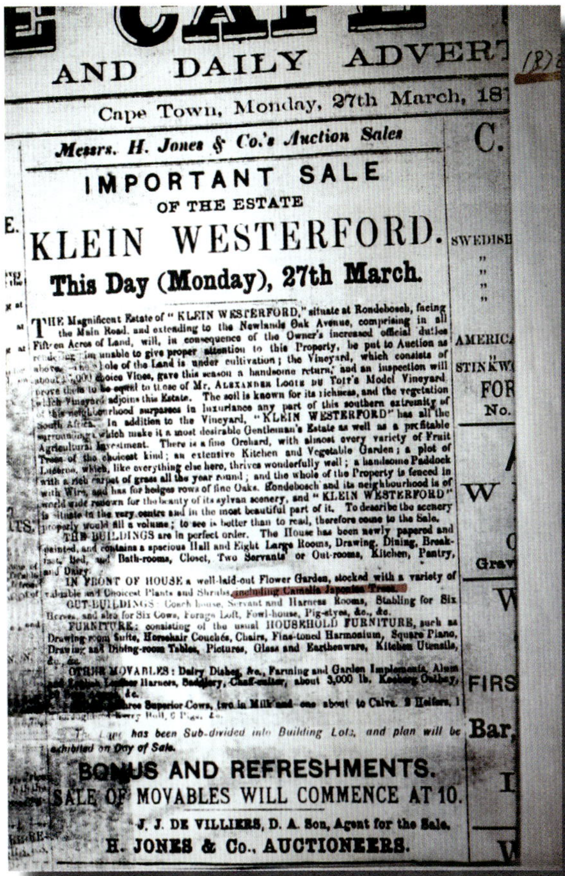
AND DAILY ADVERT
Cape Town, Monday, 27th March, 18

Messrs. H. Jones & Co.'s Auction Sales

IMPORTANT SALE
OF THE ESTATE
KLEIN WESTERFORD.
This Day (Monday), 27th March.

THE Magnificent Estate of "KLEIN WESTERFORD," situate at Rondebosch, facing the Main Road, and extending to the Newlands Oak Avenue, comprising in all Fifteen Acres of Land, will, in consequence of the Owner's increased official duties rendering him unable to give proper attention to this Property, be put to Auction as above. The whole of the Land is under cultivation; the Vineyard, which consists of about 5,000 choice Vines, gave this season a handsome return; and an inspection will prove them to be equal to those of Mr. Alexander Loots du Toit's Model Vineyard, which Vineyard adjoins this Estate. The soil is known for its richness, and the vegetation of this neighbourhood surpasses in luxuriance any part of this southern extremity of South Africa. In addition to the Vineyard, "KLEIN WESTERFORD" has all the surroundings which make it a most desirable Gentleman's Estate as well as a profitable Agricultural Investment. There is a fine Orchard, with almost every variety of Fruit Trees of the choicest kind; an extensive Kitchen and Vegetable Garden; a plot of Lucerne, which, like everything else here, thrives wonderfully well; a handsome Paddock with a rich carpet of grass all the year round; and the whole of the Property is fenced in with Wire, and has for hedges rows of fine Oaks. Rondebosch and its neighbourhood is of world wide renown for the beauty of its sylvan scenery, and "KLEIN WESTERFORD" is situate in the very centre and in the most beautiful part of it. To describe the scenery properly would fill a volume; to see is better than to read, therefore come to the Sale.

THE BUILDINGS are in perfect order. The House has been newly papered and painted, and contains a spacious Hall and Eight Large Rooms, Drawing, Dining, Breakfast, Bed, and Bath-rooms, Closet, Two Servants' or Out-rooms, Kitchen, Pantry, and Dairy.

IN FRONT OF HOUSE a well-laid-out Flower Garden, stocked with a variety of valuable and Choicest Plants and Shrubs, including Camelia Japonica Trees.

OUT-BUILDINGS: Coach house, Servant and Harness Rooms, Stabling for Six Horses, and also for Six Cows, Forage Loft, Fowl-house, Pig-styes, &c., &c.

FURNITURE: consisting of the usual HOUSEHOLD FURNITURE, such as Drawing-room Suite, Horsehair Couchés, Chairs, Fine-toned Harmonium, Square Piano, Drawing and Dining-room Tables, Pictures, Glass and Earthenware, Kitchen Utensils, &c., &c.

OTHER MOVABLES: Dairy Dishes, &c., Farming and Garden Implements, ... Harness, Saddlery, Chaff-cutter, about 3,000 lb. ... &c.

... Three Superior Cows, two in Milk and one about to Calve. 2 Heifers, ...

The Land has been Sub-divided into Building Lots, and plan will be exhibited on Day of Sale.

BONUS AND REFRESHMENTS.
SALE OF MOVABLES WILL COMMENCE AT 10.

J. J. DE VILLIERS, D. A. Son, Agent for the Sale.
H. JONES & Co., AUCTIONEERS.

南非 1870 年 3 月 27 日好望角时报广告（简·范·伯吉先生供稿，Courtesy of Mr. Jan van Bergen）

100 多年之前，山茶在南非被认为是一种特别的植物，广泛种植，详见随附 1870 年 3 月 27 日南非好望角时报（The Cape Times）上房屋出售广告中描述房屋包括花园中各种花树（其中包括百年树龄的山茶树）。可是，这些流行于市的山茶，好景不长，到 19 世纪末竟一下子销声于园艺界。

1957 年，荷兰人简·范·伯吉先生（Mr. Jan van Bergen）作为园艺家移民去南非，在普雷托里埃（Pretoria）从事山茶事业，成立鲍思科普苗圃（Boskoop Nursery），收集许多国际优秀品种，大力推广、发展，为 20 世纪下半叶中兴南非山茶事业作出了莫大贡献。现今，南非栽培山茶种类，计有山茶及其杂交种，以及山茶亚种日本的肥后茶；云南山茶及其杂交种；茶梅及其杂交种；茶树。各种园艺栽培品种总计 200 余个，以及还有一些自 17 世纪遗留下来的不知道名称的中国和日本的山茶老品种。

南非位于非洲大陆南部，东、西、南三面临印度洋和大西洋，国土大部分在南非高原上，海拔 1000～1500m，气候大部属亚热带气候，西南沿海地区属于地中海式气候，夏季气温平均为 15～25℃，最高气温达 38℃；冬季气温 5～16℃，年平均气温 8～18℃。冬季和夏季为雨季。鉴于南非洲特殊气候，各种山茶花期与亚洲、欧洲、北美洲、大洋洲都不尽相同，如茶梅花期，自 1 月至 5 月；山茶花期，自 5 月至 9 月；云南山茶花期自 5 月至 9 月。至于各类杂交种则根据它们不同品种，花期可分为早、中、晚 3 个花季，最晚的品种花期可迟至 11 月份。

南非开普敦山茶王，简·范·伯吉先生偕夫人耶蒂合影
（Cape Town's King of camellias, Jan van Bergen, and his wife, Yetti）

简·范·伯吉先生（Mr. Jan van Bergen）在 50 多年栽培山茶生涯中勤奋工作，持之以恒，并在实践中摸索出对付南非干旱地区的栽培方法，成绩卓然，受

到各界好评，被尊称为“开普敦山茶王”（"Cape Town's King of camellias"）；“南非山茶王”（"South Africa's King of camellias"）。

2002 年，简·范·伯吉先生退休时把自己经营了半个世纪的山茶捐赠给政府，种植在好望角弗杰莱吉家产园地中，成为国家山茶园，每年 8 月 3 日，南非山茶王简·范·伯吉先生在园中与爱好者们边走边谈，介绍山茶栽培、品种选择等技术问题。

如今挖掘出南非山茶由来历史原貌，匡正了国际山茶著作中对中国山茶西传欧洲肇始于 1739 年之错误认识。故此，希望有更多的人关注中国山茶西传欧洲，东传日本的历史原貌，将中华民族的山茶文化遗产发扬光大……

著者掌握了更多早在 16 世纪末叶，中国山茶被西传欧洲有凭有据的历史资料。奈于该项原著作者至今尚未予我书面许可使用。鉴于拙著行将付梓，不能一一详细叙述，列入书中，甚感遗憾，只能待再版时补遗了。

南非简·范·伯吉先生山茶园中地栽茶梅（Courtesy of Mr. Jan van Bergen）

南非简·范·伯吉先生山茶园中地栽山茶（Courtesy of Mr. J.van Bergen）

南非山茶在 11 月份开花品种（美国加州圣荷西加厘和卡罗尔·施昌供稿，Courtesy of Gary & Carol Schang）

南非开普敦大学内山茶树林大道（美国加州圣荷西加厘和卡罗尔·施昌供稿，Courtesy of Gary & Carol Schang）

‘贝蒂·安妮’（'Betty Anne'）南非简·范·伯吉先生培育出山茶杂交种（Courtesy of Mr. Jan van Bergen）

‘红荷花’（'Red Lotus'）南非简·范·伯吉先生培育出山茶品种（Courtesy of Mr. Jan van Bergen）

‘劳丽安·布朗’（'Laurian Brown'）南非简·范·伯吉先生用云南山茶‘拉斯卡娇娇’（'Lasca Beauty'）与茶梅相杂交后，培育出种间杂交种（Courtesy of Mr. Jan van Bergen）

‘云南红玫瑰’（'Retic Rose'）南非简·范·伯吉先生培育出云南山茶（Courtesy of Mr. Jan van Bergen）

‘丽纳特’（'Renate'）南非简·范·伯吉先生培育出云南山茶新品种。曾被美国山茶协会作为1992年10月号《山茶杂志》封面照片（Courtesy of Mr. Jan van Bergen）

‘朱利·鲁宾逊’（'Julie Robinson'）南非简·范·伯吉先生培育出茶梅新品种（Courtesy of Mr. Jan van Bergen）

‘亨利埃塔’（'Henrietta'）南非简·范·伯吉先生培育出茶梅新品种（Courtesy of Mr. Jan van Bergen）

‘南希’（'Nancy Heerden'）南非简·范·伯吉先生培育出茶梅新品种（Courtesy of Mr.Jan van Bergen）

‘理安妮’（'Rianne'）南非简·范·伯吉先生培育出茶梅新品种（Courtesy of Mr. Jan van Bergen）

茶在园艺中的新功用

中国是茶的故乡，有四五千年的栽培史，种质资源丰富，为世人所瞩目。

茶（*C. sinensis*）属于山茶科（Theaceae）山茶属（*Camellia*）。中国人民自古以来就把茶作为日常嗜好饮料，如唐代陆羽在《茶经》中谈及："茶之为饮，发乎神农，闻于周鲁公"。在漫长岁月中，人们饮茶、品茶，习以为常，蔚然成风，并认为饮茶具有涤烦疗渴功效。历代文人雅士几乎都精于茶艺，每每以茶会友，以茶款客，视饮茶为雅尚。

17世纪以降，西方才认识了茶，在后渐渐习染了饮茶（当然，以西方人口味调制茶），并通过荷兰、英国东印度公司逐年递加贩运中国茶叶前往欧洲。

20世纪中叶以来，欧美园艺界考虑到茶的抗旱性、抗寒性较强，繁殖容易，以及健花、坐果率高的特性，就把茶的一些品种经过杂交，培育出一些专为观赏用的观叶、观果、观花品种，如终年叶色呈紫黑色者；有在深秋时叶色转呈酱红色间缀黄色的品种‘含羞少女’('Blushing Maiden')；有在入秋后叶色转呈紫红色的品种‘茶香飘飘’('Tea Breeze')。

美国怒起乌苗圃（Nuccio's Nurseries）把1993年紫黑色叶茶（*C. sinensis* 93 Black）作为接穗嫁接在滇缅茶（*C. irrawadiensis*）砧木上，成活后萌发枝条都呈水平横张型，叶色转变成碧绿色。

■ ‘含羞少女’('Blushing Maiden')入秋后叶色转呈酱红色间缀黄色

■ ‘含羞少女’('Blushing Maiden')在春天开淡粉红色的花

■ ‘含羞少女’('Blushing Maiden')花后结枣红色果实

■ ‘茶香飘飘’（'Tea Breeze'）入秋后叶色转呈紫红色

■ ‘茶香飘飘’（'Tea Breeze'）在春天开白色的花

■ ‘茶香飘飘’（'Tea Breeze'）花后结绿色果实

另外，在国际园艺界又有一种于 1957 年培育出的‘粉红色花茶’（*C. sinensis* 'Rosea'）；有时用日文‘红花茶’（'Benibana – cha'）作为名称。它的花呈淡粉红色，花径 3cm 左右。叶呈狭长椭圆形，先端钝尖，基部楔形，长 6～8.5cm，中幅宽 2.3～3cm，边缘具粗齿，薄革质，叶面无毛，中脉和侧脉下陷，叶肉隆起，黛绿色。

其实，在中国的茶树品种中亦有一些品种可以引作园林、庭院中栽培观赏，或培养成盆栽桩景，作为欣赏艺术造型之用，如新梢和枝干都自然呈“S”形的‘奇曲’、‘涟源奇曲’等品种；一些花瓣呈半复瓣（7～13 枚），且叶型多变（变异呈扇形、畸形）如‘筲绮’等。如果，把它们进一步改良、艺术加工后，投入市场，为国内外园艺爱好者们提供集花、果、叶色、艺术造型于一棵的新品种，能使千百年以来只供人们品茗解渴的茶登上一个新台阶，则将作出新的贡献。

■ 美国加州怒起乌苗圃（Nuccio's Nurseries）在 1993 年培育出叶呈紫黑色的茶（*C. sinensis* 93 Black）

■ 1993 年紫黑叶茶（*C. sinensis* 93 Black）嫁接在滇缅茶砧木上后，枝丛呈横张型

■ ‘粉红色花茶’（*C. sinensis* 'Rosea'）

第2章

山茶和茶梅的形态特征和生物特性

山茶经过1000多年的栽培、繁衍、发展，尤其自17世纪西传欧美之后，又经历18～19世纪栽培技术和管理法则等渐趋科学化的情况下，国际山茶界逐年培育出许许多多杂交品种。1993年出版的《国际山茶登录》（The International Camellia Register）中共登录32000个品种，并且每年有200多个新品种登录等候再版时辑录入册。随着新品种逐年发展，山茶的花型、花色、叶型、叶色，枝干、蒴果形态，以及植物的耐寒性、耐晒性、匍匐性、垂枝性等都有了崭新面貌，为了便于认识它们的性状和特征，列述如下：

一、形态特征

(一) 花

1. 花蕾

花芽形成后，与叶芽单生或丛生。绝大多数花芽与叶芽顶生，少数花芽与叶芽腋生。随着时日推移，花芽逐渐膨大、伸展，到夏末至秋冬之交，已呈花蕾了。按品种不同，它们的形状，有的花蕾狭长，前端锐尖；有的花蕾呈瓜槌形；有的花蕾胖圆，前端钝尖；有的花蕾丛生，呈卵形或卵圆形；有的花蕾丛生；有的花蕾呈浑圆形。绝大多数品种的花蕾萼片呈绿色或碧绿色，或晕杂紫红色；亦有品种的萼片呈枯褐色，由美国怒起乌苗圃（Nuccio's Nurseries）培育出（'NXO # 8734'），为罕见品种。花蕾萼片色泽与花朵颜色有相关性，如萼片呈绿色者，或杂晕异色者，花朵颜色基本以白、淡黄、青莲、粉红、绯色、淡红，或杂缀异色点、条纹为多；如花蕾萼片呈赭红色或枯褐色者，其花朵都开深红色花。花蕾紧圆者，大多开半复瓣或复瓣花；松软者基本上开半复瓣花或牡丹型；如花蕾细小浑圆者，其花径大多在5～6cm，以复瓣、重瓣为多；凡花蕾尖长者，大多数开单瓣或半复瓣花。上述花蕾不同形式，萼片的不同色泽，可以作为识别或挑选品种时的参考依据之一。

2. 花型

1843年以来，国际山茶界在花型分类方面各执己见，争论不休。尤其，欧洲、美国、澳大利亚、新西兰等西方国家与东方具有千余年栽培史的中国和日本在花型分类定义方面，由于东西双方文化背景不同而存在分歧。再者，国际山茶界逐年登录新品种增多，对各国各自的花型分类法已不敷应用。因此，国际山茶协会考虑有必要规范一种广为国际山茶界都能够接受的花型分类法，以便统一应用，有利于国际交流。1993年由国际山茶协会（The International Camellia Society）澳大利亚籍萨维奇先生（Mr. Thomas J. Savige）在编撰《国际山茶登录》（The International Camellia Register）中提出6组分类法，之后广为西方

现任国际山茶协会主席格里高力·戴维斯先生（Mr. Gregory E. Davis）（右）、现任美国山茶协会主席芭芭拉·塔弗利（Barbara Tuffli）女士与作者合影

山茶界采用。不过，这种分类法，并非完美无缺，如有一些日本特有传统品种花型，以及国际山茶界培育出的一些杂交新品种中出现特殊花型姿式，或一些中间类型，在分类时往往模棱两可，难以界定花型归属，以至于没有把它们纳入。甚者，《国际山茶登录》在6组花型分类文字说明中每组只随附刊登3帧不同形态彩照，它们不足以规范、涵盖每组花型中不同姿式形状，这样容易造成读者对每组花型认识上的局限性。为了弥补上述不足，笔者把每组花型彩照增加成8帧，并作简扼文字描述，便于读者容易理解、认识每组花型规范含义。

花　蕾

花蕾呈细小、浑圆

品种‘NX O#8734’花蕾萼片呈枯褐色

花蕾单生（瓜槌形）

花蕾锐尖

花蕾丛生

花蕾3枚丛生，卵形

花蕾双生状，卵圆形

第一组　单瓣型

俗称单瓣花，为山茶花的基本形式。按品种不同，花朵的形状和花冠的花瓣（有 5～7 枚不等）有阔狭、长短，以及瓣缘波形、卷边或瓣前端反曲等之别。雌雄蕊都发育正常。本组又分成 8 种类型：

基本型　是山茶花中的原始花型，由 5～7 枚花瓣组成敞口形花朵，雌雄蕊俱全，发育正常。

铃状型　花呈铃状，花瓣前端折沿。

筒状型　花呈筒形，后半部渐趋细小，一般花筒仅长 3～4cm，花径 2～2.5cm。

碗状型　花瓣圆边、宽大，内凹，花朵形状似空饭碗般，至凋不改其形。

百合花型　花筒细长，盛开时花瓣前部呈外曲状，形若百合花形，这种花型在日本称做“百合椿”。

细狭瓣型　花瓣细狭又长，宽 1.5～2cm，长 5cm，瓣基部离生或连生。该品种由美国怒起乌苗圃（Nuccio's Nurseries）于 1991 年培育出山茶（*C. japonica*）新品种，为山茶中罕见瓣型，花有微香。目前尚没有上市。

圆瓣型　花瓣呈圆阔状，5 枚至多枚花瓣组成平坦轮状花冠。

碟状型　为日本特有品种，5～9 瓣组成花冠，花瓣圆阔，花朵盛放时花瓣平展，形若浅碟，100～200 多枚雄蕊簇聚，呈辐射状，形若梅蕊般，因此，国际山茶界对这种雄蕊束称为“梅蕊型”，花药部位群相聚集成圆环状，形成独特花型，日本称这类品种为“肥后茶”，闻名于世。

花型——单瓣型

基本型

铃状型

筒状型

碗状型

百合花型

细狭瓣型

圆瓣型

碟状型

第二组　半复瓣型

按中国传统鉴赏习惯，该类花朵花瓣有7～8瓣以上，花瓣呈波形者称武瓣；如呈覆瓦状交搭成鳞状排列者称文瓣。雄蕊健全，或少数瓣化，甚或退化，短缩花筒底部，雌蕊正常或退化。本组又可分成8种类型：

普通型　花瓣8瓣左右,作不规则交叠;或多层参差交相层叠，雄蕊正常或少数雄蕊瓣化。

芙蓉型　花形肖似木本芙蓉花，雄蕊杂缀花瓣瓣丛间。

玉兰型　花朵形态肖似玉兰花。

卷瓣型　瓣缘呈内卷状，尤其瓣尖部更作大幅度内卷，雄蕊退化、稀少。该品种由美国怒起乌苗圃（Nuccio's Nurseries）培育出，目前尚在栽培、繁殖中。

睡莲型　花瓣较狭，平直或大多数花瓣两侧瓣缘呈向上内扣状，雄蕊正常，酷似复瓣睡莲。

荷花型　中国传统上称呼这种花式为“夹套”，即两朵花筒串套一起，雄蕊发育正常，形若中国古代莲般花态。

双层型　花朵外层花瓣平展，雄蕊作辐射状四出，少数雄蕊瓣化、矗立，凌驾雄蕊上方，形成上下两层大小花冠，这种奇特花型在日本特产“雪山茶”中有少数品种出现这种形式。

海棠型　花瓣都作凹状，瓣前端呈内扣状，花态形若磬口半复瓣贴梗海棠花般，堪称别致。该品种由美国怒起乌苗圃（Nuccio's Nurseries）培育出，目前尚未投放市场。

花型——半复瓣型

普通型　芙蓉型　玉兰型　卷瓣型

睡莲型　荷花型　双层型　海棠型

第三组　宝珠型

宝珠山茶，这个名称由来已久，早自明代王世懋（公元1536～1614年）的《学圃余疏》（成书于公元1587年）中提及“吾地山茶重宝珠，有一种花大而心繁者，以蜀茶称……”余如王象晋（公元1573～1614年）的《群芳谱》中谈及“山茶之中宝珠为佳”，以及明末崇祯年间吴彦匡的《花史》中对宝珠茶描述更为贴切：“宝珠茶，花色殷红，外五大瓣，中心瓣堆满，密如线结，平若剪齐，殊欠绰约之态……”明、清两代以来，凡涉及山茶杂著、诗词，乃至府志等都提及‘宝珠茶’这个品种名称。

1806年（清代嘉庆十一年），英国邱园（Kew Gardens）从中国引种山茶时，有一个品种名称为‘宝珠茶’（'Po Chu Cha'），带回英国后，由于使用中文名称读音时拗口，就按西方人熟识的类似宝珠型的银莲花属植物（anemone）作为‘宝珠茶’的替代名称‘Anemoniflora’。自20世纪90年代末以来，中国山茶界个别人士把它翻译成银莲花型，或托桂型，或托盘型，或宝珠型。那么，西方山茶界对宝珠型的含义又是怎么解释的呢？且看1993年，由国际山茶协会编撰的《国际山茶登录》（The International Camellia Register）第一册第26页中第3段：“宝珠型在东方和西方国家都是同样型式，它的花朵外侧由一层或几层花瓣作轮状排列，组成花冠，雄蕊束瓣化成半球形瓣丛簇聚、矗立花朵中心。宝珠型有2种类型：其一，为典型宝珠型，花朵外侧一层花瓣作轮状排列，中心耸立致密有序半球形瓣丛，典型品种如‘宝珠茶’（'Anemoniflora'）、‘卜伴’（'Bokuhan' or 'Tinsi'）。其二，花形比前面提及的品种又大，花朵外侧由2层或3层花瓣作参差不齐，交迭层盖，轮状排列，中心矗立由雄蕊束瓣化成的半球形瓣丛，但半球形瓣丛较松散、紊乱，典型品种如‘雅致’（'Elegans'）和‘牧童之神’（'C. M.Wilson'）；有时，花朵中心雄蕊瓣化瓣丛作不整齐波曲形杂缀，典型品种如‘狂想曲’（'Extravaganza'）。

下列英文为上述《国际山茶登录》P.26第3段阐述第3组宝珠型之原文，以便读者核对。

The third division, the anemone form, is the same in the Orient or the West, and has one or more outer rows of large petals while, in the centre, the stamens have become almost totally petaloid and form a convex mass in the centre of the flower. There are two types of the anemone form: The first, or typical form, has one row of outer petals and a very compact centre. 'Anemoniflora' and 'Bokuhan' are typical examples. The second type is larger with two or three rows of outer petals and a more open central mass, sometimes with many small petals as well as petaloids. 'Elegans', 'C. M.Wilson' and 'Extravaganza' are examples.

上述英文论述中所谓典型形式（typical form），在中国山茶界传统称谓为“文瓣宝珠”；把外侧花瓣由2层或多层花瓣作参差不齐，交迭层盖成轮状花冠，中心矗立雄蕊束瓣化、围聚成半球形，呈松散、紊乱者，称为“武瓣宝珠”。

400多年以来，中国园艺界、学术界人士对‘宝珠茶’这个名称，一以贯之称谓，且词义切合。1993年出版《国际山茶登录》亦阐述清楚了。那如今我们有什么理由反过来用外国人的名称呢？否则，岂不是数典忘祖！

另外，所谓“托桂型”，它是菊花花型分类中的一种花型（类似茶花宝珠型般花式）。日本和中国菊花专著中常用这专业术语，如1984年，由姚毓璆编著《菊花》（中国建筑工业出版社出版）；2002年，由武复华著《名菊图谱》（科学出版社出版）；2004年，由段东泰编著《菊》（中国林业出版社出版）等专著中都对“托桂型”作了详细说明。用菊花的术语来替代山茶花型中传统术语，岂不混淆视听？

‘雅致’（'Elegans'）
‘牧童之神’（'C. M.Wilson'）
‘宝珠茶’（'Anemoniflora'）
‘卜伴’（'Bokuhan' or 'Tinsi'）
‘狂想曲’（'Extravaganza'，方永根拍摄）

第三组　宝珠型

通过上述对“宝珠型”作了正本清源、匡正视听之后，综合古今宝珠型各种款式归纳成 8 种类型：

敞口型　花冠呈敞口喇叭形，雄蕊束花药部位几乎都瓣化，全部花丝正常。

多层花冠型　花冠由多层花瓣交迭层叠，作轮状般平展，雄蕊束瓣化成弧形折摺状花瓣，围聚成半球形，偶尔有些花药杂缀四周。

多瓣花冠型　花冠由多枚花瓣交迭作轮状平展，雄蕊束全部瓣化成弧形折摺状小花瓣，紧密围聚成半球形。

标准型　花冠花瓣圆阔，作轮状平展，雄蕊束全部瓣化成弧形折摺状小花瓣，密集聚成半球形状，花态肖似在浅碟中心放着一颗浑圆珍珠。

武瓣宝珠型　花冠由多瓣或多层交迭层叠，作轮状般平展。雄蕊束瓣化成虬曲、紊乱小花瓣丛，偶尔杂缀少数没有发育齐全雄蕊，或短缩瓣丛下部，这种花瓣丛有时会呈散乱半球形，传统称呼为武瓣宝珠。

狭瓣武瓣宝珠型　花冠花瓣呈狭长形，各花瓣长短不齐，瓣基部离生或连生。雄蕊束瓣化，每瓣前端圆阔，下部细小似线状般，瓣丛疏松、散乱，花形别致，不失为宝珠型中别样姿式。属于武瓣宝珠。

波瓣花冠型　花冠花瓣交搭，作轮状平展，瓣前端呈皱折形。雄蕊束瓣化，呈短小卷曲状，簇聚成半球形。该花型虽然没有标准型那般典雅、秀丽，但显现出一派豪华、丰丽格韵。属于武瓣宝珠。

巨蕊型　是宝珠型中的奇特型式。雄蕊束瓣化，簇聚成巨大半球形，而且，凡瓣化花瓣都呈外曲披散，偶然出现极少数几枚没有发育完全的雄蕊短缩或杂缀瓣丛间。半球形瓣丛硕大，外侧花冠仅露出细狭一圈。

花型——宝珠型

敞口型　多层花冠型　多瓣花冠型　标准型

武瓣宝珠型　狭瓣武瓣宝珠型　波瓣花冠型　巨蕊型

第四组　牡丹型

这组花型，顾名思义，形若牡丹。按国际山茶协会编撰《国际山茶登录》在花型分类中的阐述，它又可分成2类：

第一类为松散重瓣型，或叫不完全重瓣型，其花瓣呈不规则形或波形，瓣丛松散、簇聚，花朵中心的花瓣较小，有时雄蕊杂缀瓣化小花瓣丛之间。在中国有一类介于半复瓣和松散状牡丹型之间的样式，花冠外侧的花瓣较大，中央瓣丛呈直立、扭曲状，这种样式类似西方的“兔耳”（"rabbit ears"）状，因此，被称作“蝶翅型”（"butterfly wings type"）。第二类为复瓣型或丰满牡丹型，或重瓣牡丹型。花瓣呈不规则扭曲状，与雄蕊瓣化瓣丛，以及一些雄蕊混杂簇聚成凸圆状花朵。

根据中国传统至今对牡丹型概念和现代国际上一系列新老品种姿式，如按上述分类，似乎太笼统了，笔者主观认为可分列得细致一些，归纳成8种类型，才能概括当前各种牡丹花型。

卷瓣型　花瓣瓣丛呈扭曲或波形，甚或出现一些兔耳状花瓣，雄蕊分束杂缀瓣丛间。

松散型　花朵瓣丛松散，外侧1～2轮花瓣呈波曲形，花朵中央直立或斜生瓣丛呈扭曲状。

复瓣型　花朵外侧1～2轮花瓣呈微波形，中央部位矗立波曲瓣丛，簇聚成凸圆形，雄蕊退化，短缩花朵基部。

绣球型　花瓣都呈扭曲状，密集簇聚成绣球状形花朵，雌、雄蕊都退化，或短缩花朵基部。中国传统俗称为“旋瓣四面花”。

圆瓣型　花朵外侧一轮花瓣圆阔，中央矗立数枚椭圆状花瓣与瓣化雄蕊、雄蕊束混杂、簇聚。

半复瓣型　花朵外侧1～2轮花瓣圆阔，略呈微波形，中央矗立短小瓣丛与瓣化雄蕊、雄蕊混杂簇聚。

扭曲瓣型　花朵外侧二、三轮瓣丛呈不规则扭曲，形成宽狭不匀、大小不等、长短不一的花瓣与瓣化成缨络状的雄蕊及雄蕊密集混杂簇聚，组成丰满花朵，这类花型花径一般都为大花型。

蝶翅型　这种类型花式，介于半复瓣和松散牡丹型之间，是一种独特花型。尤其，花朵中央矗立几枚呈扭曲状花瓣肖似兔子耳朵般形状，颇为奇特。蝶翅型源于中国，主要出现在中国滇山茶的一些品种中，如‘大理蝶翅’、‘大叶蝶翅’、‘麻叶蝶翅’等。

花型——牡丹型

卷瓣型　松散型　复瓣型　绣球型

圆瓣型　半复瓣型　扭曲瓣型　蝶翅型

第五组 复瓣玫瑰型

在中国传统分类中没有这类花型。现代山茶界把一些花瓣多层，形若鱼鳞般交搭、层盖，排列成轮状花朵，花中心雄蕊部分瓣化，或短缩，雌蕊或退化，或健在。花瓣有平坦型或波型之别，归纳成复瓣玫瑰型。根据花瓣形状、花朵形式，可以分为8种类型。

基本型 由4～5轮花瓣排列成覆瓦状交搭、层迭，雌、雄蕊都健全，或退化。

松果型 由6～7轮花瓣作轮状交搭、迭盖成松果形花朵，雌、雄蕊内陷。

文瓣型 花瓣平坦、圆阔，外侧3～4轮花瓣作鳞状交搭，中央雄蕊瓣化与发育不健全雄蕊混杂一起。

圆阔瓣型 花瓣圆阔，微微内凹，作轮状交搭、迭盖，邻近花心处一些小花瓣稍呈波形，雌、雄蕊退化，或内陷。

波瓣型 花朵外侧2～3轮花瓣呈波形，靠近花心瓣丛呈扭曲状。雌、雄蕊退化，或少数雄蕊瓣化。

重瓣型 花朵圆大，花瓣繁多，作鳞状交搭展开，大部分雄蕊已瓣化，只剩极少数退化雄蕊杂缀花心瓣丛间。

皱瓣型 花瓣前端呈皱折状，作多层轮状展开，雌、雄蕊退化，深陷花朵底部。

复瓣型 花瓣宽阔，呈微波形，雄蕊退化，杂缀中心瓣丛间。

花型——复瓣玫瑰型

基本型

松果型

文瓣型

圆阔瓣型

波瓣型

重瓣型

皱瓣型

复瓣型

第六组 重瓣型

按中国传统术语，凡称重瓣就没有雌、雄蕊，并且花瓣交搭、迭盖，作轮状形展开，即为文瓣。而现今国际山茶界把重瓣型仅分成4种类型。对此，笔者考虑花朵瓣缘异状，花瓣排列形式，花朵形状，以及花心瓣丛形式等，应该分成8种类型才能涵盖。

须边型 瓣缘都呈须毛状。

六列型 花朵瓣丛排列呈六出对称形状。

卷边型 花朵瓣缘都呈内扣状。

高心型 亦称凸圆型。花朵高约8cm，由10轮左右花瓣交迭、层盖。

磬口型 花朵瓣丛都呈微微内凹形，整朵花的形状肖似碗形般，这种花型在中国山茶界传统欣赏习惯中一直被视作最文雅的姿式之一。

鸟巢型 花瓣前沿都呈深度内扣状，自外围花瓣渐向花朵中央扩散时都贴着外层作凹形延伸，而不是平展，因而，花朵肖似鸟巢般形式，堪称新奇。

螺旋型 花朵瓣丛呈螺旋形排列，有顺时针方向排列和逆时针方向排列之别。

中心蓓蕾型 花朵盛开时中心细小瓣丛始终不会绽瓣舒放，保持着形若橄榄般细小瓣球。这种情况，往往出现在重瓣品种中花瓣较薄者，例如先父沈渊如先生栽培的磬口‘十八学士’（与现今所称的平瓣‘十八学士’者无论从叶形、花形、树形都不同，所以,这个品种其实是‘小五宝’。十年动乱后，老一辈种植者相继去世，以致于造成混淆）。在花季雨水较多，气温偏低情况之下常有一些花朵盛放时中心瓣丛紧抱成橄榄状瓣球，及至花朵凋落，依旧不会绽瓣舒放。可是，本段随附彩照为美国怒起乌苗圃（Nuccio's Nurseries）尚未命名新品种，笔者所见到满树花朵都呈“中心蓓蕾型”。

花型——重瓣型

须边型

六列型

卷边型

高心型

磬口型

鸟巢型

螺旋型

螺旋型

中心蓓蕾型

上述6组花型分类中的某一个品种的花型有时会突然变异出另一类花型，例如，牡丹型品种会突变成玫瑰型花朵；松散半复瓣型品种会变异成牡丹型花朵；宝珠型品种会突变成牡丹型花朵；玫瑰型品种会变成重瓣型花朵；半复瓣型品种会突变成宝珠型花朵，这些突变情况屡见不鲜。但是，这种花型突变不是满树花朵变异，仅仅是出现在一枝上单朵或一棵上1～2朵而已，翌年很少会重复出现，或不再出现异型花。6组花型中各类花型基本上还是稳定的。之所以发生突发性花型变异，除了植株遗传物质变异外，与日常栽培管理、营养条件和气候不同等情况，甚或因易地栽培，大环境骤然改变（日照过强、过多，或光照不足，或土壤酸碱度不当，或则管理不善），都有一定关系。

3. 雄蕊类型

中国自11世纪以来，在描述山茶花的雄蕊时只是简单地把黄色花药泛称为黄蕊。根据历史文献记载，可追溯到宋代诗人陶弼（公元1015～1078年）所作《山茶》诗中提及，“……黄蕊绿萼，瓣白如玉……”；明代李时珍著《本草纲目》（成书于公元1578年）中称“山茶产南方，……深冬开花，红瓣黄蕊”。可是古代还没有注意到花丝又有不同的色泽，如乳白、乳黄、浅粉红、红色、暗红色等之别。

自18世纪中国山茶西传欧洲后，随着19世纪西方科学日渐发展，植物学科学理论进步，对繁殖山茶、培育新品种等进行了科学性研究，加速了新品种形成、发展。在这种情况下，育种者们发现了雄蕊和雌蕊的瓣化现象，根据《国际山茶登录》中对雄蕊的类型可分为8种，列述如下：

茶梅型（Sasanqua）雄蕊花丝细短松散。

管状型（Tubular）雄蕊束呈管状。

收缩型（Pinched）雄蕊束前端收缩，呈锥尖钝尖状。

分束型（Split）雄蕊束分散成几丛小束杂缀花朵中心。

环型（Circular）雄蕊束向四周散布，雄蕊束顶部花药部位连接形成环状，主要出现在日本特产肥后茶品种中。

散生型（Dispersed）雄蕊分散杂缀花朵中央瓣丛间。

梅蕊型（Apricot）其实应该翻译为杏蕊型，但在日本则称为梅蕊型，国际上也就默认这种称呼了。它的雄蕊束似杏花雄蕊束般形式，故以此命名。

茶帚型（Tea Whisk）形若中国古代妇女用的一种由竹丝丛扎成的圆筒状竹帚（前部竹丝丛松散，后半部扎紧成紧实圆柱状手柄）；另一种相同形状的小竹帚前半部剖劈成细竹丝丛，后半部竹筒完整，用作手柄之用，用于剔除梳头用木梳、篦子长齿间的污垢，称洗帚。另外，在日本茶道中冲茶汤时调匀茶沫用的竹材圆柱型茶帚（前半部剖劈成细竹丝丛，后半部扎成紧实手柄）。国际山茶界在使用名称时对中国社会文化习俗不了解，故而使用了日本茶道中茶帚这个名称。

上述 8 种雄蕊类型中的茶帚型、管状型、收缩型的雄蕊花丝束基部都相连呈肉质管状，而上方的所有花丝都各自分散，这 3 种雄蕊一般都为单瓣花中的雄蕊束；环型、梅蕊型的花丝都呈辐射状，主要出现在日本特产肥后茶品种中；分束型和散生型则多半出现在牡丹组中（除蝶翅花型、复瓣花型、绣球花型之外的其他品种）。故此，各种雄蕊类型又可作为识别山茶花型分类时的很好特征。

4. 花径大小

山茶花朵的大小往往与种植场所的环境、气候冷暖、光照、施肥恰当与否，以及日常栽培、管理得当与否都有一定关系。所以，同一个品种在不同地区、不同环境、不同栽培、管理之下，所开花朵或大于或小于标准花径，比比皆是，这种差异情况，不足为奇。《国际山茶登录》（The International Camellia Register）中列出划分花朵大小尺寸范围，有利于统一规范化。其具体划分标准如下：

微型（Miniature）≤ 6cm
小型（Small）6 ～ 7.5cm
中型（Medium）7.5 ～ 10cm
大型（Large）10 ～ 13cm
巨型（Very Large）13cm **以上**

5. 花的颜色

山茶花的颜色在红、橙、黄、绿、青、蓝、紫 7 色中，除蓝色外，已色色俱全了。而且，各自还有深浅、浓淡、明暗之分，并在各种单色或杂色花瓣上掺杂异色点或粗细、长短不一条纹，或各种异色相晕相叠，更使花朵色彩杂色纷呈，绚丽多彩。由此在介绍品种花色时难以准确描述色泽。为此，国际山茶协会在登录山茶新品种注册时所鉴定色泽都依据举世公认的英国皇家园艺协会（The Royal Horticultural Society）所出版的色卡（RHS Colour Chart）鉴定色泽名称。不过，同一个品种在不同环境中生长，在不同光照、温度下绽蕊舒瓣，它们的色泽会呈现些许差异。另外，英国皇家园艺协会的花色标准色卡，一般群众和中小城市园林部门，恐怕不一定具备这份资料。故此，日常在描述某一个品种的色泽时，只凭当场观赏花朵时的直觉，或是依据某一份资料介绍的颜色而论，所以不一定准确。何况，上述提到环境、光照、气温、施肥等因素都会对花色起一定影响作用，导致出现色差。故此，要准确描述、鉴定一个茶花的颜色，还是有些困难的。

6. 花期

茶梅和山茶的花期根据不同地域的气候而定。既往，一般情况下，茶梅都在春节前后陆续开花；山茶都在“惊蛰”至“清明”节期间盛花。不过，自 20 世纪 80 年代以来，在全球气候日趋暖化的情况下，各地花期或多或少受到不同程度的影响，引起花期提早。茶梅早花品种在 10 月份就陆续开花了，晚花品种约在 2 月下旬结束，而茶梅杂交种可延长至 4 月初才结束。山茶花期大致可分为：

早花性品种：约在 1 月份之前
中花性品种：约在 1 ～ 3 月初
晚花性品种：约在 3 ～ 4 月上旬

（二）叶片

1. 叶型

山茶品种繁多，不同品种的叶片有各自的形态特征（包括叶形、叶尖、叶基、叶齿、叶脉、叶面、叶肉、叶缘、叶色，以及着叶角度）。故此，许多种植者在日常鉴别品种时，除看花朵外，把叶片形态特征作为识别品种的很好依据之一。国际山茶界种植者们对山茶叶片的形态特征往往各自有不同的描述术语，各有各分别型式标准。为统一起见，国际山茶协会（The International Camellia Society）在 1993 年出版《国际山茶登录》（The International Camellia Register）中采用英国皇家园艺协会 1956 年出版《园艺学字典附录》（the RHS 1956 Supplement to the Dictionary of Gardening, pp.318-322）的资料作为标准，把山茶叶形分成 4 种类型：矩圆形（oblong），椭圆形（elliptic），披针形（lanceolate）和倒卵圆形（obovate），并根据上述 4 类叶形（每类又细划分为 5 种叶形）长和宽的比例在每类中又细分为很狭、狭、一般性、宽的叶形，现按原文介绍列述如下：

(1) 矩圆形：两侧叶缘中部一段几乎呈平行，叶前端急尖。根据长宽比又可分如下形式：

线状形（Linear）12 : 1	**矩圆形**（Oblong）2 : 1
刀片形（Cultrate）6，8 : 1	**宽矩圆形**（Broadly oblong）3 : 2
狭矩圆形（Narrowly oblong）3 : 1	

(2) 椭圆形：叶片中部为叶面最宽阔幅面，两侧叶缘呈弧形曲线向叶尖和叶基部作收缩状延伸。按该形叶面不同宽狭，又可分如下形式：

极狭椭圆形（Very narrowly elliptic）12 : 1	**宽椭圆形**（Broadly elliptic）3 : 2
狭椭圆形（Narrowly elliptic）3 : 1	**近圆形**（Rotund）6 : 5
椭圆形（Elliptic）2 : 1	

(3) 披针形：又叫卵圆形。叶下端为叶幅最宽阔处，两侧叶缘向上作收缩状弧形曲线交汇成双刃矛尖般渐尖状叶尖；叶基部呈钝圆状。根据长宽比又可分为：

狭披针形（Narrowly lanceolate）6 : 1	**卵圆形**（Ovate）3 : 2
披针形（Lanceolate）3 : 1	**宽卵圆形**（Broadly ovate）6 : 5
狭卵圆形（Narrowly ovate）2 : 1	

(4) 倒卵形：亦称倒披针形。该形状恰与上述卵圆形（亦称披针形）相颠倒，叶片上部为叶幅最宽阔处，叶缘向上交汇成渐尖状叶尖；叶基部呈楔形。根据长宽比又可分为：

狭倒披针形（Narrowly oblanceolate）6 : 1	**倒卵形**（Obovate）3 : 2
倒披针形（Oblanceolate）3 : 1	**宽倒卵形**（Broadly obovate）6 : 5
狭倒卵形（Narrowly obovate）2 : 1	

矩圆形　椭圆形　披针形　倒卵形

2. 叶尖

指叶片先端两侧叶缘向顶端渐渐合拢后呈现叶尖，按不同形状，有 7 种类型：圆形、钝尖、突尖、尾尖、锐尖、渐尖、鱼尾状。

叶尖圆形　叶尖钝尖　叶尖突尖　叶尖尾尖　叶尖锐尖　叶尖渐尖　叶尖鱼尾状（5分尖）

3. 叶基

指叶片下端接近基部至叶柄的叶缘渐渐围拢后的形状，有宽楔形、楔形、钝圆形之分。

钝圆形　宽楔形　楔形

4. 叶面

可分为平坦、隆起、泡泡状、内折、凹状、反曲。

叶面平坦　叶面隆起　叶面泡泡状

叶面内折　叶面凹状　叶面反曲

5. 叶脉

可分为网状脉和近似平行脉。

6. 叶缘

指叶片边缘形状，可分为平直、向下内卷、向上内卷、波形，以及叶面向一侧反曲。

7. 叶齿

按叶缘情况，有光滑、没有明显的突起或齿痕称为全缘。但是，绝大多数都具叶齿，按齿痕深浅，尖或钝，或深浅相间等，可分为细齿、钝齿、粗齿、齿痕较深，以及二重锯齿（即相邻叶齿齿痕深浅不一）和深锯齿。

8. 叶色

指成熟叶的叶面色泽，一般有深绿或淡绿色，或墨绿色，甚或黛色。叶面有的有光泽或略有光泽，有的没有光泽。另外，有一些品种的新枝嫩叶竟呈朱红色，或呈茄紫色，或呈淡赭色等，色泽艳丽而别致，可谓“新叶红于二月花”，全无过赞之处。这类色彩斑斓新枝嫩叶恰值花前花后寂寥期，予山茶之美延续了几分观赏乐趣。

新叶色

新叶色

新叶赭色

新叶色

新叶色

新叶色

新叶酱红色

新叶色

新叶色

新叶淡赭色

新叶赭红色

上述品种新枝嫩叶的色泽保持期长达十多天，除欣赏它们的色彩外，在一定程度上体现出日后花朵的色泽，如新枝嫩叶呈绿色者，它们的花色大致会出现白色或粉红色，或乳黄色，或淡微水绿色等浅色系色泽；凡茄紫、酱红、朱红色新枝嫩叶者，常出现各种红色，或深绯色等深色系色泽；淡赭色或黄绿色新枝嫩叶者常出现淡红、绯色、青莲色（即浅淡紫色）等。这些不同色泽新枝嫩叶亦可堪作鉴别品种时的参考依据之一。至于另有一些锦叶类品种，可详见本书锦叶山茶篇章。

9. 着叶角度

根据山茶不同品种的叶丛着生枝条上的角度，可分为水平状、向上斜生状、下垂状。

叶丛着生平展状

叶丛着生下垂状

叶丛向上斜生状

（三）树形

山茶为常绿性灌木或小乔木，甚或大乔木。茶梅（*C. sasanqua*）和山茶（*C. japonica*）基本上都属于灌木型，而有些山茶品种亦有属于小乔木型；至于滇山茶（*C. reticulata*）一般均为乔木型，而少数矮性品种呈灌木型，如‘恨天高’‘小桂叶’等。少数野生山茶原种能生长成大乔木。

按上述各类品种的植株树形有直立性、垂枝性、横张性、丛生性、矮生性（十多年树龄，干高仅 30 多厘米，冠径 80 多厘米）以及匍匐性、高干性。20 世纪末期，美国怒起乌苗圃（Nuccio's Nurseries）培育出秃顶品种，自幼主枝梢顶自然哑掉，没有痕迹，侧枝四偃，呈奇特形式。

直立性

高干性

横张性

匍匐性

矮生性

丛生性

秃顶性

垂枝性

新鲜果实剖面和种子

（四）果实

山茶、茶梅的果实为蒴果，它们的形状多数为球形，余如近球形、卵形、长球形、扁圆形、梨形、桃形等。有些蒴果先端有小喙或喙；有的顶端呈内陷。蒴果表面有的光滑，有的略呈粗糙或粗糙。有些果实表皮被柔毛。果皮颜色有绿色、黄绿色、黄色、红色、紫色、酱红色、香灰色、灰黄色等。有些果实表面呈瘤疣状突起，有些则呈褶皱状。果皮厚度自 0.5cm 至 4cm 不等。蒴果直径有 1cm 至 15cm 不等。果实有 3～5 室之分，每室有 1 粒种子或 2～3 粒，或 3～5 粒，最多达 6～8 粒。蒴果成熟后，外壳呈褐色、木质化，会自然开裂，种子呈黑色，有棱角，种皮角质坚硬。

果 实

金花茶蒴果

蒴果成熟后自然开裂

山茶杂交后留存蒴果

山茶‘游龙’杂交后留存蒴果

山茶‘式部’杂交后留存蒴果

山茶蒴果

油茶（*C. oleifera*）蒴果

山茶杂交后留存蒴果

山茶‘玉之浦’杂交后留存蒴果

果实

怒起乌苗圃山茶杂交后留存蒴果

浙江红山茶蒴果

山茶蒴果

山茶‘小港’蒴果

山茶杂交后留存蒴果

云南山茶杂交后留存蒴果

茶梅蒴果

大理茶蒴果

山茶杂交后留存蒴果

皱果茶蒴果

糙果茶蒴果

猴子木蒴果

二、生物特性

(一) 香味

芳香山茶花，中国古已有之，它们主要是一些具有不同程度香味的原生山野间的山茶原种，踪迹遍布云南、四川、广东、广西、福建、湖南、湖北、安徽、江西、浙江、江苏，以及琉球群岛等地。这些原种如琉球连蕊茶（*C. lutchuensis*）、蒙自连蕊茶（*C. forrestii*）、毛花连蕊茶（*C. fraterna*）、闽鄂山茶（*C. grijsii*）、落瓣短柱茶（*C. kissi*）、琉球短柱茶（*C. miyagii*）、川滇连蕊茶（*C. synaptica*）、云南连蕊茶（*C. tsaii*）、攸县油茶（*C. yuhsienensis*）、五柱滇山茶（*C. yunnanensis*），以及从闽鄂山茶中选育出来的珍珠茶（Zhenzhu Cha）等。另外，明代王象晋著《群芳谱》中提及："……焦萼白宝珠似宝珠而蕊白，九月开花，清香可爱。"；夏旦著《药圃同春》中谈及："……白钱茶，喜腴，夏月用山茶移接，花极可爱，清香"，从这两部著作中所描述品种，当是园艺品种了。

20 世纪中叶以来，欧美、大洋洲山茶界用琉球连蕊茶与日本的原产山茶亚种肥后茶（Higo）和侘助（Wabisuke），以及山茶（*C. japonica*）杂交，陆续培育出许多香味山茶杂交种，为国际园艺界瞩目。这类芳香山茶花所散发香味有似桂花、玫瑰花、苹果花般不同香气，有的香气浓郁，有的浅淡（相关品种彩照、资料详见第 6 章）。

(二) 耐寒性

20 世纪中期，美国 4 位学者，威廉姆·阿克曼博士（Dr. William Ackerman）、克利福德·帕克斯博士（Dr. Clifford Parks）、J. C. 洛尔斯顿博士（Dr. J. C. Raulston），以及雷·邦德先生（Mr. Ray Bond），利用油茶（*C. oleifera*）与一些山茶（*C. japonica*）进行杂交，培育出一系列能耐－20℃左右的耐寒品种，它们的花期有早在仲秋时期；有秋末至初冬；有冬季至翌春期间。为芳菲寂寥的寒冷季节增添了些许红花绿叶情趣。它们的花型有单瓣、半复瓣、复瓣、宝珠型等。树型比一般山茶强健。

耐寒山茶品种经杂交、芽变，已培育出许多新品种。但是，育种家们进一步在利用中国和朝鲜半岛特产的一些能耐严寒，或具香味，树型又美的山茶原种与各类山茶园艺栽培品种进行杂交，意欲培育出能耐严寒、有香味的新杂交种。据笔者所知，在美国一些研究机构、大学、个人正在作广泛、深入研究。

下列 13 帧耐寒品种彩照和资料是由美国山茶协会提供的（It is acknowledged that the information and photos were provided by American Camellia Society）。

'秋季粉红色冰柱'（'Autumn Pink Icicle'）

花呈粉红色，牡丹花型至玫瑰花型，雄蕊杂缀瓣丛间，花径约 9.5cm，花期在 10 月下旬至翌年早春期间。树呈丛生或直立性，长势中等。

'卡罗来纳薄雾'（'Carolina Moonmist'）

单瓣花（由 6 枚狭长花瓣组成花冠，雄蕊束耸立花朵中央），花呈鲑鱼肉色，花径 9～10cm，健花性，花期自 10 月下旬至年末。长势中等，树性丛生或直立性，枝丛较密。

'秋季粉红色冰柱'（'Autumn Pink Icicle'）

‘卡罗来纳薄雾’（'Carolina Moonmist'）

‘粉红色冰柱’（'Pink Icicle'）

‘北极冰’（'Polar Ice'）

‘风雪交加’（'Snow Flurry'）

‘粉红色冰柱’（'Pink Icicle'）

花呈牡丹型至复瓣玫瑰型，花径约10.5cm，珠光粉红色，花期自冬末至翌春。树性直立，长势中等。

‘北极冰’（'Polar Ice'）

花呈白色，武瓣宝珠型，瓣丛间有少数雄蕊杂缀，花径8cm左右，花期12月至翌年1月。生长缓慢，枝丛扩张。

‘风雪交加’（'Snow Flurry'）

花呈白色，武瓣宝珠型，花径约8cm，花期自10月至11月份。树性低矮，枝丛扩张。

‘冬季胭脂’（'Winter Rouge'）

花呈粉红色，花径8cm，有香味，半复瓣型（花冠中央耸立4～6枚“兔耳状”花瓣型，瓣间杂缀雄蕊和瓣化雄蕊），花期9月下旬至11月份。树性强健，直立性，枝丛略呈垂枝状。

‘冬季魅力’（'Winter's Charm'）

花呈淡紫色，牡丹花型，花径8～9cm，健花性，花期10～11月份。树性强健，直立性，枝丛繁茂。

‘冬季梦’（'Winter's Dream'）

花呈粉红色，半复瓣型，花径约9cm，健花性，花期10～12月。树性直立，枝丛紧密。

‘冬季玫瑰’（'Winter's Rose'）

花呈珠光粉红色，重瓣型，花径仅5cm，健花性，花期10～12月。生长极慢，4年生树龄仅高25～30cm。

‘冬季雪人’（'Winter's Snowman'）

花呈白色，半复瓣型至宝珠型，花径约7.5cm，花期在仲秋时期。树性强健，着蕾多。

‘冬季星’（'Winter Star'）

花呈淡紫粉红色，半复瓣型，花径约9cm，花期在10～12月期间。树性强健，枝丛密，直立性，生长快。

‘冬季的星光’（'Winter's Star Light'）

本品种系‘冬季的星’的芽变品种，花呈白色至淡微粉红色，花瓣上偶然出现粉红色斑点，花径约9cm，花期自9月至12月。树性强健，长势中等。

‘白斑冬天的火’（'Winter's Fire var.'）

系从‘冬天的火’('Winter's Fire')芽变中分离出。花呈半复瓣型，玫瑰紫红色，花径约8cm。能耐-10℃。其余性状与母本相同。

‘冬季胭脂’（'Winter Rouge'）

‘冬季魅力’（'Winter's Charm'）

‘冬季梦’（'Winter's Dream'）

‘冬季玫瑰’（'Winter's Rose'）

‘冬季雪人’（'Winter's Snowman'）

‘冬季星’（'Winter Star'）

‘冬季的星光’（'Winter's Star Light'）

‘白斑冬天的火’（'Winter's Fire var.'）

第3章

观叶、观枝干类山茶

自唐宋以来，人们鉴赏山茶花都以它那丰丽花容，绚烂色彩，花期自秋冬之交就有不同品种络绎开放，直至来年春盛方止而赞叹不已。如宋代诗人陆游《山茶一树自冬至清明后著花不已》吟咏："东园三日雨兼风，桃李飘零扫地空，惟有山茶偏耐久，绿丛又放数枝红。"曾巩的《山茶花》诗云："山茶花开春未归，春归正值花盛时。"这些诗都对山茶花的花期久长作了概括描述。

日本山茶界自19世纪以来又兴起玩赏山茶和茶梅的锦叶，枝干虬曲、垂悬；对叶齿和叶脉的形状、深浅、大小、粗细等作了分门别类详细介绍，如1824年《草木锦叶集》；1859年《椿伊吕波名寄色附》；1885年《日涉园茶梅谱》等专著中都有记载。现分列介绍如下：

一、观叶类

这一类品种专供观赏叶面上杂缀深浅不一、相晕相叠的异色斑、条、点等，或叶缘镶嵌宽狭、深浅不一的黄、乳白、橘黄等异色；有些品种的叶缘呈不规则变形；有的品种叶面无光泽，且略呈粗糙状，叶脉凸起。近10年以来，闻名于世的美国加州怒起乌苗圃（Nuccio's Nurseries）经由种子培育出浅苹果绿色叶面（没有光泽）上散布密集黄色细点，甚或有些叶片呈梨黄色品种；另有一种色泽更新奇者，新叶丛呈粉红、绯色、玉色、乳白、浅褐等色杂缀新枝丛，入夏后，粉红、绯色渐渐转变成乳白色，混杂绿叶丛中。本章谈及锦叶品种，早在20世纪50年代中期，已由美国植物病理学、细菌学专家们对山茶绿叶上出现异色变化作了深入研究，他们发现许多山茶花瓣上出现白色斑、点杂晕；或在叶片上出现白色斑晕或淡黄色斑块、点条等都是在嫁接时经由受病毒侵入砧木传导给接穗而引起的。这些受病毒传导现象，笔者在美国加州怒起乌苗圃见到一些实验例证：

'美国大红'（'Glen 40'）作为接穗嫁接在受病毒侵染的'白斑奥杜桑'（'Audusson var.'）砧木上，其后，新枝丛上花朵都呈白色斑晕。

'凯蒂'（'Kate'）作为接穗嫁接在受病毒侵染的日本山茶'春之海'砧木上，其后，新枝丛成长后所开花朵都杂缀白色斑晕。

'热情洋溢'（'Red Hots'）作为接穗嫁接在受病毒侵染的'白斑奥杜桑'（'Audusson var.'）砧木上，其后，接穗萌发新枝丛成长后所开花朵花瓣上杂缀白色斑晕［注：'热情洋溢'是由美国怒起乌苗圃（Nuccio's Nurseries）培育出，1992年登录、注册。而社会上另外一个品种'赤热'（'Red Hot'），其英文原名最后一个单词Hot少了一个s，它是由赫德森（Hudson）先生培育出，在1959年登录、注册］。

'桑·迪玛斯'（'San Dimas'）作为接穗嫁接在受病毒侵染的'复色大怒起乌'（'Guilio var.'）砧木上，其后，接穗萌发新枝丛成长后所开花朵花瓣上杂缀白色斑晕。

但是，有些品种作为接穗嫁接在受病毒侵染的砧木上后，具有一定抵抗病毒感染的能力，例如'粉香'（'Fragrant Pink'）嫁接在受病毒侵染的砧木上后，萌发枝丛成长后，所开花朵都没有出现白色斑晕，叶丛中也没有出现异色条纹或异色斑块。

另外，没有受病毒侵染的接穗与受病毒侵染的砧木嫁接后，病毒能促使接穗成活后所

怒起乌苗圃（Nuccio's Nurseries）未命名新品种 N#2029 观叶山茶

怒起乌苗圃（Nuccio's Nurseries）尚未命名新品种 NXO 7702 观叶山茶

开花朵色泽发生变化，例如美国怒起乌苗圃（Nuccio's Nurseries）用绯色‘沃特豪斯’('E. G. Waterhouse')嫁接在受病毒侵染的茶梅‘绞笑颜’上，成活后叶片变宽，叶色呈黛绿色，所有叶丛中叶面没有出现异色，而花朵却变成半复瓣型，并且，花朵颜色竟变成浅青紫色，瓣基却呈紫色。

怒起乌苗圃（Nuccio's Nurseries）用一种茶梅的枝干突变呈之字形‘笑颜’('Egao Corkscrew')嫁接在受病毒侵染的‘绞笑颜’砧木上，其后，接穗上萌发枝、干转变成波形‘游龙式’，叶丛中出现淡黄色斑晕，或全淡黄色。花瓣上也出现白色斑晕。

‘白色斑晕美国大红’('Glen 40 var.')

‘白斑凯蒂’('Kate var.')

‘白斑热情洋溢’('Red Hots var.')

‘白斑桑·迪玛斯’('San Dimas var.')

山茶和茶梅受病毒侵染后，植株的叶丛会发生异色斑晕，或花瓣上出现白色斑晕。可是，个别品种随着树龄增长，叶丛中会出现返祖现象（即斑杂叶丛中出现全绿色叶丛，逐年增多），如不把全绿色叶丛剪除，斑杂叶逐年减少，最后，全株悉数转变成绿色叶丛。这种现象是否是个别品种随着树龄增长，产生一定抗病毒能力呢？还是先天性基因突变？对此，尚待有关专家们作进一步研究、论断。

美国怒起乌苗圃（Nuccio's Nurseries）还没有命名实生品种 N#9205 枝条嫁接在‘白斑奥杜桑’砧木上，成活后萌发新枝成长后所开花朵花瓣上出现白色斑晕，花径 9～11cm，叶呈椭圆形，长 6～7cm，宽 4～5cm，枝丛横张。这又是一例实生苗枝条嫁接在已受病毒侵染砧木上所发生病毒、侵染情况。

‘粉香’嫁接在受病毒侵染的砧木上后，没有受病毒影响，花、叶都呈正常现象

‘沃特豪斯’(E. G. Waterhouse) 嫁接在受病毒侵染的茶梅‘绞笑颜’砧木上，叶丛没有出现异色斑、晕，而花朵颜色却异变成浅青紫色

关于病毒经由砧木侵染山茶和茶梅接穗，而后花瓣上会出现白色斑晕，或者叶片上出现异色斑晕等现象，在学术界已成为主流观点。可是，亦有少数园艺家们对此持不同看法，例如美国贝克特三世 (T. A. Beckett, Ⅲ) 先生所发表《山茶病毒和遗传颜色突变》(Camellia Virus and Genetic Color Breaks)，文中所举例证中，有些现象颇具说服力。鉴于本书篇幅有限，且涉及著作权法，在此不作介绍了。

近 50 年以来，病毒侵染山茶和茶梅之后不再局限于叶片上出现异色斑晕，或花瓣上出现白色斑晕了。如前面提及山茶‘粉香’具有抗病毒感染现象；山茶‘沃特豪斯’花朵颜色改变成青莲色；茶梅之字形枝干‘笑颜’改变成波形枝干等现象，值得科研单位、园林部门，以及有志人士对这些新现象作深入研究，找寻出科学答案。

怒起乌苗圃 (Nuccio's Nurseries) N#9205 受病毒侵染后花瓣上出现白色斑晕

怒起乌苗圃 (Nuccio's Nurseries) 养植受病毒侵染的茶梅‘昭和之荣’斑色叶丛逐年减少，绿色叶丛增多现象

之字形枝、干‘笑颜’嫁接在受病毒侵染的茶梅‘绞笑颜’砧木上。其后，接穗上新枝、干转变成波形，叶丛中出现淡黄斑，或全淡黄色。花瓣上出现白色斑晕

'仙女舞'('Dance of the Goddess of Luck')

(一) 锦叶

现根据笔者在美国 25 年生活中，逐年择优收集到 30 多个锦叶品种资料列述如下：

'仙女舞'('Dance of the Goddess of Luck')

'仙女舞'为中文译名；'弁天神乐'为日文片假名原名；'Dance of the Goddess of Luck' 为英文译名。

系日本山茶'太神乐'芽变成斑叶品种。1933 年日本出版的《椿花集》中见载。

叶缘呈不规则凹陷状，镶宽狭不一乳白色，叶面上杂缀宽狭、长短不一乳白色条纹。花呈绯色，牡丹型，花瓣上杂缀大小不一白色晕斑、点。树势较弱，枝丛疏散、柔软。

名称不详斑叶品种 (Benten Mix W. Mat L. Ja Poppy)

本品种现由美国加州怒起乌苗圃 (Nuccio's Nurseries) 养植。

叶片呈墨绿色，叶面上杂缀深浅不一、大小不等苹果绿色，或与墨绿色相晕相叠。花呈牡丹型，浅粉红色，部分瓣缘色泽较深，花径约 6cm。树势强健，呈直立性。

名称不详斑叶品种 (Benten Mix W. Mat L. Ja Poppy)

'斑叶舞台新秀'('Debutante Benten')

'斑叶女学生'('Coed Benten')

由美国加州怒起乌苗圃 (Nuccio's Nurseries) 培育出，于 1959 年始花。其后，少数碧绿色叶面上出现杂缀淡绿色斑晕，或与碧绿色相晕相叠，间或镶边。花呈浅微粉红色，牡丹型，花径约 6cm。树势强健，直立性。

'斑叶舞台新秀'('Debutante Benten')

本品种由怒起乌苗圃的好友雪利·雷尔女士 (Mrs. Shirley Real) 在家园中发现栽植'舞台新秀'(Debutante) 叶丛中出现一些斑色叶，叶缘镶宽狭不一淡黄、绿色，或杂缀大小不一淡绿色斑块，甚或与碧绿色相晕相叠，有些叶片呈变形。花朵颜色仍如既往粉红色，但花径比原有老品种花朵略小。其后由怒起乌苗圃 (Nuccio's Nurseries) 发展成为新品种。

'斑叶女学生'('Coed Benten')

'德鲁弗拉'('Draffera')

'德鲁弗拉'('Draffera')

叶缘镶金黄色，叶质较厚，略呈内折状，叶片大小、形状酷似金柑叶般。花白色，单瓣型，花径约 5cm。树势强健，树形较低矮，高 1m 左右。现由怒起乌苗圃 (Nuccio's Nurseries) 养护中。

‘弗朗西丝’（'Frances Wiot'）

‘覆轮一休’（'Bordered Ikkyu'）

‘金色亮片’（'Golden Spangles'）

格莱乌·平野（'Guilio Nuccio Hirano'）

‘斑叶花大臣’（'Minister of Flowers var.'）

‘弗朗西丝’（'Frances Wiot'）

叶缘镶嵌宽狭不一黄色，叶面上晕杂浅绿色，叶宽3～4cm，长约5cm。花呈暗红色，复瓣型。树势强健。

‘覆轮一休’（'Bordered Ikkyu'）

‘覆轮一休’为中文沿用日文片假名；‘覆輪一休’为日文片假名原名；‘Bordered Ikkyu’为英文译名。

花呈粉红色，瓣缘色淡如白色，花瓣常出现杂缀红色串条，或偶尔出现一、一瓣全红色，半复瓣型，花径5cm左右，花期较晚。叶呈狭长披针形至椭圆形，叶丛中常出现不定形叶，叶面上浅苹果绿色与大小不一碧绿色相晕相叠。树性直立。

本品种早在1859年日本《椿伊吕波名寄色附》中见载。

‘金色亮片’（'Golden Spangles'）

1946年，在英国威斯利（Wisley）地方一些花园中栽植一批经由怒江山茶（*C. saluenensis*）与山茶（*C. japonica*）杂交培育出的种间杂交种（*C. × williamsii*），被命名为‘玛丽·克里斯琴’（'Mary Christian'）。其后，该品种分散去其他地方，在栽培中发现有一棵叶片上杂缀黄绿色斑晕。当时，相关人士疑虑这个突变品种会否是早年播种时个别的实生品种呢？还是‘玛丽·克里斯琴’突变而成。疑虑之下，惟恐混淆，就把这斑叶‘玛丽·克里斯琴’命名为‘金色亮片’（'Golden Spangles'）。

花呈玫瑰红色，单瓣型（有7～8瓣），花径约7cm。叶色黛绿，杂缀大小不一果绿色，或与黛绿叶色相叠相晕。叶呈椭圆形，宽约4cm，长7～8cm，有叶尖，角质层厚，树势强健。现在由怒起乌苗圃（Nuccio's Nurseries）繁殖、发展中。

‘格莱乌·平野’（'Guilio Nuccio Hirano'）

早年，美国怒起乌苗圃（Nuccio's Nurseries）创业业主乔（Joe）和胞弟朱利叶斯（Julius）把培育出一个开粉红色，半复瓣山茶花的新品种，以父亲姓名格莱乌·怒起乌（Guilio Nuccio）作为该花命名。其后，日本人平野（Hirano）先生引回日本，在栽培期间，发生突变，叶面上杂缀橘黄色斑、块、条纹，煞是好看。平野先生把这个变异斑叶品种回赠给怒起乌苗圃，乔和朱利叶斯就把这个斑叶新品种命名为‘格莱乌·平野’（'Guilio Nuccio Hirano'），以资纪念彼此诚挚友谊。

‘斑叶花大臣’（'Minister of Flowers var.'）

‘斑叶花大臣’为中文沿用日文片假名；‘斑叶花大臣’为日文片假名原名；‘Minister of Flowers var.’为英文译名。

系茶梅品种，由美国加州海沃（Hayward）市日裔苗圃业主堂本（Domoto）从日本引种，其后，在栽培中发生芽变成斑叶性状，经分离后定向培养，遂成为‘斑叶花大臣’品种。其后，归由加州怒起乌苗圃（Nuccio's Nurseries）栽培、发展。

花呈玫瑰粉红色，杂缀白斑晕，单瓣型。叶常呈不定形状，叶缘镶嵌宽狭不一淡黄色，叶面多浅灰绿色或黛绿色相晕相叠。植株生长缓慢。

‘特别的斑叶花大臣’（'Hana-Daijin special'）

‘中国美女’（'Chinese Beauty'）

‘京都植物园斑叶’（'Kyoto Botanical Garden var.'）

‘金世界’（'Golden World'）

‘斑叶大岛’（'Oshima var.'）

‘特别的斑叶花大臣’（'Hana-Daijin special'）

本品种是由美国加州怒起乌苗圃（Nuccio's Nurseries）从日本茶梅品种‘花大臣’中分离出的锦叶品种中具有特别色彩的另一个品种。

叶形常呈不定形状，叶面呈灰绿色，与大小不一深绿色、乳白色相晕相叠，叶面没有光泽，叶齿深。花呈玫瑰红、粉红色，单瓣型，花期约从12月至翌年1月。树势扩张。

‘中国美女’（'Chinese Beauty'）

‘中国美女’为中文译名；‘唐弁天’为日文片假名原名；‘Chinese Beauty’为英文译名。

花朵呈尖底酒杯状，桃红色，单瓣型（有5～8瓣），花期自初冬至翌年仲春。叶呈不定形状（叶缘常凹陷状），叶缘镶嵌宽狭不一乳白、淡黄色，交相杂晕，叶面翠绿、苍碧色杂相晕叠。树势较弱，扩张。现由美国加州怒起乌苗圃（Nuccio's Nurseries）培养、繁殖中。

‘金世界’（'Golden World'）

‘金世界’为中文沿用日文片假名；‘金世界’为日文片假名原名；‘Golden World’为英文译名。

红色单瓣小花，花朵盛开时，花冠呈平展状，花期约在仲春时际。叶呈长椭圆形，叶片平坦，叶色黛绿，叶面中央常杂缀宽狭、大小不一黄色斑块，因此，叶面显得非常灿丽。

‘京都植物园斑叶’（'Kyoto Botanical Garden var.'）

本品种由美国加州怒起乌苗圃（Nuccio's Nurseries）从日本京都植物园引种时，该园尚未对这个品种命名。

花呈绯色，单瓣型（有5～6瓣），花径约5cm。叶呈不规则变形，叶缘镶嵌宽狭不等、断续乳白色，苍绿、浅碧相叠晕杂。树势强壮。

‘斑叶大岛’（'Oshima var.'）

‘斑叶大岛’为中文译名；‘野生大岛’枝变为日文片假名原名；‘Oshima var.’为英文译名。

花呈红色，单瓣型，花径约4cm。叶呈椭圆形，叶缘镶嵌宽狭不一浅绿色。树势强健，扩张。现由怒起乌苗圃（Nuccio's Nurseries）栽培、繁殖中。

‘斑豆’（'Pinto'）

叶面杂缀宽狭不一、长短不等橙黄色，叶呈椭圆形。白色，半复瓣型。树形较低矮，树性强健。本品种现由怒起乌苗圃（Nuccio's Nurseries）栽培、繁殖中。

‘棱镜’（'Prism'）

花呈浅紫色，单瓣型。叶面杂缀大小不一乳白色，甚或呈现半绿半白，偶尔有全乳白色叶片。树形较低矮。本品种由怒起乌苗圃（Nuccio's Nurseries）繁殖中。

斑叶‘热情洋溢’（'Red Hots Benten'）

本品种系怒起乌苗圃（Nuccio's Nurseries）在1992年培育出新品种‘热情洋溢’芽变出的斑叶品种。它与另外一个名为‘赤热’（'Red Hot'）[1959年由赫德森（Hudson）培育出]的品种是完全没有血缘关系的。

花呈红色，喇叭花形，半复瓣型。叶呈披针形，淡绿色叶面上杂缀碧绿色，叶面无光泽。

‘丽玉’（'Beautiful Jewel'）

‘丽玉’为中文名称沿用日文片假名；‘丽玉’为日文片假名原名；‘Beautiful Jewel’为英文译名。

花呈橘红色，单瓣型，盛开时花冠渐呈平展状，雄蕊较短，花期在仲春时际。新叶展开时叶面部分幅面呈现粉红色，随着嫩叶渐渐老去，凡粉红色斑块都转呈黄色、淡黄色。本品种属于日本特有高山地带野生山茶雪山茶（*C. rusticana*）。

‘斑叶罗斯玛丽·金座’
（'Rosemary Kinger Variegated'）

本品种由美国人谢泼（Shepp）培育出，于1954年登录入册。其后受病毒入侵，发生斑叶。

花呈粉红色，或瓣上杂缀白斑晕，半复瓣型，花径5～6cm。叶呈披针形，常有不定形叶出现，叶面上杂缀苍碧、灰绿色相叠相晕，叶缘镶宽狭不一、续连续断淡黄或浅果绿色。

‘白镶边弁天’（'Shira Fukurin Benten'）

‘白镶边弁天’为中文译名；‘白覆輪弁天’为日文片假名原名；‘Shira Fukurin Benten’为英文译名。

花呈淡玫瑰红色，单瓣型。叶呈椭圆形，常有不规则变形叶出现，叶缘镶宽狭不一、参差不齐白色。本品种源于日本，亲本不详。

‘斑豆’（'Pinto'）

‘棱镜’（'Prism'）

斑叶‘热情洋溢’（'Red Hots Benten'）

‘丽玉’（'Beautiful Jewel'）

‘斑叶罗斯玛丽·金座’（'Rosemary Kinger Variegated'）

‘白镶边弁天’（'Shira Fukurin Benten'）

‘斑叶白色肥后茶’('Shira OGI var.')

‘斑叶昭和之早苗’('Showa-No-Sanae Benten')

‘太阳’('The Sun')

‘月世界’('the Lunar World')

‘斑叶白鸽’('White Doves Benten')

‘斑叶圣诞日’('Yuletide Benten')

‘斑叶白色肥后茶’('Shira OGI var.')

本品种源于日本肥后茶，受病毒入侵后出现斑叶，后经分离出，列为单一斑叶品种。

花呈白色，单瓣型，花径约7cm。叶色墨绿，有光泽，叶面上常出现与灰绿色相杂晕杂叠色泽，叶片大多呈反曲，叶缘常镶宽狭不一、参差不齐乳白色。

‘斑叶昭和之早苗’('Showa-No-Sanae Benten')

‘斑叶昭和之早苗’为中文译名；‘昭和の早苗辨天’为日文片假名原名；‘Showa-No-Sanae Benten’为英文译名。

叶呈狭长披针形或倒披针形，常有不定形叶出现，叶缘镶嵌乳白色。

‘太阳’('The Sun')

‘太阳’为中文沿用日文片假名；‘太阳’为日文片假名原名；‘The Sun’为英文译名。

本品种系日本特有高山地带雪山茶(*C. rusticana*)中突变斑叶品种，于第二次世界大战后问世。

花呈猩红色，单瓣型。叶呈椭圆形或长椭圆形，叶片中部杂缀大小不一、参差不齐淡黄色斑块。树势强壮，枝丛稠密。

‘月世界’('the Lunar World')

‘月世界’为中文沿用日文片假名；‘月世界’为日文片假名原名；‘the Lunar World’为英文译名。

本品种由日本人从野生原生种雪山茶(*C. rusticana*)中选出。树势较弱，枝叶较密。

花呈红色，单瓣型，杯状形，花径约4cm。叶呈狭长椭圆形，常有不定形叶出现，叶缘镶嵌宽狭不一、参差不齐黄色、乳白色。

‘斑叶白鸽’('White Doves Benten')

由美国怒起乌苗圃(Nuccio's Nurseries)从日本白色茶梅‘峰の雪’培育出的斑叶新品种。

花呈白色，半复瓣型，花径5～6cm。叶呈椭圆形，叶缘镶嵌宽狭不一、参差不齐黄绿色。树势强健，枝丛稠密。

‘斑叶圣诞日’('Yuletide Benten')

本品种系茶梅‘圣诞日’('Yuletide')突变斑叶品种，由怒起乌苗圃(Nuccio's Nurseries)分离出。

花呈橘红色，花径4～5cm。叶长约3cm，幅宽约1.5cm，叶缘镶嵌宽狭不一黄色，叶丛中常出现全绿色叶片。树势强健，枝丛稠密。

怒起乌苗圃尚未命名斑叶品种(Nuccio's Nurseries grow unnamed variety of variegated leaves)

花呈绯色，半复瓣型。叶呈椭圆形，反曲，叶片前半段常呈土黄色，这种色泽和着色部位在斑叶类山茶中堪称别殊。

‘斑叶第一黄’（'First Yellow var.'）

怒起乌苗圃尚未命名 NXO 9920 品种（Nuccio's Nurseries grow unnamed variety of NXO 9920）

怒起乌苗圃尚未命名#9312 斑叶品种（Nuccio's Nurseries grow unnamed variety of N 9312）

怒起乌苗圃未命名深齿斑叶品种（Nuccio's Nurseries grow unnamed variety of deep teeth variegated leaves）

‘斑叶蒂范妮’（'Tiffany Variegated'）

怒起乌苗圃尚未命名斑叶品种（Nuccio's Nurseries grow unnamed variety of variegated leaves）

怒起乌苗圃尚未命名 NXO 9920 品种（Nuccio's Nurseries grow unnamed variety of NXO 9920）

本品种于 1999 年育出。

叶呈椭圆形，叶缘镶嵌宽狭不一、参差不齐淡黄色或乳白色，常有不定形叶片出现。

怒起乌苗圃尚未命名#9312 斑叶品种（Nuccio's Nurseries grow unnamed variety of N 9312）

本品种于 1993 年育出。

花呈乳白色至玉色，花瓣上常散布密集长短不一、粗细不匀紫红色条纹、细点，复瓣型，磬口形，花径 5～6cm。叶呈椭圆形，反曲，浓绿色叶片上杂缀阔狭不一、长短不匀淡黄色块，或密集尘埃状色带，或在墨绿色中掺杂相叠相晕浅绿色。树呈扩张形，枝丛柔软。

‘斑叶第一黄’（'First Yellow var.'）

本品种由怒起乌苗圃（Nuccio's Nurseries）从‘第一黄’（即日本黄色山茶‘初黄’）中分离出突变斑叶品种。

怒起乌苗圃未命名深齿斑叶品种（Nuccio's Nurseries grow unnamed variety of deep teeth variegated leaves）

本品种由怒起乌苗圃（Nuccio's Nurseries）从‘斑叶舞台新秀’（'Debutante Benten'）叶缘突变成深齿植株上分离出新品种。

‘斑叶蒂范妮’（'Tiffany Variegated'）

本品种系‘蒂范妮’（'Tiffany'）于 20 世纪 60 年代后期经病毒侵入后，多数叶片发生杂缀淡黄色斑晕，且侵染叶片呈不定形状；凡叶丛中没有杂缀淡黄色叶片仍呈正常椭圆形。花呈粉红色，或微白色，或瓣上杂缀浅紫红色晕，半复瓣型，花径约 7cm。植株呈扩张形，枝丛疏散。

（二）特殊色泽叶

20 世纪 70 年代末以来，日本山茶界在实生苗中选出几个叶面具有别致色泽的山茶品种，被列入特殊叶色观叶类中。

‘银叶山茶’（'Silver Leaf Camellia'）

‘赛银叶’（'Silverado'）

‘银叶山茶’（'Silver Leaf Camellia'）

‘银叶山茶’为中文译名；‘银叶椿’为日文片假名原名；‘Silver Leaf Camellia’为英文译名。

叶色呈灰绿色，覆盖着一层银白色般迷糊色泽，颇为别致，窄披针形，边缘叶齿呈密集钝细锯齿形，且特别厚实。花呈深桃红色，单瓣型。树势强健，直立性，枝丛密集。本品种出自日本农家院中野生山茶实生苗，于 1980 年获登录入册。

‘赛银叶’（'Silverado'）

‘赛银叶’为中文译名；‘Silverado’为西班牙文原名。

本品种由美国加州怒起乌苗圃（Nuccio's Nurseries）经由‘银叶山茶’与茶梅杂交，培育出叶形、叶色类似‘银叶山茶’的新品种。不过，叶面覆盖着似轻霜初染般色泽，叶齿没有‘银叶山茶’那般厚实、密集。花呈曙白色，瓣前端呈淡玫瑰红般色晕，单瓣型。树势低矮，高 50 余厘米，枝丛疏散。

‘锉刀叶山茶’（'Rasp Leaf'）

‘锉刀叶山茶’为中文译名；‘やすり葉’为日文平假名原名；‘Rasp Leaf’或‘Yasuriba’为英文译名。

本品种起源于日本屋久岛‘苹果山茶’（'Apple Camellia'）实生苗，1975 年命名。其后，由美国怒起乌苗圃（Nuccio's Nurseries）引进，于 1987 年起列入商品目录。

叶呈灰绿色，窄倒披针形，叶面覆盖着一层尘埃般色泽，酷似砂皮纸般观感，叶形、叶齿近似‘银叶山茶’，嫩枝、叶呈微红色。

‘锉刀叶山茶实生苗（'Rasp Leaf' seedling,NXO 2035）

‘锉刀叶山茶’（'Rasp Leaf'）

（三）叶尖

在山茶品种中，有一类叶尖呈交叉（最多者竟有5个分尖，且每个叶尖都有中脉），状若鱼尾形态，因此，俗称“鱼尾叶”。日本早在1789年《诸色花形帖》；1827年《草木奇品家雅见》中已有不同品种列出，及至现今，见之于谱牒者有6个品种，如‘绞り锦鱼’、‘大蕊锦鱼叶椿’（日文片假名‘椿’即中文山茶之词义）、‘锦鱼叶椿’、‘白牡丹咲锦鱼叶椿’、‘白一重锦鱼叶椿’（日文片假名‘一重’，即中文单瓣之词义）、‘锦鱼叶源氏’。

（四）叶脉

山茶叶脉，一般不大为人注意，其实，叶脉可分粗和细，凸或下陷之别。日本山茶界选出一个品种，命名为‘龙宫’，它的叶片比多数品种厚实、硬挺，叶脉特别粗壮，凸显叶面。而且叶齿呈重锯齿形，锐尖。鉴于这些显著性状，日本山茶界把它列为欣赏叶脉或者叶齿的品种。该品种于1970年由大冈德治命名、发表。

多个叶尖（鱼尾叶）

白花鱼尾叶山茶

粉红花鱼尾叶山茶

绞锦鱼尾叶山茶(品名‘彦野’,日本杉原信司先生供稿)

观叶脉、叶齿品种‘龙宫’

红花鱼尾叶山茶

当前国际山茶界选出十个观赏叶齿品种
①‘怒起乌苗圃杂交锯叶山茶’('Nuccio's Nokogiri-BA')；②‘弗朗西丝·尤金·菲利普斯’('Francis Eugene Phillips')；③‘白天鹅’('Elegans Champagne')；④‘五柱滇山茶’×‘狮子头’('Yunnanensis'×'Shishigashira')；⑤‘布齐·皮’('Boozie B')；⑥‘斑叶舞台新秀’('Debutante Benten')；⑦‘黑魔法’('Black Magic')；⑧‘皱叶奇花’('Holly Bright')；⑨‘红爱康’('Ed Combatalade')；⑩‘怒起乌苗圃第二号’('Nuccio's No.2')

(五) 叶齿

山茶叶缘叶齿有不同形状，并随着着生角度的不同，形成不同的齿型，如尖锯齿型、细锯齿型、全锯齿型、重锯齿型、牙齿型、细牙尖或全牙尖型、圆齿型、小圆齿型及全圆齿型等。按国际山茶界出现品种中撷取一些优秀锯齿型品种如左图所示。

(六) 叶型

按山茶叶片形状有披针形、椭圆形、倒卵形、矩圆形等4个主要叶型。随着它们的叶基部和叶前端的宽窄、大小，以及叶尖长短，锐与钝等形状变化，因此，4个类型中又有窄、宽等分称。20世纪60年代以来，日本山茶界培育出一种叶片呈深凹形盆碟状者，其品名为‘圆’；另一种的叶片呈浅碟形者，其品名为‘杯叶山茶’；更有一种叶片常常呈卷筒形状，其品名为‘鸣子七变化’；以及叶呈细短矩圆形，长约3.5cm，宽约3cm的‘肥后日光’('Higo Nikko')；美国怒起乌苗圃(Nuccio's Nurseries)亦培育出叶片几乎呈浑圆形的N#9164(尚未命名，仅用此代号)和‘细圆叶山茶’，这2个未命名实生品种为当今国际山茶(*C. japonica*)中最细小、短圆者。

美国怒起乌苗圃(Nuccio's Nurseries)尚未命名白花单瓣深齿叶N#9915

‘银叶山茶’叶齿

‘锯叶山茶’

美国怒起乌苗圃(Nuccio's Nurseries)尚未命名NXO 9178矩形叶

‘肥后日光’('Higo Nikko')叶片，短矩圆形，长约3.5cm，宽2.8～3cm

‘杯叶山茶’

美国怒起乌苗圃(Nuccio's Nurseries)培育出叶片几乎呈浑圆形的N#9164新品种

美国怒起乌苗圃(Nuccio's Nurseries)培育出尚未命名的细圆叶形山茶新品种

二、观枝干类

(一) 垂枝类

枝丛呈垂悬状，形若垂柳般纷披，婀娜多姿，别具风韵。

'垂枝雪花飘飘'('Snow Drop Cascade')

本品种由澳大利亚(Australia)维多利亚州(Victoria)旺黛·诺思(Wandin North)市的塞比尔先生(Mr. E. R. Sebire)用西南山茶(*C. pitardii* var. *pitardii*)与毛花连蕊茶实生种(*C. fraterna* seedling)杂交培育出，于1975年第一次见花。其后，传去美国，在栽培中发生突变，出现垂枝性现象，现由加州怒起乌苗圃(Nuccio's Nurseries)繁殖中。

花呈白色，瓣缘覆粉红色，单瓣型，花径约3.5cm。叶呈窄披针形，叶色黛绿，叶质薄。枝丛四垂，植株低矮。

'华严瀑布'('Hua Yan's Waterfall')

'华严瀑布'为中文译名;'华严の瀑'为日文片假名原名;'Hua Yan's Waterfall'为英文译名。

花呈白色，单瓣型，尖底酒杯状，花径3～4cm。叶呈椭圆形，有叶尖、微曲。枝丛垂悬。本品种系从'卜伴'实生苗中选出。

'百合山茶'('Lily Camellia')

'百合山茶'为中文译名;'百合椿'为日文片假名原名;'Lily Camellia'为英文译名。

花呈大红色，喇叭形长花筒，花径约3.5cm，花期较晚。叶呈窄披针形，状若柳叶。垂枝分披。本品种为日本传统品种，早在1829年出版的《草木锦叶集》中已列入。

'孔雀山茶'('Peacock Camellia')

'孔雀山茶'为中文译名;'孔雀椿'为日文片假名原名;'Peacock Camellia'为英文译名。

本品种原由日本民间三河西尾先生栽培，于1962年高津仪一先生发现这一奇特垂枝品种，其后由加藤草树园命名'孔雀椿'。

花呈红色，部分花瓣上杂缀大小不一白色斑晕，半复瓣型。叶呈窄披针形、反曲。枝丛纷披四垂。

'孔雀山茶'('Peacock Camellia')

'垂枝雪花飘飘'('Snow Drop Cascade')

'华严瀑布'('Hua Yan's Waterfall')

'百合山茶'('Lily Camellia')

‘垂枝冬天光辉’（'Winter Fire Cascade'）

‘麦克罗喀尔巴’（'Macrocarpa'）

‘甜凯特’（'Sweet Emily Kate'）

‘吊水桶’（'Well Bucket'）

怒起乌苗圃（尚未命名）NO. 9209（Nuccio's Nurseries grow unnamed hybrid variety of No.9209）

‘白垂枝’（'White Cascade'）

‘垂枝冬天光辉’（'Winter Fire Cascade'）

本品种是‘冬天光辉’变种，因为原品种呈直立性。现由美国怒起乌苗圃（Nuccio's Nurseries）栽培、发展中。

花呈淡红色，半复瓣型。叶呈椭圆形，叶面微隆，叶缘、叶尖呈下弯状。枝丛四披、垂悬。

‘麦克罗喀尔巴’（'Macrocarpa'）

花呈红色，单瓣型或半复瓣型，花径约3cm。叶呈椭圆形，叶面平坦。枝丛四垂。现由美国怒起乌苗圃（Nuccio's Nurseries）栽培、发展中。

‘吊水桶’（'Well Bucket'）

‘吊水桶’为中文译名；‘笼钓瓶’为日文片假名原名；‘Well Bucket’为英文译名。

本品种系日本特有山茶肥后椿之突变品种，1970年肥后椿协会确认。现由怒起乌苗圃（Nuccio' s Nurseries）发展中。

花呈红色，单瓣型，梅芯（似单瓣梅花般无数雄蕊簇聚）。叶呈椭圆形，叶色墨绿，有光泽，叶缘、叶尖微呈下曲状。

怒起乌苗圃（尚未命名）NO.9209（Nuccio's Nurseries grow unnamed hybrid variety of No.9209）

本品种由美国怒起乌苗圃（Nuccio's Nurseries）在1992年培育出垂枝性品种。

花呈红色，单瓣型，花径约3cm。叶呈椭圆形。植株强健。

‘甜凯特’（'Sweet Emily Kate'）

本品种由澳大利亚维多利亚(Victoria)州雷·加内特先生（Mr. Ray Garnett）用红山茶（*C. japonica*）‘丝纱罗’（'Tiffany'）×

[‘陛下’('The Czar')× 琉球连蕊茶(*C. lutchuensis*)] 杂交培育出，于 1983 年首次见花，呈淡粉红色，花瓣下部色泽愈淡，牡丹花型，花径约 7cm。叶呈椭圆形，色泽亮丽，叶齿尖锐。枝丛四垂。

‘白垂枝’('White Cascade')

本品种亲本不详，现由美国怒起乌苗圃（Nuccio's Nurseries）栽培、发展中。

花呈白色，单瓣型，花径 6～7cm。叶呈椭圆形，叶色苍碧，有光泽。枝从四垂。

怒起乌苗圃 No. 9156T（Nuccio's Nurseries grow unnamed hybrid variety of No.9156T）

本品种于 1991 年培育出，暂时尚未命名。

花呈粉红色，瓣缘色淡如白，磬口形，单瓣型（5～8 瓣不等）。叶呈倒卵形至椭圆形，叶尖锐长，叶色黛绿，叶面平坦。枝丛纷披。

怒起乌苗圃 No. 9875（Nuccio's Nurseries grow unnamed hybrid variety of No.9875）

花呈粉红色，单瓣型，微型花，花径约 2cm。叶呈椭圆形，叶色翠绿，无光泽。枝丛四垂，植株低矮。

‘梦中宝宝’('Dream Baby')

由新西兰的布卢姆哈特用‘梦中情人’('Dream Girl')与尚未命名的杂交种 [‘佛陀’('Buddha')× 毛花连蕊茶(*C. fraterna*)] 相杂交培育出，1982 年始花，粉红色，半复瓣型，花径约 6cm。枝丛纷披，树性茁壮。现由美国怒起乌苗圃（Nuccio's Nurseries）栽培、繁殖中。

‘镜中樱花’('Cherry Blossom in a Mirror')

‘镜中樱花’为中文译名；‘樱鏡’为日文片假名原名；‘Cherry Blossom in a Mirror’为英文译名。

花呈深粉红色，半复瓣型，花径 8～9cm。叶呈狭椭圆形，碧绿色。枝丛四垂。史实不详。

‘金门公园垂枝山茶’('A weeping Camellia lived in Golden Park')

该品种枝丛四散、低垂触及地面后又作披覆地面。笔者在 2008 年元旦节日期间游金门公园时站在树旁摄影，以示树高度、枝垂及地、披覆面积情景。

‘镜中樱花’('Cherry Blossom in a Mirror')

怒起乌苗圃 No. 9156T（Nuccio's Nurseries grow unnamed hybrid variety of No.9156T）

怒起乌苗圃 No. 9875（Nuccio's Nurseries grow unnamed hybrid variety of No.9875）

‘梦中宝宝’('Dream Baby')

‘金门公园垂枝山茶’('A weeping Camellia lived in Golden Park'，作者站在树旁)

‘纪州游龙’（'Cloud Dragon of Kii'）

（二）曲干虬枝类

‘纪州游龙’（'Cloud Dragon of Kii'）

‘纪州游龙’为中文译名；‘纪州雲龍’为日文片假名原名；'Cloud Dragon of Kii' 为英文译名。

本品种系日本传统品种，不过日本园艺界对它原始来历不了解。

花呈红色，单瓣型，花径约 3.5cm。叶呈椭圆形，叶色碧绿。树呈曲干虬枝状，形态甚为别致。

怒起乌苗圃尚未命名游龙

（Nuccio's Nurseries grow unnamed hybrid variety of Unryu）

本品种由美国加州怒起乌苗圃 (Nuccio's Nurseries) 从无数杂交游龙实生苗中挑选出少数几个形若亲本‘纪州云龙’的游龙式新品种，对它们尚未命名。据业主之一汤姆（Tom Nuccio）介绍，他们在培育新游龙品种时，发现游龙性状基因遗传性很弱，在多年培育中，数以几百粒种子播种后所育出实生苗中很少出现曲干虬枝状。

怒起乌苗圃尚未命名游龙之一（Nuccio's Nurseries grow unnamed hybrid variety of Unryu）

怒起乌苗圃尚未命名杂交游龙之二（Nuccio's Nurseries grow unnamed hybrid variety of Unryu）

怒起乌苗圃尚未命名杂交游龙之三（Nuccio's Nurseries grow unnamed hybrid variety of Unryu）

(三) 矮生型

本类植株特别低矮，高约 30cm，枝、叶丛繁茂，树势强健。这类品种由美国加州怒起乌苗圃（Nuccio's Nurseries）于 20 世纪 90 年代初培育出，至今尚未命名、上市。

怒起乌苗圃尚未命名 NXO 9178
（Nuccio's Nurseries grow unnamed hybrid variety of NXO 9178）

本品种于 1991 年培育出。树势低矮，高仅 30 多厘米，枝丛扩展、繁茂。叶呈宽椭圆形，叶色苍黛，叶面有光泽、微隆。

怒起乌苗圃尚未命名 NXO 9176
（Nuccio's Nurseries grow unnamed hybrid variety of NXO 9176）

本品种于 1991 年培育出。树势低矮，高约 20 多厘米，枝丛稠密，横向扩展。叶呈窄披针形，叶色黛绿，有光泽。花呈红色，半复瓣型。树势强壮。

怒起乌苗圃尚未命名秃顶品种
（Nuccio's Nurseries unnamed hybrid variety, described as without top）

本品种于 20 世纪 80 年代末期经由‘乳熊’（'Baby Bear'）实生苗中选育出，树势低矮，至今仅高 30 多厘米，主枝枝梢自幼就呈秃顶。花呈粉红色，半复瓣型，酷似亲本‘乳熊’般。叶呈窄披针形，长约 7cm，幅宽约 2.5cm。树势强健。

怒起乌苗圃尚未命名 NXO 9178（Nuccio's Nurseries grow unnamed hybrid variety of NXO 9178）

怒起乌苗圃尚未命名秃顶品种（Nuccio's Nurseries unnamed hybrid variety, described as without top）

怒起乌苗圃尚未命名 NXO 9176（Nuccio's Nurseries grow unnamed hybrid variety of NXO 9176）

第4章

黄山茶

一、概述

20 世纪下半叶以来，美国、澳大利亚、新西兰、日本、中国纷纷热衷研究、开发黄色山茶花。其实，黄色山茶花在中国由来已久，早在明代王世懋《学圃余疏》中已有记载：“……黄山茶、白山茶、红白茶梅皆九月开……。”当然，文中所提及黄山茶是单瓣或复瓣，无法查证。

19 世纪末期英国派驻中国长期勘探、搜寻各种植物资源的罗伯特 · 福琼（Robert Fortune）在1848年从邻近上海的一家苗圃中觅得一棵黄色油茶（*C. oleifera*），之后，以西班牙人名‘Jaune’（按西班牙文读‘晃’）作为命名，并又以英文‘Fortune's Yellow’（‘福琼的黄色’）称呼它。花呈宝珠型（Anemone form），外轮花瓣平展，乳黄色，中央由群集淡黄色小瓣簇聚成半球形。按此描述，酷似现今留存于世的‘海南宝珠’，是否是同一种，尚待求证。

20 世纪 40 年代末期，作者先父沈渊如先生曾收集到两个黄色半复瓣型山茶花品种：一为‘蜜色榴台’，另一为‘蜜色榴海’。栽培 20 年期间，一直被先父爱护备至，视若珍宝，曾先后繁殖出 9 棵，可惜都在十年浩劫中遭殃。笔者在十年动乱期间，当“破四旧”人员走后，收拾残局时，在后院火烬堆旁乱书堆中发现有几本残缺不全的先父在 1928 年至 1963 年期间对兰花、山茶、杜鹃、紫藤、松柏等进行有性杂交和嫁接、分盆等工作的日记残本，有几页字迹尚可辨。现将 1963 年 6 月 14 日工作日记中两段有关黄山茶和‘鹤顶红’‘美国大红’嫁接记录笔者用红笔划线，翻拍成照片随文附出，以作佐证。

1963 年 6 月 14 日曾嫁接 3 棵黄山茶，2 棵‘美国大红’山茶（上）
1963 年 6 月 14 日曾嫁接‘鹤顶红’山茶，嫁接一棵黄色山茶（下）

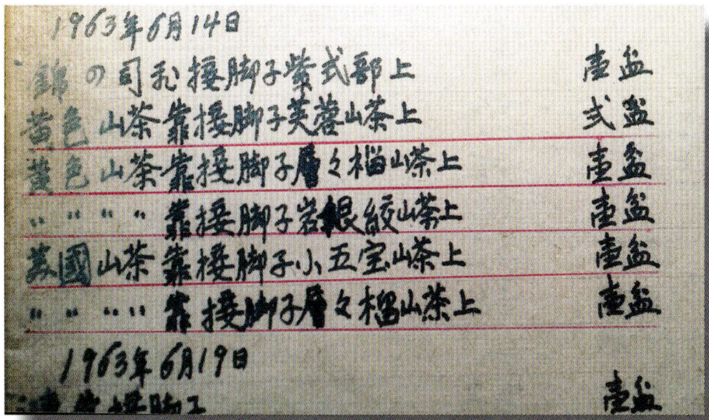

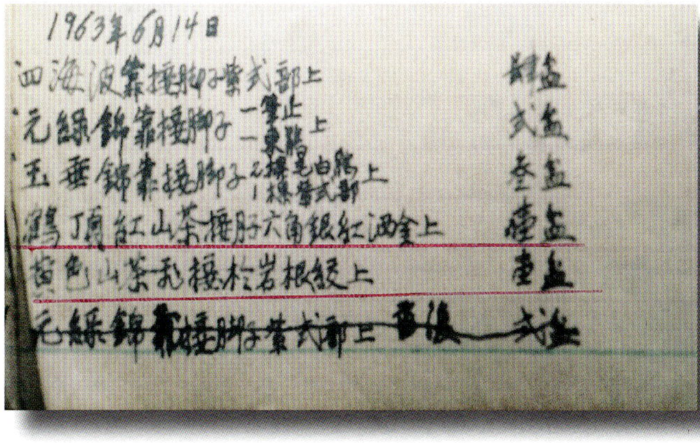

1956 年，设在美国马里兰（Maryland）州格伦·戴尔（Glenn Dale）地方的美国国家植物引种站曾利用越南特产黄色山茶原种先后历经 4 次尝试培育黄色山茶花却以失败告终。

1965 年胡先骕教授编著《金花茶》出版，予国际研究黄山茶工作者们大开眼界，增强了培育黄色山茶花的信心。欧、美、日、澳等国家和地区研究山茶育种者们纷纷企盼早日获得引进中国特产金花茶。

1979 年 11 ～ 12 月期间，日本大岛市的广 寺田先生从中国引去几枝金花茶接穗，经嫁接成活后，着手研究、开发黄山茶花育种工作。于 20 世纪晚期培育出许多黄色系杂交种，不过，其色泽都属淡黄色、乳黄色，花型以单瓣居多，少有半复瓣型，花径约 5cm。

1980 年 1 月 21 日，美国国家植物园收到中国科学院昆明植物研究所张敖罗副所长用小木箱（6 英寸 ×6 英寸 ×9 英寸）寄去 5 粒金花茶种子和 12 枝云南山茶接穗，以及 2 枝华东山茶接穗。接着，另外又收到从昆明经由不同渠道寄去的 10 粒金花茶种子，播种出苗后，成活 8 棵。与此同时，澳大利亚哈罗德 · 弗雷泽（Harold Frazer）先生亦收到从昆明寄去的 5 粒金花茶种子；1980 年 2 月份，澳大利亚汤姆 · 萨维奇（Tom Savige）先生收到 7 粒金花茶种子，播种后，只有 5 粒发芽成活。之后，他们把这些实生棵本枝条分别嫁接在油茶和茶梅的实生棵本砧木上均获得成活，经 3 年栽培，发展成 25 ～ 30 株。随后，美国、澳大利亚、日本逐渐扩大发展，金花茶在西方迅速散布开来，从而各地山茶育种爱好者们纷纷以金花茶作为杂交亲本展开杂交工作，历经多年研究，逐渐培育出一些单瓣、半复瓣、复瓣杂交种，只是它们的色泽仍属微黄色和浅黄色。

金花茶主要盛产于中国广西壮族自治区南部以及越南北部，在研究、培育黄色山茶花工作中，自是得天时、地理之便。可是，由于种种客观原因，研究工作中断了 7 年之久，到 1972 年，方恢复品种选育工作。广西南宁市金花茶公园黄连冬、莫树业先生在参与金花茶育种与繁殖试验课题的基础上，克服各种困难，终于培育出‘金背丹心’，以及一种前所未见的新异紫色杂种‘新紫’，国际山茶界惊叹之余，瞩望在‘新紫’基础上培育出复瓣紫色大花品种。上述 2 个杂交种的出现，可谓中国在培育黄色缀异彩和出现紫色茶花工作中独领风骚。

上海市山茶界耆宿黄德邻老先生用金花茶与茶梅‘黄海南宝珠’杂交，培育出杂交种，于 1997 年始花。这是种间杂交成功的范例。

综观当前国际培育出的黄山茶花，其色泽仍偏淡黄色，而花容方面大有斩获，型式有单瓣（SINGLE）、半复瓣（SEMI-DOUBLE）、宝珠型（ANEMONE FORM）、牡丹型（PEONY FORM）、重瓣型（FORMAL DOUBLE），花径 5 ～ 8cm。随着科学日渐发达，国际山茶界深入研究，培育出真正金黄色山茶花或可在 21 世纪有更大突破！

二、品种简介

现把原生种金花茶及国际上培育出的黄山茶杂交种择优列出如下：

金花茶（*C. nitidissima*）

金花茶（*C. nitidissima*）

20 世纪 70 年代学名为 *C. chrysantha* Tuyama，于 1991 年叶创兴教授和张宏达教授更改为 *C. nitidissima* Chi。2000 年闵天禄教授认为金花茶的学名应为 *C. nitidissima*，可见学者之间对原种分类、命名仍有争议。

花呈金黄色，有光泽，花径约 5cm，花瓣 8 ～ 12 枚，花期自冬末至早春。树呈灌木或小乔木，直立性。当前，国际山茶育种家们企求培育黄色山茶花时最喜爱采用金花茶组中原种金花茶作为亲本之一。

‘黄凤’（'Yellow Phoenix'）

‘黄凤’为中文译名；‘黄鳳’为日文片假名原名；‘Yellow Phoenix’为英文译名。

由日本山口湛夫先生用金花茶（*C. nitidissima*）与山茶（*C. japonica*）‘白凤’杂交培育出，于 1990 年命名。

花呈淡黄色，单瓣型，花呈酒杯形，花径 4 ～ 5cm；花期早。叶呈长椭圆形，角质层较厚，叶尖长。

‘黄凤’（'Yellow Phoenix'）

‘黄调’（'Yellow Tone'）

‘黄调’（'Yellow Tone'）

‘黄调’为中文译名；‘黄調’为日文片假名原名；‘Yellow Tone’为英文译名。

由日本山口湛夫先生用金花茶与日本山茶（*C. japonica*）‘初岚·嵯峨’杂交培育出，于 1990 年命名、发表。

花呈淡黄色，花朵有 8 ～ 9 瓣，呈酒杯形，花径 4 ～ 5cm。叶片呈长椭圆形，叶面较平，叶前端略呈反曲。

‘黄基 92’（'Yellow Base 92'）

‘黄基 95’（'Yellow Base 95'）

‘金百合花’（'Golden Lily'）

‘第一黄’（'First Yellow'）

‘皇家风采’（'Yellow Imperial Presence'）

‘月圆皎洁’（'Yellow Joman'）

‘黄基 92’（'Yellow Base 92'）

‘黄基 92’为中文译名；‘黄基 92’为日文片假名原名；‘Yellow Base 92’为英文译名。

由日本吉川和男先生用金花茶（*C. nitidissima*）与滇山茶（*C. reticulata*）杂交培育出，于 1992 年命名、发表。

花呈淡水黄色，略带微微杏黄色，花朵盛放后，花瓣前半部颜色褪去，几乎呈乳白色，花瓣后半部及越近瓣基黄色依旧，花朵有花瓣 8～9 枚不等，呈酒杯形，花径 5～6cm。叶片呈长椭圆形，叶面有光泽。

‘黄基 95’（'Yellow Base 95'）

‘黄基 95’为中文译名；‘黄基 95’为日文片假名原名；‘Yellow Base 95’为英文译名。

该品种由金花茶、山茶、滇山茶杂交培育出。1995 年由日本吉川和男先生命名、发表。

花呈淡水黄色，花朵盛开后，黄色渐渐褪去，几乎呈乳白色，花瓣下半部及至瓣基部水黄色犹存，花呈半复瓣型，花径 7cm 左右。叶呈长椭圆形，叶色苍绿，叶微呈内折。

‘金百合花’（'Golden Lily'）

‘金百合花’为中文译名；‘こがねゆり’为日文平假名原名；‘Golden Lily’为英文译名。

日本吉川和男先生用滇山茶园艺品种‘巴巴拉·克拉克’（'Barbara Clark'）与金花茶杂交培育出，于 1993 年命名、发表。

花呈淡黄色，瓣基部色泽稍深，花朵有 5～8 瓣，呈喇叭形，花径约 4cm。叶呈长椭圆形，叶面微隆，叶色黛绿。

‘第一黄’（'First Yellow'）

‘第一黄’为中文译名；‘初黄’为日文片假名原名；‘First Yellow’为英文译名。

由日本山口湛夫用日本山茶园艺品种‘鸭立泽’与金花茶杂交培育出。于 1989 年命名、发表。

花呈淡黄色，单瓣型，盛放后，色泽渐淡，而瓣基黄色依旧，瓣缘微向外翻，雄蕊退化，短缩簇聚花筒底部，花径约 4.5cm。叶呈长椭圆形，叶面略呈内折，叶色碧绿。

‘皇家风采’（'Yellow Imperial Presence'）

‘皇家风采’为中文译名；‘黄の御前’为日文片假名原名；'Yellow Imperial Presence' 为英文译名。

由日本山茶园艺品种‘御前之雪’与金花茶杂交培育出，于 1990 年命名、发表。

花呈淡黄色，花呈敞口酒杯形，雄蕊退化，少数雄蕊呈瓣化，紧缩花筒底部。叶呈长椭圆形，叶面有光泽，叶色黛绿。

‘月圆皎洁’（'Yellow Joman'）

‘月圆皎洁’为中文译名；‘黄の常满’为日文片假名原名；‘Yellow Joman’为英文译名。

由日本山口氏用日本山茶园艺品种‘常满’与金花茶杂交培育出。

花呈筒状，淡橙色中微透浅红色，花径 4～5cm，有花瓣 8～10 枚。叶呈长披针形，叶前端呈尖长形，叶面有光泽。

‘海滩日出’（'Sunrise in the Beach'）

‘金色锦缎’（'Golden Brocade'）

‘第一道曙光’（'First Light of Dawn'）

‘澳洲黄’（'Gwenneth Morey'）

‘夏兰的宝贝’（'Shala's Baby'）

‘海滩日出’（'Sunrise in the Beach'）

‘海滩日出’为中文译名；‘浜の曙’为日文片假名原名；‘Sunrise in the Beach’为英文译名。

由日本村田祗臣用江户年代山茶品种‘白玉’与金花茶杂交培育出，于1982年命名、发表。

花呈微紫色中略透浅黄色，筒状，花径4～5cm。叶呈椭圆形，叶尖较长，叶面微隆。

‘金色锦缎’（'Golden Brocade'）

‘金色锦缎’为中文译名；‘こがね錦’为日文平假名原名；‘Golden Brocade’为英文译名。

由日本大阪市吉川和男先生用山茶园艺品种‘红绒贝蒂’（'Betty Foy Sanders'）与金花茶杂交培育出，于1993年命名、发表。

淡黄色花瓣上杂缀阔狭不等、长短不一的淡红色点、条，花呈喇叭形，半复瓣型，花径约6cm。叶呈椭圆形。树势茁壮。本品种为当今黄色系大花型中罕见缀异色品种。

‘第一道曙光’（'First Light of Dawn'）

‘第一道曙光’为中文译名；‘かぎろひ’为日文平假名原名；‘First Light of Dawn’为英文译名。

本品种由日本吉川和男先生用山茶园艺品种‘银色查理斯’（'Silver Chalice'）与金花茶杂交培育出，于1996年命名、发表。

花呈淡黄色，重瓣型，花蕾呈球形，花径约7cm。叶呈狭长椭圆形，叶面微微内折状，叶前端呈反曲状，叶脉不明显，叶色翠绿。

‘澳洲黄’（'Gwenneth Morey'）

本品种系澳大利亚新南威尔士州的莫雷博士（Dr. B. R. Morey）从山茶园艺品种‘伊迪丝·林顿’（'Edith Linton'）的实生苗培养成，于1961年首次开花，1963年发表。

花呈微黄色至淡黄色，花开足后花瓣前半部褪成微黄色，下部色泽仍保持浅黄色或淡黄色。花呈宝珠型（Anemone form），或偶呈牡丹型（Peony form），花径约8cm。叶呈长椭圆形，叶尖长，叶色碧绿。

‘夏兰的宝贝’（'Shala's Baby'）

由美国罗伯特（Robert）和夏拉·麦克尼尔（Shala Macneil）培育出，历经14年培养，至1974年首次见花，于1986年见载美国山茶协会杂志第41期。

‘甜蜜的音乐’（'Yellow Melody'）

‘托茨’（'Totts'）

‘柠檬糖’（'Lemon Drop'）

‘黄绣球’（'Brushfield's Yellow'）

‘奶油薄荷糖’（'Buttermint'）

花呈乳黄色，宝珠型，花径6～7cm。叶色碧绿，椭圆形。

‘甜蜜的音乐’（'Yellow Melody'）

‘甜蜜的音乐’为中文译名；‘黄の旋律’为日文片假名原名；'Yellow Melody'为英文译名。

由日本石川市的山口湛夫先生用金花茶与黄色山茶杂交种‘黄凤’杂交培育出。

花呈淡黄色，花瓣瓣缘覆浅粉红色晕，半复瓣牡丹型至重瓣牡丹型，花径约7cm。叶呈长椭圆形，略呈内折状，叶脉深凹入叶面。

‘托茨’（'Totts'）

1976年由美国加州核桃溪市（Walnut Creek）的罗伯特·爱尔哈特先生（Mr. R. Ehrhart，前美国山茶协会会长）培育出。

花呈乳白色至微黄色，牡丹型，花径9～12cm，植株健壮，枝丛密。

‘柠檬糖’（'Lemon Drop'）

由美国加州怒起乌苗圃（Nuccio's Nurseries）培育出，于1976年首次开花。

花呈淡柠檬黄色，宝珠型或复瓣玫瑰花型，花径5～6cm。叶片平整，叶色黛绿，树势强健、直立性。

‘黄绣球’（'Brushfield's Yellow'）

本品种由澳大利亚南威尔士州萨默斯伯（Somersby）市的基思·布鲁斯菲尔德先生（Mr. Keith Brushfield）培育出，于1968年公布。

花呈宝珠型，外轮平展花瓣呈古瓷“象牙白”般色泽，花朵中央簇聚竖立淡黄色波形瓣丛，花径约7cm。叶呈椭圆形，叶尖略呈反曲，叶色苍碧。树性强健，树冠常长成形若圆柱状。本品种与‘澳洲黄’（'Gwenneth Morey'）极相似，但是，‘澳洲黄’是出自‘伊迪丝·林顿’（'Edith Linton'）籽出品种。因此，两者并不是同一品种。

‘奶油薄荷糖’（'Buttermint'）

本品种由美国加州怒起乌苗圃（Nuccio's Nurseries）用落瓣短柱茶（*C. kissi*）杂交培育出，于1997年公布。

花呈乳黄色至淡黄色，重瓣型或复瓣玫瑰花型，花径约5cm，属微型花类。叶呈椭圆形，叶面微微向上内折，叶尖较长，叶色碧绿，有光泽。树呈直立性。

‘朱瑞黄’('Jury's Yellow')

‘黄达’('Dahlohnega')

‘M32’

未命名杂交黄色宝珠茶(An unnamed hybrid yellow anemone form of Camellia)

‘金辉’('Golden Glow')

‘朱瑞黄’('Jury's Yellow')

本品种由新西兰新普利茅斯(New Plymouth)的L.朱瑞(L. Jury)先生用怒江山茶(*C. saluenensis*)与日本山茶园艺品种‘花牡丹’('Daikagura')的杂交品种与‘澳洲黄’杂交培育出新品种。

花呈乳白色至乳黄色,宝珠型,花径约8cm。叶呈翠绿色。树性直立,枝丛较密集。

‘黄达’('Dahlohnega')

本品种由美国佐治亚州(Georgia)麦康(Macon)市的霍姆耶(W. F. Homeyer)用山茶园艺品种‘威特曼黄色’('Witman's Yellow')与另一山茶园艺杂交品种[白色的‘伊莉莎白·博特曼’('Elizabeth Boardman')与粉红色的‘贵妇人’('Colonial Dame'),以及没有命名的籽出品种一起杂交后培育出的品种]相杂交培育出。

花呈淡黄色,重瓣型,花径约8cm。叶片呈椭圆形,有叶尖,微微反曲,叶色黛绿,树呈直立性,长势缓慢。

‘M32’

本品种由美国加州拉斐亚(Lafayette)市已故山茶育种家肯·霍尔斯通先生(Mr. Ken Hallstone)于20世纪80年代利用从加州伯克利大学植物园获得的中国金花茶种子培育出的实生苗嫁接在红山茶(*C. japonica*)砧木上。于1985年把这金花茶的花粉与山茶杂交后培育出。

花呈淡黄色,宝珠型,花径约7cm。叶呈椭圆形,叶面略呈微波形,叶齿较深。

未命名杂交黄色宝珠茶(An unnamed hybrid yellow anemone form of Camellia)

由美国加州核桃溪(Walnut Creek)市的罗伯特·爱尔哈特先生(Mr. Robert Ehrhart)于20世纪90年代培育出的杂交新品种,宝珠型,花呈淡黄色,花径7～8cm。

‘金辉’('Golden Glow')

美国加州怒起乌苗圃(Nuccio's Nurseries)用山茶园艺品种‘格莱乌·怒起乌’('Guilio Nuccio')、金花茶(*C. nitidissima*)、西南山茶(*C. pitardii*)杂交培育出,于1994年登录入册。

花呈淡杏黄色,盛开后,瓣前端色泽褪成淡黄色,而下部仍呈杏黄色。半复瓣型,花径约7cm。叶色苍碧,叶尖较长,叶面略呈反曲。

‘雪牡丹’('Snow Peony')

‘雪牡丹’为中文译名;‘牡丹雪’为日文片假名原名;‘Snow Peony’为英文译名。

本品种在日本山茶铭鉴中花形、色泽与美国山茶铭鉴中对花形、花色的描述，以及当今在美国流传的‘雪牡丹’('Snow Peony')不尽相同。本书刊出2帧彩照都为宝珠型，花径仅5cm左右，其中一帧花朵外轮平展花瓣呈淡绯色、磬口形，花朵中央簇聚淡黄色花瓣丛呈半球形，色泽相映成辉，素雅别致；而另一帧照片中花朵由芽变呈全乳白色，瓣基部呈浅黄色。叶呈椭圆形，碧绿色，叶前端略呈反曲。

‘弗兰克·吉布森’('Frank Gibson')

由美国佐治亚州(Georgia)托马斯维尔(Thomasville)市的吉布森夫人(Mrs. F. L. Gibson)培育出，于1951年登记入册。

花呈宝珠型，乳黄色，花朵中央簇聚瓣丛色泽较深，花径约7cm。树性强健，枝丛开张。

‘黄河’('Yellow River')

‘黄河’为中文沿用日文片假名；‘黄河’为日文片假名原名；‘Yellow River’为英文译名。

本品种由日本东浦原郡津川町居民从山茶园艺品种‘雪小町’自然实生种中发现。1967年由大冈克己命名。

花呈宝珠型，花色多数时间呈淡黄色至黄色，有时呈淡绿色，花径约7cm。叶呈阔椭圆形，树性直立，枝丛扩展，生性强壮。

‘威特曼黄’('Witman Yellow')

由美国佐治亚州(Georgia)麦康(Macon)市小霍姆耶先生(Mr. W. F. Homeyer Jr.)培育出。叶色苍绿，树性直立，生长缓慢。于1963年首次开花。花呈乳黄色至浅黄色，半复瓣型，常有复瓣型出现，花瓣平展，花径约7.5cm。

怒起乌苗圃未命名品种(Nuccio's Nurseries grow unnamed variety)

本品种由美国加州怒起乌苗圃(Nuccio's Nurseries)用黄山茶杂交种‘金百合’('Golden Lily')与金花茶(*C. nitidissima*)杂交、育出。

花呈乳黄色，瓣基呈淡黄色，单瓣型，花径约5cm。叶呈椭圆形，有叶尖，叶缘略呈反卷，叶前端反曲。树呈直立性、健壮。

芽变成淡黄色‘雪牡丹’('Snow Peony')

‘雪牡丹’('Snow Peony')

‘黄河’('Yellow River')

‘弗兰克·吉布森’('Frank Gibson')

‘威特曼黄’('Witman Yellow')

怒起乌苗圃未命名品种(Nuccio's Nurseries grow unnamed variety)

第5章

微型山茶花

一、概述

该类杂交山茶肇端于20世纪40年代，它们的亲本或亲本之一主要是原产于中国的许多山茶原种，如尖连蕊茶（*C. cuspidata*）、毛花连蕊茶（*C. fraterna*）、琉球连蕊茶（*C. lutchuensis*）、能高连蕊茶（*C. nokoensis*）、南投秃连蕊茶（*C. transnokoensis*）、阿里山连蕊茶（*C. transarisanensis*）、玫瑰连蕊茶（*C. rosaeflora*）、云南连蕊茶（*C. tsaii*）、落瓣短柱茶（*C. kissi*）、蒙自连蕊茶（*C. forrestii*）、怒江红山茶（*C. saluenensis*）、油茶（*C. oleifera*）、茶梅（*C. sasanqua*）等。它们的花朵绝大多数细小如钿，多花顶生、腋生，有些种的花朵更具芳香，有些种兼具抗寒性，树形美观。国际园艺界常把它们引作园林绿化观赏树种，深受人们好评。

尖连蕊茶（*C. cuspidata*）

毛花连蕊茶（*C. fraterna*）

南投秃连蕊茶（*C. transnokoensis*）

阿里山连蕊茶（*C. transarisanensis*）

琉球连蕊茶（*C. lutchuensis*）

能高连蕊茶（*C. nokoensis*）

玫瑰连蕊茶（*C. rosaeflora*）

落瓣短柱茶（*C. kissi*）

油茶（*C. oleifera*, Courtesy of Yuri Panchul, U.S.A）

云南连蕊茶（*C. tsaii*）

蒙自连蕊茶（*C. forrestii*）

怒江红山茶（*C. saluenensis*）

20 世纪 30 年代以来，已有人把上述原种进行杂交育种。英国威廉姆斯（J. C.Williams）先生用尖连蕊茶作为母本，以怒江红山茶作为父本进行杂交，培育出世界上第一棵种间杂交微型山茶花，花呈白色，花瓣上偶尔出现泛粉红色斑晕，花瓣 8 枚，花径约 5cm，雄蕊簇聚花心，叶形酷似母本般形态，长约5.5cm，幅宽约3cm。树势强健、直立性，被命名为'康奈谢·斯诺'('Cornish Snow')，1948 年英国皇家园艺协会杂志（RHS，Journal, 1948）曾介绍该品种，并荣获"梅里特奖"("Award of Merit")。1998 年中国山茶界曾把这个杂交种名称译成'米雪'('Mixue')。20 世纪中叶以降，国际山茶界纷纷把一些山茶原种中微型花与红山茶（*C. japonica*）、茶梅（*C. sasanqua*）进行杂交，或把不同组中的原种之间杂交，培育出许多优良微型山茶花杂交种，有单瓣、半复瓣、宝珠型等，鉴于它们的花朵细小，姿容婀娜含娇风韵足，除被人们引作盆植、地栽观赏之用外，盆景界亦挑选一些具备造型前途的棵本，或予以攀扎，或截干蓄枝，养蓄成艺术盆栽桩景，展示出东方园林中特有的艺术格韵。当前，欧美、日本、新西兰、澳大利亚在发展微型山茶花品种方面，实力雄厚，彼此各有所长，年年新品种涌现，蔚为大观。

随文列出各种微型山茶花彩照，仅是作者所接触到该类品种的一角而已，聊供读者们鉴赏这些时兴微型品种，品赏"纳须弥于芥子"的姿韵、风貌。

'康奈谢·斯诺'('Cornish Snow', Courtesy of Jean THOBY，France)

二、品种简介

优良微型山茶杂交种

‘乳熊’（'Baby Bear'）

该品种由新西兰著名山茶育种家内维尔·海登先生（Mr. Neville Haydon）于20世纪70年代初用玫瑰连蕊茶（*C. rosaeflora*）实生种作为母本，云南连蕊茶（*C. tsaii*）作为父本培育出。

植株低矮，枝丛稠密，花呈单瓣型，花径仅2～2.5cm，粉红色。叶长约4cm，幅宽约2.5cm，叶色碧绿。由于树性低矮，花色妍媚，花朵娇小玲珑，除用作盆植赏玩外，亦被引作园林、庭院花树点缀之用。

‘微型萨金特’（'Baby Sargent'）

曾被辑录入1936年鲁培尔著《温室山茶花》（Rubel, 1936, Camellia Under Glass）书中。

花呈深红色，牡丹型，花径约4cm。

‘布朗戴’（'Blondy'）

该品种由澳大利亚维多利亚（Victoria）州旺丁·诺思（Wandin North）地方的塞比尔先生（Mr. E. R. Sebire）从‘雪花’（'Snow Drop'）实生种选育出，于1983年首次见花。澳大利亚山茶研究协会（ACRS）的《山茶报道》（Camellia News）1986年版中曾予介绍。

花呈白色，宝珠型，花径约3cm，叶色碧绿，长4～5cm，幅宽约3cm，树性直立。

‘艳惊四座’（'Captured Enriches'）

该品种由美国加州克鲁戈先生（Mr. A. H. Krueger）用玫瑰连蕊茶（*C. rosaeflora*）与毛花连蕊茶（*C. fraterna*）杂交育出。1984年南加州山茶协会主办《山茶品种目录》（Camellia Nomenclature）把该品种收录入内。

花呈淡桃红色中略显泛出白色，花径约3cm，半复瓣型，多花顶生、腋生，叶呈椭圆形，有叶尖，叶色碧绿，没有光泽。树性直立。

‘仙女的魔杖’（'Fairy Wand'）

该品种由新西兰惠恩加里（Whangarei）市的布卢姆哈特先生（Mr. O. Blumhardt）用怒江山茶（*C. saluenensis*）与日本原生山茶黑侘助（Kuro-Wabisuke）杂交育出的实生种再与另外的一个杂交品种‘小公主’（'Tiny Princess'）杂交、培育而成。

花呈玫瑰红色，花径约3.5cm，半复瓣型，约有15枚花瓣，多花顶生、腋生，叶色苍绿，狭长椭圆形，长约5cm，幅宽2.5cm。

‘乳熊’（'Baby Bear'）

‘微型萨金特’（'Baby Sargent'）

‘艳惊四座’（'Captured Enriches'）

‘布朗戴’（'Blondy'）

‘仙女的魔杖’（'Fairy Wand'）

'粉香'('Fragrant Pink')

'花仙山'('Mount Kasen')

'古都之香'('Fragrance of Ancient City')

'日本人的幻想'('Japanese Fantasy')

'瞎眼鸻'('Blind Plover')

'粉香'('Fragrant Pink')

由美国马里兰州(Maryland)格伦·戴尔市(Glenn Dale)威廉姆·L. 阿克曼博士(Dr. William L. Ackerman)用日本特产雪山茶'吉田'(*C. japonica* var. *rusticana* 'Yoshida')作为母本,琉球连蕊茶(*C. lutchuensis*)作为父本,相杂交、培育出。曾在美国山茶协会 1970 年年鉴中介绍该品种。于 1982 年获英国皇家园艺协会颁发"梅里特奖"("Award of Merit")。

花呈深绯色,牡丹型,花瓣 10~12 枚,花径约 4cm,有桂花般香味,花期 3 月份。叶呈淡绿色,椭圆形,长约 6cm,幅宽约 4cm。树性横张。

'日本人的幻想'('Japanese Fantasy')

由红山茶(*C. japonica*)'伯雷斯·博戴'('Berenice Boddy')与另一杂交种[怒江红山茶(*C. saluenensis*)× 玫瑰连蕊茶(*C. rosaeflora*)]杂交育出。在美国山茶协会 1991 年 5 月号季刊中详情介绍。

花呈白色,瓣缘覆红晕,酷似日本樱花盛开时的色韵。叶呈苍绿色,椭圆形。树性直立,枝丛扩散。

'花仙山'('Mount Kasen')

'花仙山'为中文沿用日文片假名;'花仙山'为日文片假名原名;'Mount Kasen'为英文译名。

该种原由日本岛根县松江市玉汤町民间爱好者栽培。1970 年由有川智久先生命名、发表。

花呈白色中透些微粉红色晕,单瓣型,花瓣 7~8 枚,敞口酒盅形,雄蕊束呈管状着生,花径约 4cm。叶呈窄椭圆形,叶色碧绿,有光泽。树性直立。

'古都之香'('Fragrance of Ancient City')

'古都之香'为中文沿用日文片假名;'古都の香'为日文片假名原名;'Fragrance of Ancient City'为英文译名。

由红山茶(*C. japonica*)'东海'与琉球连蕊茶(*C. lutchuensis*)杂交育出。1997 年由日本大冈德治先生命名。

花呈玫瑰红色,酒杯形,单瓣型,花径约 3cm,有香味。叶呈窄椭圆形,主脉下陷,叶面微隆,有光泽。树性直立。

'瞎眼鸻'('Blind Plover')

'瞎眼鸻'为中文译名;'目ん無い千鳥'为日文片假名原名;'Blind Plover'为英文译名。

为日本爱知县丰田地方古树,从花形和树形来看很可能是茶梅与山茶的种间杂交种。1991 年由早川博茂先生命名、发表。

花呈红色至暗紫色,单瓣型,瓣质较厚实,酒杯形,花径约 3cm,雄蕊束呈环形。叶呈窄椭圆形,前端下弯。树性直立。

'港之春'('Harbour at Dawn')

'港之春'为中文沿用日文片假名;'港の春'为日文片假名原名;'Harbour at Dawn'为英文译名。

1980 年,日本村田祗臣先生用日本特产野山茶绀侘助(*C. wabisuke*)与琉球连蕊茶(*C. lutchuensis*)相杂交、培育出的种间杂种。

‘港之春’('Harbour at Dawn')

‘珍品’('Scented Gem')

花呈桃红色，花瓣上常有晕白色杂缀其间，单瓣，呈酒盅形，花径3～3.5cm，多花顶生、腋生，有香味。叶呈倒窄披针形。树势健壮，树龄年久后枝丛常出现垂枝性。

‘村下’('See below')

‘村下’为中文沿用日文片假名；‘村下’为日文片假名原名；‘See below’为英文译名。

系日本奥出云地方民间栽培，于1980年由梶成人先生命名。

花呈红色，单瓣，筒状形，雄蕊呈退化状，花筒长3cm，花冠径约2.5cm。叶呈椭圆形，叶前端下弯，树性直立。

‘珍品’('Scented Gem')

系由琉球连蕊茶（*C. lutchuensis*）与日本红山茶‘卜伴’('Bokuhan')相杂交、培育出。20世纪80年代初由美国加州海沃（Hayward）市日裔堂本（Toichi Domoto）先生所设苗圃培养。其后，由南加州怒起乌苗圃（Nuccio's Nurseries）收购、养植，至今尚在栽培、发展中。

花呈宝珠型，外轮花瓣呈淡粉紫红色，雄蕊瓣化呈乳白色半管状形，簇聚耸立花朵中央，花径约2.5cm，有微香，为微型花中罕见珍品。叶呈倒卵形，先端渐尖。树性直立。

‘村下’('See below')

‘雪花’('Snow Drop')

由澳大利亚维多利亚（Victoria）州旺丁·诺思（Wandin North）地方的塞比尔先生（Mr. E. R. Sebire）用山茶原种西南红山茶（*C. pitardii* var. *pitardii*）与山茶原种毛花连蕊茶（*C. fraterna*）实生种相杂交育出，1957年首次见花。

花呈白色，单瓣型，瓣缘有微红晕，花径约3cm，多花顶生、腋生。叶色黛绿，宽倒卵形。树性直立。

‘垂枝雪花’('Snow Drop Cascade')

由史蒂夫·坎贝尔先生（Mr. Steve Campbell）从‘雪花’('Snow Drop')种子培育出。

花呈玉色至浅粉红色，瓣缘色泽稍深，单瓣型或半复瓣型，花径约3.5cm，多花顶生、腋生。叶呈倒卵形，长4～5cm，幅宽2.5～3cm，树性直立，枝丛垂软。

‘雪花’('Snow Drop')

‘垂枝雪花’('Snow Drop Cascade')

'漂亮的珍妮'('Sweet Jane')

'小公主'('Tiny Princess')

'小玉'('Tiny Tama')

'小星星'('Tiny Star')

'漂亮的珍妮'('Sweet Jane')

澳大利亚维多利亚(Victoria)州博玛丽斯(Beaumaris)地方的加内特先生(Mr. R. Garnett)用红山茶(*C. japonica*)'伊迪丝·林顿'('Edith Linton')与山茶原种南投秃连蕊茶(*C. transnokoensis*)杂交、培育出。

花呈淡微粉红色或淡粉红色,外轮花瓣上往往呈绯色,牡丹型或重瓣型,花径约3.5cm。叶呈披针形,先端渐尖,叶色黛绿。树性扩散,树势旺盛。

'小公主'('Tiny Princess')

由美国亚拉巴马州(Alabama)撒威达先生(Mr. K. Sawada)用红山茶(*C. japonica*)'曙'('Akebono')与山茶原种毛花连蕊茶(*C. fraterna*)杂交育出,于1956年首次开花。

花呈白色中微微泛出些许粉红色色晕,半复瓣型至牡丹型,花径4～5cm。叶呈披针形,先端渐尖,叶色黛绿,长5cm,幅宽2.5cm。

'小星星'('Tiny Star')

新西兰惠恩加里(Whangarei)市的布卢姆哈特先生(Mr. O. Blumhardt)用红山茶(*C. japonica*)'伯雷斯·博戴'('Berenice Boddy')与杂交品种'小公主'('Tiny Princess')杂交育出,于1975年第一次开花。

花呈粉红色,半复瓣型(有时多达16枚),雄蕊退化、稀少,花径约3.5cm。叶色黛绿,窄披针形,先端渐尖,叶长约6cm,幅宽约3.5cm。树性直立型。

'小玉'('Tiny Tama')

由美国南加州怒起乌苗圃(Nuccio's Nurseries)从日本山茶'玉浦'实生苗中选育出。

花呈乳白色,单瓣型,瓣基呈玫瑰

红色，或个别花瓣呈玫瑰红色白镶边，花径 4～5cm。叶呈披针形，叶色黛绿，有光泽，长 4～5cm，幅宽约 3cm。树性扩散型。

‘枥姬’（'Tochi Princess'）

‘枥姬’为中文沿用日文片假名原名；‘枥姬’为日文片假名原名；‘Tochi Princess’为英文译名。

该种系日本枥尾市民家栽培，详情不明。

花呈朱红色，单瓣型，雄蕊似日本特产雪山茶那般光亮，花径仅约 2cm，可谓当今微型山茶花中最细小品种。叶色苍翠，极狭披针形，有光泽，状若杜鹃中台湾杜鹃那般叶型。树性丛生。

‘黄泉银花’（'Silver Flower in the Next World'）

‘黄泉银花’为中文沿用日文片假名原名；‘黄泉の银花’为日文片假名原名；‘Silver Flower in the Next World’为英文译名。

该品种在日本松江市郊野生茶中发现，1967 年由有川智久先生命名。

花呈深桃红色，半复瓣型（9～11 枚花瓣），雄蕊着生呈日本特产原生山茶侘助（*C. wabisuke*）般圆筒状，花径 3.5～4cm。叶呈宽椭圆形，叶缘向内卷，叶前端下弯。树性横张。

‘梦’（'Yume'）

由美国加州怒起乌苗圃（Nuccio's Nurseries）用冬茶梅（*C. hiemalis*）‘狮子头’种子培育出，1995 年以‘梦’('Yume')命名，登记入册。另有‘梦’的实生种还未命名，叶呈椭圆形，长约 5cm，宽约 3cm。呈绯色，单瓣型，花径约 3.5cm，枝丛斜生。

花呈乳白色，略泛粉红色色晕，单瓣型，花径约 3.5cm。叶色碧绿，窄披针形，长约 5cm，幅宽约 3cm。树性扩散。

‘黄泉银花’（'Silver Flower in the Next World'）

‘梦’('Yume')

‘梦’（'Yume'）实生种

‘枥姬’（'Tochi Princess'）

‘枥姬’（'Tochi Princess'）

白花玫瑰连蕊茶（*C. rosaeflora* white）

玫瑰连蕊茶（*C. rosaeflora*）

花呈粉红色，单瓣型（6～9 枚花瓣不等），多花顶生和腋生。叶呈窄椭圆形或椭圆形，先端钝尖，叶色翠绿，略呈光泽。灌木形。

该种在学术界颇有争议，观点也有较大出入。1958 年英国罗伯特 · J. 西里教授（Prof. Robert J. Sealy），1981 年中国张宏达教授都把它认定为是一个原种，而云南闵天禄教授却认为玫瑰连蕊茶是园艺杂交种，因此，他在 2000 年出版的《世界山茶属的研究》（Monograph of the Genus Camellia）专著中没有把它作为原种收录。

20 世纪中叶以来，美国加州怒起乌苗圃（Nuccio's Nurseries）从玫瑰连蕊茶（*C. rosaeflora*）实生苗中挑选出一些变异单株，如“垂枝玫瑰连蕊茶”（*C. rosaeflora* cascade），花色、花径、花型都与母本相同，只是枝丛呈垂枝状，“白花玫瑰连蕊茶”（*C. rosaeflora* white）花呈白色，其余性状都与母本相同，“大花玫瑰连蕊茶”（*C. rosaeflora* grande）花径和叶片比母本稍大一些，而花色、花型仍与亲本相同。

玫瑰连蕊茶（*C. rosaeflora*）

大花玫瑰连蕊茶（*C. rosaeflora* grande）

垂枝玫瑰连蕊茶（*C. rosaeflora* cascade）

美国加州怒起乌苗圃（Nuccio's Nurseries）微型山茶杂交种

下列这些尚未命名的微型山茶杂交种，均为美国加州怒起乌苗圃（Nuccio's Nurseries）在20世纪90年代培育出，因涉及资料保密，所以它们的亲本就无法介绍出来。目下，除个别品种出售外，余者正在培养、改良、发展中。

N#2021

花呈淡粉红色，常有绯色杂晕，甚或出现整瓣紫红色，单瓣型，多花顶生和腋生，花径约2.5cm。叶呈披针形，长6cm，宽3.5cm。树性直立。

N#8433

花呈紫红色，重瓣型，花瓣层叠排列，呈放射六角形，花径3～4cm。叶色碧绿，呈椭圆形，长约5cm，幅宽3.5cm。树性扩散。

N#8612

花呈玫瑰红色，半复瓣型，花径3～4cm。叶呈倒卵形，叶色淡绿，长约4cm，幅宽约3cm。树性扩展。

N#9219

花呈深粉红色，单瓣型，花瓣瓣质呈微皱状，花径约3cm。叶呈披针形或倒卵形，叶色碧绿，长约4.5cm，幅宽约3cm。树性扩张。

N#9308

花呈白色，花径2.5～3cm。叶呈卵圆形，长4～6cm，幅宽约3.5cm，叶面没有光泽。枝较软、斜生。植株强健，树性直立。

N#2021

N#8433

N#8612

N#9219

N#9308

N#9340

N#9341

N#9421

N#9504

N#9517

N#9609

N#9646

N#9340

花呈绯色，单瓣型或半复瓣型，花径 2.5cm 左右。叶呈倒卵形或椭圆形，长约 5cm，幅宽约 3cm，叶色翠绿，叶质较薄。树性直立。

N#9341

花呈粉红色，花筒呈铃状式，花径 2.5～3cm。叶色翠绿，无光泽，长 5～6cm，叶幅宽约 2.3cm。枝丛较密，树性直立。

N#9421

花呈白色，单瓣型，花径约 3cm，叶色碧绿，呈倒卵形，长 3～4cm，幅宽约 2.5cm，萌发嫩枝、叶都呈紫红色，枝丛稠密。树性低矮，6～7 年树龄仅高 20cm，系蒙自连蕊茶（*C. forrestii*）杂交种。

N#9504

花呈乳白色，花瓣缘和瓣背覆绯色色晕，瓣质厚，花径 2～2.5cm，花瓣 5～8 枚不等，磬口，多花顶生、腋生。叶色碧绿，无光泽。

N#9517

花呈浅微粉红色，花径约 3.5cm。叶呈披针形，叶面光滑，略呈反曲，长 4.5～6cm，幅宽约 2.5cm，枝丛斜生，树性强健。

N#9609

花呈淡绯色，瓣缘覆鲜红色色晕，单瓣型或半复瓣型，花径 2.5～3cm。多花顶生、腋生。叶色翠绿，椭圆形，长约 4cm，幅宽约 3cm。枝丛扩张。

N#9646

花呈深绯色，单瓣型，花径约 3.5cm，叶呈倒卵形、椭圆形，长 5.5cm，宽约 3.5cm，叶色碧绿，叶面有光泽。枝丛横斜着生，较稠密。树性强健。

还未编号杂交种之一（Nuccio's Nurseries grow unnumbered hybrid variety of No.1）

还未编号杂交种之二（Nuccio's Nurseries grow unnumbered hybrid variety of No.2）

N#9119TR

怒起乌苗圃没有名称品种（Nuccio's Nurseries grow unnamed hybrid variety）

'紫侘助'（'Dark Blue Wabisuke'）

还未编号杂交种之一（Nuccio's Nurseries grow unnumbered hybrid variety of No.1）

花呈绯色，单瓣型，花径 3～3.5cm，形若梅花般姿韵。叶呈椭圆形，长约 5cm，幅宽约 4cm。树性直立。

还未编号杂交种之二（Nuccio's Nurseries grow unnumbered hybrid variety of No.2）

花呈浅紫红色，半复瓣型，喇叭形，花径 3.5～4cm。叶呈椭圆形，长约 5cm，幅宽约 3.5cm，叶色翠绿，有光泽，叶脉清晰。该杂种由红山茶（*C. japonica*）与琉球连蕊茶（*C. lutchuensis*）杂交育出。

N#9119TR

美国怒起乌苗圃（Nuccio's Nurseries）培育出，尚未命名，仅有编号标识。

花呈白色，浅紫色镶边，单瓣型，花径 4～5cm，叶呈披针形或狭椭圆形，墨绿色，叶面无光泽，长约 6cm，宽 3～3.5cm，树性直立，萌枝力强，长达 30～50cm。

'紫侘助'（'Dark Blue Wabisuke'）

'紫侘助'为中文译名；'紺侘介'为日文片假名原名；'Dark Blue Wabisuke'为英文译名。

源于日本兵库县。

花呈暗红色，单瓣型，筒形，花径约 3cm，叶呈披针形至狭椭圆形，长 4～5cm，宽 2～2.5cm，叶面平坦，墨绿色，光滑，叶前端反曲。树性横张。

怒起乌苗圃没有名称品种（Nuccio's Nurseries grow unnamed hybrid variety）

花呈鲜红色，宝珠型，花径 3～3.5cm。叶呈椭圆形，叶尖反曲，墨绿色，长约 7.5cm，宽约 4cm。树性横张。

第6章

世界山茶和茶梅珍品

中国山茶品种经过200多年的风云变幻，兴衰起落，固有传统优良品种，日趋式微。甚者，20世纪60年代动乱时期的冲击，造成传统品种中名种所剩寥寥无几，再加上各地老一辈学养有素、见多识广者相继过世，年轻一代对一些中外老品种名称往往张冠李戴（即使是在20世纪30年代向日本引进的一些品种和二次世界大战后向美国引种的一些品种竟会把它们的产地说成是中国的某省某市）。

20世纪80年代以来，随着国家实施改革开放政策，大批欧美、澳大利亚、新西兰、日本品种陆续通过各种渠道涌入中国，激发了山茶爱好者们的新奇观和浓厚兴趣。可是，国际上品种多达32000多个，可谓浩如烟海，并且，年年有数以百计的新颖品种递加，如要作深入了解，一一鉴赏，这么庞大的数量谈何容易。笔者定居美国25年中结识了许多国际爱好山茶人士、育种者们，承蒙各界概允，每每及时赏识到一批批新老山茶、茶梅品种，或收集到一些流散在海外的中国老品种和资料。笔者在编撰本书时，除挑选一些适合中国人欣赏习惯的品种外，也对现在中国社会上流传的一些中外老品种名称和史料方面作了正本清源。凡国际山茶协会认可的中文译名都予以尊重、使用。凡国内著作中在介绍外国品种史料方面与国际山茶协会专著中相关资料相悖者，则一一匡正。本书中仍选用了一些国际优良老品种彩照，以便读者们温故知新，结合欣赏许许多多未曾面世过的新品种时有所对比彼此不同格韵，以拓宽见识，进而鉴赏、认识时代新品种的芳名踪影时有所帮助。现介绍于此。

一、山茶花

（一）世界山茶花名贵品种

'红桃'（'Ace of Hearts'）

美国加州怒起乌（Nuccio是意大利姓，笔者仍按意大利文读音翻译）苗圃在1947年培育出实生苗，1957年首次开花，1963年发表、登录。

花呈红色，半复瓣型至玫瑰型，花径约12cm。花期较晚。树性直立，耐晒。

'五十华诞'（'ACS Jubilee'）

由美国怒起乌苗圃(Nuccio's Nurseries)在1976年培育出实生苗，1988年首次开花，1994年发表、登录。为庆贺美国山茶协会成立五十周年华诞，遂以'美国山茶协会华诞'（'ACS Jubilee'）作为命名（ACS是美国山茶协会简写，而Jubilee译成中文为五十周年纪），为简化品种名称，就以'五十华诞'称呼。台湾则译为'庆典'。

花呈淡粉红色，花朵花瓣达60多枚，作覆瓦状排列成重瓣型，有时亦会呈现玫瑰型，花径约10cm。叶色碧绿，椭圆形。树性直立，枝丛稠密。

'白斑阿道夫'（'Adolphe Audusson var.'）

1877年法国M.阿道夫·奥达森（M. Adolphe Audusson）和安吉斯（Angers）从圭查德先生（Mr. Guichard）处获得。其后，由圭查德命名为'阿道夫·奥达森'。

'红桃'（'Ace of Hearts'）

'五十华诞'（'ACS Jubilee'）

'白斑阿道夫'('Adolphe Audusson var.')

'崇拜'('Adorable')

'爱之泉'('Fountain of Love')

'晓香'('Down Fragrance')

'雪塔'('Alba Plena')

'亚历克斯'('Alex Early')

花呈深红色，花瓣瓣幅宽阔，半复瓣型，花径约 10cm。20 世纪 40 年代花瓣上出现白色斑、晕。1943～1944 年间，命名为'白斑阿道夫'。

'崇拜'('Adorable')

由澳大利亚塞比尔先生（Mr. E. R. Sebire）从西南红山茶（*C. pitardii* var. *pitardii*）实生苗中选出，1972 年栽种，1977 年首次见花，1979 年发表、登录。

花呈亮丽粉红色，重瓣型，花径约 8cm。叶呈披针形，碧绿色。树性直立，枝丛稠密。

'爱之泉'('Ai-no-Izumi')

日文名称读音'Ai-no-Izumi'；英文译名'Fountain of Love'；由日本石泽进采集得到。1969 年由新渴府荻屋薰命名、发表。

花呈淡粉红色，瓣基微微泛浅黄色晕，花瓣圆阔，覆瓦状层叠作轮状展开，花径约 6cm。其花色、姿韵酷似中国老品种'小桃红'。叶呈椭圆形，叶前端呈反曲状。树性呈横张型。

该品种亲本很可能是日本特有山茶亚种雪茶（*C. rusticana*）。

'晓香'('Akatsuki-no-Kaori')

日文名称读音'Akatsuki-no-Kaori'；英文译名'Down Fragrance'。

系日本山茶'长乐'自然实生种。1962 年由下岳喜一郎选出后命名、发表。

花呈淡粉红色，半复瓣型，花径约 9cm，雄蕊繁多，呈梅蕊型，花朵绽蕊舒瓣时有微微香味。叶呈长椭圆形。

'雪塔'('Alba Plena')

系中国古老传统品种。1792 年，由英国东印度公司'卡内的克'（Carnatic）号船长康诺（Captain Connor）从中国引去英国。其后，别名较多，如'大白''千叶白''南京白'等。

花呈白色，花瓣平展，呈覆瓦状层叠排列，重瓣型，花径 8～9cm，为中国人喜爱的典型文瓣型。叶呈椭圆形，有时略呈微波状，叶色碧绿。树势直立，横张型。

'亚历克斯'('Alex Early')

花呈粉红色，重瓣型，花径约 10cm。叶呈椭圆形，叶尖呈急尖状。树性直立，强健，枝丛横张。史实不详。

‘爱莉’('Ali')

‘白斑艾丽斯·伍德’('Alice Wood var.')

‘艾莉莎·卡特’('Alisha Carter')

‘爱莉’('Ali')

花呈粉红色，重瓣型，瓣从作覆瓦状层叠排列、轮展，花径7～8cm。叶呈椭圆形。树性直立，强健，枝丛横张。史实不详。

‘白斑艾丽斯·伍德’('Alice Wood var.')

该品种由美国加州圣盖博市（San Gabriel）伍德夫人（Mrs. A. Wood）培育出，于1960年发表、登录。其后，受病毒侵染，花瓣上出现白色斑晕，重瓣型，花径约12cm。叶呈椭圆形。树性强健。

‘艾莉莎·卡特’('Alisha Carter')

由新西兰特里维沃·利纳德先生（Mr. Trevor Lennard）从日本特产侘助（Wabisuke）山茶中选出，1991年发表、登录。

花呈暗红色，牡丹型，花径约7cm。树性直立，枝丛横张。

‘白斑美国人’('All American var.')

该品种由美国加州贝克斯菲尔德（Bakersfield）市特德·阿尔弗特先生（Mr. Ted Alfter）从‘林赛·尼尔’('Lindsay Neill')的实生苗培养长成，于1970年首次开花。

花呈红色，牡丹型，花径约10cm。其后，登录为‘美国人’('All American')。之后，受病毒侵染，花瓣上出现白色斑晕，经分离、定向培养成为‘白斑美国人’。1977年发表、登录。其余性状与母本相同。

‘艾莉森’('Alison Leign Woodroof ')

由美国麦卡斯基尔山茶植物园苗圃（McCaskill Garden Nursery）从实生苗中选出。1955年发表、登录。

花呈绯色，瓣幅中间呈淡粉红色，半复瓣型，花径6～7cm，花姿神韵，淡雅宜人，颇受欧美山茶花爱好者青睐。树性直立，长势旺盛。

‘阿尔塔’('Alta Gavin')

由美国路易斯安那州（Louisiana）谢里维波特市（Shreveport）詹姆斯·F. 盖文先生（Mr. James F. Gavin）在1951年从种子培育出，1959年首次开花，1962年公布、登录。

花呈白色，瓣尖呈绯色，半复瓣至复瓣玫瑰型，有时会开出重瓣型，花径约11cm。树性直立，茁壮，耐寒性较强。

‘白斑美国人’('All American var.')

‘阿尔塔’('Alta Gavin')

‘艾莉森’('Alison Leign Woodroof ')

'阿林逊'('Alyson Pollard')

'兰斯德尔'('Amabel Lansdell')

'惊魅'('Amazing Graces')

'阿林逊'('Alyson Pollard')

美国路易斯安那州道格拉斯·梅菲尔德先生(Mr. Douglas Mayfield)在1959年培育出,1970年首次开花,1977年发表、登录。

花呈微白色,有些花瓣前端微微呈淡粉红色晕,重瓣型,花径约8cm。树性直立,枝丛横张型。

'兰斯德尔'('Amabel Lansdell')

由美国佐治亚州(Georgia)梅厄里先生(Mr. Marion Landsdell Meiere)在1950年培育出,1960年首次开花,1963年发表、登录。

花呈淡玫瑰红色,半复瓣型至牡丹型,花径约12cm。叶色黛绿,阔椭圆形,长10cm,宽约5cm。树性直立,茁壮。

'惊魅'('Amazing Graces')

由美国路易斯安那州亨利·斯通女士(Mrs. Henry Stone)在1968年用'庭斯利博士'('Dr. Tinsley')与'利蒂希娅'('Letitia Schrader')杂交培育出,1976年首次开花,1979年发表、登录。

花呈浅粉红色,瓣缘色泽稍深,重瓣型,花径约7cm。叶呈椭圆形,长约7cm,宽约4cm。树性直立。

'安德利'('Andrea Sebire')

由澳大利亚维多利亚州(Victoria)埃德加·塞比尔(Edgar Sebire)培育出,1978年首次开花,1982年发表、登录。

花呈粉红色,瓣幅中央纵向色泽稍淡,重瓣型,花径约8cm。叶呈椭圆形,长约11cm,宽约5cm,叶色黛绿,叶脉明显。树性直立,枝丛稠密。

'神翅'('Angel Wings')

美国克莱默先生(Mr. Kramer)用山茶'庭斯利博士'('Dr. Tinsley')与山茶原种怒江山茶(*C. saluenensis*)杂交培育出,1970年公布、登录。

花呈淡紫红色,半复瓣型,花朵中央矗立几枚兔耳状花瓣,花径10~12cm。树性直立、茁壮,枝丛呈横张型。

'安妮塔'('Anita')

花呈淡粉红色,瓣上杂缀胭脂红色细点和长短不一、宽狭不等条纹,半复瓣型,花径约10cm。叶色呈深绿色,长约3cm,宽约1.5cm。树性直立、茁壮。本品种源于美国东部。具体史实不详。

'安·克莱顿'('Ann Clayton')

美国弗吉尼亚州(Virginia)萨福克市(Suffolk)哈比尔博士(Dr. J. M. Habel)在1949年从种子培育出,1964年首次见花,1980年发表、登录。

花呈白色,瓣前端泛粉红色晕,复瓣型至重瓣型,花径约6cm。叶色淡绿,叶长8cm,宽约4cm。树性直立,长势一般,较耐寒。

'安德利'('Andrea Sebire')

'神翅'('Angel Wings')

'安妮塔'('Anita')

‘安·克莱顿’（'Ann Clayton'）

‘马卡德’（'Aspasia Macarthur',由新西兰海登先生供照，Courtesy of N. Haydon, New Zealand）

‘奥古斯托’（'Augusto Leal de Gouveia Pinto'）

‘白斑期望’（'Anticipation var.'）

‘诺瓦’（'Astro Nova'）

‘秋天宝石’（'Autumn Jewel'）

‘白斑期望’（'Anticipation var.'）

本品种系新西兰朱瑞先生（Mr. L. E. Jury）培育出怒江山茶种间杂交种‘期望’（'Anticipation'）受病毒侵染后，紫红色花瓣上出现白色斑晕，其他性状都与母本‘期望’相同。

‘马卡德’（'Aspasia Macarthur'）

由澳大利亚卡姆登公园（Camden Park）麦克阿瑟先生（Mr. Macarthur）在1848年从种子培育出，命名为‘麦克阿瑟’（'Macarthur'）。鉴于这个名称与意大利的一个品种名称相同，由此常常发生混淆。为此，澳大利亚著名山茶学者沃特豪斯教授（Professor Waterhouse）在他的《山茶线索》（Camellia Trail）书中建议把澳大利亚培育出的‘麦克阿瑟’改名为‘阿斯帕西爱·麦克阿瑟’（'Aspasia Macarthur'），以示区别。1998年中国浙江科技出版社出版《世界名贵茶花》中把澳大利亚的‘阿斯帕西爱·麦克阿瑟’又简译为‘马卡德’。

‘马卡德’花呈乳白色，瓣缘微微覆粉红色晕，瓣上杂缀稀疏长短不一的玫瑰红色细狭条纹，牡丹型，花径约12cm。本品种常有芽变出新品种，如按附照顺时针转，右方全红色者为‘奥泰哈哈美女’（'Otahuhu Beauty'），接续是‘玛格丽特·戴维斯’（'Margareat Davis'），‘洛克夫人’（'Lady Lock'），‘请求’（'Just Sue'），‘肯肯’（'Can Can'），‘琼·克莱尔’（'Jean Clere'），照片中心是‘马卡德’，这系列品种深受国际山茶爱好者们青睐，誉满世界。

‘诺瓦’（'Astro Nova'）

该品种原由美国加州拉斐亚市（Lafayette）的肯·霍尔斯通先生（Mr. Ken Hallstone）在1983年用‘澳洲黄’（'Gwennett Horey'）与‘可娜’（'Kona'）相杂交、培育出。其后，由加州玛蒂尼兹市（Martinez）唐·伯高米尼先生（Mr. Don Bergamini）接手栽培、繁殖。

花呈白色，瓣上杂缀稀疏长短不一、宽狭不等紫红色条纹和点，瓣缘呈锯齿，半复瓣型，花径约10cm。树性直立，枝丛稠密。2003年获准登录，其号码为Reg.#2586.。

‘奥古斯托’（'Augusto Leal de Gouveia Pinto'）

该品种源于葡萄牙，由‘大苏尔坦’（'Grand Sultan'）发生芽变时分离出。1980年由戴·西尔维娅（da Silva）公布、登录。

花呈胭脂红色，复瓣牡丹型至重瓣型，每枚花瓣瓣缘镶细狭白色，如种植或放置在地域小气候偏冷情况下，花色会呈现淡青紫色。

‘秋天宝石’（'Autumn Jewel'）

由美国加州怒起乌苗圃（Nuccio's Nurseries）从怒江山茶实生苗中选出，2000年公布、登录。

花呈青紫色，重瓣型，花径约8cm。长势旺盛、茁壮，灌木型。

‘艾夫·玛丽亚’（'Ave Maria'）

由美国加州圣荷西市（San Jose）凯萨·布里斯奇尼先生（Mr. Caesar Breschini）培育出。1956年公布。

花呈粉红色，重瓣型覆瓦状层叠排列，偶然出现牡丹型花朵，花径8～9cm。叶呈椭圆形，叶色深绿。树性直立、茁壮，枝丛稠密。

‘惊讶’（'Ay Ay Ay'）

由美国加州怒起乌苗圃（Nuccio's Nurseries）从‘棒极了’（'Oo-La-La'）芽变中分离出，1995年公布、登录。

花呈草莓红色，瓣缘镶阔狭不等乳白色，瓣上杂缀暗红色长短不一条纹，单瓣型或半复瓣型，花径约8cm。叶色碧绿，叶前端反曲。树性直立，长势旺盛。

‘洋娃娃’（'Baby Doll'）

美国加州怒起乌苗圃（Nuccio's Nurseries）培育出，苗圃编号为N#8557，1992年公布。

花呈粉红色，文瓣宝珠型，花径约7cm，花期稍晚。叶呈椭圆形，叶色苍绿。树性直立，枝丛稠密、横张。

‘小珍珠’（'Baby Pearl'）

美国加州怒起乌苗圃（Nuccio's Nurseries）培育出，编号为N#7733，1980年公布。

花呈乳白色，花朵外围几轮花瓣瓣缘、前端晕染浅紫红色，重瓣覆瓦状层叠排列轮展，花径约7cm，花期较晚。叶色碧绿，椭圆形。树性直立，茁壮。

‘小姐妹’（'Baby Sis'）

美国佐治亚州休·莎克尔福特（Hugh Shackelford）从种子培育出，1958年公布。

白色外轮花瓣上杂缀稀疏长短不一粉红色细条纹，文瓣宝珠型，花径6～7cm。20世纪60年代发生芽变，分离出‘粉

‘小姐妹’（'Baby Sis'）

‘艾夫·玛丽亚’（'Ave Maria'）

‘洋娃娃’（'Baby Doll'）

‘小珍珠’（'Baby Pearl'）

‘惊讶’（'Ay Ay Ay'）

‘粉红色小姐妹’（'Baby Sis Pink var.'）

‘白斑巴特’（'Bart Colbert var.'）

‘巴巴拉·伍德鲁夫’（'Barbara Woodroof'）

红色小姐妹’（'Baby Sis Pink var.'），有时粉红色花瓣上稀疏杂缀白色细点。

‘巴巴拉·伍德鲁夫’（'Barbara Woodroof '）

美国加州伍德鲁夫先生（Mr. W. E. Woodroof）经由种子培育出，1957 年公布。

花呈微青紫色，武瓣宝珠型，有时会芽变开出淡玫瑰红色，或杂缀红色条纹，花径约 10cm。

‘巴罗内’（'Baronne de Bleichroeder'）

系比利时古典传统品种。1878 年林登目录（Linden Catalogue）中已有该品种了，花呈粉红色，瓣上杂缀长短不一玫瑰红色点、细条纹，花瓣圆阔，重瓣型，覆瓦状层叠，花径 10 ～ 12cm。

‘白斑巴特’（'Bart Colbert var.'）

系美国佐治亚州拉尔夫·E. 梅先生（Mr. Ralph E. May）在 1977 年公布的‘巴特’（'Bart Colbert'）受病毒侵染后，花朵上出现白斑，经分离培养成‘白斑巴特’。其余性状都与亲本相同。

‘漂亮的佛罗伦萨’（'Bella di Firenze'）

本品种在 19 世纪中叶源于意大利佛罗伦萨（Florence）。但是，亦有另一种说法，它是在 16 世纪由欧洲人从日本引种去的日本品种‘阿兰陀红’（'Orandako'）。

花呈玫瑰红色，重瓣文瓣型，一些

‘漂亮的佛罗伦萨’（'Bella di Firenze', 意大利惠爱笃·加笃里加供照，Courtesy of Mr. Guido Cattolica, Italy）

花瓣中央呈乳白色、宽狭不一竖条纹，花径 10 ～ 12cm。叶呈阔椭圆形，叶色苍绿。树性直立，茁壮。

‘漂亮的罗曼娜’（'Bella Romana'）

早在 1856 年意大利的冯·豪特目录（van Houtte Catalogue）中已记载了这个品种。由罗马市迪格兰德（Delgrande）培育出。

花呈绯色，花瓣上杂缀许多长短不一、粗细不等玫瑰红色条纹和细点，半复瓣至复瓣玫瑰型，花径约 9cm。树性直立，长势旺盛。

‘最好新品种’（'Best Novice Member's Japonica'）

花呈红色，半复瓣玫瑰花型，花瓣上杂缀大小不一白色斑晕，花径约 10cm。史实不详。

‘巴罗内’（'Baronne de Bleichroeder'）

‘漂亮的罗曼娜’（'Bella Romana'）

‘最好新品种’（'Best Novice Member's Japonica'）

‘贝特西’（'Betsy'）

‘洒金贝特西’（'Betsy Blush'）

‘白斑贝蒂·里德利’（'Betty Ridley var.'）

‘红绒贝蒂’（'Betty Foy Sanders'）

‘贝蒂’（'Betty Sheffield'）

‘贝特西’（'Betsy'）

由美国加州沙加缅度市（Sacramento）赫伯特·马丁先生（Mr. Herbert J. Martin）培育出，1978年首次开花。

花呈深绯色，花瓣中央呈浅乳白至淡绯色色晕，花瓣圆阔，半复瓣型，花径6～7cm。叶色碧绿，椭圆形。树性直立，枝丛横张型。该品种发生芽变，花呈浅粉红色，经分离、培养成粉红色‘洒金贝特西’（'Betsy Blush'）。

‘红绒贝蒂’（'Betty Foy Sanders'）

由美国佐治亚州弗雷德·史密斯（Fred H. Smith）在1947年培育出，1959年首次开花，1965年公布、登录。

花呈淡粉红色，瓣上杂缀细小紫红色点和短条纹，半复瓣型，花径约11cm。叶色黛绿，叶长约6cm，宽约3cm，叶呈椭圆形，波形。

‘白斑贝蒂·里德利’（'Betty Ridley var.'）

由‘贝蒂·里德利’受病毒侵染后，花瓣上出现白色斑晕。之后，经分离、定向培养成‘白斑贝蒂·里德利’，1981年美国南加州山茶曾予报道、介绍该突变品种。其他性状都与亲本相同。

‘贝蒂’（'Betty Sheffield'）

美国佐治亚州谢菲尔德女士（Mrs. A. B. Sheffield）从‘吉布森女士’（'Mrs. F. L. Gibson'）种子培育出，1949年发表。

其后，该品种出现芽变甚多，经逐一分离，培养成许多新变异品种，如‘有趣的贝蒂脸相’（'Funny Face Betty'），‘吉祥七’（'Lucky Seven'），‘布朗德·贝蒂’（'Blend Betty'），‘埃琳的贝蒂’（'Elaine's Betty'），等等。

花呈白色，瓣缘覆淡玫瑰红色，花瓣上缀有稀疏色点、细短玫瑰红色条纹，雄蕊杂缀曲瓣瓣丛间，花径 10 ～ 11cm，半复瓣至松散牡丹型。该品种为当今山茶界广受欢迎的品种之一。

'白衣大皇冠'（'Betty Sheffield Surpreme'）

美国佐治亚州格林·奥尔戴女士（Mrs. Green Alday）在 1956 年从'贝蒂'植株上分离出芽变品种，花型类似'贝蒂'，只是瓣前沿所覆玫瑰红色幅度更宽更多，1960 年公布。该品种曾获"塞韦尔·马塔特奖"（"Sewell Matant Award"）和"威廉姆·赫理奇奖"（"William Hertrich Award"）。其余性状都与母本相同。

'珊瑚色贝蒂'（'Betty Sheffield Coral'）

由美国佐治亚州 A.P. 黑乔特（A. P. Hjort）从'贝蒂'芽变枝上分离出。

花呈珊瑚色，瓣上杂缀宽狭不等、大小不一的淡红色条纹，花呈半复瓣至松散牡丹型。其余性状都与母本相同。

'玉面贝蒂'（'Betty's Beauty'）

由美国加州西科文内市（West Covina）穆尔先生（Mr. F. Moore）从'白衣大皇冠'分离出的一个突变品种。

花呈乳白色，瓣缘或多或少覆浅粉紫红色，有时偶然出现稀疏淡紫色细条纹，花朵含苞待放时，花姿、色泽最淡雅宜人。绽蕊舒瓣后，呈半复瓣或松散牡丹型，花径约 11cm。树性直立、茁壮。

'贝蒂的糖果'（'Betty's Coral Candy'）

该品种现由美国加州怒起乌苗圃（Nuccio's Nurseries）养植，史实不详。

花呈血牙红色，松散牡丹型，花径 10 ～ 12cm。树性横张型，长势旺盛。

'黑色面具'（'Black Domino'）

美国加州哈维·肖特（Harvey Short）培育出，1961 年公布、登录。

花呈黑红色，单瓣花，花瓣厚实，为所谓黑色山茶花系列中花姿神韵最好者，花径 5 ～ 6cm。树性丛生型，生长缓慢。

'贝蒂的糖果'（'Betty's Coral Candy'）

'黑色面具'（'Black Domino'）

'白衣大皇冠'（'Betty Sheffield Surpreme'）

'珊瑚色贝蒂'（'Betty Sheffield Coral'）

'玉面贝蒂'（'Betty's Beauty'）

‘白斑黑色黄金’（'Black Gold var.'）

‘白斑黑领带’（'Black Tie var.'）

‘黑领带’（'Black Tie'）

‘黑蛋石’（'Black Opal'，新西兰伊冯·卡维女士供稿，Courtesy of Mrs. Yvonne Cave, New Zealand）

‘火焰的光辉’（'Blaze of Glory'）

‘鲍勃本色’（'Bob White'）

‘白斑黑色黄金’（'Black Gold var.'）

美国佛罗里达州保罗·吉利（Paul Gilley）培育出，1982 年公布、登录。

花呈黑红色，半复瓣型，花瓣呈波形、皱褶状，花径约 9cm。其后，发生芽变，花瓣上出现大小不匀白色斑晕。但是，至今还没有看见公布、登录消息。

‘黑蛋石’（'Black Opal'）

由新西兰 O. 布卢姆哈特（O. Blumhardt）用杂交山茶‘鲁比·贝尔斯’（'Ruby Bells'）与日本山茶‘黑椿’（即黑山茶）相杂交、培育出，1985 年公布。

花呈黑红色，半复瓣型，花径 6～8cm，花期较晚。

‘黑领带’（'Black Tie'）

该品种由美国佐治亚州斯潘塞·C. 小沃尔丹（Spence C.Walden, Jr.）培育出，1968 年首次开花、登录。

花呈红色至暗红色，重瓣型，花径约 7cm。树性直立，长势一般。其后受病毒侵染，花瓣上出现白斑，1971 年美国山茶协会杂志 4 月号曾报道‘白斑黑领带’（'Black Tie var.'）。

‘火焰的光辉’（'Blaze of Glory'）

由美国加州麦卡斯基尔植物园（McCaskill Gardens）从‘林赛·尼尔’（'Lindsay Neill'）种子培育出，1956 年首次开花，1965 年公布。

花呈亮丽红色，武瓣宝珠型，花径约 12cm。树性直立，枝丛稠密。

‘鲍勃本色’（'Bob White'）

花呈淡粉红色，部分雄蕊瓣化、簇聚，半复瓣型至牡丹型，花径约 12cm。史实不详。

‘博比乐意’（'Bobbie Fain'）

美国佐治亚州麦康市（Macon）霍姆耶博士（Dr. Homeyer）培育出。美国山茶协会杂志 1992 年第 47 期冬季号第 13 页（ACS，1992，The Camellia

Journal, Vol. 47, No. 4 p.13）曾报道过这个品种。

花呈亮丽红色，半复瓣型至宝珠型，花径约10cm，有时花瓣中央偶然出现些许苍白色杂晕。树性直立。其后，受病毒感染，出现白斑，经分离，培养成‘白斑博比乐意’。

‘鲍勃的爱物’（'Bob's Tinsie'）

美国加州怒起乌苗圃（Nuccio's Nurseries）培育出，1962年投放市场。

花呈大红色，宝珠型，雄蕊都瓣化成挖耳勺般勺瓣，勺背有一条白色居中，有时不具白色，勺瓣簇聚成扁球形，花径约7cm。叶呈阔椭圆形，叶色苍翠。树性直立。

‘波利乐舞’（'Bolero'）

1935年，由尤齐（Youtz）从欧洲引入美国，当时原名已失，故此，史实亦不详。

花呈青莲色，有时出现浅紫色，重瓣型，花径约8cm。树性强健，扩张型，较低矮。

‘好、好’（'Bon Bon'）

1972年赫泽尔伍德和杰西普从苗圃购买山茶清单第28页中记载着‘好、好’品种（Hazlewood & Jessep, 1972, Checklist-Camellia Cultivars from Nursery Catalogues, p.28）。其余史实不详。

武瓣宝珠型，白色花瓣和雄蕊瓣上杂缀紫红色宽狭不一、长短不等的条纹，牡丹型至武瓣宝珠型，花径7～8cm。

‘绯色好、好’（'Bon Bon Blush'）

1972年赫泽尔伍德和杰西普从苗圃购买山茶清单第28页中记载着‘绯色好、好’品种（Hazlewood & Jessep, 1972, Checklist-Camellia Cultivars from Nursery Catalogues, p. 28）。其余史实不详。

该品种是从‘好、好’（'Bon Bon'）芽变中分离出。花色变成绯色，花瓣和雄蕊瓣上都杂缀宽狭不一、长短不等的紫红色条纹。

‘布齐B’（'Boozie B'）

由美国密西西比州（Mississippi）布鲁克哈文市（Brookhaven）贝克尔先生（Mr. F. F. Becker）在1976年从‘宇宙’（'Creation'）种子培育出，1986年首次开花，1993年公布、登录。

花呈微紫色，花瓣上杂缀长短不一、宽狭不等的紫色条纹，半复瓣至复瓣玫瑰型，花径12cm左右。树性直立，长势健壮。

‘博比乐意’（'Bobbie Fain'）

‘白斑博比乐意’（'Bobbie Fain var.'）

‘鲍勃的爱物’（'Bob's Tinsie'）

‘波利乐舞’（'Bolero'）

‘好、好’（'Bon Bon'）

‘绯色好、好’（'Bon Bon Blush'）

‘布齐B’（'Boozie B'）

‘小兔子耳朵’（'Bunny Ears'）

‘整装待发’（'Buttons'n Bows'）

‘甘蔗糖果’（'Candy Cane'）

‘薄荷糖’（'Candy Mint'）

‘牧师的红帽子’（'Cardinal's Cap'）

‘小兔子耳朵’（'Bunny Ears'）

1999 年，美国加州怒起乌苗圃（Nuccio's Nurseries）用杂交玫瑰连蕊茶（*C. rosaeflora* hybrid）种子培育出。

花呈粉红色，半复瓣型，花径约 5cm。叶呈椭圆形，长约 5cm，宽约 3cm。树性低矮，灌木型，长势旺盛。

‘整装待发’（'Buttons'n Bows'）

美国怒起乌苗圃（Nuccio's Nurseries）在 1975 年用怒江山茶（*C. saluenensis*）杂交种子培育出，1981 年首次开花，1985 年公布、登录。

花呈淡粉红色，花朵内部靠近中心几轮花瓣呈淡紫色，重瓣花，花径约 6cm。叶片呈狭长椭圆形。树性直立，枝丛稠密，长势旺盛。

‘甘蔗糖果’（'Candy Cane'）

由美国怒起乌苗圃（Nuccio's Nurseries）培育出，1963 年开始投放市场。

花呈白色，瓣上稀疏杂缀长短不一、粗细不匀的红色条纹，花径约 8cm。树性直立，长势旺盛。

‘薄荷糖’（'Candy Mint'）

由美国怒起乌苗圃（Nuccio's Nurseries）在 1976 年从种子培育出，1984 年首次开花，1987 年公布、登录。

花呈粉红色，瓣上杂缀密集宽狭不一、长短不等的红色条纹，武瓣宝珠型，花径 8～9cm。树性直立，枝丛稠密。

‘牧师的红帽子’（'Cardinal's Cap'）

美国加州塞普尔维达（Sepulveda）市瑟林纳山茶植物园（Surina's Camellia Gardens）在 1943 年培育出，1955 年首次开花，1961 年公布、登录。

花呈深红色，宝珠型，花径 6～7cm。叶色深绿，宽椭圆形，长约 8.5cm，宽约 4.5cm。树性直立，枝丛稠密。

‘大卡特’（'Carter's Sunburst'）

美国加州 E. H. 卡特先生（Mr. E. H. Carter）用红山茶与滇山茶杂交种（*C.*

japonica × *C. reticulata*）相杂交、培育出种间杂交种，1951 年首次开花，1959 年公布。

花呈粉红色，花瓣上杂缀宽狭不一、长短不等的红色条纹，半复瓣型至牡丹型，花径约 13cm，偶然会出现宝珠型或重瓣型。叶片呈阔椭圆形，叶色碧绿。树性直立，强健。经常发生芽变。

‘白边大卡特’（'Carter's Sunburst Blush'）

美国佐治亚州赫里·史密斯（Hulyn Smith）在 1971 年从‘粉卡特’（'Carter's Sunburst Pink'）芽变枝上分离出，1977 年公布、登录。

花呈淡粉红色，瓣上杂缀宽狭不一、长短不等的紫红色条纹，瓣缘覆极细狭白色色晕，有时不出现白色镶边，花瓣圆阔，半复瓣型至牡丹型，花径约 13cm。叶呈椭圆形，长约 11cm，宽约 5.5cm。树性直立，枝丛稠密。

‘卡特林’（'Catlin's Itsy'）

花呈大红色，花朵中央矗立波曲瓣丛中有时出现白斑，复瓣牡丹型，花径约 8cm。叶色碧绿，倒卵形，前端微微反曲，叶长 8～9cm，宽约 5.5cm。树性直立，长势缓慢，枝丛横张。史实不详。现由美国加州怒起乌苗圃（Nuccio's Nurseries）养护中。

‘白斑塞西尔’（'Cecil Beard var.'）

美国佐治亚州沃纳·罗宾斯市（Warner Robins）马文·杰尼干先生（Mr. Marvin Jernigan）在 1973 年用红山茶‘白斑康乃馨’（'Ville de Nantes'）与‘格兰达’（'Granada'）相杂交、培育出，1985 年首次开花。美国山茶协会 1995 年年鉴第 2 页刊出该品种彩色照片（1995, The American Camellia Yearbook, p.2 and colour photo）。

花呈淡粉红色，或混杂白色花瓣或粉红色花瓣上杂缀宽狭不一、长短不等的淡紫红色条纹，半复瓣型，偶然出现复瓣花，花径约 15cm。叶呈狭椭圆形，叶尖呈渐尖形，叶色深绿色，长约 10cm，宽约 5cm。树性直立，茁壮，枝丛稠密。

‘查尔斯’（'Charles F. O.'malley'）

美国加州林边（Woodside）市玛琪·奥马利（Marge O.'malley）培育出。1989 年美国山茶协会年鉴第 119 页（The American Camellia Yearbook, 1989, p. 119）曾介绍此花。

花呈肉色（flesh pink，按中国江苏一带花卉园艺爱好者传统称“肉色”，即似白非白的颜色，肖似初生婴孩般的肤色），重瓣型，花径约 11cm。树性直立，枝丛稠密。

‘大卡特’（'Carter's Sunburst'）

‘白边大卡特’（'Carter's Sunburst Blush'）

‘白斑塞西尔’（'Cecil Beard var.'）

‘卡特林’（'Catlin's Itsy'）

‘查尔斯’（'Charles F. O.'malley'）

'瑞雪'（'Charming Snow'）

'樱桃霜'（'Cherry Frost'）

'樱桃节'（'Cherries Jubilee'）

'羞奇'（'Chie Taruamoto'）

'瑞雪'（'Charming Snow'）

花呈樱花色，瓣基部呈淡黄色，花瓣圆阔，瓣尖有凹口，色泽娇嫩、柔丽，半复瓣型至复瓣型，花径约9cm。叶呈椭圆形，叶色碧绿。树性直立，长势一般。史实不详。现由美国加州怒起乌苗圃（Nuccio's Nurseries）养植中。

'樱桃霜'（'Cherry Frost'）

由美国加州玛蒂尼兹市唐·伯高米尼先生（Mr. Don Bergamini）在1976年培育出，1984年首次开花，1987年公布、登录。

花呈红色，为多层花冠宝珠型，花径约5cm，花瓣上偶然出现白色纤细条纹，雄蕊瓣呈白色，紧缩花筒底部。叶色暗绿，椭圆形，长约7.5cm，宽约5cm。树性直立，茁壮。

'樱桃节'（'Cherries Jubilee'）

美国加州怒起乌苗圃（Nuccio's Nurseries）培育出，1983年公布、登录。

花呈红色葡萄酒颜色，半复瓣型至牡丹型，有些花瓣边缘镶短狭白色，花径约10cm。叶呈披针形，色浓绿。树性直立，长势一般。

'羞奇'（'Chie Taruamoto'）

美国佐治亚州麦康市（Macon）小霍姆耶博士（Dr. W. F. Homeyer, Jr.）在1970年用红山茶'依丽莎白·博特曼'（'Elizabeth Boardman'）与'月光奏鸣曲'（'Moonlight Sonata'）相杂交、培育出，1976年首次开花，1977年公布、登录。

花呈天将破晓时曙色，花瓣下部呈微微粉红色，重瓣文瓣型，花径约10cm，花姿、花色素雅宜人，足可与中国古典名种'东方亮'媲美。叶呈椭圆形，长约6cm，宽约4cm，叶色深绿。树性直立。

‘中国娃娃’('China Doll')

‘乔翰林’('Chow's Han-Ling')

‘克里斯’('Chris Bergamini')

‘圣诞节玫瑰’('Christmas Rose')

‘金婚纪念’('Chris Jubilee')

‘中国娃娃’('China Doll')

由美国莎克尔福特(Shackelford)培育出，1958年上市。

花呈浅珊瑚粉红色，瓣缘色泽尤深，松散牡丹型，花径9～10cm。树性直立，长势一般。

‘乔翰林’('Chow's Han-Ling')

本品种在中国称‘曹汉麟’('Caohanling')。1966年由美国加州乔博士(Dr. L. E. Chow)发现‘大卡特’('Carter's Sunburst')发生芽变时分离出，1971年公布。

半复瓣型，偶然呈复瓣型，淡粉红色，瓣缘色泽尤淡，花瓣上杂缀稀少长短不等的纤细条纹或细点，花径约10cm。叶呈椭圆形，长约7.5cm，宽约4cm，叶色翠绿。树性丛生型。

‘克里斯’('Chris Bergamini')

由美国加州马蒂尼兹市唐·伯高米尼先生(Mr. Don Bergamini)在1999年培育出。

花呈白色，花瓣和雄蕊瓣上杂缀宽狭不一、长短不等的红色和淡红色条纹，多瓣宝珠型，花径约6cm。树性直立，长势一般。

‘金婚纪念’('Chris Jubilee')

花呈淡粉红色，多瓣花冠宝珠型，花瓣和雄蕊瓣上杂缀长短不一、宽狭不等的红色和浅红色条纹，花径约7cm。史实不详。

‘圣诞节玫瑰’('Christmas Rose')

该品种由山茶杂交种威廉姆西(*C.× williamsii*)与冬茶梅(*C. hiemalis*)杂交、育出，花径约7cm。源于美国。由于该品种绽蕊舒瓣时恰值圣诞节期间，花形又酷似玫瑰花，故以‘圣诞节玫瑰’堪作命名。

‘米切尔’('Cile Mitchell')

‘辛迪薄荷’('Cindi Mint')

‘复色卡莱顿’('Clarise Carleton var.')

‘毛缘大黑红’('Clark Hubbs')

‘克莱顿杰作’('Clayton Classic')

‘牧童之神’('C. M.Wilson')

‘牧童之神’('C.M.Wilson')

‘米切尔’('Cile Mitchell')

由美国佐治亚州赫尔林·史密斯(Hulyn Smith)在1973年用怒江山茶(*C. saluenensis*)与红山茶(*C. japonica*)相杂交、培育出种间杂交种，1985年首次开花，1992年公布、登录。

花呈淡青紫色，复瓣玫瑰型至重瓣型，花径约12cm。叶呈椭圆形，叶色浓绿，长约9cm，中幅宽约4cm。树性直立、茁壮，枝丛稠密。

‘辛迪薄荷’('Cindi Mint')

花呈紫红色，瓣上杂缀白色条纹，宝珠型，花径约6cm。史实不详。

‘复色卡莱顿’('Clarise Carleton var.')

由美国卡莱顿(Carleton)培育出‘克拉丽莎·卡莱顿’('Clarise Carleton'，即中文译名‘卡莱顿’)受病毒感染后，出现大量白色斑块，甚或花瓣上白多红少现象。1978年《彩色山茶全书》(Encyclopedia of Camellias in Colour,1978)中曾刊出‘复色卡莱顿’彩照。其余性状与母本相同。

‘毛缘大黑红’('Clark Hubbs')

该品种由美国弗莱斯诺(Fresno)米洛·罗威尔先生(Mr. Milo Rowell)在1952年培育出，1960年首次开花。

花呈亮丽红色，半复瓣至松散牡丹型，瓣缘呈锯齿状，花径11～12cm。树性直立，枝丛稠密，长势旺盛。

‘克莱顿杰作’('Clayton Classic')

美国俄勒冈州(Oregon)J.曼达里奇(J. Mandarich)在1978年培育出，1990年首次开花，1995年公布、登录。

花呈浅粉红色，花朵中央瓣丛色泽稍深，重瓣文瓣型，花色、姿韵极富东方人欣赏的素雅格韵，花径11～12cm。树性直立。

‘牧童之神’('C. M. Wilson')

1936年，美国佛罗里达州彭萨科拉市(Pensacola)艾达·E.威尔逊夫人(Mrs. Ada E.Wilson)从‘雅致’('Elegans')芽变中分离出，1949年公布、登录。

花呈深粉红色，瓣缘断断续续有些微

白色色晕晕边，花中雄蕊瓣呈乳白色或杂缀粉红色，稍散乱，瓣丛球有时大些，有时小些，武瓣宝珠型，花径约12cm。树性直立。为山茶爱好者喜爱的品种之一。

‘客来邸’（'Collettii'）

该品种为欧洲老品种。关于它的起源问题，众说纷纭，1843年意大利著名植物学家阿佩·贝雷斯(I'Abbé Berlèse)说，他是在意大利获得的这个品种。而比利时玛科埃（Makoy）却说是他从种子培育出来的。孰是孰非，后代人就难以断定了。

花呈白色，瓣上杂晕紫红色，牡丹型至复瓣玫瑰型，甚至会出现武瓣宝珠型，花径约9cm。叶呈椭圆形，长约7.5cm，宽约5cm，叶基钝圆形，叶齿锐尖。树性丛生灌木型。

‘默罗伊上校’（'Commander Mulroy'）

美国路易斯安那州（Louisiana）哈蒙德市（Hammond）T. 帕丁（T. Patin）培育出，1961年公布、登录。

花呈淡粉红色，瓣缘覆淡玫瑰紫红色，半复瓣型至复瓣型，甚至出现重瓣型，花径约8cm。叶呈椭圆形，长约7.5cm，宽约4cm，叶色深绿。树性直立，枝丛稠密。

‘粉喜糖’（'Confetti Blush'）

由美国加州帕萨迪那市（Pasadena）维恩·麦卡斯基尔（Vern McCaskill）从自己原先培育出的‘喜糖’（'Confetti'）植株发生芽变成粉红色花朵枝条经分离、培养出。

花呈粉红色，宝珠型，瓣缘色泽较浅，花瓣上偶然出现稀少长短不一、宽狭不匀的浅红色条纹，雄蕊瓣丛呈微黄色，花径约7cm。树性直立，长势旺盛。

‘珊瑚乐’（'Coral Delight'）

美国加州克莱默苗圃（Kramer Bros. Nursery）用怒江山茶与红山茶品种‘庭斯利博士’（'Dr. Tinsley'）杂交、培育出。1975年公布、登录。

花呈深绯色，半复瓣型，花径约8cm。树性呈丛生型，枝丛繁茂，长势缓慢。

其后，‘珊瑚乐’植株受病毒侵染，花瓣上出现白色斑晕，经分离，培养成‘白斑珊瑚乐’（'Coral Delight var.'）。其他性状与母本相同。

‘客来邸’（'Collettii'）

‘粉喜糖’（'Confetti Blush'）

‘珊瑚乐’（'Coral Delight'）

‘默罗伊上校’（'Commander Mulroy'）

‘白斑珊瑚乐’（'Coral Delight var.'）

'曲枝笑颜'('Egao Corkscrew')

'加冕典礼'('Coronation')

'白尾灰兔'('Cotton Tail')

'秀丽'['Dainty (California)']

'曲枝笑颜'('Egao Corkscrew')

由美国加州怒起乌苗圃(Nuccio's Nurseries)用山茶与茶梅杂交、培育出,2000年公布、登录。

花呈绯色,瓣前端瓣缘覆白色,半复瓣型或牡丹型,花径7～8cm。叶片呈狭长椭圆形,叶缘微微内卷。枝条呈"之"字形或"S"形伸展,堪称新奇。植株低矮,枝丛横张。

'加冕典礼'('Coronation')

1954年,由美国加州帕萨迪那市麦卡斯基尔植物园(McCaskill Gardens)培育出。

花呈樱花色,半复瓣型,花径约12cm。树性强健,枝丛横张。

'白尾灰兔'('Cotton Tail')

美国加州帕萨迪那市麦卡斯基尔植物园(McCaskill Gardens)培育出,1962年首次开花,1965年登录。

花呈白色,宝珠型,花径约5cm。树性直立,枝丛稠密。

'花牡丹'('Daikagura')

该品种系日本古老传统品种,早在1789年《诸色花形帖》中已有记载,它的日文片假名为'太神乐'(译成中文为'祭祀舞')。至于'Daikagura'则是它的日文读音,并不是像中国山茶专著中所说这个品种传到西方国家后命名为'戴卡古拉'('Daikagura')。早在20世纪30年代,中国已引进这个品种了。当年江苏省无锡县西水关吴昆生先生宅中造园时,委托上海黄园承建、规划,园中种植了许多花树,都是黄园提供的,其中有一些山茶,'太神乐'就是其中之一。

'太神乐'之花呈半复瓣型至牡丹型,花瓣红白二色相杂缀,甚为惹看,花径约10cm。树性茁壮。

'秀丽'['Dainty (California)']

该品种由加州E. H.卡特(E. H. Carter)培育出。

花呈白色,瓣上杂缀长短不一、宽狭不等的红色条纹、点,瓣缘呈锯齿状,半复瓣型,花径约9cm。树性直立,长势旺盛,枝丛稠密。

'道温的曙光'('Dawn's Early Light')

美国加州怒起乌苗圃(Nuccio's Nurseries)在1974年培育出,1980年首次开花,1985年公布、登录。

花呈淡青紫色中混杂深粉红色晕,

'花牡丹'('Daikagura')

‘道温的曙光’('Dawn's Early Light')

‘舞台新秀’('Debutante')

牡丹型，或偶然会出现复瓣玫瑰型，花径约 10cm。树性直立型，枝丛稠密。

‘黛比’('Debbie')

由新西兰 L. E. 朱瑞先生（Mr. L. E. Jury）用怒江山茶（*C. saluenensis*）与红山茶‘舞台新秀’('Debutante')相杂交、培育出的一个种间杂交种。

花呈深粉红色，半复瓣型至牡丹型，有时会开出宝珠型，花径 9～10cm。树性直立。1971 年荣获英国皇家园艺协会“梅里特奖”("Award of Merit")。

‘舞台新秀’('Debutante')

该品种在 1836～1937 年时称为‘萨拉·C. 黑斯迪’('Sara C. Hastie')。20 世纪 30 年代末期起遂改称为‘舞台新秀’。

花呈淡粉红色，复瓣牡丹型，花径约 9cm。叶呈椭圆形，叶色翠绿。树性直立型，生长缓慢。

‘德加泽’('Decaze')

花呈暗玫瑰红色，瓣幅圆阔，作覆瓦状般相叠，有时花瓣上呈现浅红色条纹或白色杂缀，重瓣文瓣型，花径约 10cm。叶呈椭圆形，叶面没有光泽。品种来源不详，现由美国加州怒起乌苗圃（Nuccio's Nurseries）养植中。

‘老粉红变种’('Deep Pink var.')

该品种原是一个不知道起源的老品种，它的英文名称为‘Deep Pink’(‘老粉红’)。其后，发生突变，色泽变成淡玫瑰紫色，经分离，培养成另一个变种，但是没有命名。不过，在美国林荫道苗圃目录第 19 页（Avenue Nursery Catalogue, 1958, p.19）简介中描述：“……系一个耐寒老式类型品种，来源不详”。

花呈淡玫瑰紫色，花瓣圆阔，微微皱褶，半复瓣型，花径约 10cm。叶呈椭圆形，色碧绿，有光泽。树性直立，枝丛横张。现由美国怒起乌苗圃(Nuccio's Nurseries)养植。

‘迪洛雷斯’('Delores Edwards')

由美国佐治亚州赫尔林·史密斯（Hulyn Smith）在 1976 年用怒江山茶与杂交红山茶杂交、培育出，1985 年首次开花，1989 年公布、登录。

花呈浅粉红色中微微透出淡橙色泽，半复瓣型至牡丹型，甚或开出宝珠型，花径达 12cm。树性直立，长势一般。

‘黛比’('Debbie')

‘德加泽’('Decaze')

‘老粉红变种’('Deep Pink var.')

‘迪洛雷斯’('Delores Edwards')

'迪米'('Demi Tasse')

'心愿'('Desire')

'玛卡拉斯'('Dona Herzilia de Frietas Magalhaes', Courtesy of Mrs.Yvonne Cave, New Zealand)

'迪米'('Demi Tasse')

美国加州帕萨迪那市麦卡斯基尔植物园(McCaskill Gardens)用红山茶品种'我的爱人'('My Darling')作为母本,与另一个不知道名称的品种花粉相交配、培育出,1962年公布、登录。

花呈桃红色,半复瓣型,花径约6cm。树性直立,茁壮。

'心愿'('Desire')

美国加州拉斐亚(Lafayette)市戴维·菲塞尔斯(David Feathers)用红山茶品种'庭斯利博士'('Dr. Tinsley')与'舞台新秀'('Debutante')交配、育成种内杂交种,1973年首次开花,1977年公布、登录。

花呈淡粉红色,瓣缘覆深粉红色,重瓣文瓣型,花径约10cm。叶呈椭圆形,深绿色,长约8.5cm,宽约5cm。树性直立,枝丛稠密。

'玛卡拉斯'('Dona Herzilia de Frietas Magalhaes')

这是山茶花中名称最长的品种,1925年源于葡萄牙,培育者戴·西尔维娅(da Silva)为纪念葡萄牙航海家麦哲伦先生而以他的亲属赫齐利·麦哲伦夫人('Dona Herzilia de Frietas Magalhaes')作为品种名称(Magalhaes是葡萄牙文;Magellan则是英文同义词)。1949年,葡萄牙戴·西尔维娅和菲尔霍斯商品目录(da Silva & Filhos Catalogue, 1949)中已有该品种记载。

花呈暗紫红色,有时在气温和环境影响之下,会开出淡茄紫色花朵,半复瓣至武瓣宝珠型,花径8～9cm。树性强健、直立型。

'迪戴的粉红色薄纱'('Diddy's Pink Organdie')

美国佐治亚州米林博士(Dr. H. G. Mealing)从'迪戴·米林'('Diddy Mealing')芽变枝条上分离出,1953年公布、登录。

花呈淡粉红色,典型重瓣文瓣型,花朵中央瓣丛色泽尤深,花径约10cm。

‘赠奉’('Donation')

‘舞台女郎实生种’('Drama Girl seedling')

‘迪戴的粉红色薄纱’('Diddy's Pink Organdie')

‘超级南天武士’('Dixie Knight')

‘唐纳之梦’('Donnan's Dream')

‘多萝西’('Dorthy Chester')

‘超级南天武士’('Dixie Knight')

美国佐治亚州麦康(Macon)市中央佐治亚苗圃(Central Georgia Nurseries)在1946年培育出，1954年首次开花，1955年公布。

花呈深红色，半复瓣型，花径约10cm。叶呈卵圆形，叶尖急尖，叶色碧绿，叶缘叶齿明显，叶长10cm，宽5cm。树性直立，茁壮，枝丛稠密。

‘赠奉’('Donation')

由英国克拉克(Col. Stephenson R. Clarke)用怒江山茶(*C. saluenensis*)与日本山茶‘正义’('Masayoshi')相杂交、培育出种间杂交种，1941年公布。曾获英国皇家园艺协会“梅里特奖”("Award of Merit")。

花呈淡青紫色，半复瓣型，花径约10cm。树性直立，茁壮。

‘唐纳之梦’('Donnan's Dream')

美国加州怒起乌苗圃(Nuccio's Nurseries)在1969年培育出，1977年首次开花，1984年公布、登录。

花呈乳白色至微微粉红色，瓣前沿色泽稍深，花朵外轮几层花瓣色泽呈青紫色，重瓣型，花径约10cm。叶呈椭圆形，叶色深绿。树性直立，枝丛稠密。

‘多萝西’('Dorthy Chester')

美国佐治亚州奥古斯塔(Augusta)市格罗弗·C. 切斯特(Grover C. Chester)在1954年培育出，1968年首次开花，1979年公布、登录。

花呈白色，牡丹型，花径约13cm。叶呈椭圆形，长约10cm，中幅宽约6cm，深绿色。树性直立，枝丛扩张。

‘舞台女郎实生种’('Drama Girl seedling')

由美国加州怒起乌苗圃(Nuccio's Nurseries)从‘舞台女郎’种子培育出。

花呈大红色，花瓣圆阔，绝大多数雄蕊已瓣化成匙瓣，乳黄色，少数退化雄蕊短缩底部，花径约10cm。叶呈椭圆形，碧绿色。树性直立、茁壮。

‘还好’（'Dusty'）

‘梦中宝宝’（'Dream Baby'）

‘伊斯特尔’（'Eastell de Acona'）

‘复活节之晨’（'Easter Morn'）

‘教堂’（'Ecclefield'）

‘梦中宝宝’（'Dream Baby'）

新西兰布卢姆哈特先生（Mr. O. Blumhardt）在1974年用‘舞台女郎’（'Drama Girl'）与一个未命名种间杂交种［‘佛陀’（'Buddha'）与毛花连蕊茶（*C. fraterna*）］杂交、培育出，1982年首次开花。

花呈亮丽粉紫色，瓣沿色泽尤深，半复瓣型，花径约6cm。叶呈披针形，长约6cm，宽约2cm，叶色深绿。树性直立，长势旺盛。

‘还好’（'Dusty'）

美国加州埃尔默（Elmer）和伯兰奈克·阿克特伯格（Berenic Achterberg）在1977年从种子培育出，1984年首次开花，1986年公布、登录。

花呈深绯色，重瓣型，花径约12cm。叶呈椭圆形，长约10cm，中幅宽约5cm，叶色深绿。树性直立。

‘伊斯特尔’（'Eastell de Acona'）

花呈银红色，多瓣宝珠型，花径约12cm。史实不详。

‘复活节之晨’（'Easter Morn'）

由美国沙加缅度（Sacramento）市卡尔顿·C. 赖特博士（Dr. Carleton C. Wright）在1960年培育出，1964年首次开花，1965年公布。

花呈婴孩肤色般似白非白颜色，瓣基呈浅绯色，半复瓣型，花径约12cm。叶呈椭圆形，叶色深绿，长11cm，叶中幅宽约6cm。树性直立。

‘教堂’（'Ecclefield'）

美国加州卡斯特鲁山谷（Castro Valley）市莉莲·赫泽特女士（Mrs. Lillian Huthert）从红山茶‘乔舒亚·E. 尤齐’（'Joshua E. Youtz'）种子培育出；另有一种说法，该品种是在1959年由加州海沃（Hayward）市日裔堂本先生培育出。众说纷纭，莫衷一是。

花呈白色，半复瓣型至宝珠型，花径约12cm。叶呈椭圆形，长约12cm，中幅宽约7.5cm，叶色碧绿。树性直立型，枝丛稠密。

‘红爱康’（'Ed Combatalade'）

美国加州高地市（Upland）克莱默苗圃（Kramer Bros. Nursery）培育出，1977年公布、登录。

花呈红色，重瓣型，花径约10cm。树性直立型，枝丛稠密。

‘复色巴斯’（'Edna Bass var.'）

美国佐治亚州麦康（Macon）市小霍姆耶先生（Mr. W. F. Homeyer Jr.）培育出。1984 年公布、登录。

花呈深红色，半复瓣型至牡丹型，花径约 13cm，其后，经病毒侵染，花朵出现白色斑晕，甚至白多红少。树性直立。

‘沃特豪斯’（'E. G. Waterhouse'）

澳大利亚沃特豪斯教授（Prof. E. G. Waterhouse）在 1946 年用怒江山茶（*C. saluenensis*）和红山茶（*C. japonica*）品种相杂交，培育出种间杂交种。1954 年公布。

花呈绯色，重瓣型，花径约 9cm。叶片肖似怒江山茶，不过叶面粗糙、无光泽性状又近似红山茶遗传特性。1962 年荣获“爱德华·H. 梅特卡夫奖”（"Edward H. Metcalf Award"）。

‘白斑沃特豪斯’（'E. G. Waterhouse var.'）

系‘沃特豪斯’经嫁接时受病毒侵染。其后，花瓣上呈现白色斑、块晕，成为另一个新品种；有时绯色花朵会变成淡紫红色，花瓣上杂缀白色斑、块。其余性状都与亲本相同。

‘伊林的贝蒂’（'Elain's Betty'）

由美国马萨诸塞州（Massachusetts）吉姆（Jim）和伊林·斯梅利（Elaine Smelley）从‘贝蒂’（'Betty Sheffield'）植株上分离出突变品种。美国山茶协会杂志 1994 年第 4 期（ACS，1994，The Camellia Journal，Vol. 49，No. 4）封底内页上见载。1996 年正式公布、登录。

花呈白色，花瓣偶尔出现紫红色短狭条纹或细点，牡丹型至复瓣玫瑰型，外轮花瓣瓣缘呈波曲、细褶状，花径 12～13cm。树性直立、茁壮。

‘埃莉诺·哈古德’（'Eleanor Hagood'）

1900 年早期，由美国南卡罗来纳州（South Carolina）木兰植物园（Magnolia Gardens）培育出。

花呈粉红色，重瓣文瓣型，花径约 10cm，花色、花容素雅惹看。树性直立，长势旺盛。

另有‘白斑埃莉诺·哈古德’（'Eleanor Hagood var.'），除粉红色花瓣上杂缀白色斑晕外，其余性状都与母本相同。

‘红爱康’（'Ed Combatalade'）

‘复色巴斯’（'Edna Bass var.'）

‘沃特豪斯’（'E.G.Waterhouse'）

‘白斑沃特豪斯’（'E.G.Waterhouse var.'）

‘伊林的贝蒂’（'Elain's Betty'）

‘埃莉诺·哈古德’（'Eleanor Hagood'）

'白斑埃莉诺·哈古德'('Eleanor Hagood')

'埃莉诺·麦康'('Eleanor McCown')

'超级埃莉诺'('Eleanor Martin Supreme')

'雅致'('Elegans')

'雅致'('Elegans')

'复色雅致'[' Elegans (Chandler) var.']

'埃莉诺·麦康'('Eleanor McCown')

1942年美国谢泼(Shepp)培育出。

花呈白色，杂缀长短不等、宽狭不一的红色、淡紫红色条纹，半复瓣或武瓣宝珠型，花径8～9cm。树性直立，枝丛稠密。

'超级埃莉诺'('Eleanor Martin Supreme')

美国加州圣荷西市(San Jose)凯萨·布里斯奇尼(Caesar Breschini)在1959年从'埃莉诺·马丁'('Eleanor Martin')植株上分离出红色花朵上杂缀白斑突变品种，1964年公布、登录。其余性状都与母本相同。

'复色雅致'[' Elegans (Chandler) var.']

这是一个'雅致'突变品种，花瓣和雄蕊瓣丛都杂缀大小不一白色斑、块晕。其余性状都与母本相同。1946年南加州山茶协会《山茶》p.18有'复色雅致'报道(SCCS., 1946, The Camellia, p. 18 as 'Chandler Elegans var.')。

'白天鹅'('Elegans Champagne')

美国加州怒起乌苗圃(Nuccio's Nurseries)在1970年从'赛牡丹'('Elegans Splendor')芽变枝条上分离出，培养成乳白色宝珠型新品种，瓣缘呈波曲形，并具锯齿状叶齿，雄蕊瓣丛呈浅乳黄色，有时外轮花瓣基部呈浅粉红色，宝珠型，花径约12cm。1975年正式公布、登录。本品种多次获得荣誉奖，如1980年获"西韦尔·默塔特奖"("Sewell Mutant Award")；1982年获"威廉姆·赫特理奇奖"("William Hertrich Award")。树性直立、茁壮。为当今深受欢迎的大花品种之一。

'赛牡丹'('Elegans Splendor')

由美国加州怒起乌苗圃(Nuccio's Nurseries)从'C. M. 威尔逊'('C. M. Wilson')芽变中分离出。1971年美国南加州山茶协会《山茶评论》第33卷第1期(SCCS, 1971, The Camellia Review, Vol. 33, No. 1)封面彩照就是'赛牡丹'。1974年荣获"西韦尔·默塔特奖"("Sewell Mutant Award")。

花呈淡粉红色，瓣前端呈白色，瓣缘波形、具锯齿状，牡丹型，花径13～15cm。树性直立。

'超级赛牡丹'('Elegans Supreme')

1960年，美国佛罗里达州彭萨科拉(Pensacola)市布雷先生(Mr. W. F. Bray)发现'雅致'芽变成粉红玫瑰色，而且瓣缘呈深波形、锯齿状的宝珠型；有时花朵中央雄蕊瓣丛球中出现一些白色雄蕊瓣，经分离、培养成另一个新品种，花径达13～15cm。其余性状与母本相同。

'赛牡丹'('Elegans Splendor')

'超级赛牡丹'('Elegans Supreme')

'埃莉娜'('Elena Nobile')

'白天鹅'('Elegans Champagne')

'小精灵的魅力'('Elfin Charm')

'白瓣大伊丽莎白'('Elizabeth Dowd Silver')

'伊丽莎白织女'('Elizabeth Weaver')

'埃莉娜'('Elena Nobile')

该品种亦称'纳帕红'('Napa Red')。系意大利古典品种，由佛罗伦萨(Florence)市弗兰契蒂(Franchetti)培育出。

花呈绯色，覆瓦状般层叠排列，复瓣型，花径约8cm。1875年林登苗圃商品目录(Linden Nursery Catalogue)中记载了这个品种，但是，没有描述。1881年，默凯特利目录(Mercatelli Catalogue)中描述："鲜艳红色，非常美丽，花瓣作覆瓦状层叠排列。"

'小精灵的魅力'('Elfin Charm')

美国加州埃斯康迪多(Escondido)市哈维·肖特先生(Mr. Harvey Short)培育出。

花呈红色，重瓣文瓣型，花径约5cm。1960年南加州山茶协会《山茶目录》(SCCS, 1960, Camellia Nomenclature, p. 49)曾作介绍："华美的红色，微型花，重瓣型。树性直立，枝丛稠密，长势一般"。

'白瓣大伊丽莎白'('Elizabeth Dowd Silver')

美国路易斯安那州W. F. 威尔逊先生(Mr. W. F. Wilson)从'大伊丽莎白'('Elizabeth Dowd')芽变枝条上分离出，培养成另一个品种。美国山茶协会1974年年鉴第169页(The American Camellia Yearbook, 1974, p.169)曾对'白瓣大伊丽莎白'作了描述。

花呈淡青紫色，瓣前端覆宽阔白色，半复瓣型，花径约11cm。其余性状与母本相同。

'伊丽莎白织女'('Elizabeth Weaver')

由美国佐治亚州麦康(Macon)市小霍姆耶博士(Dr. W. Homeyer Jr.)在1957年用红山茶品种'伊丽莎白·博德曼'('Elizabeth Boardman')与'克拉利斯·卡莱顿'('Clarise Carleton')相交配后培育出的一个种内杂交品种，1967年首次开花。1975年由小霍姆耶博士公布、登录。

花呈珊瑚粉红色，重瓣文瓣型，花径约11cm。树性直立。

‘埃洛伊丝’('Eloise Borrini'，本照由意大利惠爱笃·加笃里加先生提供，Courtesy of Mr. Guido Cattolica, Italy)

‘埃拉’('Ella Ward Parsons')

‘青紫色埃尔西’('Elsie Jury Orchid Sport')

‘多尼尔’('Ellen Daniel')

‘埃洛伊丝’('Eloise Borrini')

系意大利老品种。花呈微微粉红色，瓣上杂缀长短不一、宽狭不等的紫红色条纹，重瓣型，花径约 7cm。叶呈椭圆形，叶色苍碧，叶面有光泽。树性直立。

‘埃拉’('Ella Ward Parsons')

美国弗吉尼亚州苏菲福尔克(Suffolk)市小哈比尔博士(Dr. J. M. Habel Jr.)培育出。其后，以他的妻子姓名(曾任美国山茶协会主席)作为该花命名。

花呈白色，外围几轮花瓣瓣前沿呈粉紫色。重瓣文瓣型或玫瑰花型，花径约 8cm。叶呈椭圆形，叶色碧绿。

‘青紫色埃尔西’('Elsie Jury Orchid Sport')

美国加州怒起乌苗圃(Nuccio's Nurseries)从粉红色‘埃尔西’('Elsie Jury')芽变植株上分离出青紫色变异品种。其他性状都与母本相同。

‘多尼尔’('Ellen Daniel')

美国路易斯安那州斯拉德尔市(Slidell)市弗罗尔·泽科斯基(Ferol Zerkowsky)在 1961 年培育出，1969 年首次见花。另外，美国南加州山茶协会 2002 年《山茶目录》第 42 页(SCCS, 2002, Camellia Nomenclature p. 42)介绍："1971 年，由塔米亚(Tammia)培育出"。两种说法，孰是孰非，留待专家、读者们评核。

花呈粉红色，瓣上杂缀粗细不匀、长短不等的紫红色细条纹、点，复瓣玫瑰型，花径约 7cm。叶呈狭椭圆形，苍碧色。树性直立。

'埃尔维杰'（'Elvige'）

美国亚拉巴马州西奥多（Theodore）市内尔·罗杰斯（Neale Rogers）在1962年用山茶品种'伊丽莎白·博德曼'（'Elizabeth Boardman'）的种子培育出，1970年首次开花，1976年公布、登录。另外，根据美国南加州山茶协会2000年《山茶目录》第42页中介绍："由美国亚拉巴马州西奥多市贝尔·福坦苗圃（Belle Fontaine Nsy.）培育出，1976年公布、登录。"

花呈白色，有时呈微微粉红色，半复瓣型或玫瑰花型，花径13～15cm。叶呈椭圆形，长约10cm，中幅宽约5.5cm，叶色苍碧，树性直立。

'埃米特'（'Emmett Pfingstl'）

由美国亚拉巴马州蒙哥马利（Montgomery）市佩芬斯特尔苗圃（Pfingstl Nursery）培育出，1950年公布。

花呈暗红色，有些花瓣上杂缀白色斑晕，松散牡丹型，花径10～11cm。

'俄罗斯皇帝'（'Emperor of Russia'）

根据美国南加州山茶协会《山茶目录》简介："由比利时冯·杰尔（Van de Geert）培育出，1856年公布"。而根据国际山茶协会《国际山茶登录》（The International Camellia Register）介绍："该品种来自美国佛罗里达州麦迪森市（Madison）老史蒂文斯种植园（Old Stevens Plantation）。"

花呈红色，牡丹型，花径约8cm。叶呈宽椭圆形，叶色深绿。树性直立、茁壮。

'埃斯米'（'Esme Spence'）

该品种由新西兰斯潘塞女士（Mrs. E. G. Spence）从'贝铁·杜兰特夫人'（'Mrs. Bettie Durrant'）所结种子培育出，1977年公布、登录。而美国南加州山茶协会《山茶目录》中介绍："由新西兰E. G. 斯潘塞女士用毛花连蕊茶（*C. fraterna*）与没有名称的红山茶（*C. japonica*）品种杂交、培育出的种间杂交种，1977年发表"。

花呈淡粉红色，宝珠型，花径8～9cm。

'埃塞尔'（'Ethel Rhyne'）

美国北卡罗莱纳州比尔蒙特（Belment）市M. 里内（M. Rhyne）培育出，1987年登录、发表。

花呈白色，瓣缘呈粉红色，重瓣型，花径约10cm。树性直立。

'埃尔维杰'（'Elvige'）

'埃米特'（'Emmett Pfingstl'）

'埃斯米'（'Esme Spence'，澳大利亚肯尼思·塔特提供照片，Courtesy of Mr. Kenneth Tate, Australia）

'俄罗斯皇帝'（'Emperor of Russia'）

'埃塞尔'（'Ethel Rhyne'）

‘漂亮的朱瑞’('Fair Jury')

‘仙人棉’('Fairy Floss'，澳大利亚肯尼思·塔特提供照片，Courtesy of Mr. Kenneth Tate, Australia)

‘白斑漂亮的朱瑞’('Fair Jury var.')

‘漂亮的朱瑞’('Fair Jury')

由新西兰布卢姆哈特（O. Blumhardt）从‘埃尔西’('Elsie Jury')芽变枝条上分离出，成为一个新品种。

花呈白色，瓣上杂缀稀疏长短不一、宽狭不等的淡紫色条纹，牡丹花型，花径约10cm。美国加州怒起乌苗圃（Nuccio's Nurseries）又从‘漂亮的朱瑞’芽变枝条上分离出紫红色花朵上杂缀白色斑、块的新品种。

‘仙人棉’('Fairy Floss')

由澳大利亚维多利亚州埃德加·塞比尔（Edgar Sebire）用西南山茶（*C. pitardii*）的杂交种‘调皮鬼’('Sprite')所结种子培育出，1990年首次开花。1994年公布、登录。

花呈极淡粉红色中泛微微紫色，花瓣较狭长、质薄，宝珠型，花径约5cm，花姿神韵别致，为当今微型宝珠花型中佼佼者，叶呈椭圆形，长5.7cm，宽约3cm。叶色深绿，有光泽。树性低矮、横张性。

‘仙女下凡’('Fallen Angel')

美国佐治亚州麦康市小霍姆耶博士（Dr. W. Homeyer Jr.）在1959年用红山茶（*C. japonica*）与山茶原种大苞山茶（*C. granthamiana*）杂交、培育出种间杂种，

‘仙女下凡’('Fallen Angel')

‘羽毛’('Feathery Touch')

‘盛大节日’（'Fiesta Grande'）

‘秀雅白齿轮’（'Fimbriata'）

‘芬兰迪亚’（'Finlandia'）

1968 年首次开花，1974 年公布、登录。

花呈半复瓣型至牡丹型，甚或宝珠型。乳白色，瓣基呈浅黄色，瓣前端呈淡紫红色，雄蕊瓣化、簇聚。叶呈阔椭圆形，长约 10cm，中幅宽约 6cm，叶色碧绿。树性直立，枝丛横张。

‘羽毛’（'Feathery Touch'）

美国亚拉巴马州莫比尔（Mobile）市查尔斯·R. 伯特勒(Charles R. Butler)从‘爵士发’('Frizzle White')芽变枝条上分离出。

花呈白色中泛微微青紫色，花瓣波曲状，半复瓣型，盛开时花色渐渐褪成灰白色，花径约 9cm。叶呈椭圆形，叶色淡绿，长约 6cm，宽约 3.2cm。树性横张。

‘盛大节日’（'Fiesta Grande'）

由美国加州迈耶·皮特（Meyer Piet）和李·盖塔（Lee Gaeta）用红山茶品种‘女花童’（'Flower Girl'）与茶梅杂交培育出种间杂交种。1984 年公布、登录。

花呈淡紫色，盛放后色泽转为青紫色，花瓣上偶然出现白斑，牡丹花型，花径约 10cm。叶片和生长习性都像茶梅般。

‘秀雅白齿轮’（'Fimbriata'）

是中国的传统品种，由‘大白’（'Alba Plena'）芽变而出，白色文瓣重瓣型，瓣缘呈短须状。1816 年，英国人从中国引去，抵达英国后，送给邻近伦敦的切尔西（Chelsea）地方的金路（King's Road）上开设花圃的科尔维尔（Colvil）。鉴于从中国引种时没有原名，于是按它的瓣缘呈短须状，就称它为‘须边’（'Fimbriata'）。1998 年浙江科技出版社出版《世界名贵山茶花》第 35 页品种简介中把‘须边’译为‘秀雅白齿轮’，并在简介中说：“系中国品种‘雪塔’（'Alba Plena'）被引到欧洲后突变出的一个花瓣有锯齿的品种，1816 年公布”。而按《国际山茶登录》（International Camellia Register）第 611 ～ 612 页详细介绍‘须边’是源于中国‘大白’芽变，且是从中国引去英国的定论相悖。

花呈白色，文瓣重瓣型，花径 8 ～ 10cm，长势旺盛，枝丛横张。

‘复色芬兰迪亚’（'Finlandia var.'）

‘白斑冷杉球果’（'Fir Cone var.'）

‘芬兰迪亚’（'Finlandia'）

该品种于 1910 年从日本引种到美国加州科文内（Covina）市栽培。

花呈白色，半复瓣型，花径约 10cm。树性直立，长势一般。

‘复色芬兰迪亚’（'Finlandia var.'）

系‘芬兰迪亚’植株发生芽变成，白色花瓣上杂缀宽狭不等、长短不一的红色条纹和细点。在 1943 ～ 1944 年美国果区苗圃（Fruitland Nursery）商品目录上有这个品种记载。

‘复色火舞’（'Firedance var.'）

‘白斑冷杉球果’（'Fir Cone var.'）

1941 年，美国俄勒冈州罗德利埃苗圃（Rhodellia Nurseries）从血红色‘冷杉球果’突变中分离出花瓣上杂缀白色的品种，花径约 5cm，花朵高约 5cm，形若冷杉球果般形状，故以命名。

‘复色火舞’（'Firedance var.'）

由‘火舞’（'Firedance'）受病毒侵染后，红色花瓣上出现白色斑晕，经分离成另一个品种，半复瓣型，花径约 10cm。其余性状都与母本相同。

‘精美复色火舞’（'Firedance var. Benten'）

‘脸红’（'First Blush'）

‘粉香’（'Fragrant Pink'）

‘火瀑’（'Fire Falls'）

‘弗朗西斯·尤金’（'Francis Eugene Phillips'）

‘精美复色火舞’（'Firedance var. Benten'）

由‘复色火舞’植株上出现红白色泽混杂得更为亮丽、漂亮，并且瓣质更厚实、硬挺，花开更耐久的品种。故此，怒起乌苗圃（Nuccio's Nurseries）把这突变植株留作新品种。

‘火瀑’（'Fire Falls'）

美国加州雷蒙娜（Ramona）市哈维·肖特（Harvey Short）从‘萨金特教授’（'Prof. Sargent'）种子培育出。1955年公布、登录。

花呈红色，武瓣宝珠型或松散牡丹型，花径约9cm。叶呈椭圆形，碧绿色，树性直立，长势旺盛。

‘脸红’（'First Blush'）

美国加州克莱默苗圃（Kramer Bros. Nursery）培育出。1992年美国山茶协会杂志冬季号第13页（ACS，1992，The Camellia Journal, Vol.47, No.4, p.13）对该品种作了简介。

花呈微微粉红色，瓣缘覆粉紫色，复瓣玫瑰花型至重瓣型。树性直立。

‘粉香’（'Fragrant Pink'）

美国马里兰州（Maryland）格伦·戴尔市威廉姆·L.阿克曼博士（Dr. William L. Ackerman）在1957年用日本雪茶[*C. japonica* var. *rusticana*（Honda）Ming]杂交种‘吉田’（'Yoshida'）作为母本，琉球连蕊茶（*C. lutchuensis*）作为父本相杂交、培育出。1966年曾作过商业性介绍。1982年荣获英国皇家园艺协会“梅里特奖”（"Award of Merit"）。

花呈深粉红色，牡丹型，花径5～6cm，具有桂花香味。叶呈椭圆形，长约6cm，宽约4cm，叶色淡绿，叶缘具深锯齿。树性呈横张型。

‘弗朗西斯·尤金’（'Francis Eugene Phillips'）

美国佐治亚州吉纳山茶苗圃（Gene's Camellia Nursery）培育出，1999年公布。

花呈青紫色，花瓣呈波曲状，瓣前端呈白色，雄蕊发育不全，杂缀瓣丛间，花径约

11cm，叶呈阔椭圆形，叶片多波形、翘棱，叶缘具深裂二重锯齿。树性直立，长势旺。

‘理明尼’（'Francesca de Rimini'）

系意大利传统品种。花呈红色，重瓣型，花瓣瓣幅中间有乳白色纵筋。叶呈椭圆形，叶色碧绿，叶面有光泽。树性直立。史实不详。

‘弗兰克·吉布森’（'Frank Gibson'）

美国佐治亚州托马斯维尔市（Thomasville）弗兰克·吉布森女士（Mrs. F. L. Gibson）用不知名称山茶植株所结种子培育出并命名。在1949年美国山茶协会年鉴（ACS Yearbook, 1949）中曾刊出该品种黑白照片。

花呈乳白色，瓣前端呈微微乳黄色晕，武瓣宝珠型，雄蕊瓣中杂缀一些发育不全黄色雄蕊，花径约10cm。树性直立。

‘雀斑’（'Freckles'）

美国菲塞尔斯（Feathers）培育出，1997年公布、登录。

花呈婴儿肤色般白色中微微透粉红色，花瓣上布满沙尘般紫红色细点，磬口重瓣型，花径约8cm。这种浅色花瓣上洒满异色沙尘般细点，磬口重瓣型，尚属少见，堪称新奇。树性直立，长势一般。

‘自由铃’（'Freedom Bell'）

由美国加州怒起乌苗圃（Nuccio's Nurseries）在1946年培育出，1962年首次开花，1965年上市并登录。

花呈亮丽红色，半复瓣荷花型，花径约8cm。叶呈披针形，长5cm，宽约3.2cm，叶色碧绿。树性直立，枝丛稠密。

‘覆轮一休’（'Bordered Ikkyu'）

该品种属于日本特产山茶亚种雪茶（Snow Camellia），它是出于‘小红叶’（'Komomiji'）芽变，在1859年《椿伊吕波名寄色附》中已有记载。

花呈粉红色，瓣上偶有几丝宽狭不一、长短不等的紫红色条纹，瓣缘覆宽狭不等白色，半复瓣型，花径约8cm。叶呈椭圆形至披针形，碧绿色叶面上杂缀墨绿、浅碧叠晕色泽，多了一番锦叶观感。因此，日本常把这个品种归纳入锦叶山茶类中。

‘理明尼’（'Francesca de Rimini'，意大利惠爱笃·加笃里加先生供稿，Courtesy of Mr. Guido Cattolica, Italy）

‘弗兰克·吉布森’（'Frank Gibson'）

‘雀斑’（'Freckles'）

‘自由铃’（'Freedom Bell'）

‘覆轮一休’（'Bordered Ikkyu'）

‘星系’（'Galaxie'）

‘华丽盛装’（'Gallant Array'）

‘俏姑娘’（'Gay Baby'）

‘白斑乔治·斯图尔特’（'George Stewart'）

‘星系’（'Galaxie'）

美国加州梅特卡夫（Metcalf）用怒江山茶（*C. saluenensis*）与红山茶（*C. japonica*）‘复色芬兰迪亚’（'Finlandia var.'）相杂交，培育出种间杂交种，1963 年公布、登录。

花呈淡青紫色，花瓣上杂缀宽狭不一、长短不等的淡紫色细条纹，花径 10 ～ 11cm。叶呈披针形。树性直立，枝丛横张。

‘华丽盛装’（'Gallant Array'）

由美国加州哈维·肖特（Harvey Short）从‘查理斯·科伯女士’（'Mrs. Charles Cobb'）培育出。1958 年公布、登录。

花呈浓艳红色，松散牡丹花型，花径 12 ～ 13cm。植株强健。

‘俏姑娘’（'Gay Baby'）

新西兰 O. 布卢姆哈特（O. Blumhardt）用怒江山茶（*C. saluenensis*）与红山茶（*C. japonica*）‘不夜城’（'Fuyajo'）杂交培育出的种间杂交种作为母本，与作为父本的红山茶‘小公主’（'Tiny Princess'）和‘宝石钟’（'Ruby Bells'）相杂交、培育出的杂交品种，1975 年首次开花。

花呈深绯色，花瓣厚实，半复瓣型，花径约 5cm。叶呈狭椭圆形，深绿色，长约 5cm，幅宽约 2.5cm。树性直立。

‘白斑乔治·斯图尔特’（'George Stewart'）

美国加州萨克拉门托市乔治·斯图尔特先生（Mr. George Stewart）在 1964 年培育出，1974 年首次开花，1979 年公布、登录。

花呈红色，半复瓣型至牡丹型，花径约 12cm。叶呈椭圆形，黛绿色。树性直立。20 世纪 80 年代初，植株受病毒侵染，花朵上出现白色斑纹、杂晕。其他性状都与母本相同。

‘圣太利里花园’('Giardino Santarelli'，照片由意大利惠爱笃·加笃里加先生提供，Courtesy of Mr. Guido Cattolica，Italy)

‘大彩云’('Gigantea')

‘约瑟芬’('Giuseppina Mercatalli'，意大利惠爱笃·加笃里加先生供稿，Courtesy of Mr. Guido Cattolica，Italy)

‘圣太利里花园’('Giardino Santarelli')

为意大利佛罗伦萨市（Florence）桑塔里利先生（Mr. Santarelli）培育出，早在1856年已经展出。

花呈紫红色，瓣上杂缀稀疏白色斑晕，覆瓦状排列文瓣重瓣型，花径约10cm。叶呈阔椭圆形，碧绿色，有光泽。树性直立，长势旺盛。

‘大彩云’('Gigantea')

为法国传统名种，1840年美国人从欧洲引种。

花呈红色或玫瑰红色，间杂白色斑、块，红白之间比例，有时出现白多红少，变化多端，花呈半复瓣型至玫瑰型，甚或牡丹型，花径约11cm。树性直立。

‘约瑟芬’('Giuseppina Mercatalli')

系意大利古老传统名种，早在1881年意大利Mercatelli目录中已有记载。

花呈白色，瓣上杂缀长短不一、宽狭不等的紫红色细条纹，覆瓦状排列文瓣重瓣型，花径约10cm。叶呈椭圆形，叶尖急尖状，叶面有光泽。树性直立，长势旺盛。

‘白斑美国大红’('Glen 40 var.')

‘美国大红’起源于法国，原名为‘Coquettii’，由M.图尔里斯（M. Tourres）培育出。1839年列入他的商品目录中(Tourres，Machteaux，Catalogue，1839)。1942年，美国亚拉巴马州洛克斯利市(Loxley)格伦杜鹃苗圃（Azalea Glen Nursery）把‘Coquettii’改称为‘格伦40’('Glen 40')。

1947～1948年果区苗圃目录把‘Coquettii’受病毒侵染后花朵出现白斑者称为‘白斑格伦40’(Fruitland Nursery Catalogue，1947—1948 as 'Glen 40 var.'：Variegated from of ‘Glen 40’('Coquettii') Deep red blotched white.)。其余性状都与‘格伦40’相同。

1948年，上海市黄园引种后，改称为‘美国大红’。

‘美国大红’('Glen 40'，Courtesy of Mr. Yuri Panchul，U. S. A)

‘白斑美国大红’('Glen 40 var.')

‘奥伯顿’('Grace Albritton')

‘大元帅’('Grand Marshall')

‘格兰那达’('Granada')

‘大奖赏’('Grand Prix')

‘云斑大元帅’('Grand Marshall var.')

‘奥伯顿’('Grace Albritton')

美国佛罗里达州特兰里西市(Tallahassee)A.D. 奥伯顿(A. D. Albritton)在1957年培育出,1967年首次开花,1970年公布、登录。

花呈浅粉红色,瓣尖端呈淡紫色,文瓣重瓣型,花径约7cm。叶色苍绿,阔椭圆形,长约7cm,宽约2.5cm。树性直立。

‘大元帅’('Grand Marshall')

美国加州怒起乌苗圃(Nuccio's Nurseries)在1972年培育出,1982年首次开花,1988年公布、登录。

花呈红色,牡丹型至宝珠型,花径约14cm。叶苍绿色,叶面光滑,椭圆形。树性直立,长势旺盛。

‘云斑大元帅’('Grand Marshall var.')

‘大元帅’受病毒侵染,花瓣上出现白斑。1993年公布、登录。其他性状都与母本相同。

‘格兰那达’('Granada')

美国加州洛杉矶市蒙尼昆·I. 皮尔(Monique I.Peer)在1956年从红山茶‘拉格伦德女王’('Reg Ragland')种子培育出,1964年首次开花,1968年公布、登录。

花呈鲜艳红色,半复瓣型至牡丹型,花径约12cm。叶呈椭圆形,长约8cm,幅宽约5cm,叶色碧绿,有光泽。树性直立。

‘大奖赏’('Grand Prix')

美国加州怒起乌苗圃(Nuccio's Nurseries)培育出,在1968年商品目录中有介绍该品种。

花呈亮丽红色,花瓣波形,半复瓣型,雄蕊呈分束型,花径可达14～15cm。植株直立。1969年以来曾多次获奖。

'大满贯'('Grand Slam')

'紫苏达'('Grap Soda')

'大满贯'('Grand Slam')

美国加州怒起乌苗圃(Nuccio's Nurseries)在1947年培育出，1957年首次开花，1962年公布、登录。1975年荣获英国皇家园艺协会"梅里特奖"("Award of Merit")。

花呈鲜艳大红色，半复瓣至武瓣宝珠型，花径13～14cm。叶呈椭圆形，叶面有光泽。树性直立。

'紫苏达'('Grap Soda')

美国加州怒起乌苗圃(Nuccio's Nurseries)在1966年培育出，1978年首次开花，1988年公布、登录。

为山茶花中色泽奇特品种，呈淡紫色，或暗紫红色，如在花蕾绽蕊舒瓣前气温较低，花瓣色泽会呈现像茄子般暗紫色，瓣上布满紫黑色脉络纹，单瓣型，花径6～7cm。叶色碧绿，椭圆形。树性直立。

'孔雀椿'('Peacock Camellia')2朵花

'孔雀椿'('Peacock Camellia')垂枝

'孔雀椿'('Peacock Camellia')

原产日本爱知县民家栽培种，1962年由高津仪一郎发现，其后由加藤草树园命名。'孔雀椿'的"椿"字是日文片假名，译成中文为山茶。

花呈红色，瓣狭长，杂缀稀疏白斑，半复瓣型，花径约5cm，叶呈狭长披针形。枝垂型。

'花园'('Flower Garden')

原产日本新潟县。

花呈红色，牡丹花型，内部花瓣波曲状，瓣丛间杂缀白色雄蕊瓣和一些发育不全黄色雄蕊，花径10～12cm。叶呈椭圆形，叶尖渐尖状，叶面光亮、翠绿色。树性直立、茁壮。

'花园'('Flower Garden')

‘生日快乐’('Happy Birthday')

‘愉快假日’('Happy Holiday')

‘春之台’('The Stage of Spring')

‘特选春之台’('Haru-No-Utena Special')

‘初濑山’('Mt. Hatsuse')

‘生日快乐’('Happy Birthday')

美国佛罗里达州湖水地区（Lakeland）市L.G.麦克道威尔（L.G.MacDowell）在1964年培育出，1973年首次开花，1979年公布、登录。

花呈淡粉红色，牡丹型至武瓣宝珠型，花瓣上杂缀密集深绯色条纹，花径约12cm。叶呈椭圆形，长约10cm，宽约3.8cm，苍绿色。树性直立。

‘愉快假日’('Happy Holiday')

美国加州怒起乌苗圃（Nuccio's Nurseries）在1960年培育出，1972年首次开花，1984年公布、登录。

花呈粉红色，文瓣重瓣型，花径9～10cm。叶呈椭圆形，叶色碧绿，无光泽。树性直立，枝丛稠密。

‘春之台’('The Stage of Spring')

系日本传统品种，早在1841年日本《古今要览稿》中已有记载。

花呈复瓣荷花型，淡粉红色，瓣上杂缀宽狭不等、长短不一的紫红色条纹，花径约8cm。叶呈椭圆形，叶色苍绿，略呈反曲。树性直立，长势缓慢。

‘特选春之台’('Haru-No-Utena Special')

系‘春之台’芽变，花朵色泽变成淡紫色，瓣上杂缀紫红色条纹。其余性状都与母本相同。

‘初濑山’('Mt. Hatsuse')

1878年，日本《伊藤春花集》中已有记载。

花呈深粉红色，瓣上杂缀宽狭不等、长短不一的红色条纹，半复瓣型，花径约8cm。叶呈长椭圆形。树性直立，茁壮。

‘夏威夷’('Hawaii')

美国加州高地（Upland）市汉密尔顿和克拉克苗圃（Hamilton & Clark

Nursery）在 1954 年发现‘牧童之神’（'C. M. Wilson'）发生芽变，花朵姿色别具韵致，经分离、培养成另一个品种。

花呈淡粉红色，瓣前端呈苍白色，瓣缘具锯齿状，牡丹花型，花径约 13cm。树性直立，长势旺盛。

‘大海伦’（'Helen Bower'）

美国亚拉巴马州莫比尔市（Mobile）T. W. 鲍沃尔（T. W. Bower）把‘纳普博士’（'Dr. Knapp'）嫁接到‘白斑玛瑟阿娜’（'Mathotiana var.'）砧木上，成活后，成为一个嫁接杂种，1959 年首次开花，1964 年公布。

花呈玫瑰红色中略泛淡紫色调，复瓣玫瑰型至重瓣型，花径 11 ～ 12cm，树性直立。

‘复色大海伦’（'Helen Bower var.'）

在美国种植‘大海伦’植株受病毒侵染后，花朵出现白斑，1970 年美国山茶协会杂志春季号有报道（ACS, The Camellia Journal, Vol.25, No.1），其余性状都与母本相同。

‘光源氏’（'Brilliant Genji'）

该品种另有英文译名‘Hero of Genji story’或日文名称读音‘Hikarugenji’。为日本传统品种，1859 年《椿伊吕波名寄色附》中已有记载。19 世纪末，该品种传去德国后，改名为‘赫尔米’（'Herme'），沿用此名至今。变种甚多，已登录入册者竟达 20 多个名称。

花呈淡粉红色，瓣缘覆白色，瓣上杂缀宽狭不一浅紫色条纹，有时会出现淡紫红色花朵，半复瓣型至牡丹型，花径 9 ～ 10cm。叶呈椭圆形，黛绿色。树性直立。

‘烈香’（'High Fragrance'）

是一个具有琉球连蕊茶（*C. lutchuensis*）般甜香味的杂交种。1979 年由新西兰 J. R. 芬莱（J. R. Finlay）用‘伯莎 · 哈姆斯’（'Bertha Harms'）与一个杂交种［‘萨拉巴’（'Salab'）×‘甜香水’（'Scentuous'）］相杂交、培育出，1985 年开花。

花呈浅粉红色，牡丹型，花径约 10cm。树性横张型。

‘夏威夷’（'Hawaii'）

‘大海伦’（‘Helen Bower’）

‘复色大海伦’（'Helen Bower var.'）

‘光源氏’（'Brilliant Genji'）

‘烈香’（'High Fragrance'）

'光辉公主'('Princess Koki')

'菱形丝线'('Rhombic Chinese Silk Thread')

'皱叶奇花'('Holly Bright')

'荷氏兰花'('Holland Orchid')

'霍氏粉红色'('Hopkin's Pink')

'光辉公主'('Princess Koki')

源于日本岛根县，由民间栽培，1974年发现。

花呈绯色，花瓣较狭、瓣端渐尖，半复瓣型，形若睡莲，花径约4cm。叶色碧绿，卵圆形。树性直立，枝丛横张。

'菱形丝线'('Rhombic Chinese Silk Thread')

系日本传统品种，它的日文片假名为'菱唐絲'，翻译成中文即'菱形中国丝线'。早在日本1844年《草木便览》中已有记载。先父沈渊如先生在20世纪30年代向日本邮购了这个品种。20世纪六七十年代后，浙江一带称它为'粉东洋'。

花呈深粉红色，雄蕊瓣化成白色雄蕊瓣，宝珠型，花径约5cm。叶呈狭长椭圆形，有光泽，枝丛横张，长势旺盛。

'荷氏兰花'('Holland Orchid')

美国加州高地市J. A. 荷兰先生(Mr. J. A. Holland)用怒江山茶(*C. saluenensis*)与红山茶(*C. japonica*)杂交、培育出种间杂交种。1961年登录、公布。

花呈淡青紫色。喇叭形单瓣花，花色亮丽，花径6～7cm。叶呈狭长披针形，黛绿色，叶硬且厚，充分显示出亲本中怒江山茶性状。树性直立，较矮。

'皱叶奇花'('Holly Bright')

美国加州怒起乌苗圃(Nuccio's Nurseries)在1976年培育出，1981年首次开花，1985 年公布、登录。

花呈鲑鱼肉色，花瓣微微发皱，尤其瓣缘呈皱褶状，半复瓣型，花径约 12cm。叶缘像“鸟不宿”(或称十大功劳)般波曲，叶缘呈深浅不等锯齿状。树性直立，枝丛横展。

‘霍氏粉红色’('Hopkin's Pink')

美国加州安德森市（Anderson）霍普金斯先生（Mr. Hopkins）培育出，1959 年公布、登录。

花呈柔丽的粉红色，偶尔杂缀几丝绯色条纹，树龄久长后，会出现全红色花朵，牡丹型，花径约 8cm。树性直立。

‘暖色调’('Hot Pink')

美国加州核桃溪市（Walnut Creek）罗伯特·爱尔哈特先生（Mr. Robert E. Ehrhart）培育出，1983 年首次开花，1987 年公布、登录。

花呈暗玫瑰红色，半复瓣型，盛开时，花形肖似一朵郁金香花，花径 10 ～ 11cm。树性直立，长势旺盛。

‘一乐’('One Pleasure')

该品种日文名称读音为‘Ichiraku’，源于日本东蒲原郡民家。1966 年由川村弥一发现，并予以命名。

花呈白色，单瓣筒状形，花径 4 ～ 5cm。叶短小、狭长，椭圆形。树性直立。

‘宝珠’('Il Gioiello')

由意大利圣太里利（Santarelli）培育出。早在 1867 年斯蒂芬诺·佩奇莱艾品种目录（Stefano Pagliai Catalogue）中已有记载。

花呈胭脂红色，瓣上满布暗红色脉纹，瓣前端呈浅粉红色，有时偶然出现一些细微白色纵纹，瓣丛作覆瓦状层叠排列成文瓣型，花径 7 ～ 8cm。叶呈椭圆形。树性直立。

‘容光焕发’('In the Pink')

美国加州高地市克莱默苗圃（Kramer Bros. Nursery）培育出，1971 年公布、登录。

花呈玫瑰红色，复瓣玫瑰型至重瓣型，花径 9 ～ 10cm。叶呈阔椭圆形，叶色碧绿。树性直立、茁壮。

‘白斑容光焕发’('In the Pink var.')

由‘容光焕发’芽变中分离出。其余性状都与母本相同。

‘暖色调’('Hot Pink')

‘一乐’('One Pleasure')

‘宝珠’('Il Gioiello'，意大利惠爱笃·加笃里加先生供稿，Courtesy of Mr. Guido Cattolica, Italy)

‘容光焕发’('In the Pink')

‘白斑容光焕发’('In the Pink var.')

‘红色容光焕发’（'In the Red'）

‘和平女神’（'Irene'）

‘象牙塔’（'Ivory Tower'）

‘杰基 D’（'Jackie D'）

‘白斑伯德’（'J Bird var.'）

‘杰克’（'Jack Lewis'）

‘红色容光焕发’（'In the Red'）

由‘容光焕发’植株上芽变出开泛橙红色花朵，经分离、培养成另一个性状稳定的新品种。1975 年，美国加州高地市克莱默苗圃商品目录中有记载。

‘和平女神’（'Irene'）

美国加州弗莱斯诺市（Fresno）阿特·戈诺斯（Art Gonos）在 1969 年培育出，1977 年首次开花，1983 年公布、登录。

花呈粉红色中杂缀密集宽狭不等、长短不一的红色条纹、细点，文瓣重瓣型，花径约 7cm。叶呈椭圆形。树性直立，枝丛横张。

‘象牙塔’（'Ivory Tower'）

美国佐治亚州阿尔班奈市（Albany）莎克尔福特（Shackelford）在 1966 年公布、登录。

花呈白色，复瓣型至牡丹型，花径 9～10cm。树性直立，长势一般。

‘白斑伯德’（'J Bird var.'）

美国佛罗里达州小杰伊·埃利斯（Jay Ellis Jr.）培育出，1999 年公布、登录。

花呈暗红色，花瓣波曲，瓣上杂缀白色斑晕，牡丹型，花径 10～11cm。树性直立。

‘杰克’（'Jack Lewis'）

花呈绯色，瓣圆阔，覆瓦状层叠排列，文瓣重瓣型，花径 9～9.5cm。史实不详。

‘杰基 D’（'Jackie D'）

美国佛罗里达州盖恩斯维尔市（Gainesville）威廉姆·H. 史密斯（William H. Smith）在 1981 年培育出，1990 年首次开花，1995 年公布、登录。

花呈暗红色，文瓣重瓣型，花径 7～8cm。树性直立，生长缓慢。

‘日本人的幻想’（'Japanese Fantasy'）

‘琼 · 玛丽’（'Jean Marie'）

‘杰德’（'Jared'）

‘琼 · 克莱尔特别种’（'Jean Clere Special'）

‘胡德’（'Jeffry Hood'）

‘日本人的幻想’（'Japanese Fantasy'）

源于美国，由红山茶（*C. japonica*）‘伯雷斯 · 博戴’（'Berenice Boddy'）与山茶原种杂交种［怒江山茶（*C. saluenensis*）× 玫瑰连蕊茶（*C. rosaeflora*）］相杂交、培育出。

花呈白色，瓣缘覆淡粉红色，单瓣型，花径约 5cm。叶呈狭椭圆形。1988 年美国山茶林苗圃商品目录（Camellia Forest Nursery Catalogue, 1988）中有记载。

‘杰德’（'Jared'）

美国加州高地市克莱默苗圃（Kramer Bros. Nursery）培育出。1990 年，美国南加州山茶协会《山茶品种目录》（Camellia Nomenclature）中有记载、介绍。

花呈粉红色，瓣上杂缀白色斑、点，文瓣重瓣型，花径 6 ～ 7cm。

‘琼 · 克莱尔特别种’（'Jean Clere Special'）

美国加州怒起乌苗圃（Nuccio's Nurseries）从‘琼·克莱尔’芽变中分离出，经性状稳定后，在 1969 年公布、登录。

花呈红色，白镶边，牡丹型，花径 6 ～ 7cm。其余性状都与母本相同。

‘琼 · 玛丽’（'Jean Marie'）

美国加州圣太 · 克拉拉市（Santa Clara）厄尔 · C. 佩里（Earl C. Perry）在 1946 年培育出，1956 年首次开花，1960 年公布、登录。

花呈柔和粉红色，文瓣重瓣型，花径约 10cm，花期较晚。树性直立。

‘胡德’（'Jeffry Hood'）

美国阿肯色州特克萨肯纳（Texarkana）市 M. D. 胡德先生（Mr. M. D. Hood）在 1953 年培育出，1956 年首次开花，1969 年公布、登录。美国山茶协会 1971 年年鉴（The American Camellia Yearbook, 1971）中作了介绍。

花呈深粉红色，武瓣宝珠型，花径 14 ～ 15cm，花期早。植株直立性。

‘杰里 · 唐纳’（'Jerry Donnan'）

‘杰西 · 康纳’（'Jessie Conner'）

‘杰尔 · 巴威克’（'Jill Barwick'）

‘响铃铛’（'Jingle Bells'）

‘乔安尼’（'Joanne Gaeta'）

‘乔奥 · 辛戴’（'Jo Cinda'）

‘杰里 · 唐纳’（'Jerry Donnan'）

美国加州弗莱斯诺市阿特 · 戈诺斯（Art Gonos）在怒起乌苗圃发现一棵名为‘唐纳之梦’（'Donnan's Dream'）植株上出现芽变异色花朵，其后经分离，培养成活，待性状稳定后，遂命名为‘杰里·唐纳’（'Jerry Donnan'）。

花呈玉色，花朵外轮瓣丛前端呈粉红色，瓣缘呈波形，重瓣型。其余性状都与母本相同。

‘杰西 · 康纳’（'Jessie Conner'）

美国北卡罗来纳州夏洛蒂（Charlotte）市格雷米 · 耶特斯（Graeme Yates）在1963年培育出，1973年首次开花，1976年公布、登录。

花呈亮丽淡粉红色，花朵外围几轮瓣丛呈深粉红色，六列重瓣型，花径约9cm。树性直立。

‘杰尔 · 巴威克’（'Jill Barwick'）

花呈暗淡紫色，瓣缘覆宽狭不一白边，多瓣宝珠型，花径约8cm。叶呈椭圆形，浓绿色。史实不详。

‘响铃铛’（'Jingle Bells'）

由美国怒起乌苗圃（Nuccio's Nurseries）从自己在1958年公布的老品种‘修补匠铃声’（'Tinker Bell'）植株上分离出的芽变品种。1959年公布。

花呈红色，宝珠型，花径7cm。树性直立。

‘乔安尼’（'Joanne Gaeta'）

由美国人皮特（Piet）和盖塔（Gaeta）一起用‘查理’（'Charlie Betters'）与杂交品种‘埃尔西’（'Elsie Jury'）相杂交、培育出。1989年公布、登录。

花呈深绯色，绣球花式牡丹型，花径约9cm。树性横张。

‘乔奥 · 辛戴’（'Jo Cinda'）

美国佛罗里达州梅尔罗斯市（Melrose）伊凡·J. 米切尔（Ivan J. Mitchell）在1957年用‘伯雷斯 · 博戴’（'Berenice Boddy'）种子培育出，1974年首次开花，1987年公布、登录。

花呈粉红玫瑰色，重瓣型，瓣缘呈磬口状，花径5～6cm。树性直立。

‘卷瓣怒起乌’（'Joe Nuccio'）

美国怒起乌苗圃（Nuccio's Nurseries）用‘丽园’（'Garden Glory'）种子培育出，1991年公布、登录。

花呈淡紫粉红色，瓣缘向内曲，重瓣型，花径约9cm。树性直立。

‘失算’（'Johnny's Folly'）

美国加州拉·格涅大（La Canada）J. E. 罗宾逊先生（Mr. J. E. Robinson）培育出，1957年公布、登录。

花呈乳白色，花瓣上稀疏杂缀长短不一红色细条纹，松散宝珠型，花径约7.5cm。

‘乔纳森’（'Jonathan'）

美国佐治亚州托马斯维尔市（Thomasville）J. 康博士（Dr. J. Cone）培育出，1968年公布、登录。

花呈深粉红色，半复瓣型至牡丹型，花径10～12cm。树性直立，长势旺盛。

‘乔伊’（'Joy Kendrick'）

美国路易斯安那州斯拉迪尔市（Slidell）弗罗尔（Ferol）和萨姆·泽科斯基（Sam Zerkowsky）一起在1970年培育出，1979年首次开花，1985年公布、登录。

花呈粉红色，瓣前端色泽尤淡，瓣上杂缀宽狭不等、长短不一的紫红色条纹，重瓣型，花径约12cm。树性直立，枝丛横张。

‘朱丽叶’（'Julie'）

由美国加州阿普托斯市（Aptas）V.R. 詹姆斯（V.R. James）在1952年培育出，1958年首次开花，1961年公布、登录。

花呈粉红色中泛鲑鱼肉色晕，有时花开呈青紫色，有时会开出桃红色，牡丹型，花径10～12cm。树性直立。

‘卷瓣怒起乌’（'Joe Nuccio'）

‘失算’（'Johnny's Folly'）

‘乔伊’（'Joy Kendrick'）

‘朱丽叶’（'Julie'）

‘乔纳森’（'Jonathan'）

‘请求’（'Just Sue'）

‘朱莉亚·威尔逊’（'Julia Wilson'）

‘哈密特’（'Julia Hamiter'）

‘白斑朱丽叶’（'Julie var.'）

‘青年舞会’（'Junior Prom'）

‘白斑朱丽叶’（'Julie var.'）

根据美国南加州山茶协会2002年《山茶目录》中介绍，该品种由美国加州马蒂尼茨市（Martinez）唐·伯高米尼先生（Mr. D. Bergamini）从‘朱丽叶’（'Julie'）芽变中分离出，1981年公布、登录。而《国际山茶登录》1993年版中描述：“源于美国佛罗里达州埃德温·L. 阿特金斯先生（Mr. Edwin L. Atkins）。花径约10cm，高约7cm，白色花丝，黄色花药”。

‘哈密特’（'Julia Hamiter'）

由美国路易斯安那州弗雷德·哈密特先生（Mr. Fred Hamiter）用‘赠奉’（'Donation'）作为母本与一个不知道名称的山茶品种的花粉相杂交、培育出，1964年公布、登录。

花呈微白色中泛隐约粉红色，大多开出复瓣玫瑰型，有时亦会开出半复瓣型，甚至宝珠型，花径约9cm。

‘朱莉亚·威尔逊’（'Julia Wilson'）

美国佐治亚州奥古斯塔市（Augusta）W. A. 威尔逊先生（Mr.W. A. Wilson）培育出，1961年公布、登录。

花呈粉红色，松散半复瓣型，花径约9cm。树性直立。

‘青年舞会’（'Junior Prom'）

美国加州怒起乌苗圃(Nuccio's Nurseries)培育出，1996年公布、登录。

花呈乳白色，瓣基泛婴孩皮肤般肉色，复瓣玫瑰型，有时亦会出现松散牡丹型，花径9～10cm。树性直立。

‘请求’（'Just Sue'）

由澳大利亚南部茶树溪谷（Tea Tree Gally）罗杰·H. 霍尔先生（Mr. Roger H.

Hall）经由‘宽彩带’（'Margaret Davis'）植株上分离出，花朵色泽比‘宽彩带’深。1971年公布、登录。

‘春天鸟鸣’（'Beautiful Singing Bird'）

‘迦陵頻’为日文片假名。该品种为日本传统名种，早在1859年日本《椿伊吕波名寄色附》中已有记载。

花呈半复瓣型，红色花瓣上杂缀大小不一白斑或晕色，花径约9cm。叶呈长椭圆形，有光泽，叶前端反曲。

‘隐滩’（'Hidden Beach'）

‘隐れ矶’为日文平假名。该品种产于日本兵库县，系‘日本之誉’芽变而出，1974年公布。

花朵色泽奇特，暗紫色中泛紫红色，镶白色宽边，花径8～9cm，单瓣型。叶呈阔椭圆形，叶面微凸，黛绿色。树性直立。

‘凯茜’（'Katty Pratt'）

美国加州萨克拉门托市N. 普拉特先生（Mr. N. Pratt）培育出，1968年公布、登录。

花呈粉红色，瓣上杂缀密集紫红色细点和短条纹，半复瓣至松散牡丹型，花径约9cm。树性直立，枝丛横张。

‘凯蒂’（'Katie'）

美国加州怒起乌苗圃(Nuccio's Nurseries)在1971年用‘舞台女郎’('Drama Girl')种子培育出，1976年首次开花，1979年公布、登录。

花呈绯色中微微泛橙红色，半复瓣型，花径13～15cm，随附彩照中怒起乌苗圃业主之一汤姆·怒起乌(Tom Nuccio)手持盆植‘凯蒂’，对比之下，足见花径之大。

‘白斑凯蒂’（'Katie var.'）

系‘凯蒂’受病毒侵染后，花朵出现大量白色斑、块，甚至白多红少。其余性状都与母本相同。1986年怒起乌苗圃目录中已有记载，开始投放市场。

‘隐滩’（'Hidden Beach'）

‘凯茜’（'Katty Pratt'）

‘春天鸟鸣’（'Beautiful Singing Bird'）

‘凯蒂’（'Katie'）

‘白斑凯蒂’（'Katie var.'）

‘玩具娃娃’('Kewpie Doll')

‘开赛’('Kick Off')

‘残菊’('Closed Chrysanthemum')

‘凯伯利’('Kimberley')

‘小凯伯利’('Kimberley Junior')

‘祈祷’('King's Ransom')

‘玩具娃娃’('Kewpie Doll')

美国加州帕萨迪那市(Pasdena)麦卡斯基尔植物园(McCaskill Gardens)培育出,1974年公布、登录。

花呈玉色,宝珠型,花径约7cm。树性直立。

‘开赛’('Kick Off')

美国加州怒起乌苗圃(Nuccio's Nurseries)在1947年培育出,1957年首次开花,1962年公布、登录。

红色花瓣上杂缀密集宽狭不一、长短不等的紫红色条纹,有时会出现全红色花朵,花径约12cm。树性直立,长势旺盛。

‘残菊’('Closed Chrysanthemum')

‘菊冬至’为日文片假名。该品种早在1859年日本《椿伊吕波名寄色附》中已有记载。

花呈红色,瓣上杂缀大小不一白色斑、块晕,重瓣型,花径约4.5cm。叶呈椭圆形,前端略呈反曲。树性直立,枝丛横张。

‘凯伯利’('Kimberley')

早在1914年之前,‘凯伯利’已出现在比利时的桑德尔目录(Sander Catalague)中了。但是,亦有资料谈及‘凯伯利’是日本品种。

花呈大红色,雄蕊瓣化成挖耳匙般形式,簇聚花朵中心,宝珠型,花径6～7cm。树性直立。

‘小凯伯利’('Kimberley Junior')

本品种与‘凯伯利’('Kimberley')没有任何血缘关系。由美国加州太阳谷(Sun Valley)厄尔·赫德森苗圃(Earl Hudson Nursery)培育出,1958年公布。

花呈暗红色,宝珠型至牡丹型,花径约8cm。叶呈椭圆形,叶色苍绿。树性直立。

‘祈祷’('King's Ransom')

美国南卡罗来纳州(South Carolina)约翰岛市(John's Island)木兰植物园(Magnolia Gardens)培育出,1960年公布、登录。

花呈淡绯色,花瓣波形,半复瓣型,花径约11cm。树性直立、茁壮。

‘基蒂’('Kitty')

1955年,美国格伦杜鹃苗圃目录(Azalea Glen Nursery Catalogue)中已有该品种记载。

花呈白色,花朵外围几轮花瓣瓣缘覆微微粉红色,重瓣型,花径6～6.5cm。树性呈丛生型。

‘绿色可娜’('Kona Greenish White')

系‘夏威夷’的突变品种。如植

株长期在阴凉环境下生长，其花朵往往会呈绿色，盛放后，绿色逐渐转淡至白绿色，绣球状牡丹型，瓣缘具锯齿状，花径约12cm。其他性状都与母本相同。

‘克莱默大牡丹’（'Kramer's Supreme'）

美国加州高地市克莱默苗圃（Kramer Bros. Nurseries）奥古斯特·克莱默先生（Mr. August Kramer）培育出。1957年公布、登录。

花呈亮丽大红色，牡丹型，花径11～12cm，具有香味。

‘熊谷’（'Hero in a Kabuki Drama'）

中国山茶界仍沿用日本片假名‘熊谷’这名称。原产日本，但是，现今社会上的‘熊谷’已不是17世纪之前的同名品种了。当年的‘熊谷’的雄蕊没有瓣化，而现在的‘熊谷’雄蕊都瓣化成白色雄蕊瓣了，花径约4cm。叶呈长椭圆形或倒披针形。树性横张。

‘黑椿’（'Black Camellia'）

中国山茶界仍沿用日本片假名‘黑椿’名称。该品种为日本古老传统品种，早在1829年《草木锦叶集》中已有记载。

花呈暗红色，花瓣瓣基部色泽几乎浓紫达黑，瓣质较厚，半复瓣型，花径约6cm，叶呈长椭圆形，叶色黛绿。树性横张。

‘鲜甜草莓’（'La La Strawberry'）

花呈半复瓣型，枣红色，瓣前沿覆宽狭不一白色，花径8～9cm。树性直立，长势一般。史实不详。

‘凯夫人’（'Lady Kay'）

1946年，美国加州帕洛·阿图市（Palo Alto）科多赞（A. Cordoza）从‘白斑康乃馨’（'Ville de Nantes'）芽变枝上分离出。花朵色泽比母本更花俏。其余性状与母本相同。

‘基蒂’（'Kitty'）

‘克莱默大牡丹’（'Kramer's Supreme'）

‘绿色可娜’（'Kona Greenish White'）

‘熊谷’（'Hero in a Kabuki Drama'）

‘黑椿’（'Black Camellia'）

‘鲜甜草莓’（'La La Strawberry'）

‘凯夫人’（'Lady Kay'）

‘劳拉夫人’('Lady Laura')

‘东方亮’('Incarnat' or 'Lady Hume')

‘花沃克’('Laura Walker var.')

‘劳伦’('Lauren Tudo')

‘淡紫色旋涡’('Lavender Swirl')

‘劳维恩’('Lavern Norris')

‘劳拉夫人’('Lady Laura')

美国佛罗里达州彭萨科拉市(Pensacola) T. E. 卢戴(T. E. Lundy)在1962年培育出，1969年首次开花，1972年公布、登录。

花呈粉红色，瓣上杂缀宽狭不一、长短不等的玫瑰红色深浅条纹，半复瓣型至牡丹型，花径约10cm。树性直立，长势一般。

‘东方亮’('Incarnat' or 'Lady Hume')

中国古典文瓣品种。1806年英国引去，按它的颜色，如婴孩脸颊红潮玉腮微透，就把它改称为‘肉色’('Incarnat')。其后，送给阿米丽亚·休姆女士(Lady Amelia Hume)，亦简称为‘休姆女士’('Lady Hume')，或‘休姆女士的粉腮’('Lady Hume Blush')，花径7～8cm，叶面平坦，椭圆形，叶色碧绿。树性直立，枝丛横张。

先父在1930～1957年时曾另有一个与‘东方亮’相媲美的‘正宫粉’，色泽稍深，叶形又类似，只是叶肉微隆，可谓双妹。可惜在十年动乱中，‘正宫粉’散失了。

‘花沃克’('Laura Walker var.')

美国佐治亚州马歇尔维尔市(Marshallville) J. C. 老沃克夫人(Mrs. J. C. Walker Sr.)在1946年培育出，1953年首次开花，1956年公布、登录。

其后，受病毒侵染，雄蕊瓣丛呈现许多纵白条纹。在1958年美国塔米埃苗圃目录(Tammia Nursery Catalogue)中已有这个品种了。

‘劳伦’('Lauren Tudor')

由美国佐治亚州赫尔林·史密斯(Hulyn Smith)培育出，1999年公布、登录。

花呈粉红色，瓣上杂缀宽狭不一、长短不等的紫红色条纹，牡丹型，花径约8cm。树性直立，长势旺盛。

‘淡紫色旋涡’('Lavender Swirl')

由新西兰O. 布卢姆哈特(O. Blumhardt)培育出，1998年公布、登录。

花呈淡紫粉红色，花径约12cm。树性直立。

‘劳维恩’('Lavern Norris')

美国佐治亚州沃纳·罗宾斯市(Warner Robins) M. 杰尼干(M. Jernigan)培育出，1998年公布、登录。

花呈粉红色，杂缀白色斑块，花径约14cm。树性直立。

‘利奥诺拉’('Leonora Novick')

由美国加州山林市(Woodland Hills)哈里·诺维克(Harry Novick)在1958年培育出，1965年首次开花，1968年公布、登录。

花呈白色，瓣上偶然出现零星红色条纹，花径约13cm。树性直立。

‘白斑莱斯’('Les Jury var.')

本品种系从‘莱斯·朱瑞’('Les Jury')芽变中分离出。红色花瓣上杂缀白斑。其

‘利奥诺拉’（'Leonora Novick'）

‘莉尔’（'Lil Schaefer'）

‘歌星莉莉’（'Lily Pons'）

‘白斑莱斯’（'Les Jury var.'）

‘艳口红’（'Lipstick'）

‘花乳婴’（'Little Babe var.'）

‘花乳婴’（'Little Babe var.'）

余性状都与母本相同。

‘莉尔’（'Lil Schaefer'）

美国路易斯安那州亨利 S. 斯通女士（Mrs. Henry S. Stone）培育出。

花呈肉色，瓣上杂缀宽狭不等、长短不一的淡紫红色条纹，复瓣玫瑰型至重瓣型，花径约 14cm。美国山茶协会 1979 年年刊（The American Camellia Yearbook,1979）中介绍了这个品种。

‘歌星莉莉’（'Lily Pons'）

美国俄勒冈州巴尼·戈利托（Barney Golette）培育出。

花呈白色，半复瓣荷花型，花径 13～14cm。1955 年俄勒冈州山茶协会简报（Oregon Camellia Society Bulletin）中介绍了这个品种。

‘艳口红’（'Lipstick'）

美国加州怒起乌苗圃（Nuccio's Nurseries）在 1965 年培育出，1974 年首次开花，1981 年公布、登录。

花呈暗红色，雄蕊束瓣化成挖耳匙状花瓣，匙瓣背中央缀白色条纹，花径约 5cm。树性直立。

‘花乳婴’（'Little Babe var.'）

由红色的‘乳婴’（'Little Babe'）受病毒侵染后，花瓣上出现白斑晕，有时出现整瓣呈白色。其余性状与母本相同。

‘花妮子’('Little Bit var.')

‘迷途知返’('Little Bo Peep')

‘骑士小红帽’('Little Red Riding Hood')

‘小迈克尔’('Little Michael')

‘小蓝’('Little Lavender')

‘花妮子’('Little Bit var.')

美国加州约翰·D.劳森博士(Dr. John D. Lawson)在1939年培育出，1951年首次开花。其后，因受病毒侵染，花瓣和雄蕊瓣丛上出现白斑。1983年澳大利亚山茶天堂苗圃目录(Camellia Heaven Catalogue,1983)中有‘花妮子’列名。

‘迷途知返’('Little Bo Peep')

美国加州怒起乌苗圃(Nuccio's Nurseries)在1969年培育出，1976年首次开花，1981年公布、登录。

花朵外围3～4轮花瓣呈淡粉红色，花朵里面花瓣呈乳白色，重瓣型，花径约7.5cm。树性直立。

‘小蓝’('Little Lavender')

美国加州帕萨迪那市麦卡斯基尔植物园(McCaskill Gardens)用山茶杂交种‘菲利帕·福五德’('Phillipa Forwood')与不知道名称的红山茶(*C. japonica*)品种相杂交、培育出。1965年麦卡斯基尔苗圃商品目录中有这个品种列入。

花呈青紫色，牡丹型至宝珠型，花径约7cm。树性直立，长势旺盛。

‘小迈克尔’('Little Michael')

该品种由美国加州西科文内市(West Covina)穆尔先生(Mr. Franklin Moore)在1968年用‘迪米’('Demi Tasse')与日本山茶‘菱唐丝’(日文读音'Hishikaraeto'，即现今在中国浙江一带俗称‘粉东洋’)相杂交，培育出实生苗，1977年首次开花，1981年公布、登录。

花朵外围几轮花瓣瓣缘呈淡粉红色，中央雄蕊瓣丛呈乳白色，宝珠型，花径约7cm。树性直立。

‘骑士小红帽’('Little Red Riding Hood')

美国加州帕萨迪那市麦卡斯基尔植物园(McCaskill Gardens)培育出，1960年首次开花，1965年公布、登录。

花呈深红色，重瓣型至牡丹型，花径5～6cm。树性直立。

‘小满贯’('Little Slam')

美国加州怒起乌苗圃(Nuccio's Nurseries)在1956年培育出，1967年首次开花，1969年公布、登录。

花呈大红色，牡丹型，花径约5cm。树性直立。

‘白斑小满贯’（'Little Slam var.'）

系‘小满贯’受病毒侵染后，花朵出现白斑，经分离、培养成一个变异品种。

‘小苏西’（'Little Susie'）

美国佐治亚州萨凡内市（Savannah）蒙哥马利苗圃（Montgomery Nursery）在1960年培育出，1968年首次开花。1972年由萨凡内市路克夫人（Mrs. J. Luker）公布、登录。

花呈肉色，星状形重瓣，花径约7cm。树性直立。

‘棒棒糖’（'Lollypop'）

由澳大利亚维多利亚州伯威克（Berwick）市图克菲尔德（Tuckfield）从杂交山茶‘米雪’（'Cornish Snow'）种子培育出，1969年首次开花，1971年公布、登录。

花呈淡红色，重瓣型，瓣上缀玫瑰红色条纹，花径约5cm。树性横张。

‘羞涩’（'Look Away'）

由美国北卡罗来纳州威纳鲍市（Winnabow）奥登种植园（the Orton Plantation）从日本山茶‘光源氏’（'Herme'）芽变中分离出，1948年，美国北卡罗来纳州山茶协会10月号简报第14页（NCCS, Oct. 1948, Bulletin, Vol.2, No.1, p.14）上有对该品种介绍。

花呈牡丹型，玫瑰红色，瓣前端呈白色，花径8～9cm。

‘小满贯’（'Little Slam'）

‘白斑小满贯’（'Little Slam var.'）

‘小苏西’（'Little Susie'）

‘棒棒糖’（'Lollypop'，澳大利亚肯尼思·塔特先生供稿，Courtesy of Mr. Kenneth Tate, Australia）

‘羞涩’（'Look Away'）

‘海尔斯东’（'Louise Hairston'）

‘幸运的星’（'Lucky Star'）

‘布拉德夫人’（'Madame Charkes Blard'，法国霍尔先生供稿，Courtesy of Mr. Hall, France）

‘海尔斯东’（'Louise Hairston'）

美国亚拉巴马州 W. 李 · 波（W. Lee Poe）在 1951 年培育出，1960 年首次开花，1966 年公布、登录。

花呈粉红色中略泛橙色色调，半复瓣型，花瓣波曲，花径 13cm。树性直立。

‘幸运的星’（'Lucky Star'）

美国加州怒起乌苗圃（Nuccio's Nurseries）用怒江山茶与自己苗圃培育出还没有命名的 N#9156 杂交、培育出。

花呈淡粉红色，瓣缘色泽稍深，花径约 12.5cm。

‘玉白露西’（'Lucy Stewart'）

美国亚拉巴马州 J. M. 海涅（J. M. Haynie）在 1960 年培育出，1968 年首次开花，1971 年公布、登录。

花呈乳白色，松散牡丹型，花径约 11cm。树性直立，长势一般。

‘梅布尔’（'Mabel Bryan'）

美国加州山景城市（Mount View）T. 布赖恩先生（Mr. T. Bryan）在 1952 年培育出，1962 年首次开花，1968 年公布、登录。

花呈乳白色，有时花瓣大部分呈白色，瓣上杂缀红色条纹，瓣缘偶呈须边状，半复瓣型至重瓣型，花径约 11cm。树性直立。

‘布拉德夫人’（'Madame Charkes Blard'）

源于法国，由南特市（Nantes）圭查特 · 索尔斯（Guichard Soeurs）培育出，1920 年在他的苗圃目录中介绍了这个品种。

花呈白色，半复瓣型至牡丹型，花径 9 ～ 10cm。树性直立。

‘皮考拉英夫人’（'Madame Picourline'）

由比利时 M. 老弗兰科蒂（M. Francotte Sr.）培育出。早在 1855 年维施艾费尔特（Verschaffelt）写《新山茶图谱》（Nouvelle Iconographie des Camellias）中描述了它的花呈深樱桃红色，重瓣牡丹型等性状。花径约 9cm。

‘羽衣’（'Magnolia Flora'）

‘羽衣’是日文片假名，在中国沿用它。系日本传统名种。早在1859年《椿伊吕波名寄色附》中已有记载。1886年被意大利引种去。

花呈淡粉红色，半复瓣荷花型，花径约8cm。叶呈椭圆形。树性直立，枝丛横张，长势旺盛。1953年荣获英国皇家园艺协会“梅里特奖”（"Award of Merit"）。

樱花短柱茶（*C.maliflora*）

早在1816年，英国东印度公司船长理查德·罗韦斯（Captain Richard Rawes）替帕尔默（T.C.Palmer）从中国带回去一棵樱花短柱茶。根据闵天禄教授研究，认为樱花短柱茶是园艺杂交种。笔者遂在此作杂交种介绍。

花呈粉红色，半复瓣型，有时偶尔会开出复瓣型，花径约4cm。叶呈长椭圆形，叶先端钝尖，叶色碧绿，树性横张，长势缓慢。

‘男子汉’（'Man Size'）

美国路易斯安那州威尔逊（W. F. Wilson）在1948年从日本品种‘羽衣’种子培育出，1957年首次开花，1961公年公布、登录。

花呈白色，宝珠型，花径约7cm。树性直立。

‘侯爵夫人’（'Marchioness of Salisbury'）

根据《国际山茶登录》1993年版中介绍：“源于美国南卡罗来纳州木兰植物园（Magnolia Gardens）”。而在美国南加州山茶协会《山茶目录》2002年版中却谈及“在1800年后期由美国木兰植物园从英国引回”。

花呈暗红色至淡黑红色，瓣上杂缀白斑、晕色，牡丹型至宝珠型，花径约8cm。叶呈椭圆形，枝丛微垂。

‘玉白露西’（'Lucy Stewart'）

‘梅布尔’（'Mabel Bryan'）

‘皮考拉英夫人’（'Madame Picourline'）

‘羽衣’（'Magnolia Flora'）

樱花短柱茶（*C. maliflora*）

‘男子汉’（'Man Size'）

‘侯爵夫人’（'Marchioness of Salisbury'）

‘玛格丽特的乔伊’（'Margaret's Joy'）

‘特别宽彩带’（'Margaret Davis Special'）

‘玛吉’（'Margie'）

‘玛丽安’（'Mariann'）

‘布拉西’（'Marie Bracey'）

‘阿兰’（'Mark Alan'）

‘玛格丽特的乔伊’（'Margaret's Joy'）

美国加州克莱蒙特市（Claremont）玛格丽特和沃尔特·哈姆森（Margaret & Walter Harmsen）一起培育出。1987 年公布、登录。

花呈白色，花朵外轮花瓣呈淡粉红色，重瓣型，花径 12 ～ 13cm。

‘特别宽彩带’（'Margaret Davis Special'）

美国加州怒起乌苗圃（Nuccio's Nurseries）从‘宽彩带’植株上分离出芽变品种，其色泽比‘宽彩带’深许多。其余性状都与母本相同。

‘玛吉’（'Margie'）

美国特拉华州布里奇维尔市（Bridgeville）奥林达苗圃（Orinda Nursery）培育出。1968 年公布、登录。

花呈白色，花朵中心瓣丛略呈浅黄色晕，重瓣型，花径约 10cm。树性直立。

‘玛丽安’（'Mariann'）

美国加州格伦戴尔市威尔金斯·加纳（Wilkins Garner）在 1967 年培育出，1975 年首次开花。1984 年公布、登录。

花呈红色，由无数波曲形小花瓣密集、簇聚成绣球状牡丹型，花径约 10cm，树性直立。

‘布拉西’（'Marie Bracey'）

美国佐治亚州 H. 特纳·布拉西夫人（Mrs. H. Turner Brice）在 1941 年培育出，1951 年首次开花，1953 年公布、登录。

花呈玫瑰红色，半复瓣型至宝珠型，花径约 12cm。树性直立。

‘阿兰’（'Mark Alan'）

美国南卡罗来纳州查尔斯顿市（Charleston）H.E. 阿施伯夫人（Mrs. H. E. Ashby）在 1949 年育出，1957 年首次开花，1958 年公布、登录。

花呈葡萄酒色泽，半复瓣至松散牡丹型，花径 12 ～ 13cm。树性直立。

另有受病毒侵染，花朵出现白斑，经分离，培养成新品种。

‘玛蒙雷泰’（'Marmorata'）

为比利时传统品种，早在1833年柯的斯的《园艺杂志》（Courtois, 1833, Magazine d' Horticulture）中已有该品种记载。

花呈樱桃红色，半复瓣型，瓣上杂缀大小不一白色斑晕，花径约7cm。叶呈椭圆形，叶齿较深。树性直立。

‘紫酱金花’（'Maroon and Gold'）

美国加州怒起乌苗圃（Nuccio's Nurseries）培育出，在1960年已列入商品目录中了。

花呈暗红色，松散牡丹型，金黄色雄蕊杂缀瓣丛间，花径约8cm。树性强健。

‘考克斯’（'Mary Alice Cox'）

美国南卡罗来纳州乔治市（Georgetown）T. N. 考克斯先生（Mr. T. N. Cox）在1955年培育出，1963年首次开花，1966年公布、登录。

花呈白色，重瓣型，花径约13cm。树性直立。

‘厄尔利’（'Mary Celeste Early'）

花呈玫瑰红色，重瓣型，花径约10cm。叶呈椭圆形，叶色黛绿。树性直立。史实不详。

‘玛丽·菲施尔’（'Mary Fischer'）

美国加州高城市克莱默苗圃（Kramer Bros. Nursery）培育出，1980年公布、登录。

花呈粉红色，瓣前端覆粉紫色，半复瓣至松散牡丹型，花径约10cm。树呈横张性。

‘玛丽·菲施尔’（'Mary Fischer'）

‘花阿兰’（'Mark Alan'）

‘紫酱金花’（'Maroon and Gold'）

‘考克斯’（'Mary Alice Cox'）

‘玛蒙雷泰’（'Marmorata'，意大利惠爱笃·加笃里加先生供稿，Courtesy of Mr. Guido Cattolica, Italy）

‘厄尔利’（'Mary Celeste Early'）

‘正义’（'Masayoshi'）

日本传统山茶品种，早在1788年Tsubaki Hanagata Tsuki Obo'echô. 书中提及该品种名称。1830年，荷兰东印度公司弗兰齐·冯·西博特博士（Dr. Franz von Siebold）引种去欧洲。其后，冠以英文名称‘Donckelaeri’。

花呈玫瑰红色，瓣上杂缀白色斑晕，荷花半复瓣型，花径约9cm。叶呈长椭圆形。树性横张型，长势缓慢。

‘杰作’（'Masterpiece'）

美国加州雷梦娜市肖特先生（Mr. Harvey F. Short）用日本白色半复瓣山茶‘袖隐’（'Gavntlettii'）的种子培育出。

花呈白色，重瓣型，花径10～12cm。叶片巨大，最长可达约18cm，宽约11cm，叶色黛绿。

‘玛瑟蒂阿娜’（'Mathotiana'）

源于比利时。19世纪由根特市（Ghent）玛索特先生（Mr. Mathot）用‘宝珠茶’（'Anemoniflora'）与另一个山茶品种‘西博尔迪’（'Sieboldii'）杂交、培育出。1840年由美国玉兰植物园（Magnolia Gardens）从欧洲引回种植。

花呈樱桃红色，有时花开长久后，花色会变成紫红色，瓣幅圆阔，复瓣玫瑰型至重瓣型，花开耐久，花径约11cm。树性直立。

‘超级玛瑟’（'Mathotiana Supreme'）

由美国亚拉巴马州莫比尔市（Mobil）花木苗圃（Flowerwood Nursery）从‘朱莉娅·德雷顿’（'Julia Drayton'）芽变中分离出。1951年公布、登录。

花呈暗红色，松散半复瓣型，花径约12cm。

‘马吐霍恩’（'Matterhorn'）

美国加州拉斐亚市（Lafayette）戴维·L. 菲塞尔斯（David L. Feathers）用日本山茶‘金燿’（'Kingyo-tsubaki'）种子培育出，1997年公布、登录。

花呈白色，重瓣型，花径约10cm。树性直立，长势一般。

‘马修·库珀’（'Matthew Cooper'）

美国路易斯安那州亨利·S. 斯通夫人（Mrs. Henry S. Stone）在1966年培育出，1976年首次开花，1981年公布、登录。

花呈玉色，重瓣型，花径约9cm。树性直立，长势一般。

‘正义’（'Masayoshi'，美国尤里·潘丘尔先生供照，Courtesy of Mr. Yuri Panchul, U. S. A）

‘马吐霍恩’（'Matterhorn'）

‘杰作’（'Masterpiece'）

‘玛瑟蒂阿娜’（'Mathotiana'）

‘超级玛瑟’（'Mathotiana Supreme'）

'马修·库珀'('Matthew Cooper')

'奥里利'('Mattie O'Reilly')

'马铁 R.'('Mattie R.')

'玛衣'('Maui')

'英格拉姆'('May Ingram')

'马克辛'('Maxine')

'奥里利'('Mattie O' Reilly')

美国加州帕萨迪那市麦卡斯基尔植物园(McCaskill Gardens)培育出,1942年首次开花。

花呈粉红色中泛珊瑚色,花径12～13cm,曲瓣复瓣型。树性直立,枝丛横张,生长缓慢。

'马铁 R.'('Mattie R.')

美国密西西比州青苔点市(Moss Point)J. D. 老盖蒂尔(J. D. Gautier Sr.)在1940年首先观察到'雪塔'('Alba Plena')发生芽变,瓣缘呈内卷状,历经10年观察,繁殖,其变异性状稳定。遂于1961年公布、登录。

'玛衣'('Maui')

美国加州怒起乌苗圃(Nuccio's Nurseries)在1972年发现'可娜'('Kona')植株上所开花朵发生突变,经分离、繁殖成为另一个芽变品种,1975年公布、登录。

花呈白色,瓣缘具细锯齿,宝珠型,花径约11cm。叶呈阔椭圆形,幅宽约4.5cm,长6～7cm,叶面平坦,叶尖渐尖。树呈横张性。

'马克辛'('Maxine')

由美国海涅(Haynie)培育出。1981年美国南加州山茶协会(South California Camellia Society)编著《山茶品种目录》(Camellia Nomenclature)中记载了这个品种。

花呈肉色,瓣上杂缀稀疏浅紫红色短小细条纹,重瓣型,花径约10cm。

'英格拉姆'('May Ingram')

美国加州怒起乌苗圃(Nuccio's Nurseries)培育出,1959年已列入商品目录中。

花呈绯色中泛青紫色调,重瓣型,花径约9cm。叶呈阔椭圆形,苍绿色,有光泽。树性直立。

‘安妮’('Melissa Anne')

‘默菲斯美女’('Memphis Belle')

‘默菲斯美女’('Memphis Belle')

‘小巧’('Men's Mini')

‘侏儒惠勒’('Midget Wheeler')

‘安妮’('Melissa Anne')

美国密西西比州比洛西市(Biloxi)L. 奥迪恩博士(Dr. L. Audioun)培育出。1995 年公布、登录。

花呈白色，松散牡丹型，花径 12 ～ 13cm。树性直立。

‘默菲斯美女’('Memphis Belle')

美国佐治亚州莫尔特拉爱市(Moultrie)威尔克斯苗圃(Wilkes Nursery)培育出。1965 年公布、登录。

该品种花朵色泽变化很大，有时花呈白色中杂缀红色斑晕；有时呈红色中杂缀白色斑晕，花径约 10cm。叶呈椭圆形，墨绿色。树性直立。

关于这个品种名称在国际上是有争论的。按 1993 年版国际山茶协会编《国际山茶登录》(The International Camellia Register)中所用品种名称为‘默菲斯铃’('Memphis Bell')；而 2003 年版美国南加州山茶协会编《山茶品种目录》(Camellia Nomenclature)中却特别加了注：“以前列入名单中的‘默菲斯铃’('Memphis Bell')是不对的(Note: Previously listed incorrectly as 'Memphis Bell')。”

‘小巧’('Men's Mini')

美国密西西比州劳雷尔(Laurel)市 A.H. 沃尔特斯先生(Mr. A. H.Walters)在 1958 年培育出，1968 年首次开花，1971 年公布、登录。

花呈深红色，宝珠型，花径约 5cm。树性直立。

‘侏儒惠勒’('Midget Wheeler')

美国亚拉巴马州谢尔比市(Shelby)G. M. 惠勒先生(Mr. G. M. Wheeler)在 1961 年培育出，1969 年首次开花，1974 年公布、登录。

花呈深粉红色，杂掺白色斑晕，重瓣型，花径 5 ～ 6cm。树性直立。

‘午夜魅力’('Midnight Magic')

美国加州怒起乌苗圃(Nuccio's Nurseries)在 1970 年培育出，1978 年首次开花，1985 年公布、登录，1986 ～ 1987 年列入商品目录。

花呈紫酱红色，牡丹花型，雄蕊瓣丛中偶然出现白色杂缀小花瓣，花径约 10cm。树性直立。

‘午夜飘香’（'Midnight var.'）

澳大利亚著名山茶专家阿伦·F.萨维奇（Alan F. Savige）在1977年发现‘午夜魅力’受病毒侵染后，植株上所开花朵瓣从出现白斑，经分离、繁殖成活，培养出新变异品种‘午夜飘香’，花径约9cm，1983年公布、登录。其余性状都与母本相同。

‘迈基B’（'Mikey B'）

美国加州鸦群歇脚（Crows Landing）市J.霍尔齐曼博士（Dr. J. Holtzman）在1963年培育出，1983年首次开花，1986年公布、登录。

花呈暗红色，重瓣型，花径6～7cm。

‘港之春’（'Harbour in Spring'）

系日本人用红侘助（'Kon-wabisuke'）与琉球连蕊茶（*C. lutchuensis*）杂交、培育出种间杂交种。1980年发表。

花瓣约10枚，花径约4cm。叶呈长椭圆形，叶长约6cm，幅宽约3cm，翠绿色。

‘小薄荷’（'Mini Mint'）

美国加州拉斐亚市戴维·L.菲塞尔斯经由‘赠奉’（'Donation'）杂交种子培育出，1970年公布，登录。

花呈白色，瓣上杂缀细短、狭小淡紫色条纹，有时亦会出现全淡紫色花朵，重瓣型，花径约4.5cm。叶呈椭圆形，浓绿色，有光泽，枝丛稠密，长势缓慢。

‘午夜飘香’（'Midnight var.'）

‘迈基B’（'Mikey B'）

‘港之春’（'Harbour in Spring'）

‘午夜魅力’（'Midnight Magic'）

‘小薄荷’（'Mini Mint'）

‘新查理斯顿小姐’（'Miss Charleston var.'）

美国山茶爱好者从深红色‘查理斯顿小姐’（'Miss Charleston'）植株上发现受病毒侵染后花朵出现白色斑晕，经分离、培养出缀有白色斑、晕的新变异品种。其他性状都与母本相同。1962 年美国山茶协会编著《山茶杂志》（The Camellia Journal）冬季号中有对这个品种的相关介绍。

‘露西小姐’（'Miss Lucy'）

美国佛罗里达州彭萨科拉（Pensacola）市 T. E. 林代博士（Dr. T. E. Lindy）在 1960 年培育出，1972 年首次开花，1976 年公布、登录。

花呈粉红色，瓣上杂缀稀少玫瑰紫红色细短条纹，瓣缘镶乳白色，重瓣型，花径 8～9cm。树性直立，长势一般。

‘新查理斯顿小姐’（'Miss Charleston var.'）

‘露西小姐’（'Miss Lucy'）

‘墨费特小姐’（'Miss Muffet'）

‘普林塞斯小姐’（'Miss Tinytot Princess'）

‘约翰逊妈妈’（'Mom Johnson'）

‘桃色卜伴’（'Peach Coloured Bokuhan'）

‘墨费特小姐’（'Miss Muffet'）

美国加州圣地亚哥（San Diego）市埃斯特尔·林兹利夫人（Mrs. Estelle Lindsly）在 1951 年培育出，1958 年首次开花，1962 年公布、登录。

花呈玫瑰红色，宝珠型，花径约 8cm。树性直立，长势旺盛。

‘普林塞斯小姐’（'Miss Tinytot Princess'）

美国加州高地市克莱默苗圃（Kramer Bros. Nursery）用红山茶品种‘庭斯利博士’（'Dr. Tinsley'）与怒江山茶（*C. saluenensis*）杂交、培育出种间杂交种。1979 年公布、登录。

花呈绯色，重瓣型，花径 6～7cm。

‘约翰逊妈妈’（'Mom Johnson'）

美国佛罗里达州麦迪逊市（Madison）格伦·约翰逊（Glen Johnson）在 1988 年观察到‘赫尔曼·约翰逊’（'Herman Johnson'）发生芽变，经分离出，1993 年公布、登录。

花呈绯色，复瓣玫瑰型，花径约 13cm。树性直立。

‘桃色卜伴’（'Peach Coloured Bokuhan'）

1960 年，日本片山树乐园商品目录中有这个品种的简介。

花呈粉红色，宝珠型，雄蕊瓣瓣缘镶白色，花径约 7cm。叶呈长椭圆形，叶缘波形。树性横张，长势旺盛。

‘蒙娜·哈维’（'Mona Harvey'）

由新西兰维（V）和 R. 比莱斯卡埃（R. Bieleski）从‘银云’（'Silver Cloud'）种子培育出。1994 年公布、登录。

花呈白色，重瓣型，瓣缘呈内扣状，花径约 12cm。树性直立。

‘蒙娜·朱瑞’（'Mona Jury'）

新西兰新朴莱茅茨市（New Plymouth）L. 朱瑞先生（Mr. L. Jury）用怒江山茶与‘花牡丹’（'Daikagura'）的杂交

‘蒙娜·哈维’（'Mona Harvey'，由新西兰 N. 海登先生提供彩照，Courtesy of Mr. N. Haydon, New Zealand）

‘冉冉明月’（'Moon Rise'）

‘蒙娜·朱瑞’（'Mona Jury'）

‘查理斯科伯女士’（'Mrs. Charles Cobb'）

‘月光湾’（'Moonlight Bay'）

‘戴氏之歌’（'Mrs. D. W. Davis Descanso'）

种与‘白亦大皇冠’('Betty Sheffield')相杂交、培育出，1971 年首次开花，1976 年公布、登录。

花呈绯色中略泛橙色调，牡丹型，花径约 12cm。树性横张型。

‘冉冉明月’（'Moon Rise'）

美国加州怒起乌苗圃（Nuccio's Nurseries）用大苞山茶（*C. granthamiana*）与云南山茶杂交、培育出。其专利号为 N#9606。

花呈肉色至浅青紫色，瓣基呈黄色，花径 10 ～ 12cm。树性直立。

‘月光湾’（'Moonlight Bay'）

美国加州怒起乌苗圃（Nuccio's Nurseries）在 1971 年培育出，1976 年首次开花，1982 年公布、登录。

花呈淡青紫色，半复瓣型，花径可达 14cm。树性直立

‘查理斯科伯女士’（'Mrs. Charles Cobb'）

美国南卡罗来纳州约翰岛（John's Island）木兰植物园（Magnolia Gardens）培育出。1942 ～ 1943 年木兰植物园苗圃目录中有这个品种记载。

花呈暗红色，半复瓣至松散牡丹型，花径 10 ～ 11cm。树性直立。

‘戴氏之歌’（'Mrs. D. W. Davis Descanso'）

美国加州迪斯坎索植物园（Descanso Gardens）从‘戴维斯夫人’('Mrs. D. W. Davis')芽变中分离出。

花呈浅樱色，复瓣牡丹型，花径约 10cm。

‘奇戴夫人’('Mrs. D. W. Davis Special')

‘贝尔夫人’('Mrs.George Bell')

‘贝尔夫人’('Mrs. George Bell')

‘行程不定’('Mutabilis Traversii', 由意大利惠爱笃·加笃里加先生提供, Courtesy of Mr. Guido Cattolica, Italy)

‘音乐城’('Music City')

‘内莉女士’('Mrs. Nellie Eastman')

‘奇戴夫人’('Mrs. D. W. Davis Special')

源于美国，1972 年，经由‘戴维斯夫人’芽变中分离出。花呈粉红色，重瓣型。其他性状都与母树相同。

‘贝尔夫人’('Mrs. George Bell')

美国加州圣迪马斯市（San Dimas）克拉克·托马斯先生（C. W. Thomas）在 1970 年从‘丝纱罗’('Tiffany')种子培育出，1978 年首次开花，1979 年公布、登录。

花呈肉色，花瓣上杂晕绯色，有时呈大红色，松散牡丹型。叶呈椭圆形，微微内折状，黛绿色，有光泽。树性直立，长势旺盛。

‘内莉女士’('Mrs. Nellie Eastman')

源于美国加州核桃溪市私人花园中。其后由海沃市(Hayward)堂本先生(Toichi Domoto）引去栽培、繁殖。最后，由怒起乌苗圃（Nuccio's Nurseries）引去，在 1950～1951 年商品目录中有这个品种。

花呈粉红色，瓣上杂缀密集紫红色细狭条纹、细点，松散牡丹型至复瓣玫瑰型，花径 7～8cm。树性直立。

‘音乐城’('Music City')

美国路易斯安那州哈蒙德市（Hammond）小威尔逊先生（W. F. Wilson Jr.）在 1965 年从‘盖斯·门纳特’('Gus Menard')种子培育出，1973 年首次开花，1975 年公布、登录。

花呈绯红色，重瓣型，花径 11～12cm。树性直立。

‘行程不定’('Mutabilis Traversii')

系欧洲传统老品种。1835 年意大利《山茶集成》(*Collection de Camellias*）和 1839 年美国出版《美国花园开花植物名录》(*American Flower Garden Directory*）中都已收录了这个品种。

花呈玉色至微微青紫色，重瓣型，瓣上杂缀宽狭不等、长短不一的淡玫瑰红色条纹，花径约8cm。叶呈椭圆形。树性横张。

‘我的宝贝’（'My Pet'）

美国加州费尔顿市（Felton）彼德·特德斯科先生（Mr. Peter Tedesco）在1973年培育出，1985年首次开花，1994年公布、登录。

‘秘诀’（'Mystique'）

花呈白色，有些瓣上杂缀稀疏淡紫色短条纹，半复瓣型至玫瑰型，花径约12cm。史实不详。

‘波之花’（'Flowers in Waves'）

系日本品种，原由北蒲原郡水原町民家栽培，石泽进发现，1959年由荻屋薰命名、公布。

花呈乳白色至浅青紫色，部分瓣前沿色泽尤深，半复瓣型至牡丹型，花径约6.5cm。叶呈椭圆形，叶齿明显，叶色深绿。树性直立。

‘尼雪·盖马林’（'Neisha Gamlin'）

由新西兰A. P. 盖马林（A. P. Gamlin）用怒江山茶杂交种种子培育出，1974年首次开花，1980年公布、登录。

花呈玫瑰红色，牡丹型，花径约13cm。树性横张。

‘内尔’（'Nell Chester Embrey'）

美国佐治亚州奥古斯塔市（Augusta）格罗弗·C. 切斯特（Grover C. Chester）在1953年培育出，1973年首次开花，1993年公布、登录。

花呈乳白色，瓣端覆红色短条纹，并泛红色色晕，重瓣型，花径约8cm。树性横张。

‘吹雪’（'N 101 Fubuki'）

花呈白色，宝珠型，瓣上偶然会出现几条细短红条纹，花径约6.5cm。叶呈椭圆形。树性横张。史实不详。

‘我的宝贝’（'My Pet'）

‘秘诀’（'Mystique'）

‘波之花’（'Flowers in Waves'）

‘内尔’（'Nell Chester Embrey'）

‘尼雪·盖马林’（'Neisha Gamlin'，新西兰伊冯女士供稿，Courtesy of Mrs. Yvonne Cave, New Zealand）

‘吹雪’（'N 101 Fubuki'）

‘黑骑士’（'Night Rider'）

‘尼凯’（'Nicky Crisp'）

‘牛西奥玫瑰’（'Nuccio's Bella Rossa'）

‘海登’（'Nonie Haydon'，Courtesy of Mr. N. Haydon, New Zealand）

‘尼凯’（'Nicky Crisp'）

新西兰 A. B. 杜兰特（Mrs. A. B. Durrant）用西南红山茶（*C. pitardii* var. *pitardii*）与红山茶（*C. japonica*）杂交、培育出，1972 年首次开花，1980 年公布、登录。

花呈淡紫粉红色，半复瓣型，花径约 11cm，健花性品种。树性横张，生长缓慢。

‘黑骑士’（'Night Rider'）

新西兰布卢姆哈特用日本山茶品种‘黑椿’（'Kuro-tsubaki'）与新西兰用怒江山茶与红山茶品种之间的杂交种‘宝石钟’（'Ruby Bells'）杂交、培育出。1980 年首次开花，1985 年公布、登录。

花呈浓紫红色，在没有阳光照射下，瓣丛间色泽看上去近似紫黑色，尤其瓣基色泽更浓紫达黑般，半复瓣型，花径约 6cm。树性直立。

‘海登’（'Nonie Haydon'）

根据《国际山茶登录》1993 年版中介绍：“该品种是由新西兰山茶育种家海登先生（Mr. N. G. Haydon）在 1977 年用西南红山茶（*C. pitardii*）杂交、培育出，1985 年初次开花”。而美国南加州山茶协会《山茶品种目录》（Camellia Nomenclature）2002 年版中介绍：“由海登先生用窄叶西南红山茶（*C. pitardii* var. *yunnanica*）与西南红山茶（*C. pitardii*）杂交、培育出，1990 年公布。而海顿先生寄给笔者由新西兰山茶协会出版“2001 年世界山茶（Camellias of the World）”挂历上对‘海登’描述：“这是第二代怒江山茶杂交……”（This second generation saluenensis hybrid makes a spectacular mass display for about six weeks in midwinter）。孰是孰非，待读者们厘定。

花呈淡粉红色，牡丹型，花径约 13cm，健花性品种，且花期长达 6 周。

‘白斑牛西奥玫瑰’（'Nuccio's Bella Rossa var.'）

‘牛西奥转马’（'Nuccio's Carousel'）

‘牛西奥美玉’（'Nuccio's Gem'）

‘牛西奥珍珠’（'Nuccio's Pearl'）

‘粉带’（'Nuccio's Pink Lace'）

‘独特’（'One Alone'）

‘牛西奥玫瑰’（'Nuccio's Bella Rossa'）

美国加州怒起乌苗圃（Nuccio's Nurseries）培育出，2000年公布、登录，专利号为No. PP13023。

花呈红色，文瓣重瓣型，花径约12cm。树性直立，长势旺盛。

‘白斑牛西奥玫瑰’（'Nuccio's Bella Rossa var.'）

由‘牛西奥玫瑰’发生变异，红色花瓣上杂缀白色斑晕，经分离，培养出稳定红、白双色杂缀品种。其他性状与母树相同，并与母树同享专利号No. PP13023。2001年公布、登录。

‘牛西奥转马’（'Nuccio's Carousel'）

美国加州怒起乌苗圃（Nuccio's Nurseries）在1972年培育出，1982年首次开花，1988年公布、登录。

花呈粉红色，瓣前端及瓣缘色泽尤深，半复瓣型，有时会开出宝珠型，花径约9cm。树性直立。

‘牛西奥美玉’（'Nuccio's Gem'）

美国加州怒起乌苗圃（Nuccio's Nurseries）在1952年培育出，1965年首次开花，1970年公布、登录。

花呈白色，作覆瓦状层叠轮状排列，文瓣重瓣型，花径约10cm。树性直立。

‘牛西奥珍珠’（'Nuccio's Pearl'）

美国加州牛西奥（即怒起乌）苗圃（Nuccio's Nurseries）在1968年培育出，1973年首次开花，1977年公布、登录。

花呈粉红色，重瓣型，外围几轮花瓣瓣端呈深绯色，花径约8cm。树性直立。

‘粉带’（'Nuccio's Pink Lace'）

美国加州怒起乌苗圃（Nuccio's Nurseries）在1947年培育出，1983年首次开花，1987年公布、登录。

花呈淡粉红色，瓣缘色泽稍深，玫瑰型至牡丹型，甚或宝珠型，花径约9cm。树性直立。

‘独特’（'One Alone'）

由美国南卡罗来纳州查尔斯顿市（Charleston）H. E. 阿施伯（H. E. Ashby）在1945年培育出，1957年首次开花，1961年公布、登录。

花呈玉色，半复瓣型至松散牡丹型，甚或宝珠型，花径约12cm。树性直立。

‘兰花美人’（'Orchid Beauty'）

‘兰花’（'Orchid Princess'）

‘奥泰哈哈美女’（'Otahuhu Beauty'）

‘大贝蒂’（'Our Betty'）

‘欧文’（'Owen Henry'）

‘我们的梅莉萨’（'Our Melissa'，澳大利亚塔特先生供稿，Courtesy of Mr.Kenneth Tate, Australia）

‘兰花美人’（'Orchid Beauty'）

美国加州怒起乌苗圃（Nuccio's Nurseries）用怒江山茶与红山茶相杂交、培育出种间杂种。

花呈淡青紫色，半复瓣型至复瓣型，花径约 11.5cm。树性直立，枝丛横展，可作墙树。

‘兰花’（'Orchid Princess'）

美国加州怒起乌苗圃（Nuccio's Nurseries）在 1967 年用怒江山茶与红山茶杂交、培育出种间杂种，1987 年公布、登录。

花呈浅青紫色，半复瓣型，花径约 10cm。树性直立，枝丛横展，可作墙树。

‘奥泰哈哈美女’（'Otahuhu Beauty'）

由新西兰奥泰哈哈市李普皮特花工（Lippiatt）从新西兰山茶名种‘玛卡德’（'Aspasia Macarthur'）芽变中分离出，经培养，待性状稳定后，成为另一个芽变品种。

花呈深绯色，牡丹型至武瓣宝珠型，花径 9～10cm。其他性状与母本相同。

‘大贝蒂’（'Our Betty'）

源于美国加州高地市克莱默苗圃（Kramer Bros. Nursery），系怒江山茶杂交种子培育出。1982 年公布、登录。

花呈粉红色，花瓣狭长，作 2 层轮展，半复瓣型，花径约 11cm。树性直立。

‘我们的梅莉萨’（'Our Melissa'）

由澳大利亚 E. R. 塞比尔（E. R. Sebire）从西南红山茶（*C. pitardii* var. *pitardii*）种子培育出，1984 年首次开花，1986 年公布、登录。

花呈粉红色，武瓣宝珠型，花径约 5cm。树性直立。

‘欧文’（'Owen Henry'）

美国加州雷蒙娜市（Ramona）H. 肖特先生（Mr. H. Short）从‘落日余辉’（'Sunset Glory'）芽变中分离出。1964 年公布、登录。

花呈淡青紫色中泛草莓色泽，瓣缘覆白色，半复瓣型，花径约 12cm。树性直立，长势旺盛。

‘冲浪’（'Waves in the Offing'）

该品种系日本古老传统品种，早在 1695 年日本《花坛地锦抄》中已有记载。

花呈桃红色，瓣上杂缀宽狭不等、长短不一的暗红色条纹，瓣前沿覆白色，半复瓣型，花径约 10cm。叶呈长椭圆形，叶缘向下内曲状。树性直立。

‘纸娃娃’（'Paper Dolls'）

美国加州怒起乌苗圃（Nuccio's Nurseries）用滇缅茶（*C. irrawadiensis*）

'冲浪'('Waves in the Offing')

'纸娃娃'('Paper Dolls')

'普琳纳'('Paolina Guichardini',法国希尔先生供稿,Courtesy of Mr. Max Hill, France)

'印地安婴孩'('Papoose')

'保罗·赫斯基'('Paul Haskee')

'珍珠茶'('Zhenzhu Cha')

'贝红波尔'('Pearl Maxwell')

杂交种子培育出。1997 年公布、登录。

花呈淡粉红色，花瓣下半部呈深绯色，瓣缘略呈磬口状，重瓣型，花径 7～8cm。树性直立。但是，有时植株需要有支撑物架护才能直立生长。奇特者，当刮破树皮时，木质部透出微微清香味。

'普琳纳'('Paolina Guichardini')

法国南特市(Nantes)圭查德(Guichard)培育出。

花呈红色，荷瓣型磬口式，半复瓣型至重瓣型，花径约 10cm。叶呈椭圆形，深绿色，有光泽。树性直立。

'印地安婴孩'('Papoose')

美国加州帕萨迪那市麦卡斯基尔植物园（McCaskill Gardens）培育出，1979 年公布、登录。

花呈印度红色，重瓣型，花径 6～6.5cm。树性直立。

'保罗·赫斯基'('Paul Haskee')

美国俄勒冈州杰克·曼达里奇（Jack Mandarich）培育出，1995 公布、登录。

花呈红色，牡丹型至宝珠型，花径约 14cm。树性直立，长势一般。

'珍珠茶'('Zhenzhu Cha')

系闽鄂山茶（*C. grijsii*）中自然变异出来的半复瓣型至玫瑰型品种，产于中国四川省、福建省等地。

花呈白色，花瓣多达数十枚，花径 5～6cm，具有芳香。叶片较细小，长 4～5cm，宽 2～2.5cm，叶色碧绿。树性直立。该品种在日本称为'菊花茶'。

'贝红波尔'('Pearl Maxwell')

美国佐治亚州雷诺市（Reno）C. O. 马克斯韦尔女士（Mrs. C. O. Maxwell）用'贝托尼'('Enrico Bettoni')种子培育出。1950 年公布、登录。

花呈柔丽贝壳壳内层珠光粉红色，重瓣型，花径 9～10cm。树性直立。

'薄荷糖'('Peppermint Patty')

'潘彼德'('Peter Pan')

'伊福尔特'('Philippa Ifould')

'珀尔的宠物'('Pearl's Pet')

'珀尔的宠物'('Pearl's Pet')

美国南卡罗来纳州查尔斯顿市P.芝科女士(Mrs. P. Chicco)培育出，1959年公布、登录。

花呈玫瑰红色，宝珠型，花径约6cm。树性直立。

'薄荷糖'('Peppermint Patty')

美国W. L.阿克曼博士(Dr. W. L. Ackerman)在1972年培育出，1987年公布、登录。

花呈粉红色，瓣上杂缀宽狭不等、长短不一的紫红色条纹，半复瓣型至复瓣玫瑰型，花径约10cm。树性直立。

'潘彼德'('Peter Pan')

美国弗吉尼亚州W. J.罗宾逊(W. J. Robinson)和C. J.海斯(C. J. Hayes)一起培育出，1947年首次开花，1950年公布、登录。

花呈粉红色，瓣前端呈粉紫色，瓣基乳白色，半复瓣型至牡丹型，甚或出现宝珠型，花径约10cm。树性灌木型。

'伊福尔特'('Philippa Ifould')

澳大利亚W.伊福尔特先生(Mr. W. Ifould)从'桃花'('Peachblossom')培育出。1968年公布、登录。

花呈粉红色，重瓣型，花径9～10cm。

'皮利达'('Pilida')

源于澳大利亚皇家植物园，由沃特豪斯教授(Prof. E. G. Waterhouse)发现后命名。1944年山茶园目录(Camellia Grove Nursery Catalogue)中已有记载。

花呈深紫红色，宝珠型，花径8～9cm。叶呈椭圆形，深绿色。树性直立。

'粉大丽'('Pink Dahlia')

美国加州高地市克莱默苗圃(Kramer Bros. Nursery)用怒江山茶杂交种种子培育出，1980年公布、登录。

花呈粉紫色，花瓣狭长，重瓣型，形若重瓣大丽花般姿韵，花径约7cm。叶片细短，叶缘呈锯齿状。树性直立。

'白斑粉大丽'('Pink Dahlia var.')

是'粉大丽'受到病毒侵染后，花朵出现白色斑、晕，经分离，培养成花色呈红白杂缀新变异品种。其余性状与母本相同。

'粉霜'('Pink Frost')

1967年，美国加州卡乔恩市(El Cajon)S. E.福斯特先生(Mr. S. E. Foster)发现'粉宝塔'('Pink Pagoda')植株上出现芽变——由原来的玫瑰粉红色变成银色般淡粉红色，而且，瓣缘呈

‘皮利达’('Pilida'，澳大利亚勒奈脱·格利森供照，Courtesy of Lynette Gleeson, Australia)

‘粉大丽’('Pink Dahlia')

‘白斑粉大丽’('Pink Dahlia var.')

‘粉霜’('Pink Frost')

‘粉宝塔’('Pink Pagoda')

白色，堪称别致。经分离、定向培养，变异色泽稳定后，成为一个突变品种。其余性状都与母本相同。

‘粉宝塔’('Pink Pagoda')

由美国加州洛斯·加托斯(Los Gatos)市罗伯特·D. 穆尔(Robert D. Moore)从‘粉星’('Pink Star')种子培育出。

花呈粉红玫瑰色，重瓣型，花径8～9cm。叶呈阔椭圆形，墨绿色，有光泽。树性直立。

‘波利亚纳’('Polyanna')

新西兰朱瑞(Jury)从杂交山茶种子培育出，1991年公布、登录。

花呈玫瑰红色，复瓣玫瑰型至重瓣型，花径8～9cm。叶呈阔椭圆形，墨绿色，有光泽。树性直立。

‘波利亚纳’('Polyanna')

‘教皇六世’（'Pope Pius IX'）

‘总理’（'Premier'）

‘贝西乌奇公主’（'Princess Baciocch'）

‘克洛蒂尔德公主’（'Princess Clotilde'，意大利惠爱笃·加笃里加先生提供，Courtesy of Mr. Guido Cattolica, Italy）

‘萨金特教授’（'Prof. C. S.Sargent'）宝珠型

‘教皇六世’（'Pope Pius IX'）

该品种源于意大利，原名为‘尤金·拿破仑王子’（'Prince Eugene Napoleon'），1859 年由 M. de 科斯特（M. de Coster）公布于世。其后，传入美国后改称为‘教皇六世’。不过，1850 年，在意大利另有一个山茶意大利文名称为‘Pie IX’。它与‘Pope Pius IX’（‘教皇六世’）粗看之下，它们的意大利名称很容易被误认为是同一个名称。

花呈樱桃红色，有些花瓣尖端瓣缘呈苍白色，有时花瓣亦会出现苍白色筋、纹。花径约 10cm。树性直立，枝丛稠密。

‘总理’（'Premier'）

美国加州雷蒙娜市（Romna）哈维·肖特（Harvey Short）培育出。1965 年公布、登录。

花呈玫瑰红色，雄蕊呈分束型，花朵牡丹型，花径约 14cm。树性直立。

‘贝西乌奇公主’（'Princess Baciocch'）

美国加州安大略市（Ontario）阿姆斯特朗苗圃（Armstrong Nurseries）培育出，1930 年公布。

花呈胭脂红色，半复瓣型至牡丹型，花径约 8.5cm。树性灌木型。

‘克洛蒂尔德公主’（'Princess Clotilde'）

该品种源于意大利，由卡索里蒂（Casoretti）培育出，1845 年公布。

花呈淡粉红色，瓣上杂缀宽狭不等、长短不一的紫红色条纹和细点，重瓣型，花径 7 ～ 8cm。树性直立。

‘萨金特教授’（'Prof. C. S. Sargent'）

源于德国。其后，由美国南卡罗来纳州玉兰植物园引种。之后，以‘萨金特教授’作为名称，1925 年公布。

花呈暗红色，复瓣牡丹型，有时亦会开出宝珠型，花径约 8cm。树性直立。

‘菲利浦教授’（'Prof. Filippo Parlatore'）

该品种为意大利古老品种。早在 1860 年比利时人维施艾费尔特（Verschaffelt）

著《新山茶图谱》(Nouvelle Iconographie des Camellia) 中已记载了它。

花呈淡粉红色，瓣上杂缀紫红色条纹，花瓣呈凹形，重瓣型，花径约 8cm。叶呈椭圆形，苍绿色，有光泽。树性直立。

‘无瑕玉’ ('Purity')

由美国加州海沃市美籍日裔堂本先生 (Toichi Domoto) 在 1887 年从日本引进。

花呈乳白色，花朵中心瓣从基部呈乳黄色，多数开覆瓦状排列重瓣型；有时亦会开出复瓣玫瑰型，花径 8 ～ 9cm。树性直立。

‘蜂后’ ('Queen Bee')

美国加州怒起乌苗圃 (Nuccio's Nurseries) 培育出，已列入 1933 ～ 1934 年商品目录。

花呈浅粉红色，半复瓣型，花径 8 ～ 9cm。树性直立，长势旺盛。

‘戴安娜皇后’ ('Queen Diana')

由新西兰 J. C. 莱斯聂 (J. C. Lesnie) 培育出，1985 年公布、登录。

花呈白色，外围几轮花瓣有浅粉红色色晕，重瓣型，花径约 10.5cm。鉴于英国皇室不认可这个名称，园艺界就使用一个象征性名称‘戴安娜的魅力’ ('Diana's Charm')。树性横张。

‘菲利浦教授’('Prof. Filippo Parlatore'，意大利惠爱笃· 加笃里加先生提供，Courtesy of Mr. Guido Cattolica, Italy)

‘无瑕玉’('Purity') 覆瓦状排列重瓣型

‘无瑕玉’('Purity') 复瓣玫瑰型

‘萨金特教授’('Prof. C. S. Sargent')

‘蜂后’('Queen Bee')

‘戴安娜皇后’('Queen Diana')

‘雷切尔’（'Rachel Tarpy'）

美国路易斯安那州 G. F. 艾本登罗茨（G. F. Abendroch）在 1969 年培育出，1977 年首次开花，1981 年公布、登录。

花呈玉色，瓣上偶然会出现几丝红色条纹或出现微微红色色晕，花朵外围瓣丛瓣缘呈波形，宝珠型，花径 10 ～ 12cm。叶呈椭圆形，碧绿色。树性直立，长势一般。

‘布娃娃’（'Rag Doll'）

新西兰 O. 布卢姆哈特（O. Blumhardt）用日本山茶‘卜伴’（'Tinsie'）与琉球连蕊茶（*C. lutchuensis*）相杂交、培育出种间杂交种。1998 年公布、登录。

花呈玫瑰红色，牡丹型，花径约 5cm。树性直立。

‘超级丽格兰’（'Ragland Supreme'）

美国加州雷·丽格兰（Reg Ragland）在 1954 年用‘白色大彩云’（'Gigantea Alba'）种子培育出，1958 年首次开花，1968 年公布、登录。

花呈乳白色，重瓣型，花径约 10cm。树性直立。

‘雷蒙娜’（'Romona'）

在 1979 ～ 1980 年美国加州怒起乌苗圃（Nuccio's Nurseries）商品苗目录中已记载这个品种，但是是哪位培育者却没有谈清楚。

花呈淡粉红色，重瓣型，覆瓦状排列，花径约 10cm。树性直立。

‘冰山莓’（'Raspberry Ice'）

1960 年，美国著名蒙罗维亚苗圃（Monrovia Nursery）中一棵‘灰姑娘’（'Cinderella'）植株上发生芽变，花呈淡玫瑰粉红色，瓣前沿覆宽狭不等白色，瓣上杂缀玫瑰红色短条纹，瓣缘呈锯齿状，瓣波形，略呈皱褶状，花径约 10cm。树性直立。1987 年公布、登录。

‘红钮扣’（'Red Button'）

美国加州圣·费曼度（San Fermando）市约翰·安得雷（John Andrey）培育出，在 1958 年首次开花，1960 年公布、登录。

花呈深红色，宝珠型，花径约 7cm。树性直立。

‘雷切尔’（'Rachel Tarpy'）

‘超级丽格兰’（'Ragland Supreme'）

‘雷蒙娜’（'Romona'）

‘布娃娃’（'Rag Doll'）

‘冰山莓’（'Raspberry Ice'）

‘红宝石’（'Red Jewel'）

1980 年美国山茶协会编《山茶杂志》（The Camellia Journal Vol. 35, No. 2, p.18）夏季号中曾介绍了‘红宝石’的性状。

花呈紫红色，半复瓣型，花朵中央几轮花瓣作波状，瓣上杂缀浅粉红色条纹，花径约 9cm。叶呈宽椭圆形。树性直立。

‘超级红’（'Red Supreme'）

花呈大红色，牡丹型，花径约 10cm。叶呈阔椭圆形。树性直立。史实不详。

‘白斑斯威克’（'Rena Swick var.'）

该品种由美国佛罗里达州杰克逊维尔（Jacksonville）市朱林顿苗圃公司（Julington Nurseries, Inc.）在 1951 年培育出，1960 年公布、登录。其后，‘斯威克’（'Rena Swick'）植株受到病毒侵染，花瓣上出现白色斑晕。后经分离，在培养中性状稳定后，列为白斑新品种。其余性状与母本相同。2002 年，美国南加州山茶协会编《山茶品种目录》（Camellia Nomenclature 2002）p.106 中提及‘白斑斯威克’。

‘尼克松’（'Richard Nixon'）

美国加州惠蒂尔（Whittier）市 U. B. 斯戴尔(U. B. Stair)培育出，1954 年公布、登录。

花呈玉色，瓣上杂缀长短不一淡紫红色细条纹，宝珠型至牡丹型，花径约 11cm。叶呈椭圆形，墨绿色，有光泽。树性直立。

‘超级红’（'Red Supreme'）

‘白斑斯威克’（'Rena Swick var.'）

‘红宝石’（'Red Jewel'）

‘红钮扣’（'Red Button'）

‘尼克松’（'Richard Nixon'）

‘罗宾的糖果’（'Robin's Candy'）

‘罗谢尔’（'Rochelle'）

‘玫瑰花束’（'Rose Bouquet'，新西兰伊冯·卡维夫人供稿，Courtesy of Mrs.Yvonne Cave, New Zealand）

‘霍尔’（'Roger Hall'）

‘罗宾的糖果’（'Robin's Candy'）

该品种根据《国际山茶登录》(The International Camellia Register）中介绍，“由美国加州弗雷斯诺（Fresno）市威尔伯（Wilbur）和玛丽·安·雷（Mary Anne Ray）共同从种子培育出，并在《1990年美国山茶协会年鉴》中有彩照刊出”。但是，美国南加州山茶协会编《2002年山茶品种目录》(Camellia Nomenclature 2002）中却说：“系‘甜甘蔗’('Candy Cane'）芽变品种”。

花呈粉红色，重瓣型，花瓣上杂缀稀疏红色细条纹，瓣缘覆宽狭不等白色，花径约9cm。树势直立。

‘罗谢尔’（'Rochelle'）

花呈浅青紫色，花瓣上杂缀粗细不等、长短不一的淡紫色点、条纹，重瓣花型，花径约10cm。叶呈椭圆形，碧绿色，有光泽。树性直立，长势旺盛。史实不详。

‘霍尔’（'Roger Hall'）

澳大利亚罗杰·霍尔（Roger Hall）培育出。1979年在澳大利亚《山茶报道》(Camellia News）中提及‘霍尔’。

花呈红色，重瓣型，花径约7cm。叶呈披针形，深绿色，叶齿明显。树性直立，枝丛稠密。

‘玫瑰花束’（'Rose Bouquet'）

新西兰F. M. 朱瑞（F. M. Jury）用怒江山茶与红山茶‘丝纱罗’('Tiffany'）相杂交、培育出，1975年首次开花，1980年公布、登录。

花呈粉红玫瑰花色，复瓣玫瑰型，花径约12cm。树性横张。

‘赛玫瑰’（'Rosea Superba'）

源于英国。它是由‘玛瑟蒂阿娜’('Mathotiana'）芽变中分离出。1890年引入美国。本品种还有两个不同名称，一为‘艾达·威尔逊’('Ada Wilson')；另一个名称为‘劳拉·达谢尔’('Laura Dasher')。

花呈粉红玫瑰花色，复瓣型，花径约12cm。叶呈阔椭圆形，苍绿色。树性直立。

‘重瓣玫瑰’（'Rosea Plena'）

德国品种，1840年引入美国。

花朵外围几轮花瓣呈玫瑰红色，中央瓣丛呈绯色，重瓣型，花径约9cm。树性直立。

‘赛玫瑰’（'Rosea Superba'）

‘重瓣玫瑰’（'Rosea Plena'）

‘白斑天鹅绒’（'Royal Velvet var.'）

‘鲁道夫’（'Rudolph'）

‘复色鲁道夫’（'Rudolph var.'）

‘诺曼’（'Ruth Norman'）

‘白斑天鹅绒’（'Royal Velvet var.'）

系‘天鹅绒’（'Royal Velvet'）经嫁接时受病毒侵染，其后花瓣上出现白色斑、晕色。其他性状都与母本相同。

‘鲁道夫’（'Rudolph'）

美国加州怒起乌苗圃（Nuccio's Nurseries）在1971年培育出，1976年首次开花，1981年公布、登录。

花呈大红色，宝珠型，花径约9cm。植株有时要用支架撑住，否则容易歪斜。

‘复色鲁道夫’（'Rudolph var.'）

系‘鲁道夫’发生芽变，花朵上出现白色斑晕，经分离、培养成芽变品种。其他性状都与母本相同。1995年公布、登录。

‘诺曼’（'Ruth Norman'）

美国佛罗里达州托拉赫西（Tallahassee）市诺曼先生（Mr. G. C. Norman）从红山茶实生苗中培养出。

花呈红色，半复瓣型至牡丹型，花径约10.5cm。树性直立。

‘龙宝’（'Dragon's Treasures'）

系日本山茶‘花见车’（'Hanami-guruma'）与‘窗之月’（'Mado-no-Tsuki'）相杂交、培育出。虽然是单瓣花，但是，它的姿韵颇多日本格韵，因此，日本人堪作品种流传。1972年，由佐藤绫乃命名。

花呈大红色，单瓣型，花径约8cm。树性直立，长势旺盛。

‘龙宝’（'Dragon's Treasures'）

'镜中樱花'（'Cherry Blossom in a Mirror'）

'镜中樱花'（'Cherry Blossom in a Mirror'）

花呈深粉红色，半复瓣型，花径约9cm。叶呈狭椭圆形，碧绿色。史实不详。

'爱物'（'Saliciflia'）

最早在1832年美国纽约迈克尔·弗洛埃（Michael Floy）的苗圃山茶品种目录中已有这个品种简介。

花呈大红色，宝珠型，花径约9cm。叶呈狭椭圆形。树性直立。

'萨维奇'（'Sally J. Savage'）

澳大利亚C. A. 纽曼先生（Mr. A. C. Newman）用'黛比'（'Debbie'）的种子培育

'爱物'（'Saliciflia'）

'萨维奇'（'Sally J. Savage'）

'白斑圣迪玛丝'（'San Dimas var.'）

'圣母之花'（'Santa Marie del Fione'，意大利惠爱笃·加笃里加先生供稿，Courtesy of Mr. Guido Cattolica, Italy）

'撒威达的梦'('Sawada's Dream')

'萨摩'('Satssuma')

'香太阳'('Scented Sun')

'香神'('Scentsation')

'甜香水'('Scentuous')

出，1975 年首次开花，1981 年公布、登录。

花呈青紫色，瓣上杂缀白斑，重瓣型，花径约 7cm。叶呈披针形，淡绿色。树性直立，长势一般。

'白斑圣迪玛丝'('San Dimas var.')

美国加州圣·迪玛丝市(San Dimas)C. W. 托马斯先生(Mr. C. W. Thomas)在 1967 年发现'圣迪玛丝'植株上花朵出现大小不一白色斑晕，经分离，定向培养成为另一突变品种。其余性状与母本相同。1971 年公布、登录。

'圣母之花'('Santa Marie del Fione')

该品种源于意大利，为 19 世纪名种。

花呈胭脂红色，覆瓦状排列重瓣型，花径 9～10cm。叶呈椭圆形，深绿色，有光泽。树性直立。

'萨摩'('Satssuma')

该品种老树在日本鹿儿岛市内矶庭园中发现，1973 年由鹿儿岛生物趣味会命名。

花呈白色，花瓣瓣缘都内曲，重瓣型，花径约 9cm。树性直立。

'撒威达的梦'('Sawada's Dream')

美国亚拉巴马州 K. 撒威达先生(Mr. K. Sawada)用自己在 1925 年从日本引进的山茶种子培育出来的花开白色、半复瓣实生品种'伊缪拉'('Imura')与另外一个山茶品种'李博士'('Dr. W. G. Lee')相杂交，在 1953 年首次开花，1958 年公布、登录。

花呈玉色，花朵外围几轮瓣丛泛浅粉红色晕，重瓣花，花径 8～9cm。树性直立。

'香太阳'('Scented Sun')

美国加州拉斐亚市著名山茶育种家肯·霍尔斯通先生(Mr. Ken Hallstone)用'哈姆斯夫人'('Mrs. Bertha A. Harms')与'萨拉伯'('Salab')，以及'L. B. F. 634'进行杂交，1973 年培育出，1983 年首次开花，1985 年公布、登录。

花呈白色，有时花瓣上偶有杂缀稀少几丝红色细条纹，半复瓣型，花径 12～13cm，具苹果香味。树性直立。

'香神'('Scentsation')

美国加州怒起乌苗圃(Nuccio's Nurseries)培育出，1967 年公布、登录。

花呈银色光泽粉红色，牡丹型，花径 11～12cm，具有甜香味。树性直立。

'甜香水'('Scentuous')

新西兰 J. R. 芬莱先生(Mr. J. R. Finlay)用红山茶品种'丝纱罗'('Tiffany')与琉球连蕊茶(*C. lutchuensis*)杂交、培育出种间杂交种，1976 年首次开花，1981 年公布、登录。

花呈白色，花朵外围几轮花瓣瓣背呈粉紫色，半复瓣型，花径 6～7cm，具有甜香味。叶呈椭圆形，淡绿色，叶缘具深齿。树性横张。

'小姐'('Senorita'，新西兰伊冯·卡维夫人供稿，Courtesy of Mrs.Yvonne Cave, New Zealand)

'海浪泡沫'('Sea Foams')

'夏兰的宝宝'('Shala's Baby')

'海浪泡沫'('Sea Foams')

源于美国，为威斯纳(Weisner)所有，1959年公布。

花呈白色，覆瓦状排列重瓣型，花径8～9cm。树性直立。

'小姐'('Senorita')

新西兰L. E. 朱瑞(L. E. Jury)用怒江山茶与日本山茶品种'光源氏'('Hikarugenji')杂交、培育出，1957年首次开花，1975年公布、登录。

花呈粉红色，牡丹型至宝珠型，花径约8cm。树性直立。

'夏兰的宝宝'('Shala's Baby')

美国罗伯特(Robert)和夏兰·麦克尼尔(Shala McNeil)在1960年一起从种子培育出，1974年首次开花，1985年公布、登录。

花呈宝珠型，花朵外围花瓣呈白色，中央雄蕊瓣簇聚成半球形，微黄色，花径6～7cm。树性直立。

'典礼官'('Master of Ceremonies')

'式部'为日文片假名，日文读音'Shikibu'，在中国仍沿用日文片假名；'典礼官'为中文译名；'Master of Ceremonies'为英文译名。

该品种系日本'卜伴'自然实生苗，1957年公布、登录。

花呈红色，宝珠型，雄蕊瓣从前端呈乳白色，花径5～6cm。树性直立。

'舍婵'('Shiro Chan')

美国加州海沃(Hayward)市著名日裔苗圃业主堂本(Toichi Domoto)在1947年从'牧童之神'('C. M. Wilson')植株上分离出芽变品种，经培养后，在1950年首次开花，1953年公布、登录。

花呈白色，有时花瓣基部呈粉红色，或整瓣呈浅粉红色，武瓣宝珠型，花径约12cm。其余性状都与母树相同。

‘白宝珠’（'White Anemone'）

‘白唐子’为日文片假名原名；‘White Anemone’为日本英译名称；‘白宝珠’为中文译名。

系日本传统老品种，早在 1847 年《剪花翁传》中已记载了这个品种。按现代科学山茶分类，它属于日本特产山茶亚种雪茶（*C. rusticana* Honda）。

花呈白色，宝珠型，花径 8～9cm。树性横张型。

‘流星’（'Shooting Star'）

花呈白色，半复瓣型，形若百合花般姿韵，花径约 6.5cm。叶呈椭圆形，黛绿色。树性直立。史实不详。现由美国加州怒起乌苗圃（Nuccio's Nurseries）栽培、繁殖中。

‘花展时季’（'Show Time'）

美国加州怒起乌苗圃（Nuccio's Nurseries）在 1966 年培育出，1972 年首次开花，1978 年公布、登录。

花呈淡粉红色，半复瓣型，一些花瓣上呈凹槽，有时会出现武瓣宝珠型，花径 12～13cm。树性直立。

‘酒中花’（'Flower in Sake'）

‘酒中花’为日文片假名原名，现今中国沿用日文片假名名称；‘Flower in Sake’为英文译名。

为日本传统老品种，早在 1859 年《椿伊吕波名寄色附》中已记载这个品种。

花呈玉色，瓣缘覆宽狭不等玫瑰红色，瓣上偶尔杂缀稀少细短玫瑰红色细条纹，有时会出现全玫瑰红色花朵，半复瓣型至牡丹型，花径约 6cm。叶呈椭圆形，具叶齿，硬而明显。树性直立。

‘银白查理斯’（'Silver Chalice'）

美国加州怒起乌苗圃（Nuccio's Nurseries）在 1948 年培育出，1958 年首次开花，1963 年公布、登录。

花呈白色，牡丹型至多瓣宝珠型，花径 11～12cm。树性直立。

‘舍婵’（'Shiro Chan'）

‘典礼官’（'Master of Ceremonies'）

‘白宝珠’（'White Anemone'）

‘流星’（'Shooting Star'）

‘花展时季’（'Show Time'）

‘酒中花’（'Flower in Sake'）

‘银白查理斯’（'Silver Chalice'）

'银云'('Silver Cloud')

'银色褶边'('Silver Ruffles')

'银色城楼'('Silver Tower')

'银色浪涛'('Silver Waves')

'戴维斯爵士'('Sir Victor Davies')

'斯凯普和卡罗雷'('Skip & Carolyn Evans')

'银云'('Silver Cloud')

美国加州怒起乌苗圃(Nuccio's Nurseries)在1971年培育出，1976年首次开花，1980年公布、登录。

花呈白色，牡丹型至武瓣宝珠型，花径12～14cm。树性直立。

'银色褶边'('Silver Ruffles')

美国加州怒起乌苗圃(Nuccio's Nurseries)培育出，1965年列入商品目录中。

花呈白色，曲瓣半复瓣型至牡丹型，花径10～12cm。树性直立。

'银色城楼'('Silver Tower')

美国加州怒起乌苗圃(Nuccio's Nurseries)培育出，1988年公布。

花呈白色，花瓣较狭，瓣端尖形，半复瓣型，花径约10cm。叶呈椭圆形，平坦。树性直立。

'银色浪涛'('Silver Waves')

由美国加州怒起乌苗圃(Nuccio's Nurseries)培育出，《美国山茶年鉴1970年》中有该品种详细介绍。

花呈白色，半复瓣型，花径约13cm。树性直立。

'戴维斯爵士'('Sir Victor Davies')

新西兰莱斯·朱瑞(Les Jury)培育出，1991年公布。

花呈玫瑰红色，花瓣上脉络明显，重瓣型至牡丹型，花径约8cm，瓣缘呈内扣状。树性直立。

'年青人'('Snippet')

'巴甫洛娃'('Souza's Pavlova')

'凡丽'('Something Beautiful')

'浪花'('Spindrift')

'粉红色晕'('Splash of Pink')

'斯凯普和卡罗雷'('Skip & Carolyn Evans')

系杂交籽出品种，2003年时尚未见载登录。

花呈淡玫瑰紫红色，杂缀宽狭不一、长短不等的红色条纹，瓣缘具锯齿状，瓣前沿覆宽狭不等白色，花径约10cm。

'年青人'('Snippet')

新西兰A. B. 杜兰特夫人（Mrs. A. B. Durrant）培育出，1971年公布。

花呈绯色，有些花瓣下部呈淡粉红色或微白色，花瓣狭长，半复瓣型，花径约6cm。树性较低矮。

'凡丽'('Something Beautiful')

美国佛罗里达州夏利马市（Shalimar）埃德温（Edwin）和琼·阿特金斯（June Athkins）培育出，1979年首次开花，1983年公布、登录。

花呈浅粉红色，瓣缘向内曲、红色葡萄酒色，重瓣型，花径5～6cm。叶呈椭圆形。树性直立。

'巴甫洛娃'('Souza's Pavlova')

新西兰J.R. 芬莱（J. R. Finlay）用日本山茶'波之花'('Flowers in Waves')与杂交山茶'甜香水'('Scentuous')杂交、培育出，1984年首次开花，1987年公布、登录。

花呈淡绯色，牡丹型，花径约10cm，具有香味。树性横张，长势一般。

'浪花'('Spindrift')

美国加州圣·安塞尔莫（San Anselmo）市豪夫顿·S. 霍尔（Houghton S. Hall）在1935年从'复色芬迪亚'种子培育出，1965年开花，1992年公布、登录。

花呈白色，花瓣上稀疏杂缀淡紫红色细短条纹，花径约8cm。

'粉红色晕'('Splash of Pink')

美国加州高地市克莱默苗圃（Kramer Bros. Nursery）培育出，1977年公布。

花呈白色，瓣上偶尔出现稀疏几丝粉紫色短条纹，或瓣上出现细微淡粉红色色晕，牡丹型至武瓣宝珠型，花径约12cm。树性直立。

‘惊蛰’（'Spring Awakening'）

‘雪里红’（'Splash-O-White'）

‘雪里红’（'Splash-O-White'）

‘春日迷茫’（'Spring Daze'）

‘春日奔放’（'Spring Fling'）

‘春天爵士’（'Spring Jazz'）

‘惊蛰’（'Spring Awakening'）

根据 1993 年版《国际山茶登录》（The International Camellia Register）：“北卡罗来纳州茶花林苗圃 1990 年目录中第 2 页介绍（Camellia Forest Nursery Catalogue, North Carolina, 1990, p.2:）：‘惊蛰’是由美国北卡罗来纳州克利福德·帕克斯博士（Dr. Clifford Parks）用日本山茶品种‘正义’（'Masayoshi'）与杂交种（茶梅与玫瑰连蕊茶杂交）相杂交、培育出”。而美国南加州山茶协会《山茶品种目录》2002 年版（Camellia Nomenclature 2002）却说：“派克斯博士用‘康乃馨’（'Ville de Nantes'）与杂交种（怒江山茶和玫瑰连蕊茶杂交）相杂交、培育出，1990 年公布、登录。孰是孰非，有待专家们匡正。

花呈绯色，半复瓣型至玫瑰型，花径约 4.5cm。叶呈椭圆形至卵形。树性横张。

‘雪里红’（'Splash-O-White'）

美国加州圣盖博（San Gabriel）市 E. 比尔利（E. Pieri）培育出，1960 年公布。

花呈红色，花瓣上常出现白色斑晕，甚至于白多红少，半复瓣型至牡丹型，花径约 9cm。树性直立，生长缓慢。

‘春日迷茫’（'Spring Daze'）

美国加州高地市克莱默苗圃（Kramer Bros. Nursery）培育出，1989 年公布。

花呈玉色，瓣前端呈紫红色，半复瓣至复瓣玫瑰型，花径约 7cm。叶呈披针形，叶面平坦，叶齿明显。树性直立。

‘春节’（'Spring Festival'）

‘春诗’（'Spring Sonnet'）

‘繁星’（'Stelle di Compito'，意大利惠爱笃·加笃里加先生供稿，Courtesy of Mr. Guido Cattolica, Italy）

‘复色布朗特’（'Steva Blount var.'）

‘金发美女’（'Strawberry Blonde'）

‘春节’（'Spring Festival'）

美国加州海沃市（Hayward）美籍日裔苗圃业主堂本先生用尖连蕊茶（*C. cuspidata*）杂交、培育出种间杂交种，1970 年首次开花，1975 年公布、登录。

花呈极淡青紫色，花朵外围几轮瓣从色泽稍深，花瓣狭长，复瓣玫瑰型，花径约 6cm。叶呈披针形，树性直立。

‘春日奔放’（'Spring Fling'）

由美国加州怒起乌苗圃（Nuccio's Nurseries）培育出，该品种已列入 1991 ～ 1992 年的商品目录。

花呈大红色，重瓣型，花径约 11cm。树性直立。

‘春天爵士’（'Spring Jazz'）

花呈玉色，瓣前端呈粉紫色色晕，半复瓣型，花径约 10cm。树性直立。史实不详。

‘春诗’（'Spring Sonnet'）

美国加州帕萨迪那市 V. O. 麦卡斯基尔（V. O. McCaskill）在 1948 年观察到‘美国早期女士’（'Colonial Lady'）发生芽变（原来白色花朵上杂缀玫瑰红色条纹，并且具有香味。变成淡粉红色，瓣前沿呈宽狭不等青紫色），经分离，培养成性状稳定的芽变品种，半复瓣型至牡丹型，花径 8 ～ 9cm。树性直立。1952 年公布。

‘繁星’（'Stelle di Compito'）

系意大利传统品种，由佛罗伦萨市法兰契蒂（Franchetti）培育出，1867 年在意大利的斯蒂芬·佩格利艾（Stefano Pagliai）目录中已有这个品种的记载。

花呈粉红色，瓣缘覆白色，复瓣型，花径 7 ～ 8cm。叶呈椭圆形，叶肉隆起，叶色墨绿。树性直立。

‘复色布朗特’（'Steva Blount var.'）

系‘布朗特’受病毒侵染后，花朵瓣从上出现大小不一白色晕斑。其他性状都与母本相同。1983 年美国山茶协会《山茶杂志》（冬季号）中对这个品种作了描述、报道。

‘金发美女’（'Strawberry Blonde'）

美国加州蒙得利公园市（Montery Park）E. H. 卡特先生（Mr. E. H. Carter）从‘马卡德’（'Aspasia Macarthur'）突发芽变中分离出，1949 年公布。

花呈淡血牙色中泛深粉红色晕，武瓣宝珠型，花径约 7cm。

‘肯德尔’（'Sue Kendall'）

‘甜妞’（'Sugar Babe'）

‘超级新星’（'Super Nova'）

‘美梦’（'Sugar Dream'，新西兰伊冯·卡维夫人供稿，Courtesy of Mrs.Yvonne Cave, New Zealand）

‘日晷’（'Sun Dial'）

‘食神’（'Sundowner'）

‘肯德尔’（'Sue Kendall'）

美国加州牡丹市（Modesto）D. 肯德尔（D. Kendall）培育出，1998 年公布。

花呈葡萄酒红色，重瓣型，花径约 6cm。树性直立。

‘甜妞’（'Sugar Babe'）

美国加州圣·弗南度市（San Fernando）A. M. 赫尔曼（A. M. Herman）培育出，1954 年首次开花，1959 年公布、登录。

花呈深红色，重瓣型，花径约 5cm。叶呈椭圆形，黛绿色。树性直立。

‘美梦’（'Sugar Dream'）

新西兰 O. 布卢姆哈特（O. Blumhardt）用山茶杂交种‘梦中情人’（'Dream Girl'）与油茶（*C. oleifera*）‘晃’（'Jaune' 系西班牙文，读‘晃’）进行杂交、培育出，1980 年首次开花。

花呈宝珠型，外围轮状花瓣呈粉红色，雄蕊瓣簇聚成半球形呈淡黄色，花径约 8cm。树性直立。

‘日晷’（'Sun Dial'）

美国加州雷蒙娜市哈维·肖特（Harvey F. Short）培育出，1950 年公布。

花呈玉色，花瓣上杂缀粉红色晕，并缀宽狭不一红色条纹，花径约 8cm。树性直立，长势缓慢。

‘食神’（'Sundowner'）

美国加州豪夫顿·S. 霍尔（Houghton S. Hall）用‘丝纱罗’（'Tiffany'）与‘复色阿兰’（'Mark Alan var.'）杂交、培育出，1988 年公布。

花呈葡萄酒色，复瓣玫瑰型，花径 12～14cm。树性直立。

‘超级新星’（'Super Nova'）

该品种系英国传统品种，早在 1870 年已收录入屋后苗圃（Backhouse Nursery）目录中。

花呈白色，瓣上杂缀长短不一红色细条纹，牡丹型至武瓣宝珠型，瓣缘呈锯齿状，花径约 8cm。

‘天鹅湖’（'Swan Lake'）

美国加州著名批发商门罗维亚苗圃（Monrova Nursery）培育出，1971 年公布。

花呈白色，松散牡丹型至重瓣型，花径约 12cm。树性直立。

‘甜蜜的梦’（'Sweet Dream'）

美国加州怒起乌苗圃（Nuccio's Nurseries）在 1972 年培育出，1978 年首次开花，1984 年公布、登录。

花呈淡青紫色，重瓣型，花径 8～10cm。叶呈椭圆形，墨绿色，有光泽。树性直立，长势旺盛。

‘甜凯特’（'Sweet Emily Kate'）

由澳大利亚维多利亚州雷·加内特先生（Mr. Ray Garnet）用红山茶品种‘丝纱罗’（'Tiffany'）与杂交品种‘陛下’（'The Czar'）和琉球连蕊茶（*C. lutchuensis*）相杂交、培育出种间杂交种，1987 年公布。

花呈玉色至浅粉红色，牡丹型，花径约 7cm，有香味。树性横张。

‘爱人’（'Sweet Heart'）

美国加州北好莱坞（North Hollywood）爱德华·B. 阿恩森（Edward B. Arnsen）在 1943 年发现‘亨廷顿’（'Huntington'）芽变，经分离、培养成芽变品种。

花呈淡粉红色，重瓣型，花径 9～11cm。花色、花姿比‘亨廷顿’更为素雅动人。

‘漂亮的奥利弗’（'Sweet Oliver'）

澳大利亚西南威尔士州惠灵加（Wilinga）市 T. J. 萨维奇（T. J. Savige）培育出，1985 年首次开花，1990 年公布、登录。

花朵外围几轮瓣丛呈深玫瑰粉红色，内部瓣丛呈淡粉红色至玉色，磬口重瓣型，花径约 6.5cm。叶呈椭圆形，叶面微隆，深绿色，有光泽。树性横张型。

‘天鹅湖’（'Swan Lake'）

‘甜蜜的梦’（'Sweet Dream'）

‘甜凯特’（'Sweet Emily Kate'）

‘爱人’（'Sweet Heart'）

‘漂亮的奥利弗’（'Sweet Olive'，澳大利亚肯尼思·塔特先生供稿，Courtesy of Mr. Kenneth Tate, Australia）

‘塔代’（'Tada Meibi'）

‘多福女神’（'Happy Goddess of Good Luck'）

‘高岭之雪’（'Snow on the High Peaks'）

‘塔卡尼尼’('Takanini', Courtesy of Mr. N. Haydon, New Zealand)

‘美国玉浦’（'Tama Americana'）

‘塔代’（'Tada Meibi'）

美国路易斯安那州H. S. 斯通女士（Mrs. H. S. Stone）培育出，1986年公布、登录。

花呈粉红色，瓣丛呈辐射状六出形状排列，重瓣型，花径约9cm。树性直立，生长缓慢。

‘多福女神’（'Happy Goddess of Good Luck'）

‘多福女神’为中文译名；‘多福弁天’为日文片假名；‘Happy Goddess of Good Luck’为日本英译名称。

系日本古老传统品种，早在1812年《山茶花名寄帖》（《つばき名寄帖》）中已有记载。

花呈单瓣型，花朵颜色多变，通常是淡红色，瓣前端覆宽狭不一白色；有时花朵呈暗橘红色，瓣缘覆细狭白色，花径8～9cm。叶呈椭圆形。树性直立。

‘高岭之雪’（'Snow on the High Peaks'）

‘高岭之雪’为中文沿用日文片假名；‘Snow on the High Peaks’为日本英译名称。

原系日本东浦原郡津川町民家栽培。1965年发现后由川村弥一先生命名、发表。

花呈白色，半复瓣型，花径约5.5cm。叶呈椭圆形或长披针形。树呈横张型。

‘塔卡尼尼’（'Takanini'）

新西兰著名山茶育种家海登先生（Mr. N. G. Haydon）在1984年培育出，1987年公布、登录。

花呈深紫红色至暗紫色，为山茶花中少见色泽，牡丹型至武瓣宝珠型，花径约8cm。叶呈狭长倒卵形或狭长椭圆形，浓绿色，有光泽。树性直立。

‘美国玉浦’（'Tama Americana'）

美国加州怒起乌苗圃（Nuccio's Nurseries）从日本‘玉之浦’（'Tama-no-Ura'）种子培育出，早在1993～1994年已列入商品目录中。

花呈玫瑰红色，半复瓣型，偶尔会

出现少数雄蕊瓣化现象，瓣缘覆细狭白色边，花径约 8cm。树性直立。

‘圣婴’（'Tama Bambino'）

美国加州怒起乌苗圃（Nuccio's Nurseries）从日本‘玉之浦’种子培育出。已列入 1993 ～ 1994 年商品目录中。

花呈深玫瑰粉红色，瓣缘覆细狭白色边，狭瓣牡丹型，花径约 8cm。树性直立。

‘丽玉浦’（'Tama Beauty'）

美国加州怒起乌苗圃（Nuccio's Nurseries）从日本‘玉之浦’种子培育出。已列入 1993 ～ 1994 年商品目录中。

花呈深粉红色，瓣缘覆白色，松散牡丹型至半复瓣型，花径 8 ～ 9cm。树性横张。

‘神玉’（'Tama Electra'）

美国加州怒起乌苗圃（Nuccio's Nurseries）从日本‘玉之浦’种子培育出。已列入 1993 ～ 1994 年商品目录中。

花呈亮丽红色，单瓣型，瓣缘覆白色，花径 7 ～ 8cm。树性直立。

‘玉之浦’（'Tama-no-Ura'）

系日本福江岛玉之浦町野生山茶，1947 年由烧炭工藤田友一发现。其后，由长崎县山茶协会命名。

花呈鲜艳大红色，单瓣型，瓣缘镶白色，花径约 8cm。叶呈椭圆形。树性直立，枝丛垂软。

‘玉霞’（'Tama Gasumi'）

‘玉霞’为中文沿用日文片假名；‘Tama Gasumi’为日文读音；‘Jewelled Haze’为日本英译名称。

1968 年，由日本爱知县樱木春一从‘太朗庵’种子培育出。

花呈玉色至浅粉红色，瓣前沿呈宽狭不等白色，瓣上有时杂缀淡红色条纹、细点，有时会出现全白色花朵(见附照)，单瓣、碗形，花开及萎谢，始终不改其形，花径约 8cm。叶呈椭圆形，碧绿色。树性多干型。

‘圣婴’（'Tama Bambino'）

‘丽玉浦’（'Tama Beauty'）

‘神玉’（'Tama Electra'）

‘玉之浦’（'Tama-no-Ura'）

‘玉霞’（'Tama Gasumi'）

‘闪光玉浦’('Tama Glitters')

‘花孔雀’('Tama Peacock')

‘好酒’('Tama Vino')

‘塔米亚’('Tammia')

‘泰勒的美点’('Taylor's Perfection Sport')

‘闪光玉浦’('Tama Glitters')

美国加州怒起乌苗圃(Nuccio's Nurseries)从日本‘玉之浦’实生苗中选出。1993年列入商品目录中。

花呈亮丽大红色，瓣缘覆白色晕边，花朵中央雄蕊瓣丛间杂缀发育不全黄色雄蕊，红、黄、白三色互相映辉，显得分外妍丽。半复瓣型至牡丹型，花径8～10cm。树性直立。

‘花孔雀’('Tama Peacock')

由美国加州怒起乌苗圃(Nuccio's Nurseries)培育出，2002年公布，登录号为#2568。

花呈紫酱色，瓣前端覆宽阔白色晕边，喇叭形半复瓣型，花径6～6.5cm。叶呈狭长椭圆形，叶先端渐尖，碧绿色。树性直立，枝丛略呈垂软。

‘好酒’('Tama Vino')

美国加州怒起乌苗圃(Nuccio's Nurseries)培育出，1993年公布、登录。

花呈暗酒红色，瓣前端色泽渐淡至浅绯色，及至瓣缘呈暗浅粉红色晕边，半复瓣型，花径约8cm。树性直立。

‘塔米亚’('Tammia')

美国路易斯安那州斯里德尔(Slidill)市弗罗尔·泽科斯基(Ferol Zerkowsky)培育出，1969年首次开花，1971年公布、登录。

花呈白色，瓣前沿覆紫红色，重瓣型，花径约5.5cm。树性直立。

‘泰勒的美点’('Taylor's Perfection Sport')

新西兰J.泰勒先生(Mr. J. Taylor)用怒江山茶杂交、培育出，1968年首次开花，1975年公布、登录。

花呈粉紫色，半复瓣型，有时出现少数雄蕊瓣化现象，花径约12cm。叶呈狭卵形，枝上着叶向上斜生，呈现怒江山茶性状。树性直立。

‘大苏丹’('Te Deum')

该品种源于意大利，原名为‘Gran Sultano’。1849年，比利时人维施艾费尔特著《新山茶图谱》中，已谈到这个品种(英文名称为'Grand Sultan')。1890年，美国人引种后，称为‘Te Deum’。

花呈大红色，复瓣型，有时花朵

中心由许多短小雄蕊瓣簇聚，花径约10cm。叶呈椭圆形。树性直立。

‘茶碗’（'Tea Bowl'）

‘天目’为日文片假名原名；‘Tea Bowl’为日本英译名称；‘茶碗’为中文译名。1978年在日本长崎茂木镇发现。

花呈红色，瓣上杂缀白色斑晕，单瓣花，花径约4cm。叶呈椭圆形，苍绿色。树性直立，长势旺盛。

‘丝纱罗’（'Tiffany'）

美国加州戈涅达（La Canada）尤兰比克博士（Dr. J. H. Urabec）从日本山茶种子培育出，1962年公布、登录。

花呈淡青紫色，瓣缘色泽尤深，松散牡丹型至宝珠型，花径12～13cm。树性直立。

‘小铃铛’（'Tinker Bell'）

美国加州怒起乌苗圃（Nuccio's Nurseries）培育出，1958年公布、登录。

花呈淡粉红色，瓣上杂缀宽狭不等、长短不一的紫红色条纹，有时亦会芽变出玉色花朵（见附照），杂缀几丝紫色条纹，宝珠型，花径约6cm。树性直立。

‘响声玩具’（'Tinker Toy'）

美国加州怒起乌苗圃(Nuccio's Nurseries) 1967年培育出，1976年首次开花。

花呈白色，花瓣上杂缀宽狭不等、长短不一的紫红色条纹，宝珠型，雄蕊瓣簇聚成细小半球形，花径5～6cm。树性直立。

‘大苏丹’（'Te Deum'）

‘茶碗’（'Tea Bowl'）

‘小铃铛’（'Tinker Bell'）

‘丝纱罗’（'Tiffany'）

‘卜伴’（'Tinsie'）

‘响声玩具’（'Tinker Toy'）

'大蕊卜伴'('Tinsie Grande')

'玉色卜伴'('Tinsie Blush')

'托丘斯'('Tochus Petite')

'堂本舞会'('Toichi Formal')

'卜伴'('Tinsie')

'卜伴'为日文片假名；中文沿用日文片假名；日本亦常用其读音'Bokuhan'作为品种名称；'Personal Name'为日本英译名称。

系日本江户时代著名古典品种。1719 年《广益地锦抄》中已有记载。1930 年美国从日本引种，其后改用英文名称'Tinsie'称呼。

花呈红色，雄蕊瓣丛呈白色，宝珠型，花径 5～6cm。叶呈狭椭圆形。树性直立。

'大蕊卜伴'('Tinsie Grande')

美国加州怒起乌苗圃(Nuccio's Nurseries)从'卜伴'芽变中分离出。雄蕊瓣丛变成红白两色混杂，而且瓣丛径比原来的大得多，整朵花径亦大了。现由怒起乌苗圃发展中。

'玉色卜伴'('Tinsie Blush')

花呈玉色，不过，花型、花径都与红色花冠'卜伴'相同。对此，美国山茶协会编《山茶杂志》1971 年第 4 期第 21 页以及由澳大利亚麦科博(Macoboy)编著、1981 年出版的《山茶彩色字典》第 132 页(The Colour Dictionary of Camellias, p.132)都认为是日本的'桃色卜伴'('Memoiro-Bokuhan')。但是，问题来了，日本山茶协会在 2001 年 4 月 20 日再版《日本山茶和茶梅铭鉴》中所列'桃色卜伴'之彩照，其英文译名为 Peach Coloured 'Bokuhan'(即桃色'卜伴')。可是，花朵花冠呈淡玫瑰红色，雄蕊瓣丛呈黄色。如此看来与在美国出现的'玉色卜伴'('Tinsie Blush')的色泽相异。由此看来，笔者疑惑美国的'玉色卜伴'是否是变异品种呢？还是另外一个品种？

'托丘斯'('Tochus Petite')

花呈淡玫瑰红色，多瓣宝珠型，花径 7～8cm。叶呈椭圆形，碧绿色，有光泽。树性直立。史实不详。

‘堂本舞会’（'Toichi Formal'）

该品种在 20 世纪早期原为美国加州海沃市日裔堂本先生所有。其后，由美国加州怒起乌苗圃（Nuccio's Nurseries）引种至今仍在养护、繁殖中。

花呈深绯色，瓣上杂缀宽狭不一、长短不等的玫瑰紫红色条纹，荷花重瓣型，花径 7～8cm。叶呈椭圆形，反曲，碧绿色，有光泽。树性直立。

‘堂本的小宝珠’（'Toichi's Petite'）

‘汤姆那深’（'Tom Knudsem'）

‘堂本的小宝珠’（'Toichi's Petite'）

花呈粉红色，宝珠型，花径 6～7cm。从这个品种的色泽、花型来看与‘玉色卜伴’非常相似，只是叶型有些略异。堂本先生在 20 世纪早期曾从日本进口很多山茶品种，有些品种一直保留，没有繁殖、作为商品供之于市。20 世纪 30 年代，怒起乌苗圃第一代业主之一朱丽叶斯（Julius）已与堂本成为知交，经常买得一些还没有上市的品种。由于堂本对一些品种日本原名记不大清楚了。此后，怒起乌苗圃往往以‘堂本 ×××’作为暂定名称。因此，那‘玉色卜伴’和‘堂本的小宝珠’，以及‘堂本舞会’‘堂本的三色’都是被遗忘名称的日本山茶。

‘堂本的三色’（'Toichi's Tricolor'）

‘堂本的三色’（'Toichi's Tricolor'）

这又是原由堂本先生拥有的一棵没有原名的日本山茶。现由美国加州怒起乌苗圃（Nuccio's Nurseries）栽培、繁殖中。

花呈粉红色，瓣上杂缀宽狭不一、长短不等的红色条纹，单瓣型，花径约 5cm。叶呈阔椭圆形。树性直立。

单瓣山茶花中许多品种为日本人欣赏习惯中的至爱姿式，被认为是他们向往的一种民族文化中幽妍之美。而这个品种的斑斓色泽更添增了“最怜有韵”的审美观。笔者就此把这个单瓣杂色品种罗列书中让读者们共同赏析。

‘汤姆那深’（'Tom Knudsem'）

美国加州弗兰克·梅兰德（Frank Mailand）在 1946 年培育出，1956 年首次开花，1965 年公布、登录。

花呈红色，玫瑰型至重瓣型，花径 10～11cm，花瓣厚实，花容丰腴，广为人们喜爱的品种之一。树性直立，长势旺盛。

‘帕金斯’（'Tom Perkins'）

美国密西西比州布鲁克港口市（Brookhaven）F. P. 贝克尔二世（F. Becker II）在 1977 年用威廉姆西杂种（*C. williamsii*）‘天地万物’（'Creation'）种子培育出，1987 年首次开花，1994 年公布、登录。

花呈玫瑰红色，花瓣瓣幅中间色泽较淡，覆瓦状排列重瓣型，花径约 11cm。树性直立。

‘帕金斯’（'Tom Perkins'）

‘汤姆大叔’（'Tom Thumb'）

美国加州圣盖博市 A. 克鲁杰（Kreuger）培育出，1957 年公布。

花呈粉红色，花瓣前沿呈白色，覆瓦状排列重瓣型，花径约 8cm。树性直立。

‘汤姆大叔’（'Tom Thumb'）

‘翌晨’('Tomorrow's Dawn')

‘复色明天’('Tomorrow var.')

‘玉色花山明天’('Tomorrow Park Hill Blush')

‘明天之晓’('Tomorrow's Tropic Dawn')

‘宝贝儿’('Tootsie')

‘托茨’('Totts')

‘小饰物’('Trinket')

‘翌晨’('Tomorrow's Dawn')

美国密西西比州L. W. 小鲁芬（L. W. Ruffin Jr.）和R. E. 阿利姆斯（R. E. Allims）一起从‘明天’('Tomorrow')芽变中分离出，1960年公布、登录。

花呈深粉红色中混杂橙色色泽，瓣前沿镶参差不齐白色，花冠中央矗立波曲瓣丛中间杂缀发育不全黄色雄蕊，花瓣上偶然出现几丝红色短条纹，曲瓣牡丹型，花径约12cm。树性直立。

‘玉色花山明天’('Tomorrow Park Hill Blush')

美国路易斯安那州R. 斯坦利·玛琪（R. Stanley Magee）从‘花山明天’('Tomorrow Park Hill')芽变中分离出，1979年公布、登录。

花呈玉色，半复瓣型，花径约14cm。其余性状与母本相同。

‘明天之晓’('Tomorrow's Tropic Dawn')

美国加州弗莱斯诺（Fresno）R. M. 默林诺（R. M. Merino）在1965年从‘明天清晨’('Tomorrow Dawn')芽变中分离出。1967年公布、登录。

花呈白色，花瓣上偶然杂缀几条红色细条纹，半复瓣型，花径约13cm。其余性状与母本相同。

‘复色明天’('Tomorrow var.')

系‘明天’('Tomorrow')受病毒侵染后，花朵花瓣上出现大小不等白色晕斑。其余性状与母本相同。

‘宝贝儿’('Tootsie')

美国亚拉巴马州伯明翰市（Birmingham）理查德·E. 小沃德（Richard E. Ward, Jr.）在1955年培育出，1964年初次开花，1993年公布、登录。

花呈白垩色，重瓣型，花径6～7cm。树性横张，生长缓慢。

‘托茨’('Totts')

美国加州核桃溪（Walnut Creek）市罗伯特·爱尔哈特（R. Ehrhart）在1976年培育出，1988年首次开花，1991年公布、登录。

花呈白色至乳黄色，牡丹型，花径12～13cm。树性直立。

‘小饰物’('Trinket')

美国加州帕萨迪那市麦卡斯基尔植物园（McCaskill Gardens）培育出，1973年公布、登录。

‘郁金香季节’（'Tulip Time'）

‘黎明’（'Twilight'）

‘难忘的’（'Unforgettable'）

‘青紫色马蹄形山谷’（'Valley Dee Blush'）

花呈粉红色，宝珠型，花径6～7cm。树性直立，枝丛呈灌木状横张。

‘郁金香季节’（'Tulip Time'）

美国加州拉斐亚市戴维·L. 菲塞尔斯（David L. Feathers）用怒江山茶杂交、培育出，1978年公布、登录。

花呈青紫红色，喇叭单瓣型，花径约4.5cm。树性直立，长势旺盛。

‘黎明’（'Twilight'）

美国加州怒起乌苗圃（Nuccio's Nurseries）培育出，1964年公布、登录。

花呈玉色，花朵外围几轮花瓣呈灰白色至玉色，中心瓣从瓣基呈微微浅粉红色，重瓣型，花径约11cm。树性直立，茁壮。

‘难忘的’（'Unforgettable'）

美国加州圣他克拉拉（Santa Clara）市马特·塔里亚（Matt Talia）在1973年培育出，1980年首次开花，1987年公布、登录。

花呈粉红色，宝珠型至牡丹型，花径约10cm。树性直立。

‘青紫色马蹄形山谷’（'Valley Dee Blush'）

系从白色‘马蹄形山谷’（'Valley Dee'）芽变中分离出。

花呈青紫色，松散牡丹型，花径12～13cm。其余性状与母本相同。

‘朦胧美’（'Veiled Beauty'）

美国亚拉巴马州西奥多（Theodore）市J. M. 海涅（J. M. Haynie）在1959年培育出，1963年首次开花，1968年公布、登录。

花呈深玫瑰粉红色，瓣较狭长，复瓣玫瑰型至松散牡丹型，甚或重瓣型，花径约12cm。树性直立。

‘朦胧美’（'Veiled Beauty'）

‘法兰科玫瑰’（'Virginia Franco Rosea'，新西兰 N. 海登先生供照，Courtesy of Mr. N. Haydon, New Zealand）

‘白斑康乃馨’（'Ville de Nantes'）

‘沃克的石竹花’（'Walker's Pink'）

‘法兰科玫瑰’（'Virginia Franco Rosea'）

该品种由意大利佛罗伦萨市法兰科先生（Mr. Franco）在 1858 年培育出，命名为‘弗吉尼亚·法兰科’（'Virginia Franco'）。其后，发生芽变，经分离，培育成芽变品种‘弗吉尼亚·法兰科玫瑰’（'Virginia Franco Rosea'）。现今，中国将其简称为‘法兰科玫瑰’（'Falanke Meigui'）。

花呈绯色，瓣缘覆白色色晕，重瓣型，花径约 7cm。树性直立，长势旺盛，枝丛稠密，宜作园林中地植品种。

‘白斑康乃馨’（'Ville de Nantes'）

法国南特市赫尔丁先生（Mr. Heurtin）在 1897 年从日本山茶‘正义’植株上分离出一个芽变品种，1910 年公布。

花呈深红色，半复瓣型，瓣缘呈锯齿状，花径 8～10cm。树性直立。

‘沃克的石竹花’（'Walker's Pink'）

美国加州圣太·玛丽亚（Santa Maria）市 F. 汉密尔顿先生（Mr. F. Hamilton）培育出，1960 年公布。

花呈粉红色，重瓣型，花径约 7cm。树性直立。

‘水仙’（'Water Lily'）

该品种源于新西兰，由韦拉拉（Wairara）市的菲利克斯·M. 朱瑞先生（Mr. Felix M. Jury）用怒江山茶与红山茶白色品种‘K. 撒威达’（'K. Sawada'）相杂交、培育出种间杂交种。1967 年《新西兰山茶新闻简报》（New Zealand Camellia Bulletin）中曾予以介绍。

花呈绯色，瓣缘向里内曲，重瓣型，花径约 11cm，花朵中心高约 5cm，堪称山茶花中奇特花型。叶呈椭圆形，叶面微隆，碧绿色，有光泽。树性直立。

‘花舞会’（'Waltz Time var.'）

该品种由‘舞会’（'Waltz Time'）受

'水仙'('Water Lily')

'花舞会'('Waltz Time var.')

'白色德布'('White Deb')

病毒侵染后，花朵瓣丛上出现白色晕斑，花径约 11cm。1961 年公布、登录。其余性状与母本相同。

'温迪'('Wendy')

美国佛罗里达州达堤脊(Grandridge)市保罗·吉利先生(Mr. Paul Gilley)在1968 年培育出，1974 年首次开花，1976 年公布、登录。

花呈暗红色，每瓣中央呈大幅白色斑晕，有些瓣上白多红少，半复瓣型，花径约 13cm。树性直立。

'白色舞会'('White Ball')

由美国路易斯安那州艾凡莱岛(Avery Island)丛林植物园(Jungle Gardens)培育出。1941 年麦克尔亨内目录(McIlhenny Catalogue)中曾作详细介绍。

花呈白色，绝大多数花瓣呈波曲状，绣球状复瓣型至牡丹型，瓣上偶然会出现玫瑰红色细条纹，花径约 8cm。

'白色德布'('White Deb')

美国加州圣弗南度(San Fernando)市弗兰克·梅兰德先生(Mr. Frank Mailand)在 1965 年公布、登录。

花呈白色中微微泛玉色，牡丹型，花径约 8cm。树性丛生。

'温迪'('Wendy')

'白色舞会'('White Ball')

'白色飞蛾'('White Nun')

'白色飞蛾'('White Nun')

美国帕莎迪那市麦卡斯基尔植物园(McCaskill Gardens)培育出，1959 年公布。

花呈乳白色，瓣质厚，半复瓣型，花径约 10cm。树性直立，茁壮。

‘威克’（'Wicke'）

美国俄勒冈州波特兰（Portland）市威克先生（Mr. Wicke）培育出，1950年公布。但是，根据美国南加州山茶协会《山茶品种目录》中却说是美国俄勒冈州波特兰市的哈姆斯（H. H. Harms）公布的。

花呈粉红色，瓣前沿呈白色，瓣上布满紫红色脉络纹，杂缀宽狭不一紫红色条纹，有时会出现全紫红色花朵，半复瓣型，花径约10cm。叶片较大，是其特征。树性直立。

‘威拉明纳’（'Wilamina'）

美国加州唐内（Downey）市C. A.皮杜逊（Pederson）培育出，1951年公布。

花型酷似‘小桃红’，花色泽稍泛青紫色，花径7cm。叶片平坦，椭圆形。树性直立，长势旺盛。

‘威尔伯城河’（'Wilber Foss'）

新西兰新普利茅斯（New Plymouth）州莱斯·朱瑞（Les Jury）用怒江山茶与红山茶中非常耐寒的红色重瓣花‘美好的竖琴’（'Beau Harp'）相杂交，获得的一个种间杂交种，1971年公布。

花呈殷红色，牡丹型，花径11～12cm。树性直立。

‘威廉·巴特利特’（'William Bartlett'）

澳大利亚新南威尔士州（N. S. W）威廉·巴特利特先生（Mr. William Bartlett）用‘斯科托威夫人’（'Mrs. Scottowe'）杂交、培育出。1958年由黑泽尔伍德（Hazlewood）公布。

花呈玉色，覆瓦状排列重瓣型，花径9～11cm。

‘白斑喇叭声声’（'William Forrest Bray var.'）

美国佛罗里达州彭萨科拉（Pensacola）市W. F.布雷（W. F. Bray）发现‘喇叭声声’（'William Forrest Bray'）受病毒侵染后，暗红色花瓣上出现白色晕斑，经分离，培养成‘白斑喇叭声声’。半复瓣型，花径约12.5cm，其余性状都与母本相同。

‘威廉·佩恩’（'William Penn'）

源于美国迪克先生（Mr. Dick）处，花呈深紫色，重瓣型，花径约5.6cm。

‘威克’（'Wicke'）

‘威拉明纳’（'Wilamina'）

‘威尔伯城河’（'Wilber Foss'）

‘威廉·巴特利特’（'William Bartlett'，澳大利亚肯尼思·塔特先生供稿，Courtesy of Mr.Kenneth Tate, Australia）

‘白斑喇叭声声’（'William Forrest Bray var.'）

‘威廉·佩恩’('William Penn')

‘威拉德’('Willard Scott')

‘幽梦’('Dream Light')

1859 年，瓣上出现白色晕斑，经分离、培养成白斑品种。但是，根据《国际山茶登录》(The International Camellia Register)中资料：“现今社会上的‘威廉·佩恩’已经不是原来的品种了”。

‘威拉德’('Willard Scott')

美国路易斯安那州 H. S. 斯通女士(Mrs. H. S. Stone)培育出。1986 年公布、登录。

花呈玉色，花朵外围 1～2 轮瓣从前端略呈浅紫红色，牡丹型至重瓣型，花径约 7cm。树性直立。

‘忠实’('Yours Truly')

由美国加州圣堂市（Temple City）J. S. 托迈 (J. S. Tormey) 从‘凡西塔特夫人’('Lady Vansittart') 芽变中分离出，1949 年公布。

花呈淡粉色，瓣从布满淡粉紫色脉络纹，瓣前端覆白色色晕，瓣中央至基部呈粉红色，花径约 9cm。叶呈长椭圆形，叶缘呈波形，叶面有光泽，树性直立。

‘忠实’('Yours Truly')

‘百合绞’('Lily var.')

‘幽梦’('Dream Light')

‘幽梦’为中文译名；‘夢あかり’为日文平假名；‘Dream Light’为日本英译名称。

该品种由日本人用山茶原种攸县油茶(*C. yuhsienensis*) 与冬茶梅 (*C. hiemalis*) 相杂交、培育出。1991 年命名、公布。

按‘幽梦’的花朵颜色应为粉红色，瓣上没有杂色、点。可是，笔者在美国加州怒起乌苗圃 (Nuccio's Nurseries) 母树场圃中却看到许多花朵都杂缀宽狭不一的紫红色条纹、细点，是否是芽变品种？核对树上所挂标牌，是‘Dream Light’(‘幽梦’)。故此，是否是芽变？那就不得而知了。

‘百合绞’('Lily var.')

该品种在 1970 年由日本千叶县宇都木勘先生从大阪一间苗圃中发现、引种。

花呈白色，瓣上杂缀宽狭不一、长短不等的淡红色条纹，有时会开全红色或粉红色花朵，喇叭形，花径约 6cm。

‘百合山茶’（'Lily Camellia'）

‘百合山茶’为中文译名；‘百合椿’为日文片假名原名；‘Lily Camellia’为日本英译名称。

系日本传统名种，1829 年《草木锦叶集》中已有记载。其后，一直失传，及至 1962 年又在日本京都民家重新发现。

花呈红色，单瓣型，花径 5～6cm。叶呈狭长披针形，垂枝型。

‘洒金宝珠’（'Sa Jin Bao Zhu'）

20 世纪 30 年代，笔者先父沈渊如先生从苏州铁瓶巷顾姓家中以一担米代价觅得高仅二市寸余扦插苗一株，历经多年栽培，由于树性横张，长势又缓慢，及至 50 年代，株高仅 40 多厘米。

花呈乳白色，瓣上杂缀宽狭不一、长短不等红色条纹，有时亦会开出粉红色花瓣上杂缀红色条纹，甚或出现全红色花朵，为典型文瓣宝珠型，花径 6～7cm。叶呈长椭圆形，叶面微隆，黛绿色。树性低矮，枝丛横张。

‘粉华’（'Fen Hua'）

20 世纪 40 年代，笔者先父沈渊如先生经由友人从安徽引回。

花呈深绯色中微微泛橙色色泽（这种色调在老一辈的传统术语中称为血牙色），瓣上杂缀隐约浅紫红色细条纹，花朵盛放后，呈平坦形，花径 8～9cm。叶呈椭圆形，叶脉凹陷，叶肉微隆，碧绿色。树性直立。

‘大红宝珠’（'Da Hong Bao Zhu'）

20 世纪 40 年代，笔者先父经由友人从安徽引种。

花呈玫瑰红色，武瓣宝珠型，有时亦会开文瓣宝珠型，花径 8～9cm。20 世纪 50 年代以来，花朵雄蕊瓣丛中偶尔出现杂缀些微白色。叶呈椭圆形，叶面微隆。树性直立，长势旺盛，容易繁殖。

‘四川宝珠’（'Si Chuan Bao Zhu'）

抗战胜利后初期，先父在偶然机会中与一位前来赏兰的四川籍宾客相识，交谈时显得儒雅非凡，并流露出喜爱艺兰之道。分别后，常有书信来往，渐成知己。并承他代为觅得一小棵据说是四川仅存的‘四川宝珠’山茶。日后，先父一直把它放在后园另辟外人看不到的一小天井中与一些稀珍兰蕙品种和杜鹃、山茶实生苗一起精心栽培。几年后，喜见盛花，色呈大红，形若复瓣牡丹，花径约 7cm，堪称别致。叶呈狭椭圆形，叶面微隆，黛绿色。按它花形、花径与江南一带山茶品种迥异。十年动乱期间，先父所有花木盆栽悉数被拍卖，笔者恳托善心人士代为买得一些花木品种，分别代养。1984 年早春，笔者请人代为拍摄了这些劫后余生花木品种中开花者彩照。10 月 7 日，笔者获准去美国。之后，由于乏人精心栽培，一些品种日趋衰弱而死亡了，‘四川宝珠’就是其中之一，所幸者，留住了它的倩影姿容彩照。2003 年春季，笔者在美国用英文

‘百合山茶’（'Lily Camellia'）

‘洒金宝珠’（'Sa Jin Bao Zhu'）

‘洒金宝珠’（'Sa Jin Bao Zhu'，方永根供照）

‘粉华’（'Fen Hua'）

‘大红宝珠’（'Da Hong Bao Zhu'）

‘四川宝珠’('Si Chuan Bao Zhu')

A Brief History of Camellias in China

By Y. C. Shen

Over 1800 years ago, camellias found growing in the wild in China were domesticated and cultivated, new varieties propagated, but it was not until the Tang Dynasty (618-907) that the camellias were given names. During the Song Dynasty (960-1101), seven varieties of different colored camellias were documented in the book, "Luo Yang Flowers and Trees," written by Zhou Shihou.

By the Ming Dynasty (1368-1644), we can find written accounts about camellias by many scholars. One of them, Wang Shimou, provided the first written record of yellow camellias. It was Wang Xiangjin, another well known scholar, who initially described the fragrant camellia, "jiao a bai bao zhu," in a book of flowers. His account was followed by a description of another fragrant camellia, "bai qiang hua," in a book by Xia Dan on how to enjoy flowers in an herb garden. The first time multicolored camellias, called "wu kui cha," were mentioned, could be attributed to Wu Yankuang in his book on the history of the flowers.

The Oing Dynasty (1644-1911) ushered in great developments in the cultivation of camellias and their written documentation. According to records, there were more than 120 varieties in existence then. Unfortunately, during the turbulent years from the end of the Oing Dynasty until after the Second World War many rare and unusual varieties were lost or destroyed. After the communist liberation of the Chinese mainland and the land reform movement transforming all the privately owned land to government ownership, the cultivation of camellias, and other plants, suffered further set back. During this period, even though the life style of horticulturists was curtailed, the dedicated ones in the big cities were still able to preserve some of the best camellia specimens through persistent and painstaking efforts. However, most of these were further destroyed or lost during the ten years of the Cultural Revolution from 1966-1976. Also, during that period, many of the camellia experts, already advanced in age, died without leaving any records of their collections.

Due to the lack of written records for Chinese camellias, some of the original names are now used for new species, and some of the old camellias have now been given entirely different, new, names. The latter includes several erroneous identifications of original classic Japanese camellias as new Chinese camellias. For this reason, I have submitted photos of some surviving varieties of classic camellias with their original names. Hopefully, this brief history will clarify and enhance their appreciation by current camellia enthusiasts.

美国山茶协会编辑《山茶杂志》2003年秋季号中心彩页刊出沈荫椿的《中国山茶简史》及7帧彩照

美国山茶协会编辑《山茶杂志》2003年秋季号封面彩照‘四川宝珠’

‘锦江春色’('Jin Jiang Chun Se')

写了一篇《中国山茶简史》(A Brief History of Camellias in China)，并随附8帧不同品种山茶花彩照给美国山茶协会刊物《山茶杂志》(The Camellias Journal)，结果在秋季号中发表了，并挑选出‘四川宝珠’彩照作为封面，其余7帧不同品种彩照连同文章一并登在中心二页彩页上。

‘锦江春色’('Jin Jiang Chun Se')

系四川省传统品种。20世纪30年代末，先父经由友人辗转相托，从四川省成都市引种，是典型川茶花。抗战胜利后，先后传去苏州、上海等地。十年动乱后，浙江个别地方把这个品种称为‘依栏娇’或‘倚栏娇’，实属张冠李戴。

花呈淡粉紫色，瓣上杂缀宽狭不等、长短不一淡紫色条纹，有时会出现暗红色花朵，或异色参半花朵，重瓣型，花径约7cm。叶呈宽椭圆形。有时叶缘呈波形、反曲，浓绿色。树性直立，长势旺盛。

'十八学士'('Shi Ba Xue Shi')

'小五宝'('Xiao Wu Bao',方永根供照)

'花鹤翎'('Hua He Ling')

'小桃红'('Xiao Tao Hong')

'十八学士'('Shi Ba Xue Shi')

20世纪20年代末,先父从江苏省常熟茶花爱好者处觅得。据主人讲,该品种已有几代人相传。及至20世纪50年代后期,先父遂外传去苏州、上海、常州等地。十年动乱后,浙江金华所称'十八学士'其实应是'小五宝',它的花、叶与'十八学士'有明显相异。

花呈白色,瓣质糯、有光泽,磬口形,重瓣花,瓣上杂缀稀疏长短不一、宽狭不等红色条纹,树龄年久后,常出现深粉红花瓣上缀红色条纹,或全红花朵,或异色参半等。20世纪40年代以来,声名远播,竟变成无锡沈家招牌名种山茶之一,令山茶界爱好人士倾羡不已。叶呈椭圆形,叶面微隆,前半部微呈反曲状,深绿色,有光泽。树性直立,枝丛稠密,容易繁殖。

'小五宝'('Xiao Wu Bao')

该品种在江苏、上海一带流传已久,且为普及品种之一。但是,在20世纪40年代后期,笔者经常听到父辈同好们在谈论山茶品种时往往谈及'小五宝'等品种是"东洋"品种。

花呈白色,瓣上稀疏杂缀红色条纹,有时同一朵花上会出现红白杂色参半,或红多白少,或白多红少,甚或出现粉红色花朵花瓣上杂缀宽狭不匀、长短不等红色条纹,更会出现全红色花朵,平瓣重瓣型,花径约6cm。叶呈椭圆形、平坦,深绿色。树性直立,长势旺盛,枝丛稠密,容易繁殖。

'花鹤翎'('Hua He Ling')

该品种在20世纪50年代之前,先父与上海、苏州、无锡一带山茶同好们广泛交往中从没有谈到过这个品种名称。十年动乱之后,笔者承上海徐笃恭先生赠送一株高约尺余小棵。事后,多方打听它的史实,很多人说是进口品种,但是,没有说清楚是哪个国家来的。究竟如何,就不得而知。

‘老点雪’（'Lao Dian Xue'）

‘金盘荔枝’（'Jin Pan Li Zhi'）

‘金盘荔枝’（'Jin Pan Li Zhi', 苏州园林局左彬森供照）

‘石榴茶’（'Shi Liu Cha'，游慕贤供照）

‘大和锦’（'Brocade of Old Japan'，游慕贤供照）

花呈粉红玫瑰色，瓣上杂缀白色斑晕，绽蕊舒瓣时，花朵呈磬口形，重瓣型，花径 8～9cm。叶呈狭长披针形，碧绿色。树性直立，分枝较软，长势旺盛。

‘小桃红’（'Xiao Tao Hong'）

‘乙女椿’为日文片假名；‘Maiden Camellia’为日本专家在美国翻译的英文名称；而在美国则称 'Pink Perfection'。

该品种在中国流传已久。20 世纪 40 年代前就广泛流传沪宁线一带。但是，据日本山茶图谱资料中介绍，它在公元 1829 年《本草图谱》中已记载了。另根据美国资料中介绍，1875 年，美国加州首府沙加缅度（Sacramento）山茶爱好者已向日本引种，其后，改用英文名称‘Pink Perfection’，此后，欧美、澳大利亚都用这个名称。至于起源于中国或日本，有待各方资料佐证。

花呈粉红色，花瓣重瓣型，花径约 6cm。叶呈椭圆形，叶面平坦，碧绿色。树性直立，枝丛稠密，长势旺盛，极易繁殖。

‘老点雪’（'Lao Dian Xue'）

据先父讲，该品种是安徽品种，引种后芽变成白斑突变品种。20 世纪 30 年代先父向日本邮购‘岩根绞’后，由于两个品种的色泽相似就把‘岩根绞’改称为‘新点雪’，以示区别。但是，‘老点雪’为重瓣型，‘新点雪’为半复瓣型，所以，仍旧常用‘岩根绞’（日文片假名原名）名称。

花呈深玫瑰红色，文瓣重瓣型，瓣上杂缀乳白色斑晕，花径 7～8cm。叶呈狭长椭圆形，平坦、厚实，黛绿色，叶前端微微反曲，有光泽。树性直立。

‘金盘荔枝’（'Jin Pan Li Zhi'）

为中国古老品种。早在明代吴彦匡《花史》中已有记载：“花色殷红，外五大瓣，中心小瓣堆满，密如线结，平若剪齐，殊欠绰约之态”。

花呈大红色，宝珠型，外轮平展花冠有 5～6 枚之别，中心雄蕊瓣丛中偶然会出现些许雄蕊。叶呈椭圆形，黛绿色。树性直立。

‘石榴茶’（'Shi Liu Cha'）

该品种早在明代《本草纲目》中已有记载：“石榴茶中有碎花。”据传系四川品种。

花呈大红色，由 8 枚花瓣组成敞口喇叭形花冠，中央簇聚雄蕊瓣丛，瓣前端呈白色，少数残存不健全黄色雄蕊短缩底部，花径约 8cm。叶呈狭长椭圆形，碧绿色。附照是否就是至今犹存的古代品种，笔者不敢贸然断定。

‘大和锦’（'Brocade of Old Japan'）

‘大和锦’为中文沿用日文片假名原名；‘Brocade of Old Japan’为日本人翻译英文名称。

日本品种。先父在 20 世纪 30 年代经由邮购引种。

花朵常规颜色应是乳白色至浅玉色，花瓣上杂缀宽狭不等、长短不一红色条纹，有时出现全红色花朵，半复瓣牡丹型，花径约 9cm。叶呈阔椭圆形，叶面平坦，碧绿色，叶缘具粗锯齿，树性直立，长势旺盛。

‘赤丹’('Chi Dan')

‘志愿者’('Volunteer', 澳大利亚勒奈脱·格利森供照, Courtesy of Lynette Gleeson, Australia)

‘志愿者’('Volunteer',新西兰内维尔·海登先生提供邮票, Courtesy of Mr.Neville Haydon, New Zealand)

‘粉彩’('Transpink', 新西兰内维尔·海登先生供稿, Courtesy of Mr. Neville Haydon, New Zealand)

‘混血儿’('Zambo', 澳大利亚勒奈脱·格利森供照, Courtesy of Lynette Gleeson, Australia)

‘喷沙什锦’('Pen Sha Shi Jin', 游慕贤供照)

‘赤丹’('Chi Dan')

花呈红色，花瓣上偶尔出现些许白色斑点，半复瓣型至复瓣型，花径9～10cm。叶呈椭圆形，叶尖呈渐尖状，墨绿色。树性直立。

‘志愿者’('Volunteer')

由新西兰马克·朱瑞（Mark Jury）培育出，2003年公布。

花呈草莓红色，瓣前端和瓣缘呈浅粉红色色晕，宝珠型，花径约8cm。叶呈狭椭圆形，苍绿色。树性直立，枝丛稠密，长势缓慢。新西兰为纪念这个品种，出版了它的画面邮票。

‘粉彩’('Transpink')

由新西兰著名山茶育种家内维尔·海登先生（Mr. Neville Haydon）用南投秃连蕊茶（*C. transnokoensis*）种子培育出。2004年公布。

花呈粉红色，单瓣、喇叭形，微型花。叶呈狭长椭圆形,深绿色。树性直立，枝丛稠密，可作绿篱之用。

‘混血儿’('Zambo')

本品种早在1874年已载入澳大利亚谢弗尔德苗圃目录（Shepherd & Co. Nursery Catalogue）中了。

花呈淡紫红色，半复瓣型，花径约9cm。叶呈椭圆形，深绿色，有光泽。树性直立。

‘喷沙什锦’('Pen Sha Shi Jin')

系中国四川山茶中传统优秀品种‘喷沙’色变品种。先父沈渊如先生早在20世纪30年代最早引种‘喷沙’，及至第二次世界大战结束，才传去上海一位同乡处。

色变品种呈淡青紫色，瓣上缀满细沙般淡紫红色点和宽狭不一、长短不等条纹。该品种花朵初放时呈磬口形，重瓣花，如遇天气阴雨绵绵，花朵中心瓣丛往往无法绽开，黏成银杏果肉般形体，直至凋落。花朵盛放后几天，外围几轮瓣丛往往向后微微反曲。花径约8cm。叶呈宽椭圆形，黛绿色，叶面形若枇杷叶般叶脉下陷，叶肉微隆，是其明显特征。树性直立。

‘花槟榔’（'Hua Bing Lang'）

‘老六角大红’（'Lao Liu Jiao Da Hong'，方永根供照）

‘老六角银红’（'Lao Liu Jiao Yin Hong'，方永根供照）

‘丽春八宝’（'Li Chun Ba Bao'，游慕贤供照）

‘花槟榔’（'Hua Bing Lang'）

该品种在20世纪40年代在杭州一带广为流传。不过，那时的花朵颜色呈粉红色，杂缀密集浅紫红色细条纹（似中药“槟榔”切片上那般密集条纹，故以命名），呈复瓣牡丹型，花朵中央瓣丛呈波曲状，瓣丛间杂缀稀疏黄色雄蕊，花径约8cm。叶呈宽椭圆形，碧绿色，叶齿明显。树性直立。20世纪30～50年代末，先父沈渊如先生另外有一个叶型、花型与‘槟榔’极相似的品种，只是花瓣上杂缀条纹细如棉线般粗细，称为‘鱼鳃’。据先父谈，是安徽老品种。惟可惜者，在1951年，有一次天气骤变，突然下“雰”（比雪珠大得多），受冻害死亡了。

‘老六角银红’（'Lao Liu Jiao Yin Hong'）

该品种在形态学特征上，除了花的色泽与‘老六角大红’不同外，其余性状都相同。可是，现今的‘六角银红’与20世纪40年代的颜色相比起来淡得多了。据金华万盛园艺场方永根讲，现今‘六角银红’是从‘六角大红’芽变中分离、培养出的。

20世纪40年代末‘老六角银红’在社会上流传稀少，除先父处苟存活2棵外，苏州叶寄深（即叶菁）处尚有一棵。当时社会上还广泛流传一个花色呈粉红色，瓣上杂晕乳白色小斑，重瓣花，磬口形，瓣丛有时亦呈六列辐射形排列，花朵盛放时，外围几轮瓣丛往往向后反曲的品种。叶呈椭圆形，碧绿色，与‘老六角银红’的叶色、叶型、长短、宽狭，显然不同，据当年盛传该品种是日本品种，社会上称它为‘新六角银红’，以示区别。

‘丽春八宝’（'Li Chun Ba Bao'）

系安徽传统品种。

常规花朵底色呈玉色至浅粉红色，瓣上杂缀宽狭不一、长短不等淡紫红色条纹，有时会出现全红色花朵，复瓣牡丹型，花径约9cm。叶呈宽椭圆形，碧绿色，叶缘叶齿明显。树性直立。

下列 8 个中国传统老品种，早在明末清初时期经由中国大陆福建移民传去台湾，流传至今。2007 年 5 月台湾朱国栋先生著《风城茶花图集》第一辑中对这 8 个品种均一一介绍了。承蒙邱创焕先生转赠此书，书中辑录品种，印刷精良，栩栩如生，令人倾羡。事后又承邱老协助，获得朱国栋先生拍摄 8 个中国老品种的彩照，现逐一介绍如下：

‘宾司’（'Bin Si'，朱国栋先生拍摄）

‘宾司’（'Bin Si'，朱国栋先生拍摄）

‘宾司’（'Bin Si'，朱国栋先生拍摄）

‘白六角’（'Bai Liu Jiao'，朱国栋先生拍摄）

‘粉九曲’（'Fen Jiu Qu'，朱国栋先生拍摄）

‘白六角’（'Bai Liu Jiao'）

‘White Hexagonal’ 为英文译名。

花呈白色，呈六列辐射形状排列，瓣缘内曲，偶然出现螺旋状花形或平瓣覆瓦状排列，花径 6～7cm。叶呈椭圆形。树性直立。

‘宾司’（'Bin Si'）

‘Guest Officer’ 为英文译名。

本品种系台北市杨仲佐先生在 1930 年经由福建漳州引入。

花呈白色，瓣上稀疏杂缀宽狭不一、长短不等、色泽深浅相叠紫色条纹，瓣缘呈内曲状，重瓣型，或六列辐射状排列，或呈螺旋形，花径约 8cm。花朵有时会开出深粉红色间杂浅粉红色；甚或开出浅粉红色，瓣基呈深粉红色。树性直立。

‘粉九曲’（'Fen Jiu Qu'）

本品种由蔡灿玉先生从‘九曲’芽变中分离出，经培养稳定后，成为一个突变品种。

花呈六列辐射形状排列，有时也会出现覆瓦状排列，重瓣型，花径约 9cm。叶呈椭圆形，叶尖突尖状，深绿色。树性直立。

'花九曲'('Hong Liu Jiao'，朱国栋先生拍摄)

'红六角'('Hong Liu Jiao'，朱国栋先生拍摄)

'鲤鱼珠'('Li Yu Zhu'，游慕贤供照)

'鲤鱼珠'('Li Yu Zhu'，朱国栋先生拍摄)

'红六角'('Hong Liu Jiao')

'Red Hexagonal' 为英文译名。

花呈浓红色，六列辐射状排列，瓣缘内曲，重瓣型，花径 7～9cm。叶呈椭圆形，叶前端呈反曲，碧绿色。树性直立，枝丛横张。

'花九曲'('Hua Jiu Qu')

'Nine Bends var.' 为英文译名。

系'九曲'受病毒侵染后，花瓣出现白色斑晕，1989 年由蔡灿玉先生从实生苗中发现。

花呈鲜红色，覆瓦状排列，重瓣型，亦有呈六列辐射状排列，花径 9～10cm。叶呈椭圆形，叶尖呈渐尖状，碧绿色。树性直立。

'鲤鱼珠'('Li Yu Zhu')

'Carp's Eyes' 为英文译名。

系中国优秀传统品种之一，别称'贡生'。

花呈淡紫色，有时呈绯色（在中国大陆金华地区），花朵中央一些瓣从前端呈内曲状，重瓣型，花径 8～9cm。叶呈椭圆形，叶尖呈渐尖状，深绿色。树性直立。

'荔枝茶'('Li Zhi Cha')

系中国优秀传统品种之一。

花呈深红色，巨蕊宝珠型，花蕊为 9cm。叶呈椭圆形，碧绿色。树性直立。

'荔枝茶'('Li Zhi Cha'，朱国栋先生拍摄)

‘五宝’（'Wu Bao'，朱国栋先生拍摄）

‘五宝’（'Wu Bao'，朱国栋先生拍摄）

‘五宝’（'Wu Bao'，朱国栋先生拍摄）

‘五宝’（'Wu Bao'，朱国栋先生拍摄）

‘五宝’（'Wu Bao'，朱国栋先生拍摄）

‘亨利·亨廷顿’（'Henry E. Huntington'）

‘五宝’（'Wu Bao'）

‘The Five Precious Things’为英文译名。

本品种于中国明代末期由福建漳州何姓人氏引入台湾。

花呈玫瑰红色，常有不同颜色出现，半复瓣牡丹型，花径 7～8cm。叶呈椭圆形，浓绿色。树性直立。

‘亨利·亨廷顿’（'Henry E. Huntington'）

美国加州怒起乌苗圃（Nuccio's Nurseries）培育出。为纪念亨廷顿植物园和图书馆创设 75 周年，遂以创始人亨利·亨廷顿（Henry E. Huntington）先生姓名作为该花命名。1994 年国际山茶协会杂志第 26 期中有对此花作介绍，并刊出彩照。

花呈粉红色，花瓣 12～14 枚，半复瓣型，花径 10～14cm。树性直立。

（二）美国怒起乌苗圃（Nuccio's Nurseries）培育出的尚未命名山茶新品种

美国加州阿塔迪娜（Altadena）市怒起乌苗圃（Nuccio's Nurseries）自 1935 年创立以来，培育出许许多多优良山茶新品种，享誉国际山茶界。笔者现把近几年以来拍摄的一批批未命名新品种中精选出 57 个新品种介绍于此，与读者们分享、鉴赏它们的姿韵、风采。鉴于商业机密，每个品种的亲本就无从得知。故此，只能描述它们的花型、花径、花色、叶型、树性等。

N #0215

N #0105

N #0313

N #0348

N #0105

花呈玉色，尖瓣复瓣型，瓣质较厚，花径 5～6cm。叶呈椭圆形，叶尖尖长，深绿色，没有光泽。树呈丛生性。

N #0215

花呈红色，复瓣型，花径约 8cm。叶呈披针形，苍绿色，叶脉下陷，叶肉微隆，叶内折状。树性直立。

N #0313

花呈淡粉红色，瓣上杂缀宽狭不等、长短不一紫红色、浅紫色条纹，半复瓣型，花径约 6cm。叶呈椭圆形，叶面内折状，叶脉下陷。树性直立。

N #0348

花呈淡粉红色，瓣上布满密集细如尘埃般紫红色细点，重瓣型，花径约 9cm。叶呈椭圆形，叶面平坦，深绿色，有光泽。树性直立。

N #0509

花呈浅粉紫色，瓣上杂缀宽狭不等、长短不一淡紫色条纹，重瓣型，花径约 10cm。叶呈倒卵形，有叶尖，叶长约 8cm，宽约 4.5cm。树性直立，枝丛稠密。

N #0509

N#2015

N#2017

N#8430

N#8529

N#8612

N#8732

N#2015

花呈粉红色，瓣上杂缀宽狭不等、长短不一大红色条纹，半复瓣型，花径9～10cm。叶呈椭圆形，深绿色。树性直立。

N#2017

花呈粉红色，瓣上杂缀宽狭不等、长短不一大红色条纹，有时会出现全红色花朵，半复瓣型，花径约8cm。叶呈椭圆形，苍绿色，有光泽。树性直立。

N#8430

花呈淡粉红色，重瓣型，花径约9cm，花色、花姿柔雅妩媚，为20世纪中难得的淡粉红色品种之一。叶呈椭圆形，碧绿色，有光泽。树性直立，长势旺盛。

N#8529

花呈红色，白色雄蕊瓣宝珠型，花径约5cm。叶呈椭圆形，黛绿色，长约6cm，宽约3cm。树性直立。

N#8612

花呈鲜红色，半复瓣型，花径3～4cm。叶呈阔椭圆形，碧绿色，叶长约5cm，宽约3.5cm。树性直立，枝丛稀疏。

N#8732

花呈白色，瓣缘内曲，尤其靠近花朵中心几轮瓣丛瓣尖端内曲成兜状，花径约9cm。叶呈长椭圆形，叶长约9cm，幅宽约3.5cm，深绿色。树性直立。

N#8929 T

花呈大红色，花瓣作覆瓦状层叠、排列，重瓣型，花径10～12cm，其花色、姿式足可与‘怒起乌玫瑰’('Nuccio's Bella Rose')相媲美。叶呈椭圆形，深绿色，有光泽。树性直立。

N #8929 T

N #9006

N #9007 T

N #9019

N #9129 T

N #9132

N #9006

花呈鲜艳灿丽大红色，花瓣圆阔，瓣上呈现蜡光般色泽，瓣缘呈波形，单瓣型，花径约9cm。叶呈椭圆形，深绿色。树性直立，长势旺盛。

N #9007 T

花呈粉红玫瑰色，半复瓣型，花径约10cm。叶呈椭圆形，墨绿色。树性横张，茁壮。该品种最明显的特性是满树上下着蕾，盛放时，形若花柱，为地栽良好品种。

N #9019

花呈珊瑚红色，瓣缘内曲，重瓣型，花径约9cm。叶呈椭圆形，碧绿色。树性直立。

N #9129 T

花呈淡绯色，荷花半复瓣型，花径8～9cm。叶呈椭圆形，苍碧色，有光泽。树性直立。

N #9132

花呈粉红色，瓣前端呈浅紫色，半复瓣型，花径约7cm。叶呈椭圆形，深绿色。树性横张型。

N#9136 T

N#9156 T

N#9139 T

N#9202 T

N#9209

N#9310

N#9321

N#9136 T

花呈粉紫色，花瓣狭长，睡莲状半复瓣型，花径约 8cm。叶呈狭长倒卵形，内折状，深绿色。树性直立。

N#9139 T

花呈鲜红色，瓣缘覆白色，半复瓣型，花径约 8cm。叶呈长椭圆形，碧绿色。树性直立。

N#9156 T

花瓣圆阔，周沿呈乳白色，瓣中间至瓣基呈淡紫红色，单瓣型，花径约 9cm。叶呈椭圆形，叶色碧绿。树性直立。

N#9202 T

花呈淡紫粉红色，瓣前端呈乳白色，多瓣宝珠型，花径约 9cm。叶呈椭圆形，碧绿色。树性直立。

N#9209

花呈鲜红色，花瓣圆阔，瓣面呈天鹅绒般光泽，瓣缘镶白色，单瓣型，花径 8～9cm。叶呈椭圆形，碧绿色。树性直立，枝丛垂软，为垂枝性中新品种。

N#9310

花呈深紫红色，花瓣波曲，雄蕊退化，短缩花筒底部，半复瓣型，花径 8～9cm。叶宽卵形，黛绿色，叶面凹凸不平，叶缘呈明显锯齿状。树性直立。

N#9321

花呈淡青紫色，瓣周沿覆参差不齐白色，瓣上稀疏杂缀几丝长短不一紫红色条纹，半复瓣型，花径约 13cm。叶呈阔椭圆形，叶面微隆，碧绿色。树性直立。

N#9331 T

花呈浅玉色，瓣前端尖狭，瓣缘微微内曲，重瓣型，花径约 8cm。叶呈椭圆形至卵形，深绿色，有光泽。树性直立。

N #9402

花呈浅青紫色，覆瓦状层叠排列，重瓣型，花径约7cm。叶呈椭圆形，黛绿色，有光泽。树性横张。

N #9406

系'兰花美'('Orchid Beauty')实生种，花呈粉紫色，瓣缘内曲，花径约10cm。叶呈狭椭圆形,深绿色,无光泽。树性直立。

N #9416

花呈暗紫红色，花瓣凹形，荷花状半复瓣型，花径约6cm。叶呈狭椭圆形，叶厚实，墨绿色，有光泽。树性直立，长势旺盛。

N #9435

花呈血牙色，瓣幅圆阔，半复瓣型，花径8～9cm。叶呈阔椭圆形,叶面微隆，深绿色。树性直立，枝条柔软。

N #9437

花呈暗红色，花瓣圆阔，半复瓣型，花径约9cm。叶呈椭圆形，碧绿色。树性直立。

N #9447

花呈深红色至墨红色，瓣质厚实、挺直，单瓣型，花径5～6 cm。叶呈椭圆形，新叶赭红色。树性直立，茁壮。为墨红色新花中佼佼者。

N #9331 T

N #9402

N #9406

N #9416

N #9437

N #9435

N #9447

N #9449

N #9535

N #9611

N #9702

N #9717

N #9449

花呈墨红色，个别花瓣杂白色，花朵呈松果般形式，半复瓣型，花径约6cm。叶色苍绿，叶面微隆，有光泽，叶齿较深。树性直立。

N #9535

花呈墨红色，瓣前沿波曲状，单瓣型，花径约8cm。叶色浓绿，倒披针形至狭长倒卵形，有光泽，叶缘呈二重锯齿状。树性直立，枝丛垂软，故此，花朵都呈倒挂状。

N #9611

花呈青紫色，瓣基部色泽尤深，瓣前端呈菱形，重瓣型，花径约9.5cm。叶呈椭圆形，长约9cm，宽约4cm，叶前半部反曲，碧绿色，有光泽。树性直立。

N #9702

花呈淡粉紫色，瓣前端呈淡紫色，瓣前沿呈波形，花径约9cm。叶呈椭圆形，叶面微微内折，深绿色，有光泽。树性直立。

N #9717

花呈白色，瓣基浅黄色，瓣前端呈菱形，重瓣型，花径约10cm。叶呈椭圆形，叶片微微内折，黛绿色，有光泽。树性直立。

N [#]9810 4x

花呈淡玫瑰紫红色，瓣缘覆细狭白色，单瓣型，花径7～8cm。叶呈披针形至狭长椭圆形，中脉内陷，叶面微隆、内折，深绿色，有光泽。树性直立。

N [#]9823 4x

花呈乳白色，花蕾含苞待放时略呈微微粉红色，盛开后，花朵褪成乳白色，花单瓣，有时7～8瓣，花径约6.5cm。叶呈阔椭圆形，长约9cm，中幅宽约5.5cm，叶肉隆起，叶脉内陷，碧绿色，这种叶型、叶色，在山茶中并不多见，故此，笔者特此挑选出，提供读者鉴赏。

N [#]9826

花呈粉红色，瓣呈波形，瓣上杂缀长短不一、宽狭不等红色条纹，以及尘埃般红色细点，花径约15cm，为山茶中少见巨型半复瓣型。叶呈椭圆形，碧绿色。树性直立。

N [#]9841

花呈绯色，花瓣前沿作内扣状，自外围花瓣瓣丛逐层贴着作凹形延伸，使整朵花呈凹形，酷似鸟巢般形状，堪称新奇，重瓣型，花径约8cm。叶呈椭圆形，碧绿色，有光泽。树性直立。

N [#]9849

花呈淡紫色，瓣缘内扣状，重瓣型，花径8～9cm。叶呈椭圆形，叶面平坦，叶色深绿。树性横张型。

N [#]9855

花呈大红色，重瓣型，花径9～10cm。叶呈椭圆形，叶面平坦，深绿色。树性直立。

N [#]9904

花呈深绯色，花瓣狭长，每枚花瓣纵向中央有一细条乳白色条纹，重瓣型，花径约10cm。叶呈椭圆形，长约7cm，中幅宽约4cm，碧绿色，有光泽。树性横张。

N [#]9855

N [#]9904

N [#]9810 4x

N [#]9826

N [#]9849

N [#]9823 4x

N [#]9841

N #9909

N #9910

N #9915

N #92157

N #9509

没有编号实生品种之一

没有编号实生品种之二

N #9909

花呈紫红玫瑰色，半复瓣型，花径约 6cm。叶呈披针形至狭长椭圆形，长约 4cm，中幅宽约 2cm，叶色黛绿，没有光泽。树性低矮，十余年树龄，株高仅 1m，枝丛横张型。

N #9910

花呈玉色，花朵中央几轮花瓣呈浅粉红色，瓣缘内扣状，花径约 10cm。叶呈矩圆形，黛绿色，有光泽。树性直立。

N #9915

花呈白色，花瓣波曲状，单瓣型，花径约 9cm。叶呈波曲状，黛绿色，叶缘呈深锯齿状，为当今深锯齿叶缘中难得一见的白花品种。树性直立，枝丛横张。

N #92157

花呈绯色，多瓣花冠宝珠型，花径 9 ～ 10cm。叶呈阔椭圆形，叶肉隆起，叶脉下陷，形成俗称"泡泡状"叶面，叶色深绿，有光泽。树性横张。

N #9509

花呈浅粉红色，半复瓣型，花径 8 ～ 10cm，瓣缘内扣，花姿形若贴梗海棠。叶呈披针形，苍绿色，无光泽。树性直立。

没有编号实生品种之一

花呈粉紫色，花瓣呈波形，单瓣型，花径 6 ～ 7cm。叶呈椭圆形，黛绿色。树性直立，枝丛横张，曲折、柔软。该品种虽然属普通单瓣，由于它的花色、姿形别具一派韵致，可作插花之用好材料，故此，介绍予同好鉴赏。

没有编号实生品种之二

花呈橘红色，重瓣型，花径约 6cm。叶呈椭圆形至倒卵形，苍绿色，有光泽，叶面微隆。树性直立。

没有编号实生品种之三

系‘梦’('Yume')的实生种。花呈粉红色，单瓣型，花径约4.5cm，健花性，枝上着生花蕾盈满。叶呈椭圆形，长约5cm，中幅宽约3cm，叶齿明显，翠绿色。枝条垂软。

没有编号实生品种之四

花呈鲜红色，瓣幅矩圆形，瓣缘周沿呈乳白色，花径约9cm。叶呈阔椭圆形，深绿色。树性直立。

没有编号实生品种之五

花呈灰白色中泛浅青紫色晕，花瓣皱褶，9～10瓣，半复瓣型，花径6～7cm。叶呈披针形，形若台湾杜鹃般形态，长约7cm，中幅宽约2cm，叶片厚，叶片微微呈内折状，暗黛绿色，没有光泽。树性直立。这个实生品种是否是出自山茶原种实生苗，或是人工授粉杂交种？不得而知。可是笔者在植株上看到所挂标牌上注明“实生种”(Seedling)。

没有编号实生品种之六

花呈大红色，瓣圆阔，瓣缘覆宽狭不一浅粉红色晕边，单瓣型，花径7～8cm。叶呈倒卵形，碧绿色。树性直立。

没有编号实生品种之七

花呈乳白色，瓣上杂缀长短不一、宽狭不等紫红色条纹，瓣缘内曲，尤其瓣尖端作鱼钩状卷向花朵内，形成奇特卷瓣半复瓣型，花径约7cm。叶呈椭圆形，叶面微隆。树性直立，长势旺盛。

没有编号实生品种之八

系‘玉孔雀’('Tama Peacock')杂交种。花呈亮丽大红色，瓣缘周沿覆白色色晕，半复瓣型，花径7～8cm。叶呈狭椭圆形，微微内折状，黛绿色。树性直立。

没有编号实生品种之九

花呈深绯色，复瓣型，花径5～6cm。叶呈矩圆形，黛绿色，有光泽。树性直立。

没有编号实生品种之十

系‘玉浦’实生苗中选出。花色、姿容酷似母本，但是，花色较暗。其余性状都与母本相似。

没有编号实生品种之三

没有编号实生品种之四

没有编号实生品种之五

没有编号实生品种之六

没有编号实生品种之七

没有编号实生品种之八

没有编号实生品种之九

没有编号实生品种之十

（三）美国加州各地山茶协会会员培育出的未命名山茶新品种

罗伯特·爱尔哈特培育新品种之二（Robert E. Ehrhart seedling）

罗伯特·爱尔哈特培育出实生品种之三（Robert E. Ehrhart seedling）

罗伯特·爱尔哈特培育新品种之五（Robert E. Ehrhart seedling）

罗伯特·爱尔哈特培育新品种之一

由加州核桃溪市罗伯特·爱尔哈特先生（Mr. Robert E. Ehrhart）培育出。

花呈白色，瓣上杂缀红色细狭条纹，有时会开出全红色花朵，宝珠型，花径约7cm。

罗伯特·爱尔哈特培育新品种之二

由加州核桃溪市罗伯特·爱尔哈特先生（Mr. Robert E. Ehrhart）培育出。

花呈枣红色，宝珠型，花径约15cm。

罗伯特·爱尔哈特培育新品种之三

加州核桃溪市罗伯特·爱尔哈特先生（Mr. Robert E. Ehrhart）培育出。

罗伯特·爱尔哈特培育新品种之六（Robert E. Ehrhart seedling）

花呈乳白色，瓣缘周沿覆粉红色色晕，半复瓣型，花径约11cm。

罗伯特·爱尔哈特培育新品种之四

加州核桃溪市罗伯特·爱尔哈特先生（Mr. Robert E. Ehrhart）培育出。

花呈墨紫红色，宝珠型，花径约7cm。为宝珠型中罕见色泽品种。

罗伯特·爱尔哈特培育新品种之五

美国加州核桃溪市罗伯特·爱尔哈特先生（Mr. Robert E. Ehrhart）培育出。

花呈浅绯色，瓣上杂缀紫红色细条纹，花径约7cm。

罗伯特·爱尔哈特培育新品种之六

美国加州核桃溪市罗伯特·爱尔哈特先生（Mr. Robert E. Ehrhart）培育出。

花呈青紫色，重瓣型，瓣上杂缀长短不一淡紫色条纹，花径约8cm。

鲁迪·布雷科培育新品种

美国加州鲁迪·布雷科（Rudy Blanco）培育出。

绣球型至大蕊宝珠型，花呈淡乳黄色，瓣上杂缀稀疏短小、细狭紫红色条纹，花径约11cm。

罗伯特·爱尔哈特培育新品种之一（Robert E. Ehrhart seedling）

罗伯特·爱尔哈特培育新品种之四（Robert E. Ehrhart seedling）

鲁迪·布雷科培育新品种（Rudy Blanco）

鲍勃和珍妮培育新品种之一（Bob & Jeanne Logan）

鲍勃和珍妮培育新品种之二（Bob & Jeanne Logan）

唐·伯高米尼夫妇培育新品种之一（Mr. & Mrs. Bergamini seedling）

唐·伯高米尼夫妇培育新品种之二（Mr. & Mrs. Bergamini seedling）

唐纳德·莱斯梅斯特夫妇培育新品种之一（Mr. & Mrs. Donald D. Lesmeister）

唐纳德·莱斯梅斯特夫妇培育新品种之二（Mr. & Mrs. Donald D. Lesmeister seedling）

哈兰·斯农培育新品种（Harlan Snnog seedling）

鲍勃和珍妮培育新品种之一

美国加州林肯市（Lincoln）鲍勃（Bob）和妻子珍妮·洛根（Jeanne Logan）培育出。

花呈半复瓣型，珊瑚红色，瓣缘覆白色，花径约 11cm。

鲍勃和珍妮培育新品种之二

美国加州林肯市鲍勃（Bob）和妻子珍妮·洛根（Jeanne Logan）培育出。

花呈淡乳黄色，绣球复瓣型，花径约 9cm。

唐纳德·莱斯梅斯特夫妇培育新品种之一

美国加州卡米歇尔市（Carmichael）唐纳德·莱斯梅斯特夫妇（Mr. & Mrs. Donald D. Lesmeister）培育出。

花呈粉紫红色，覆瓦状排列重瓣型，花径约 10cm。

唐纳德·莱斯梅斯特夫妇培育新品种之二

美国加州卡米歇尔市（Carmichael）唐纳德·莱斯梅斯特夫妇（Mr.&Mrs. Donald D. Lesmeister）培育出。

花呈玫瑰紫色，瓣上杂缀白斑，花径约 11cm。

唐·伯高米尼与夫人玛丽·伯高米尼培育新品种之一

美国加州马蒂尼兹市唐·伯高米尼（Don Bergamini）与夫人玛丽·伯高米尼（Mary Bergamini）共同培育出。

花呈珊瑚红色，半复瓣型，花瓣中央纵向呈白色，花径约 9cm。

唐·伯高米尼与夫人玛丽·伯高米尼培育新品种之二

美国加州马蒂尼茨市唐·伯高米尼（Don Bergamini）与夫人玛丽·伯高米尼（Mary Bergamini）共同培育出。

花呈白色至浅乳黄色，武瓣宝珠型，花径约 9cm。

哈兰·斯农培育新品种

美国加州牡丹市（Modesto）哈兰·斯农（Harlan Snnog）培育出。

花呈浅樱花色，武瓣宝珠型，花径约 14cm。

唐·伯高米尼夫妇（Mr. & Mrs. Bergamini）与作者合影

美国加州拉斐亚市戈登（Gordon）偕夫人（Barbara Goff）与作者合影

戈登和夫人巴巴拉·戈夫培育新品种之一（Mr. Gordon & Mrs. Barbara Goff seedling）

戈登夫妇共同培育新品种之二（Mr. Gordon & Mrs. Barbara Goff seedling）

戈登夫妇培育新品种之三（Mr. & Mrs.Gordon seedling）

戈登夫妇培育新品种之四（Mr. & Mrs. Gordon seedling）

美国加州山茶爱好者培育新品种之一

美国加州山茶爱好者培育新品种之二

美国加州山茶爱好者培育新品种之三

戈登和夫人巴巴拉·戈夫培育新品种之一

美国加州拉斐亚市戈登（Gordon）和夫人巴巴拉·戈夫（Barbara Goff）培育出。

花呈红色，半复瓣型，花径约 12cm。

戈登和夫人巴巴拉·戈夫培育新品种之二

美国加州拉斐亚市戈登夫妇（Mr. Gordon & Mrs. Barbara Goff）共同培育出。

花呈象牙白色，武瓣宝珠型，花径约 8cm。

戈登和夫人巴巴拉·戈夫培育新品种之三

美国加州拉斐亚市戈登夫妇（Mr. Gordon & Mrs. Barbara Goff）培育出。

花呈枣红色，曲瓣半复瓣型，花径 16～17cm。

戈登和夫人巴巴拉·戈夫培育新品种之四

美国加州拉斐亚市戈登夫妇（Mr. Gordon & Mrs. Barbara Goff）培育出。

花呈粉红色，半复瓣型，瓣上杂缀长短不一、宽狭不等粉紫红色条纹、细点，花径约 10.5cm。

美国加州山茶爱好者培育新品种之一

美国加州爱好山茶者培育出，2004 年展出。

花呈深绯色，宝珠型，花径 9～10cm。

美国加州山茶爱好者培育新品种之二

美国加州爱好山茶者培育出，2006 年展出。

花呈暗红色，芙蓉状半复瓣型，花朵中央矗立些杂缀白色兔耳状花瓣，花径约 11cm。

美国加州山茶爱好者培育新品种之三

美国加州山茶爱好者培育出，2003 年展出。

花呈白色，覆瓦状轮展排列，重瓣型，花径约 12cm。

美国加州山茶爱好者培育新品种之四

美国加州山茶爱好者培育出，2004 年展出。

花呈绯色，瓣上杂缀宽狭不一玫瑰红色条纹，复瓣型，花径约 10cm。

美国加州山茶爱好者培育新品种之五

美国南加州爱好山茶者培育出，2006年展出。

武瓣宝珠型，白色花瓣上杂缀淡红色条纹，花径约11cm。

美国加州山茶爱好者培育新品种之六

美国加州山茶爱好者培育出，2004年展出。

花呈粉红色，宝珠型，花径约7cm。

美国加州山茶爱好者培育新品种之七

美国加州山茶爱好者培育出，2003年展出。

花呈红色，芙蓉状半复瓣型，花径约10cm。

美国加州山茶爱好者培育新品种之八

美国南加州山茶爱好者培育出，2006年展出。

花呈暗红色，花瓣都呈凹形，重瓣型，花径约9cm。

美国加州爱好山茶者培育新品种之九

美国加州山茶爱好者培育出，2002年展出。

花呈白色，半复瓣型，瓣上杂缀长短不一、宽狭不等红色细条纹、细点，半复瓣，瓣缘锯齿状，花径约13cm。

美国加州山茶爱好者培育新品种之十

美国加州山茶爱好者培育出，2003年展出。

花呈大蕊宝珠型，白色花瓣上杂缀淡紫色条纹，花径约6cm。

美国加州亨廷顿植物园培育新品种

美国加州亨廷顿植物园（the Huntington Botanical Gardens）培育出，至今尚未命名。

花呈曲瓣牡丹型，淡青紫色，瓣周缘覆宽狭不一白色，花径10～11cm。叶呈椭圆形，长约12cm，中幅宽约5.5cm，碧绿色，有光泽。树性直立。

美国加州山茶爱好者培育新品种之四

美国加州山茶爱好者培育新品种之五

美国加州山茶爱好者培育新品种之六

美国加州山茶爱好者培育新品种之七

美国加州山茶爱好者培育新品种之八

美国加州山茶爱好者培育新品种之九

美国加州山茶爱好者培育新品种之十

美国加州亨廷顿植物园培育新品种

二、日本特有原生山茶

（一）日本野山茶

学名：*Camellia japonica* L.

日文原名：薮椿（片假名）

英文译名：Bush Camellia; Mountain Camellia; Yabu Tsubaki.

早在1681年，日本《花坛纲目》中已提及薮椿了，它野生于山林灌木、竹丛中。花大多数呈红色、粉红色，或绯色，少数呈白色，绝大多数为单瓣，但是，偶然有6～7瓣，花径4～6cm，花型有平瓣和磬口型之分。几百年以来，日本人民仍喜爱用这类经过驯养的野生山茶花作为插花之用，表达他们欣赏野生山茶素净、古朴、恬静姿韵之美。

日本野山茶品种在美国流传不多，主要由日裔爱好者栽培。现介绍如下。

'伯州'('Hakushu')

'伯州'('Hakushu')

'伯州'为日文片假名，系日本岛根县古名；'Hakushu'为英文译名。

花呈白色，单瓣型，敞口酒盅形，瓣端圆阔，花径约4cm，叶呈椭圆形，树性横张，本种与另一种源于石川的'白色秋季'('Habusyn')，英文名称为'White Autumn'者却为同名异物。

'粉红大岛'('Male Island')

'粉红大岛'为日文片假名；'Male Island'为英文译名。

花呈粉红色，瓣前沿色泽较淡，单瓣型，有时出现半复瓣型，花径约6cm。叶呈长椭圆形至披针形，叶面微隆，叶缘外曲。树性直立。

'粉红大岛'('Male Island')

(二) 雪茶

学名：*Camellia rusticana* Honda

日文原名：雪椿（片假名）

英文译名：Snow Camellia

雪茶为山茶的一个亚种（Subspecies），原生于日本本州海岸山间多雪地带，据说在中国浙江舟山群岛亦有，常绿性灌木或乔木，枝条较柔软，以侧枝为多，树呈横张型，花大多呈单瓣型、半复瓣型，少数为牡丹型、宝珠型、重瓣型。该原生种在山野间花期较早，往往在腊雪未融化前冒寒盛开，因此，雪茶之名由此而来。园艺品种花径 5～8cm 不等，多数品种叶片较山茶（*C. japonica*）为薄，且色泽呈亮丽绿色的为多，亦有斑叶品种如‘太阳’。

由于该类园艺品种较多，耐寒性较强，花色别致，深受日本人民喜爱，为此专门成立雪茶同好会，专事研究、发扬光大。欧美园艺界对雪茶颇感兴趣，引种较多，常见品种如下。

‘春日山’（'Mount Kasuqa'）

‘春日山’为中文沿用日文片假名；‘Mount Kasuqa’为英文译名。

花呈红色，瓣上杂缀大小不一白斑，牡丹型，花径约 8cm，花期 3～4 月。叶呈椭圆形或卵圆形，叶色翠绿。

‘雪美人’（'Snow Belle'）

‘雪美人’为中文译名；‘雪小町’为日文片假名原名；‘Snow Belle’为英文译名。

花呈粉红色，瓣狭长，瓣缘色泽稍深，半复瓣型或牡丹型。树龄年长后，常发生芽变，开出奶白色或绯色花，花径约 6cm。叶呈椭圆形，叶尖长。树性直立。

‘白宝珠’（'White Anemone'）

‘白宝珠’为中文译名；‘白唐子’为日文片假名原名；‘White Anemone’为英文译名。

为日本传统名种，早在 1847 年古籍中已有记载。

花呈奶白色，宝珠型，花径 5～6cm。叶呈椭圆形至狭长椭圆形，黛绿色。树性扩张型。

‘锦麒麟’（'Giraffe Brocade'）

‘锦麒麟’为中文名称沿用日文片假名；‘Giraffe Brocade’为英文译名。

花呈绯色，瓣上杂缀粗细不匀、长短不一紫色条纹，花呈半复瓣牡丹型，花径 7～8cm。叶呈椭圆形,叶齿钝而且浅。树性横张。

‘春日山’（'Mount Kasuqa'）

‘雪美人’（'Snow Belle'）

‘锦麒麟’（'Giraffe Brocade'）

‘白宝珠’（'White Anemone'）

'赏花笠'（'Flower Viewing Bamboo Hat'）

'赏花笠'为中文译名；'花見笠'为日文片假名原名；'Flower Viewing Bamboo Hat'为英文译名。

1970 年发现。

花呈乳白色，瓣上杂缀宽狭不一、长短不等红色条纹，花盛放时呈盆碟状，半复瓣型或重瓣型，花径 6～7cm，花期 3～4 月。叶呈椭圆形。

'白雪公主'（'Snow White Princess'）

'白雪公主'为中文译名；'姬白雪'为日文片假名原名；'Snow White Princess'为英文译名。

1968 年发现。

花呈乳白色，瓣基呈乳黄色，半复瓣型，花径 4～5cm。叶呈椭圆形、短小。树性低矮，枝丛较密。

'五日镇'（'Itsuka Town'）

'五日镇'为中文译名；'五日町'为日文片假名原名；'Itsuka Town'为英文译名。

1974 年培育出。

花呈大红色，花瓣平展，半复瓣型，花径约 5cm。叶呈椭圆形，碧绿色。树性低矮，枝丛稠密。

'白雪公主'（'Snow White Princess'）

'五日镇'（'Itsuka Town'）

'赏花笠'（'Flower Viewing Bamboo Hat'）

'雪蝴蝶'（'Snow Butterfly'）

‘多摩乐’('Tama Yura')

‘雪漫盆地’('Snow Oguni Basin')

‘岩住’('Owner's family name of the original tree')

‘雪蝴蝶’('Snow Butterfly')

‘雪蝴蝶’为中文沿用日文片假名原名；‘Snow Butterfly’为英文译名。

从野生日本雪山茶中选出。

花呈红色，单瓣型，酒盅形，花径约4cm。叶呈狭长椭圆形，前端反曲。树低矮，茁壮。

‘雪漫盆地’('Snow Oguni Basin')

‘雪漫盆地’为中文译名；‘雪小国’为日文片假名；‘Snow Oguni Basin’为英文译名。

原由日本农家栽培，1963年命名。

花呈粉红色，牡丹型，偶然出现重瓣型，花径约10cm，花瓣有20～50多瓣不等，花期较晚。叶呈长椭圆形至椭圆形。树性横张。

‘多摩乐’('Tama Yura')

‘多摩乐’为中文沿用日文片假名原名；‘Tama Yura’为英文译音。

花呈玉色，半复瓣型，花径5～6cm。叶呈椭圆形，叶尖呈渐尖状，叶面中脉区域缀黄色斑晕，叶长约4cm，宽约3cm。树性横张，枝丛稠密。

‘岩住’('Owner's family name of the original tree')

‘岩住’为中文沿用日文片假名原名；‘Owner's family name of the original tree’为英文译名。

1980年由日本岩住巧雄命名。

花呈淡粉红色，半复瓣型或宝珠型，花径约6cm。叶呈椭圆形。树性直立，茁壮。

(三) 肥后山茶

学名：*Camellia japonica* L.var. *hortensis* Makino.

日文原名：肥后椿（片假名）

英文译名：Higo Camellia

肥后山茶系日本固有传统山茶，早在 1695 年《花坛地锦抄》中已有记载。盛产于九州肥后（古代地名，即现代熊本县）地区。本类品种，绝大多数为单瓣（有 5 ～ 9 瓣之分），花瓣平坦，作轮状展开成碟形花冠，100 ～ 200 多枚雄蕊呈辐射形簇聚于花冠中心，这种形若梅花雄蕊束状排列，国际园艺界称它为梅蕊型（Apricot stamen form）。亦有少数品种，如‘长寿乐’‘大阿苏山’‘日本旗’等，它们的雄蕊已瓣化，呈宝珠型。花色有红、白、粉红，以及瓣上杂缀异色点、条纹，或白色晕瓣缘，或瓣上杂晕白色斑晕，或个别花瓣呈异色，花径 7 ～ 10cm，雄蕊绝大多数呈白色或黄色，少数呈淡粉红色，有些品种花具有微香。另有观叶品种如‘斑叶白扇’；矩圆形叶‘肥后日光’‘日本旗’等。肥后山茶除作地植外，日本园艺界把它培养成树桩盆景赏玩，成为民俗特色，享誉国际。民间为研究肥后山茶，组织成立“肥后椿协会”。1912 年出版了《肥后铭鉴》，系统地介绍了肥后山茶的历史、进化、品种等知识。19 世纪初传去西方。

现笔者选择一些优秀品种介绍于此。

‘王冠’（'Diadem'）

‘王冠’为中文沿用日文片假名；‘Diadem’为英文译名。

本品种约在 1980 年前后经由‘肥后日本锦’('Higo-yamato-nishiki') 芽变而出。其后，又从‘王冠’芽变中分离出花呈淡粉红色，瓣上杂缀粗细不匀、长短不等红色条纹，瓣缘镶红边者，称为‘阳光灿烂下的王冠’(日文片假名为‘旭光冠’；英文译名为 'Diadem of Sun's Rays')。

花呈白色，瓣缘镶阔狭不一玫瑰红色，花瓣平展，梅蕊型，红、白花色与黄色雄蕊相映，色彩调和，使花朵显得更为鲜艳、娇丽，为肥后山茶中最美丽品种。叶呈阔椭圆形。树性横张型。

‘昭和之光’（'Light of Showa'）

‘昭和之光’为中文沿用日文片假名；‘Light of Showa’为英文译名。

本品种由‘日本锦’芽变、分离出，为肥后山茶中色彩纷呈者之一。

花呈淡粉红色，瓣上杂缀阔狭不一红色条纹，瓣缘镶白色，亦有全红色花朵，花瓣平展，梅蕊型，花期 3 ～ 4 月。叶呈阔椭圆形，叶片先端突尖。树性直立。

‘昭和之光’('Light of Showa')

‘国运昌盛’（'Glory of the Nation'）

‘国运昌盛’为中文译名；‘国の光’为日文片假名原名；‘Glory of the Nation’为英文译名。

明治末期从肥后山茶‘大和锦’的自然实生苗中选出。

花呈玫瑰红色，单瓣型，花瓣6～7枚，梅蕊型，部分雄蕊花药部位呈瓣化现象。叶呈阔椭圆形，叶缘微微外曲，叶色碧绿。树性横张。

‘京都锦’（'Kyoto Brocade Higo'）

‘京都锦’为中文译名；‘京錦’为日文片假名原名；‘Kyoto Brocade Higo’为英文译名。

本品种在1912年《肥后铭鉴》、1964年《肥后椿》、1968年《日本椿》等专著中都有详细介绍。

花呈白色，瓣上杂缀长短不一、宽狭不匀红色、淡红色条纹，梅蕊型。叶呈椭圆形。树性横张。

‘日月星辰’（'Host of Heaven'）

‘日月星辰’为中文译名；‘日月星’为日文片假名原名；‘Host of Heaven’为英文译名。

淡红色花瓣上杂缀大小不匀白色斑晕，花瓣5～8枚，单瓣型，花径约9cm，梅蕊型。叶呈椭圆形。树性横张。由于花朵色泽美丽，曾被用作1955年《肥后椿》第二期封面。

‘月圆’（'Full Moon'）

‘月圆’为中文译名；‘滿月’为日文片假名原名；‘Full Moon’为英文译名。

花呈白色，5～6枚花瓣，梅蕊型，单瓣，花径约8cm。叶呈宽椭圆形，叶缘具细锯齿，叶尖呈渐尖状。在日本人欣赏肥后山茶习惯中，以白色者为贵，故在1912年《肥后铭鉴》、1964年《肥后椿》都曾刊出本品种黑白照片，以示洁净无瑕，尽显素雅之美。

‘王冠’（'Diadem'）

‘国运昌盛’（'Glory of the Nation'）

‘京都锦’（'Kyoto Brocade Higo'）

‘日月星辰’（'Host of Heaven'）

‘月圆’（'Full Moon'）

‘丹顶鹤’('Manchurian Crane')

‘大阿苏山’('Great Mt. Aso')

‘长寿乐’('Pleasure of a Long Live')

‘丹顶鹤’('Manchurian Crane')

‘丹顶鹤’为中文译名；‘丹頂’为日文片假名原名；‘Manchurian Crane’为英文译名。

花呈白色，瓣上杂缀红色和粉红色点、条纹，常出现全红色花朵，单瓣型，7～8 枚花瓣，梅蕊型，花径 6～7cm。叶呈宽椭圆形。树性横张。1964 年《肥后椿》介绍了本品种。

‘大阿苏山’('Great Mt. Aso')

‘大阿苏山’为中文译名；‘大阿蘇’为日文片假名原名；‘Great Mt. Aso’为英文译名。

本品种由‘新领主锦’(日文片假名为‘新司锦’）芽变，经分离、培养出。

花呈淡红色，单瓣型，花瓣 5～8 枚，瓣缘波形，梅蕊型（时有雄蕊瓣化），如日常肥水浇灌得当，花径可达 12cm。叶呈宽椭圆形。树性横张。

‘长寿乐’('Pleasure of a Long Live')

‘长寿乐’为中文译名；‘長樂’为日文片假名原名；‘Pleasure of a Long Live’为英文译名。

花呈淡粉红色，单瓣型，花瓣 6～7 枚，梅蕊型，有时雄蕊瓣化，花径约 9cm，花期 4 月中、下旬。叶呈椭圆形。树性横张。1912 年《肥后铭鉴》中记载有本品种。

‘新领主锦’（'New Tsukasa-nishiki'）

‘新领主锦’为中文译名；‘新司錦’为日文片假名原名；‘New Tsukasa-nishiki’为中文译名。

白色花瓣上杂缀宽狭不一、长短不等红色点、条纹，单瓣，梅蕊型。叶呈宽椭圆形。树性直立。1912 年《肥后铭鉴》中记载有本品种。

‘国家荣誉’（'National Honour'）

‘国家荣誉’为中文译名；‘御国之誉’为日文片假名原名；‘National Honour’或‘Nation's Honour’为英文译名。

本品种系‘京都锦’（即日文片假名‘京锦’）芽变品种。1964 年《肥后椿》、1968 年《日本椿》等专著中都记载有本品种。

花呈绯色，瓣上杂缀红色阔条，白镶边，瓣缘波形，梅蕊型，花瓣 5～7 枚，花径 7～10cm，花期 4 月中下旬。叶呈宽椭圆形。树性直立。

怒起乌苗圃未命名新品种 N# 9912（Nuccio's Nurseries grow unnamed variety of N# 9912）

由美国加州怒起乌苗圃（Nuccio's Nurseries）培育出，尚未命名，暂以 N# 9912 作为代号。

花呈白色，瓣上杂缀宽狭不匀、长短不等的红色点、条纹，单瓣花，梅蕊型，花径约 7cm。叶呈椭圆形，叶面微隆，黛绿色。树性横张。

‘日本旗’（'National Flag of Japan'）

‘日本旗’为中文译名；‘日の丸’为日文片假名原名；‘National Flag of Japan’或‘Hinomaru’为英文译名。

花呈红色，寻常开单瓣花，有时雄蕊瓣化呈红白杂晕色，呈宝珠型，花径约 9cm。叶呈阔椭圆形，黛绿色，角质层厚，叶尖呈尾尖状。

怒起乌苗圃未命名新品种 N # 9912（Nuccio's Nurseries grow unnamed variety of N# 9912）

‘日本旗’（'National Flag of Japan'）

‘新领主锦’（'New Tsukasa-nishiki'）

‘国家荣誉’（'National Honour'）

（四）日本侘助

学名：*Camellia wabisuke*

日文原名：侘助（片假名）、胡蝶（另一日文片假名）

英文译名：Wabisuke

侘助是日本传统原生山茶名称，早在 1695 年《花坛地锦抄》、1710 年《增补地锦抄》、1739 年《本草花莳绘 · 椿之部》、1789 年《诸色花形帖》、1859 年《椿伊吕波名寄色附》等著作中都有对侘助的描述。

侘助树形低矮，灌木状丛生，叶片多数呈狭长形，叶前端呈微微反曲状。绝大多数品种为单瓣型，少数呈半复瓣型，花筒呈尖底酒盅状，花径约 4cm。这些品种的另一特征是，它们的雄蕊花丝较短，有些品种花丝短缩花筒基部，有些品种只有极短花丝残存痕迹，多数品种花药发育不健全，故而在杂交育种过程中，母本不能受孕。但是，少数品种花药仍是健全的，如日本有人用暗红色侘助与山茶原种怒江山茶相杂交，竟获得成功，培育出种间杂交种，淡红色、单瓣花。

侘助与山茶相比，虽然花径细小，可是自有它独特的风姿神韵。因此，日本人对它有特殊的情感和爱好，几百年以来，一直被作为庭园中栽植观赏品种和剪取花朵作为花道中插花之用，尤其，在举行茶道时，侘助插花是必备作品，遗风习俗，流传至今。

据日本园艺界长期研究，侘助很可能是红山茶（*C. japonica*）与茶（*C. sinensis*）自然杂交所成的种间杂交种。

在美国流传侘助品种不多，根据笔者多年观察，择优介绍如下。

‘茶馆’（' Tea House'）

‘茶馆’（'Tea House'）

‘茶馆’为中文译名；‘数寄屋’为日文片假名原名；‘Tea House’或‘Little Princess’为英文译名。

本品种在 1879 年《伊藤椿花集》中已有记载。欧美引种后改称为‘Little Princess’（‘小公主’）。

花呈粉红色，花朵作敞口酒盅形，花径 3 ～ 4cm。叶呈狭长椭圆形。树性直立。

‘白侘助’（'White Wabisuke'）

‘白侘助’为中文沿用日文片假名原名；‘White Wabisuke’为英文译名。

花呈白色，单瓣型，敞口酒盅形，花径约 4cm，花期较早，入冬后陆续绽蕊舒瓣。叶呈狭长椭圆形。树性直立。

‘白侘助’（'White Wabisuke'）

‘财运手鼓’（'Fortune's Hand Drum'）

‘财运手鼓’（'Fortune's Hand Drum'）

‘财运手鼓’为中文译名；‘福鼓’为日文片假名原名；‘Fortune's Hand Drum’为英文译名。

花呈暗红色，花瓣上偶然出现白色小斑晕，单瓣型，花径约4cm，花期自早春至暮春。叶呈狭长椭圆形。树性直立。

‘英胜寺侘助’（'Eisho Temple Wabisuke'）

‘英胜寺侘助’为中文沿用日文片假名原名；‘Eisho Temple Wabisuke’为英文译名。

花呈淡紫红色，单瓣型，酒盅形，花径约4cm，花期早自初冬就陆续绽蕊舒瓣。叶呈椭圆形。树性直立。

‘天伦寺月光’（'Moon Light on Tenrin Temple'）

‘天伦寺月光’为中文沿用日文片假名原名；‘Moon Light on Tenrin Temple’为英文译名。

花呈大红色，酒盅形，花径约4cm，自初冬就陆续开花。叶呈长椭圆形。树性直立。

‘英胜寺侘助’（'Eisho Temple Wabisuke'）

‘天伦寺月光’（'Moon Light on Tenrin Temple'）

‘名演员太郎冠’('Comedian's Name of Kyogen Drama')

‘覆轮侘助’('Bordered Wabisuke')

‘名演员太郎冠’('Comedian's Name of Kyogen Drama')

‘名演员太郎冠’为中文译名；‘太郎冠者’为日文片假名原名；‘Comedian’s Name of Kyogen Drama’为英文译名。

本品种早在 1739 年《本草花莳绘》中已有记载。现今，在美国亦有人称本品种为‘Uraku’。

花呈淡紫红色，单瓣型，敞口酒盅形，雄蕊退化，短缩花筒底部，花药发育不健全，花径约 4cm。叶呈狭长椭圆形，叶前端反曲。树性直立。

‘覆轮侘助’('Bordered Wabisuke')

‘覆轮侘助’为中文沿用日文片假名原名；‘Bordered Wabisuke’为英文译名。

本品种系‘初雁’芽变，经分离培养成活、性状稳定，于 1960 年命名、登录。

花呈粉红色，花瓣前端色泽淡如白色，单瓣，喇叭形，花径约 3.5cm，雄蕊束短缩花筒底部。叶呈长椭圆形，前端反曲。

三、云南山茶及其杂交种

（一）云南山茶传播历史

云南山茶，又称南山茶、滇山茶、大茶花，学名 *Camellia reticulata* Lindl，系中国独有的山茶种，原产于云南省，有少数分布于四川西南部和贵州西部。经过千百年以来自然变异、人工栽培以及自然杂交，选育出许多栽培品种。有关云南山茶原产地史料研究和形态特征，以及生物学上的特性等，可参考本章随后由前中国科学院昆明植物研究所研究员朱象鸿先生的“秘境云南奇葩——云南山茶花”。

日本引种中国云南山茶，根据日本皇宫宫内厅所藏江户时代(公元 1601—1867 年)的《椿花图谱》下册文字说明中谈及：“……在中国明代中后期被发现，出现在日本江户时代园艺界，一直流传至今，这个品种现在有些地方依然称作‘萨摩红’(详细说明和品种彩照已在本书第一章概论中刊出)。《椿花图谱》中有 2 个日文片假名（字形像中国文字）注明的云南山茶品种，一为‘唐椿’(唐在日文中即中国之意义)，另一个为‘南京’，它们都是在江户年代后期（公元 1793—1867 年）出现的品种。

云南山茶西渡欧洲，始于1820年，由英国东印度公司沃伦·哈斯丁斯（Warren Hastings）号船长理查德·罗韦斯（Captain Richard Rawes）从中国广州发财花圃购买得一棵没有名称的云南山茶，随船带回英国，其后交给肯特（Kent）市的帕尔默先生（Mr. Thomas Carey Palmer）栽培。其后，人们称它为‘罗韦斯船长’('Captain Richard Rawes')。

1827年，林奈命名云南山茶学名为*C. reticulata*。

1838年，英国人罗伯特·福琼(Robert Fortune)从中国带回一棵名为‘松子鳞’的云南山茶。其后，改用英文名称‘Robert Fortune’(‘罗伯特·福琼’)。1917年、1924年英国皇家爱丁堡植物园乔治·福雷斯特（George Forrest）在中国云南、四川收集各种植物时采集了一些野生云南山茶种子，送回英国交由J. C.威廉姆斯（J. C. Williams）培育。1931年、1932年再次在云南收集野生动植物标本时又采集了一些野生云南山茶种子，送回英国培育。结果，先后培育出实生苗成长成树、开花时都是单瓣花，有的色呈浓或淡粉红色，有的呈青紫色，有的呈血牙色等，有些实生苗至今仍生长在爱丁堡植物园温室中。

1936年，英国苏萨克斯(Sussex)郡鲍德山(Borde Hill)市斯蒂芬森·克拉克(Lt. Col. Stephenson R. Clarke)用怒江山茶与云南山茶相杂交，培育出淡粉红色、单瓣至半复瓣种间杂交种,命名为‘欢迎’('Salutation')。1950年汉杰先生(Mr. Hanger)用怒江山茶与野生云南山茶实生种相杂交，培育出种间杂交种,花呈粉红玫瑰色,单瓣,命名为‘女爱人’('Inamorata')。1954年，汉杰先生用云南山茶与怒江山茶相杂交，培育出花呈福禄考(Phlox)花般粉红色、半复瓣种间杂交种，命名为‘鼓舞’('Inspiration')。1958年，由梅塞尔女士(Mrs. L. C. R. Messel)用野生云南山茶与威廉姆斯(Williamsii)山茶中品种‘玛丽·克里斯蒂安’('Mary Christian')相杂交，培育出花呈玫瑰红、半复瓣种间杂交种,命名为‘伦纳德·梅塞尔’('Leonard Messel')。1972年，由卡尔雄先生(Mr. Carlyon)从‘欢迎’杂交种子选育出花呈淡粉红色，半复瓣，命名为‘奈金斯凯’('Nijinski')。1972年，卡尔雄先生(Mr. Carlyon)用红山茶‘单色大花玫瑰’('Rosea Simplex')与云南山茶杂交种‘欢迎’相杂交、培育出种间杂交种，花呈粉红玫瑰色，牡丹型，命名为‘屈立斯特姆’('Tristrem Carlyon')。1986年，斯麦脱博士(Dr. J. A. Smart)用云南山茶‘佛陀’('Buddha')与红山茶‘白斑康乃馨’('Ville de Nantes')相杂交,培育出种间杂交种，命名为‘卡罗莱’('Carolyn Snowdon')。

‘罗韦斯船长’('Captain Richard Rawes')该彩绘图刊在1827年英国《可的斯植物学杂志》(Curtis's Botanical Magazine)［由前汉庭顿植物园园艺监督安·理查逊（Ann Richardson *Horticultural Superintendent*）供稿，Courtesy of Ann Richardson］

英国是第一个引种中国云南山茶的西方国家。可是，由于它的地理环境，对性喜温暖湿润，四季又不可以过冷过热，或多风吹袭的暖带树种讲来，那不是它的适生环境。按上述英国发展培育云南山茶由单瓣进展到半复瓣及至牡丹型情况来看，随着国际发展至今已渐渐失去了昔日光辉。尤其，自20世纪以来，大洋洲新西兰和澳大利亚异军突起，甚至于几乎可与国际山茶界龙头老大的美国三足鼎立情况下，英国更显得日趋式微了。

美国自20世纪40年代起即由加州迪斯坎索植物园（Descanso Gardens）着手从中国引种云南山茶。从1948年至1950年，迪斯坎索植物园从中国引种了13个云南植物品种。

日本皇宫宫内厅收藏江户时代《椿花图谱》中图绘云南山茶品种‘唐椿’

日本皇宫宫内厅收藏江户时代《椿花图谱》中图绘云南山茶品种‘南京’

中国云南山茶西渡北美

中国云南山茶西渡北美洲及其后发展过程中，有一段鲜为人知的情况。现经美国山茶协会同意摘录翻译转载美国加州迪斯坎索植物园（Descanso Gardens）前科研人员拉默次博士（Dr. W. E. Lammerts）撰文《新云南山茶杂种——它们的被发现、进口和繁殖》中部分内容如下：

THE NEW RETICULATA HYBRIDS

--The Story of Their Discovery, Importation and Propagation

Dr. W. E. Lammerts, Descanso Gardens La Canada, California

Extracted with permission by the American Camellia Society.

"1945年夏季，美国加州迪斯坎索植物园设立园艺研究部门。由我着手准备研究各种山茶工作。为此，首先要向盛产山茶属植物的国家，如日本、中国、中南半岛、印度收集各种种子。并立即写信给美国驻上述国家的领事、新闻记者、军事人员，请求协助。但是，收效甚微。

1946年秋季，我听从哈佛大学阿诺德植物园（the Arnold Arboretum）生物学家梅里尔博士（Dr. E. D. Merrill）建议，写信给中国北平方氏生物研究所胡先骕教授求助。1947年4月16日发信给胡教授，同时亦发信给另外12位植物学者们联系。6月初收到胡先骕先生回信：

'你的4月16日来信及时收到。云南省是许多著名云南山茶（*Camellia reticulata*）产地，它们都能在省会昆明找得到。我建议你写信给中国昆明黑龙潭云南植物所负责人俞德浚教授（Prof. T. T. Yu）联系，会得到更多资料。不过，目下，在中国国内交通非常困难。故此，去那里取得扦插枝条或种子所耗费用是非常昂贵的。皱叶山茶（*Camellia heterophylla*）* 它确实是一种令人引起兴趣和非常美丽的种。但是，它们仅仅能在一些寺院区域内才能找到，我想不大容易获得的。'英文信原文如下：

'Your letter of April 16th, duly received Yunnan Province is famous for its numerous varieties of *Camellia reticulata*. These are all obtainable in Kunming, the capital of that province. I suggest you write to Professor T. T. Yu for more information as he is in charge of the Yunnan Botanical Institute at Black Dragon Pool, Kunming, China. Only transportation is difficult in the interior of China at the present time; it may be very expensive to procure cuttings or seeds of the camellias. *Camellia heterophylla* is surely a very interesting and beautiful species but as it is found only in a temple in a distant district, I think it may not be easy to procure it.'

阅读完信，我立即写复信给俞德浚教授。可是，几个月以来，杳无音信。1948年1月15日，突然收到中国云南昆明植物所蔡希陶（H. T. Tsai）先生来信，惊喜之余，发现此信发出日期竟是1948年1月6日。原来，俞德浚教授收到求助信后，把它转给云南昆明蔡希陶先生。蔡先生信中内容：'你的来信及时收到。在云南栽培的山茶都属于云南山茶（*C. reticulata*）品种，它们的花径约有5吋，都为乔木，花期自11月至翌年5月份，花开艳丽，如火如霞，约有20个多品种。繁殖只能用红山茶（*C. japonica*）作为砧木进行嫁接云南山茶接穗，方能成活。凡扦插繁殖难以成活。如用种子繁殖，其后实生苗所开花都是单瓣。'下面为蔡希陶先生英文信：

* 根据笔者向昆明植物研究所退休研究员朱象鸿先生请教，该名称在1938年前曾短暂使用过一段时间，其后，并入云南山茶（*C. reticulata*）了。

'Your kind letter duly received. The cultivated camellias in Yunnan are all belonging to *C. reticulata.* It bears flowers 5 inches and more in diameter. *Camellia reticulata* is in tree form, really blooms to make magnificent and fiery scene from November to May. *C. reticulata* has more than 20 varieties. And all the varieties are to be propagated only grafting on the *C. japonica* stocks. Cutting method will not be successful. Seeding only produce single flowers.'

随后，我立即办理好昆明中国银行快汇支付从昆明空运去上海货运、再由美国泛美航空公司货运（Pan-American Air Cargo）航班运去旧金山的费用。为保证所有云南山茶在空运中的安全，一时忘却了美国海关检疫部门不允许植物带有泥垛入关的法令，竟会在信中要求蔡希陶先生把所有植株根系带泥垛运输。

1948年3月10日，接到泛美航空公司驻上海办事处电报，托运云南山茶已安排在下一货运航班运送美国旧金山，根据航空公司计算，可在3月15日早晨抵达。我和妻子在星期六早晨驾驶小卡车直驶旧金山泛美航空公司办事处，联系之后，又去加州大学伯克利分校植物园鉴赏、熟悉一下云南山茶'罗韦斯船长'('Captain Rawes')形态学上的特征，并摘取了叶片，以备核对。晚上9时30分，飞机飞临机场上空，9时36分钟着陆，卸货时看到2只没有加工过的木板箱拖出货舱时，我与妻子的心中激动不已，又忐忑不安，这些云南山茶是真货呢？还是用红山茶（*C. japonica*）作为冒充的假货呢？开箱时，看到所有植株的叶丛都与从加州大学伯克利分校植物园中摘来的'罗韦斯船长'叶片形态类似，并且，有2棵还带着花，此时，才深信不疑。

翌晨，去海关等待检查人员亨内西先生（Mr. Hennessy）办理相关手续。中午，去旧金山市区位于恩巴凯德罗街（Embarcadero St.）上的美国农业部驻旧金山分支机构。检查时，幸得到办事人员谅解、照顾，没有拒绝入境，但是必须清洗掉所有植株根系上的泥垛。我们与检查员罗斯先生（Mr. Ross）和加尔布雷斯先生（Mr. Galbraith）一起细心地清洗掉泥垛，直到下午3时半结束。然后，检疫处对这些云南山茶进行药物烟熏消毒工作，至5时半所有检疫工作结束，准予放行。连夜运回南加州迪斯坎索植物园后，保持根系湿润，夜间温度保持在华氏60度（15℃）以上。

翌日，植物园负责人霍华德·阿斯珀先生（Mr. Howard Asper）和我一起把这批云南山茶定植进8吋盆中，用7份肥土、3份泥炭、2份沙相混合后作为栽植基质。

3月19日，阿斯珀先生对每棵云南山茶选取接穗逐一嫁接在种植于5加仑盆中的大株砧木上。几天之后，引进云南山茶中有些植株如加尔布雷斯先生所预言，出现少许落叶现象；有些植株叶芽开始萌动。出现这些现象，很可能是在检疫过程中喷洒甲基、溴化物乳剂，以及烟熏消毒后受刺激之故。总之，所引进20棵云南山茶健好如常，看来引种成功。

4月28日，有5个品种由于受长途运输伤害，或在检疫时受烟熏和药物消毒影响关系都死亡了；甚者，在3月19日嫁接的接穗亦全部死亡了。之后，为补缺这5个品种，又从中国先后2次以裸根运输方式引种入境，但是，这2批都死掉了。1949年春，又向中国引回那早先死亡的5个品种接穗，收到时，枝条碧绿、饱满，状如昨天刚剪下来般。可是，经嫁接后，又死亡了。

其时，我们听到令人惊讶的消息，我们的同好拉尔夫·皮尔先生（Mr. Ralph Peer）单独地与蔡希陶先生接触，引进19个品种。可惜又是受烟熏消毒和长途空运关系，仅存活3个品种。皮尔先生考虑我们有经验遂决定让我们剪取这3个品种接穗进行嫁接。所幸者，都嫁接成活了，其后，茁壮成长。乃至1950年3月，我们总共成活18个品种。

第一批幸存15个品种中大多数在1949年春天都开花了，无论花朵之美，花径之大都比原先蔡希陶先生描述的好得多。及至1952年春，每个品种已发展成25棵了。

去年春季，初步试验表明，这些云南山茶与山茶进行异种杂交是非常困难的。至今，我已获得成功，培育出15棵小苗。这种心想事成，令我兴奋不已。从这些新云南山茶叶片看来，与'罗韦斯船长'的叶片相比，有了明显改良。不过，新杂交种如果能够兼具红山茶（*C. japonica*）那般枝丛稠密习性，叶面有光泽，并且，具有云南山茶（*C. reticulata*）那般显著巨大花朵和早花性，那些就是我们需要发展的方向。迪斯坎索植物园按着这理想所制就的一项大规模计划正朝向目标进行中。"

美国加州迪斯坎索植物园（Descanso Gardens）自1948年至1950年从中国引种云南山茶品种一览表

序号	中文品种名	英文品种名	年代
1	‘厚叶蝶翅’	'Butterfly Wing'	1948
2	‘菊瓣’	'Chrysanthemum Petal'	1948
3	‘大玛瑙’	'Cornelian'	1948
4	‘大桃红’	'Crimson Robe'	1948
5	‘狮子头’	'Lion Head'	1948
6	‘牡丹茶’	'Moutancha'	1948
7	‘麻叶桃红’	'Maye Taohong'	1948
8	‘紫袍’	'Purple Gown'	1948
9	‘大银红’	'Shot Silk'	1948
10	‘大理茶’	'Tali Queen'	1948
11	‘柳叶银红’	'Willow Wand'	1948
12	‘佛陀’	'Buddha'	1950
13	‘孔夫子’	'Confucius'	1950

1951年，发生抗美援朝战争以来，中美之间交流就此中断了。及至1980年，美国加州大学伯克利分校植物园（the University of California Botanical Garden）从中国引种45个云南山茶品种。

美国加州大学伯克利分校植物园（The University of California Botanical Garden）从中国引种云南山茶品种一览表

序号	中文品种名	英文品种名
1	‘童子面’	'Baby Face'
2	‘亮叶银红’	'Bright Leaf Pink'
3	‘大红袍’	'Bright Red Gown'
4	‘锦袍红’	'Brocade Gown Red'
5	‘粉蝴蝶’	'Butterfly Pink'
6	‘玛瑙菊瓣’	'Cornelian Chrysanthemun Petal'
7	‘鹤顶茶’	'Crane Crest'
8	‘大理蝶翅’	'Dali Butterfly Wing'
9	‘连蕊’	'Double Bowl'
10	‘早桃红’	'Early Crimson'
11	‘磬口’	'Empty Mouth'
12	‘恨天高’	'Envying Sky's Height'
13	‘凤山茶’	'Fengshan Camellia'
14	‘一品红’	'First Class Red'
15	‘平瓣大理茶’	'Flat Dali Camellia'
16	‘金蕊芙蓉’	'Gold Stamen Hibiscus'
17	‘醉娇红’	'Intoxicatingly Beautiful Red'
18	‘玉带红’	'Jade Stripe Red'
19	‘宝石花’	'Jewel Flower'
20	‘靖安茶’	'Jingan Camellia'
21	‘昆明春’	'Kunming Spring'
22	‘大桂叶’	'Large Osmanthus Leaf'
23	‘丁香红’	'Lilac Red'
24	‘玉兰茶’	'Magnolia Camellia'
25	‘小桂叶’	'Narrow Osmanthus Leaf'
26	‘宝珠茶’	'Noble Pearl'
27	‘桂茶洋红’	'Osmanthus Leaf Carmine'
28	‘卵叶银红’	'Ovate Leaf Pink'
29	‘淡大红’	'Pale Bright Red'
30	‘松子壳’	'Pine Shell'
31	‘银红蝶翅’	'Pink Butterfly Wing'
32	‘尖叶银红’	'Pointed Leaf Crimson'
33	‘红碗茶’	'Red Bowl'
34	‘红霞’	'Red Cloud'
35	‘宝玉红’	'Red Jewel'
36	‘玫红桂叶’	'Rosy Osmanthus Leaf'
37	‘独心蝶翅’	'Single Heart Butterfly'
38	‘小叶牡丹’	'Small Leaf Peony'
39	‘小叶玉兰’	'Small Magnolia'
40	‘银粉牡丹’	'Yinfen Mudan'
41	‘赛菊瓣’	'Superior Chrysanthemun Petal'
42	‘赛桃红’	'Superior Crimson'
43	‘赛牡丹’	'Superior Peony'
44	‘朱砂紫袍’	'Vermillion Purple Gown'
45	‘迎春红’	'Welcoming Spring Red'

1980 年 1 月 21 日，美国国家植物园收到中国科学院昆明植物研究所昆明分所张敖罗副所长寄去邮包，包裹中除 5 粒金花茶种子外，另有 12 枝云南山茶接穗。20 世纪 50 年代初，因抗美援朝特殊时期造成中断的中美山茶界友好交往，从此得到了恢复和发展。

新西兰栽培云南山茶先由英国移民引去‘罗韦斯船长’。其后，由多克（Doak）用‘罗韦斯船长’与怒江山茶相杂交，于 1958 年培育出种间杂交种‘布赖恩’（'Brain'），1961 年，多克先生又用怒江山茶与‘罗韦斯船长’杂交培育出‘贝蒂’（'Bettie Durrant'）。1964 年，由英国移民汤姆·杜兰特（Col. Tom Durrant）向中国科学院昆明植物研究所引种 6 个品种：‘张家茶’（'Chang's Temple'）、‘早桃红’（'Early Crimson'）、‘早牡丹’（'Early Peony'）、‘恨天高’（'Envying Sky，Height'）、‘麻叶银红’（'Reticulate Leaf Pink'）、‘小桂叶’（'Small Osmanthus Leaf'，汤姆·杜兰特先生用了不同的英文品种名称）。克拉克（H. J. Clark）用云南山茶杂交种‘巴巴拉·克拉克’（'Barbara Clark'）与山茶‘萨默斯伯’（'Somersby'）杂交、培育出种间杂交种‘安赞克’（'Anzac'），1967 年简·克里斯普博士（Dr. Jane Crisp）用野生云南山茶与云南山茶栽培品种‘大桃红’（'Crimson Robe'）相杂交，培育出‘梦话’（'Balderdash'）……此后，培育出新品种频频捷报佳音。20 世纪中叶以来，已培育出 120 个杂交品种，声誉雀起，至今与澳大利亚山茶界已跻身世界一流山茶大国行列。

澳大利亚发展、培育云南山茶始于 20 世纪中叶。著名山茶学者沃特豪斯教授（Prof. Waterhouse）在 1947 年从云南野生型山茶（Wild Form）实生苗选育出花呈深玫瑰红色，半复瓣大花型‘特立威瑟恩粉红色’（'Trewithen Pink'）。

1949 年新南威尔士州一位苗圃业主沃尔特·黑泽尔伍德先生（Mr. Walter Hazlewood）引进 6 棵云南山茶，其后，受病毒侵染，全部死亡了。1952 年，从美国拉尔夫·皮尔先生处引得一些云南山茶。

1963 年，由鲁宾索恩（S. Rubensohn）用‘大桃红’与‘紫袍’相杂交，培育出‘埃利·鲁宾索恩’（'Ellie Rubensohn'）。1968 年，由图克菲尔德（Tuckfield）用‘孔夫子’与‘柳叶银红’相杂交，培育出‘卡利多’（'Caledo'）。1970 年，由塞比尔（Sebire）用‘大理茶’实生种选育出‘葡萄酒皇后’（'Burgundy Queen'）。1971 年，由图克菲尔德从‘大桃红’实生种选育出‘希腊’（'El Greco'）。1974 年，图克菲尔德从‘大玛瑙’实生种选育出‘艾米’（'Amy Pearson'）。1976 年，塞比尔从‘柳叶银红’实生种选育出‘艾莉森’（'Alison Sebire'）。之后，有许多爱好山茶育种者们，如萨维奇（T. J. Savige），斯潘塞（H. A. Spencer），皮尔森（Pierson），斯普拉格（A. Spragg），约翰·佩迪森（John Paddison），奈埃特（A. Knight），多克（Doak），胡普（B. Hooper），威瑟斯博士（Dr. R. M. Withers），威尔森（J. & P. Wilson）等共襄盛举。自 1947 年至 2005 年，在 58 年中竟培育出 145 个新杂交品种，它们在当今国际云南山茶登录 687 个品种中所占比例几乎达 1/5。

20 世纪下半叶以来，美国、澳大利亚、新西兰在云南山茶育种方面，除了种内育种，也进行种间杂交，如与大苞山茶、琉球连蕊茶、西南红山茶、山茶、茶梅、怒江山茶相杂交，均获得显著成果——树型得到改善，枝丛变多；白色（花朵盛放时瓣端粉红色晕几乎褪尽）品种增多；出现瓣缘具齿边品种；培育出 8cm 左右小型花；培育出高蕊形复瓣花；叶面具有光泽等；提高了耐寒性和耐热性等。详细内容，可参考随后品种简介。

（二）品种简介

'安·戴'（'Ann Day'）

'安·戴'（'Ann Day'）

美国亚拉巴马州莫比尔（Mobile）市 W. E. 塞路斯先生（Mr. W. E. Sellers）用云南山茶'大桃红'('Crimson Robe')与红山茶(*C. japonica*)园艺品种'丝纱罗'('Tiffany')相杂交、培育出，1968 年首次开花，1973 年公布。

花呈深粉红色，半复瓣型，花径 14～15cm。树性直立，长势旺盛。

'喝彩'（'Applause'）

美国加州怒起乌苗圃（Nuccio's Nurseries）在 1962 年用云南山茶'牡丹茶'('Mudan Cha')与另一云南山茶杂交种'伊丽莎白·约翰斯顿'('Elizabeth Johnston')相杂交、培育出，1971 年首次开花，1980 年公布。

花呈淡鲑鱼肉色中泛淡粉红色，花瓣扭曲，半复瓣型，花径约 14cm。树性直立，长势旺盛。

'喝彩'（'Applause'）

'阿卡迪亚'（'Arcadia'）

'阿卡迪亚'（'Arcadia'）

美国加州阿卡迪亚（Arcadia）市迈耶·皮特先生（Mr. Meyer Piet）在 1967 年用云南山茶'莫昌'('Mouchang')与茶梅'财神'('Bonanza')相杂交，培育出种间杂交种，1974 年首次开花，1979 年公布。

花呈粉紫色中泛鲑鱼肉色，半复瓣型至松散牡丹型，花径最大可达 20cm。树性直立。

'凯旋门'（'Arch of Triumph'）

美国加州拉斐亚市戴维·L. 菲塞尔斯（David L. Feathers）在 1952 年用杂交云南山茶种子培育出，1970 年公布。

花呈红葡萄酒色泽，或呈紫红色，松散牡丹型，花径 16～18cm。树性直立。

'凯旋门'（'Arch of Triumph'）

'里特利'（'Betty Ridley'）

美国佐治亚州麦康（Macon）市 W. F. 小霍姆耶博士（Dr. W. F. Homeyer Jr.）用红山茶品种'布拉西'('Marie Bracey')与云南山茶杂交种'菲拉西·哈里斯'('Felice Harris')相杂交培育出种间杂交种，1973 年发表。

花呈粉红色，重瓣型，花径约 10cm。树性直立，枝丛扩展，生长缓慢。

'复色里特利'（'Betty Ridley var.'）

由'里特利'受病毒侵染后，花瓣上出现白色斑晕，甚至出现一些全白色花瓣。其余性状都与母树相同。1978 年发表。

‘复色皮特’（'Bev Piet var.'）

美国加州阿卡迪亚市迈耶·皮特先生（Mr. Meyer Piet）和李·盖塔先生（Mr. Lee Gaeta）合作，用云南山茶‘火神爷’（'Firechief'）与云南山茶‘怒起乌红宝石’（'Nuccio's Ruby'）相杂交、培育出。1986年公布。其后，受到病毒侵染，花瓣上出现白色斑晕。其余性状都与母树相同。

‘比尔大齿轮’（'Bill Goertz'）

美国加州杜兰特（Duarte）市比尔·戈齐（Bill Goertz）在1970年用云南山茶‘红威廉’（'William Hertrich'）与红山茶品种‘毛缘大黑红’（'Clark Hubbs'）相杂交、培育出种间杂交种，1978年首次开花，1985年公布。

花呈红色，花瓣波形，瓣缘呈锯齿状，半复瓣型，花径约12cm。叶呈阔椭圆形，叶脉深陷，墨绿色，有光泽。树性直立。

‘比尔大牡丹’（'Bill Woodroof'）

美国加州怒起乌苗圃（Nuccio's Nurseries）培育出，1989年公布。

花呈猩红色，偶尔出现淡猩红色，花瓣波曲状，半复瓣型至松散牡丹型，花径15～18cm。树性直立。

‘黑绒带’（'Black Lace'）

美国密西西比州埃利斯维尔（Ellisville）市L. W. 鲁芬先生（Mr. L. W. Ruffin）用红山茶杂交种‘赠奉’（'Donation'）与云南山茶‘大桃红’（'Crimson Robe'）相杂交、培育出种间杂交种，1965年首次开花，1968年公布。

花呈天鹅绒般红色，复瓣玫瑰型至重瓣型，花径10～12cm。树性直立。

‘黑绒带’受病毒侵染后，瓣丛出现大小不一白色斑晕。1985年美国山茶协会《山茶杂志》冬季号见载。

‘里特利’（'Betty Ridley'）

‘复色皮特’（'Bev Piet var.'）

‘复色里特利’（'Betty Ridley var. '）

‘比尔大牡丹’（'Bill Woodroof'）

‘比尔大齿轮’（'Bill Goertz'）

‘黑绒带’（'Black Lace'）

‘白斑黑绒带’（'Black Lace var.'）

‘包列罗舞’（'Bolero'）

‘加州日出’（'California Sunrise'）

‘白斑罗韦斯船长’（'Captain Rawes var.'）

‘克里斯的滇山茶’（'Chrissie's Retic'）

‘孔夫子’（'Confucius'）

‘大玛瑙’（'Cornelian'）

‘大桃红’（'Crimson Robe'）

‘包列罗舞’（'Bolero'）

该品种早在 1935 年由尤齐（Youtz）从欧洲引入美国，但是，原名已失。

花呈绯红色，覆瓦状排列重瓣型，花径约 9cm。树性横张。

‘加州日出’（'California Sunrise'）

美国加州怒起乌苗圃（Nuccio's Nurseries）在 1974 年用茶梅与云南山茶杂交、培育出种间杂交种。1984 年首次开花，1988 年公布。

花呈粉红色，半复瓣型，花径约 9cm。树性直立。

‘白斑罗韦斯船长’（'Captain Rawes var.'）

由‘罗韦斯船长’受病毒侵染后，花瓣上出现白色斑晕。其余性状与母树相同。

‘克里斯的滇山茶’（'Chrissie's Retic'）

由新西兰著名山茶育种家海登先生（Mr. Neville Haydon）在 1976 年培育出，1984 年首次开花，1987 年公布。

花呈微白色泛浅粉红色色晕，花径 10～13cm。叶呈椭圆形。树性直立。

‘孔夫子’（'Confucius'）

该品种源于中国昆明植物研究所，由云南山茶与窄叶西南红山茶相杂交、培育出种间杂交种。1950 年，美国加州迪斯坎索植物园（Descanso Gardens）向中国引种。

花呈青紫色，半复瓣型，花径约 8cm。树性直立。

‘大玛瑙’（'Cornelian'）

系中国古老传统品种，早在 1621 年《群芳谱》中已有记载。1948 年美国加州迪斯坎索植物园（Descanso Gardens）向中国引种。

花呈深玫瑰红色至大红色，花瓣波曲状，瓣上杂缀白色斑晕，半复瓣型至牡丹型，花径约 12cm。叶呈椭圆形，碧绿色，有光泽。树性直立。

‘大桃红’（'Crimson Robe'）

美国加州迪斯坎索植物园（Descanso Gardens）在 1948 年向中国引种。

花呈胭脂红色，半复瓣型，花瓣呈波曲状，花径约 15cm。叶呈宽卵形，中折，叶面光滑，墨绿色。树性直立。

‘柯伦·科特斯’（'Cullen W. Coates'）

美国山茶协会主席芭芭拉·塔弗利（Barbara Coates Tuffli, President of the American Camellia Society）为缅怀先父柯伦·科特斯（Cullen W. Coates）终生

'谢幕'('Curtain Call')

'柯伦·科特斯'('Cullen W. Coates')

'鲍勃·威瑟斯博士'('Dr Bob Withers')

'戴维'('David Feathers')

热爱山茶，并在旧金山半岛区家中栽培了大量山茶。曾在1969年任旧金山半岛山茶协会主席（served as President of the Peninsula Camellia Society in 1969）。为此，在1999年把自己培育出的云南山茶命名为'柯伦·科特斯'('Cullen W. Coates')，以资纪念。

花呈红紫色，半复瓣型至牡丹型，花径约12cm，树性直立、茁壮。

'谢幕'('Curtain Call')

美国加州怒起乌苗圃（Nuccio's Nurseries）培育出，1976年首次开花，1979年公布。

花呈珊瑚红色，花瓣呈波曲状，半复瓣型，花径约16cm。树性直立。

'戴维'('David Feathers')

美国加州拉斐亚市戴维·L.菲塞尔斯先生（Mr. David L. Feathers）培育出。

花呈粉紫色，花瓣波曲，牡丹型，花径12～13cm。

'首演'('Debut')

美国加州怒起乌苗圃（Nuccio's Nurseries）用云南山茶与红山茶品种相杂交、培育出种间杂交种，1977年公布。

花呈玫瑰红色，花瓣波曲，牡丹型，花径约15cm。树性横张。

'丹恩'('Den Burton')

新西兰海登先生(Mr. Neville Haydon）用云南山茶品种与红山茶品种相杂交、培育出种间杂交种。1999年公布。

花呈亮丽猩红色，牡丹型，花径约17cm。树性直立，枝丛稠密。

'鲍勃·威瑟斯博士'('Dr. Bob Withers')

由澳大利亚维多利亚州R. M.威瑟斯博士（Dr. R. M. Withers）用云南山茶品种'苏珊娜'('Suzanne Withers')与云南山茶品种'吉恩·泊赛尔'('Jean Pursel')相杂交、培育出，2000年公布。

花呈玉色，瓣前沿泛微微粉红色，花瓣波曲，花径约13cm。树性直立。

'首演'('Debut')

'丹恩'('Den Burton')

‘多布罗’（'Dobro'）

‘多布罗’（'Dobro'）

‘帕克斯博士’（'Dr. Clifford Parks'）

‘理想中宝贝’（'Dream Baby'）

‘豆蔻年华’（'Early Girly'）

‘多布罗’（'Dobro'）

美国加州门罗公园（Menlo Park）市曼达里奇先生（Mr. J. Mandarich）用云南山茶杂交种‘史密斯’('Hulyn Smith')与云南山茶杂交种‘哈罗德’('Harold L. Paige')相杂交、培育出，1992年公布。

花呈淡玫瑰红色，复瓣玫瑰型至重瓣型，花径11～14cm。树性直立。

‘帕克斯博士’（'Dr. Clifford Parks'）

美国北卡罗来纳州帕克斯博士（Dr. Clifford Parks）用云南山茶‘大桃红’与山茶‘克瑞墨大牡丹’杂交、培育出种间杂交种，1970年首次开花，1971年公布。

花呈大红色，半复瓣至松散宝珠型，花径约15cm。树性直立、茁壮。

‘理想中宝贝’（'Dream Baby'）

新西兰O. 布卢姆哈特（O. Blumhardt）在1974年用云南山茶杂交种‘梦中情人’('Dream Girl')与还没有命名的云南山茶杂交种［‘佛陀’('Buddha')×毛花连蕊茶（*C. fraterna*）］相杂交、培育出，1982年首次开花，1986年公布。

花呈粉紫色，半复瓣型，花径约5.5cm，为云南山茶中微型花。树性直立。

‘豆蔻年华’（'Early Girly'）

美国加州卡迈克尔（Carmichael）市T. 李先生（Mr. T. Lee）用云南山茶‘怒起乌红宝石’（'Nuccio's Ruby'）与云南山茶杂交种‘埃玛’('Emm Gaeta')相杂交、培育出，1996年公布。

花呈淡紫红色，花瓣波曲，复瓣玫瑰型，花径约18cm。树性直立。

‘复色埃玛’（'Emma Gaeta var.'）

‘埃玛’受病毒侵染后，花瓣上出现白斑或大面积白色晕边。1980年公布。其他性状与母树相同。

‘西班牙’（'Espana'）

美国加州圣·安塞尔莫（San Anselmo）

‘复色埃玛’（'Emma Gaeta var.'）

‘西班牙’（'Espana'）

‘复色埃玛’（'Emma Gaeta var.'）

‘靓裤’（'Fancy Pants'）

‘盛大节日’（'Fiesta Grande'）

‘凹兰’（'Fluted Orchid'，由新西兰海登先生供照，Courtesy of Mr. N. Haydon, New Zealand）

H. S. 霍尔先生（Mr. Houghton S. Hall）在1973年从杂交‘怒起乌红宝石’实生苗中选出，1982年首次开花。1987年公布。

花呈玫瑰红色，雄蕊瓣上杂缀白色纵条纹，复瓣玫瑰型，花径12～13cm。树性直立。

‘靓裤’（'Fancy Pants'）

美国佐治亚州麦康市沃尔特·霍姆耶（Walter Homeyer）用云南山茶‘大桃红’与大苞山茶（*C. granthamiana*）相杂交、培育出，1989年公布。

花呈白色，瓣前沿泛微微浅粉红色色晕，半复瓣型，花径约12cm。树性直立。

‘盛大节日’（'Fiesta Grande'）

美国加州阿卡迪亚市迈耶·皮特（Meyer Piet）和李·盖塔（Lee Gaeta）用云南山茶与茶梅杂交种‘女花童’（'Flower Girl'）与茶梅相杂交、培育出，1986年公布。

花呈紫红色，瓣上杂缀白斑，半复瓣至松散牡丹型，花径约12cm。树性直立。

‘凹兰’（'Fluted Orchid'）

美国加州拉斐亚市戴维·L. 菲塞尔斯先生（Mr. David L. Feathers）用怒江山茶与云南山茶‘大桃红’相杂交、培育出种间杂交种，1960年公布。

花呈淡青紫色，半复瓣型，花径约8cm。树性灌木型。

'淘金者'('Forty Niner')

'白斑弗朗西'('Francie Li var.')

'埃姆波斯'('Glowing Embers')

'白斑弗兰克'('Frank Houser var.')

'佛波'('Frank Pursel')

'霍尔的骄傲'('Hall's Pride')

'淘金者'('Forty Niner')

美国加州埃斯康迪多(Escondido)市霍华德·阿斯珀(Howard Asper)用云南山茶'蝶翅'('Butterfly Wings')与红山茶'秋老虎'('Indian Summer')相杂交、培育出种间杂交种。

花呈浓红色,牡丹型,花径约13cm。树性直立。

'白斑弗朗西'('Francie Li var.')

美国加州怒起乌苗圃(Nuccio's Nurseries)用怒江山茶杂交种'苹果花'('Apple Blossom')与云南山茶'佛陀'('Buddha')相杂交、培育出,1964年公布。其后,植株受病毒侵染,花朵花瓣上出现白色斑晕,半复瓣型,花径约13cm。树性直立。其余性状与母树相同。

'白斑弗兰克'('Frank Houser var.')

系'弗兰克'('Frank Houser')受病毒侵染后,花朵瓣丛出现白色斑晕,其余性状都与母本相同。1990年由美国佐治亚州杰尼干(M. Jernigan)公布。

'佛波'('Frank Pursel')

美国加州屋仑(Oakland)市法兰克·珀塞尔(Frank Pursel)用云南山茶杂种['大玛瑙'('Cornelian')与红山茶杂交品种'戴维斯夫人'('Mrs. D. W. Davis')相杂交、培育出杂交品种]与云南山茶'大玛瑙'相杂交、培育出。1987年公布。

花呈红色,花朵中央少数花瓣杂缀粉红色,复瓣型至牡丹型,花径约17cm。树性直立。

'埃姆波斯'('Glowing Embers')

新西兰A. H. 伯韦尔(A. H. Burwell)用云南山茶'大桃红'与'狮子头'相杂交、培育出,1973年首次开花,1976年公布。

花呈深绯色,半复瓣型至松散牡丹型,花径约15cm。树性直立。

'霍尔的骄傲'变种(sport of 'Hall's Pride')

系'霍尔的骄傲'('Hall's Pride')芽变中分离出。

花呈粉红色,瓣沿呈大红色,微微内曲,雄蕊束呈梅蕊型,偶尔出现雄蕊瓣化,半复瓣型,花径约8cm。该变种现由美国加州怒起乌苗圃(Nuccio's Nurseries)栽培、养护中。

'霍尔的骄傲'('Hall's Pride')

美国加州圣·安塞莫(San Anselmo)市豪夫顿·S. 霍尔先生(Mr. Houghton S. Hall)在1972年从云南山茶'大玛瑙'实生种中选育出,1981年首次开花,1985年公布。

花呈粉红色中泛鲑鱼肉色,有时花开大红色,半复瓣型,花径最大的可达20cm。树性直立。

‘霍尔的骄傲’变种（sport of 'Hall's Pride'）

‘霍尔的骄傲’（'Hall's Pride'）

‘哈罗德’（'Harold L. Paige'）

‘复色霍尔的骄傲’（'Hall's Pride var.'）

系‘霍尔的骄傲’受病毒侵染后，花瓣从出现白色斑晕，经分离、定向培养成变异品种。其余性状都与母树相同。

‘复色霍尔的骄傲’（'Hall's Pride var.'）

‘红霞’（'Hongxia'）

‘哈罗德’（'Harold L. Paige'）

国加州屋宕市杰克·奥塞格戴（Jack Oseguda），在1961年用红山茶‘大阿道夫’与云南山茶‘大桃红’相杂交，培育出种间杂种，1969年首次开花，1972年公布。

花呈大红色，复瓣玫瑰型至牡丹型，花径约13cm。树性直立。

‘红霞’（'Hongxia'）

源于中国科学院植物研究所昆明分所从实生苗中选出。1980年，美国加州伯克利大学植物园从中国引种。

花呈深绯色，半复瓣型，花径14～15cm。树性直立。

‘霍华德’（'Howard Asper'）

美国加州埃斯康迪多市霍华德·阿斯珀先生（Mr. Howard Asper）在1958年用云南山茶‘大玛瑙’与红山茶‘加冕典礼’相杂交、培育出，1962年首次开花，1963年公布。

花呈粉红色中泛鲑鱼肉色，松散牡丹型，花径约17cm。树性直立。

‘霍华德’（'Howard Asper'）

‘奥利弗’('Howard Oliver')

‘艾达’('Ida Cossom')

‘刘易斯’('Jack Lewis')

‘曼达里奇’('Jack Mandarich')

‘玛科伊’('James McCoy')

‘奥利弗’('Howard Oliver')

美国加州门罗公园市霍华德·奥利弗先生(Mr. Howard Oliver)培育出。

花呈淡玫瑰紫红色，重瓣型，花径约10cm。

‘艾达’('Ida Cossom')

澳大利亚维多利亚州北旺丁市埃德加·R. 塞比尔(Edgar R. Sebire)从云南山茶‘拉斯卡娇娇’('Lasca Beauty')杂交后所得种子培育出，1982年首次开花，1984年公布。

花呈粉红玫瑰色，半复瓣型至重瓣型，花径约15cm。树性直立。

‘刘易斯’('Jack Lewis')

系美国加州山茶爱好者培育出。

花呈白色，花瓣前端周缘泛出微微紫红色色晕，盛放时，色晕褪去，花径约12cm。史实不详。

‘曼达里奇’('Jack Mandarich')

美国俄勒冈(Oregon)州大渡口(Grant's Pass)市杰克·曼达里奇先生(Mr. Jack L. Mandarich)在1979年用云南山茶杂交种‘里来特’('Lilette Witman')与另一云南山茶杂交种‘史密斯’('Hulyn Smith')相杂交、培育出，1989年首次开花，1995年公布。

花呈绣线菊花般红色，覆瓦状般排列重瓣型，花径约13cm。树性直立。

‘玛科伊’('James McCoy')

美国加州屋仑(Oakland)市弗兰克·珀塞尔先生(Mr. Frank Pursel)在1972年用云南山茶‘大桃红’、‘大玛瑙’和怒江山茶一起与红山茶杂交种‘贝西乌奇公主’('Princess Bacciocchi')相杂交、培育出，1978年首次开花，1980年公布。

花呈红葡萄酒般颜色，花瓣波曲状，半复瓣型，花径约13cm。树性直立。

‘珍妮·泊赛尔’('Jean Pursel')

美国加州屋仑市弗兰克·珀塞尔先生(Mr. Frank Pursel)在1970年用云南山茶‘大玛瑙’与红山茶‘戴维斯夫人’('Mrs. D. W. Davis')相杂交，培育出种间杂交种。

花呈淡紫粉红色，牡丹型，花径约17cm。树性直立。

‘吉姆’('Jim Pinkerton')

美国加州屋仑市弗兰克·珀塞尔先生(Mr. Frank Pursel)用云南山茶‘大桃红’与山茶原种琉球连蕊茶(*C. lutchuensis*)相杂交，培育出种间杂交种。

花呈玫瑰红色，牡丹型，花径约14cm。树性直立。

‘约翰·亨特’('John Hunt')

澳大利亚维多利亚州(Victoria)鲍罗尼爱(Boronia)市约翰·亨特先生(Mr. John Hunt)用云南山茶‘凯旋门’与云南山茶种间杂交种‘拉斯卡娇娇’相杂交、培育出，1984年首次开花，1988年公布。

花呈绯色，半复瓣型至松散牡丹型，花径最大时可达20cm。树性直立。

'约翰·亨特'('John Hunt')

'珍妮·泊赛尔'('Jean Pursel')

'吉姆'('Jim Pinkerton')

'科欣诺'('Kohinor')

'拉斐亚美人'('Lafayette Beauty')

'科欣诺'('Kohinor')

美国加州好莱坞(Hollywood)市蒙尼昆·皮尔先生(Mr. Monique Peer)在1957年用'佛陀'('Buddha')种子培育出，1963年首次开花，1968年公布。

花呈淡紫红色，半复瓣型，花径约13cm。树性直立。

'拉斐亚美人'('Lafayette Beauty')

美国加州拉斐亚市戴维·L.菲塞尔斯先生(Mr. David L. Feathers)在1977年用云南山茶杂交种'拉斯卡娇娇'所结种子培育出，1983年首次开花、公布。

花呈似银色般光泽粉红色，花瓣波曲，半复瓣型，花径13～15cm。树性直立。

‘拉斯卡娇娇’('Lasca Beauty')

‘拉丽·皮特’('Larry Piet')

‘劳丽塔’('Lauretta Feathers')

‘琳达’('Linda Carol')

‘宝贝夫人’('Lovely Lady')

‘拉丽·皮特’('Larry Piet')

美国加州梅耶·皮特先生(Mr. Meyer Piet)用云南山茶‘法老’('Pharcak')与云南山茶种间杂交种‘哈罗德’('Harold L. Paige')相杂交、培育出，1989年公布。

花呈暗红色，玫瑰型至牡丹型，偶尔会出现重瓣型花朵，花径约15cm。树性直立，枝丛稠密。

‘拉斯卡娇娇’('Lasca Beauty')

美国北卡罗来纳州克利福特·帕克斯博士(Dr. Clifford R. Parks)在1964年用云南山茶‘大玛瑙’与红山茶‘戴维斯夫’相杂交、培育出种间杂交种，1970年首次开花，1973年公布。

花呈粉红色，瓣质厚实，半复瓣型，花径17～18cm。树性直立。

‘劳丽塔’('Lauretta Feathers')

美国拉斐亚市戴维·L.菲塞尔斯先生(Mr. David L. Feathers)在1976年用云南山茶杂交种‘拉斯卡娇娇’('Lasca Beauty')所结种子培育出，1982年首次开花，1983年公布。

花呈浅玉色，盛开时除瓣前沿微呈浅玉色外，余外几乎都褪成白色，花瓣波曲状，半复瓣型，花径约15cm。树性直立，枝丛稠密。

‘琳达’('Linda Carol')

美国加州屋宕市弗兰克·珀塞尔先生(Mr. Frank Pursel)在1970年用云南山茶‘大玛瑙’与红山茶‘戴维斯夫人’相杂交、培育出种间杂交种。1985年首次开花，1995年公布。

花呈淡粉红色，半复瓣型，花径约15cm。树性直立、强健。

‘宝贝夫人’('Lovely Lady')

澳大利亚维多利亚州北旺丁(Wandin North)市埃德加·R.塞比尔(Edgar R. Sebire)从云南山茶杂交种‘粉火花’('Pink Sparkle')种子培育出，1979年首次开花，1981年公布。

花呈粉红色中微微泛鲑鱼肉色，重瓣型，花径约12cm。叶呈披针形，具叶齿。树性直立，枝丛稠密。

‘希尔福德’（'Margaret Hilford'）

新西兰汉密尔顿州佩库兰加（Pakuranga）市 J. N. 罗尔夫（J. N. Rolfe）从云南山茶实生苗中选出，1977 年首次开花，1980 年发表。

花呈深红色，半复瓣型，花径约 13cm。树性直立，枝丛扩张，长势旺盛。本品种在茶花展中屡屡获奖，列为最受欢迎品种之一。

‘默桑特’（'Mary Musante'）

美国俄勒冈州大渡口市（Grant's Pass）J. 曼达里奇先生（Mr. Jack Mandarich）用云南山茶杂种‘珍妮·泊赛尔’与云南山茶杂种‘凯旋门’相杂交后所结种子培育出，1996 年公布。

花呈暗红色，复瓣玫瑰型至重瓣型，花径 11～12cm。树性直立，长势一般。

‘奥唐内尔’（'Mary O'donnell'）

美国加州门罗公园市杰克·曼达里奇先生（Mr. Jack Mandarich）在 1976 年用云南山茶杂交种‘里来特’（'Lilette Witman'）与另一个云南山茶杂交种‘史密斯’（'Hulyn Smith'）相杂交后所得种子培育出。1987 年首次开花，1992 年公布。

花呈亮丽福禄考（Phlox，系一种草本花卉）粉红色，牡丹型至玫瑰型，偶尔会出现重瓣型花朵，花径约 10cm，高 7～8cm，为云南山茶花（包括杂交种）中花朵最高者。树性直立，枝丛稠密。

‘云斑山茶之都’（'Massee Lane var.'）

系‘山茶之都’受病毒侵染后，花瓣上出现白色斑晕。其余性状都与母树相同。

‘韦布鲁’（'May Westbrook'）

澳大利亚维多利亚州北旺丁市埃德加·R. 塞比尔先生（Mr. Edgar R. Sebire）从云南山茶‘大桃红’种子培育出，1973 年首次开花，1976 年公布。

花呈深红色，半复瓣型，花径 13～16cm。叶呈卵圆形，叶尖呈钝尖，叶缘具锯齿状。树性直立。

‘希尔福德’（'Margaret Hilford'，新西兰海登先生供照，Courtesy of Mr. N. Haydon, New Zealand）

‘默桑特’（'Mary Musante'）

‘云斑山茶之都’（'Massee Lane var.'）

‘奥唐内尔’（'Mary O'donnell'）

‘韦布鲁’（'May Westbrook'）

‘麻叶银红’（'Mayen Yin Hung'）

系中国古老云南山茶品种之一。

花呈玫瑰红色，半复瓣型至牡丹型，有时偶尔会开出宝珠型花朵，花径约12cm。叶呈长卵圆形至椭圆形。树性直立。

‘塔莉尔小姐’（'Miss Tulare'）

美国加州塔莉尔（Tulare）市M.W.亚布拉姆先生（Mr. M. W. Abramson）在1965年从云南山茶‘大桃红’种子培育出，1973年首次开花，1975年公布。

花呈亮丽红色，或玫瑰红色，牡丹型至玫瑰型，偶尔亦会出现重瓣型，花径约12cm。树性直立、强健。

‘新塔莉尔小姐’（'Miss Tular var.'）

该品种系‘塔莉尔小姐’受病毒侵染后，花瓣上出现白色斑晕，其他性状与母树相同。1977年由M.W.亚布拉姆先生（Mr. M. W. Abramson）公布。

‘莫莉’（'Molly O' Toole'）

新西兰奥霍普（Ohope）市奥托尔先生（Mr. D. G. O' Toole）用云南山茶‘大玛瑙’与‘大桃红’相杂交后所结种子培育出，1972年公布。

花呈鲜艳樱桃红色，半复瓣型，花径约11cm。树性直立、强健。

‘冉冉明月’（'Moon Rise'）

美国加州怒起乌苗圃（Nuccio's Nurseries）用大苞山茶（*C. granthamiana*）与云南山茶杂交、培育出种间杂交种，其专利编号为N#9606，2000年公布。

花呈肉色至浅青紫色，瓣基部呈淡黄色，花径10～12cm。树性直立、强健，枝丛扩张。

‘牡丹茶’（'Moutancha'）

系中国云南山茶著名品种，1930年公布，1948年美国引种。

‘麻叶银红’（'Mayen Yin Hung'）

‘新塔莉尔小姐’（'Miss Tular var.'）

‘莫莉’（'Molly O' Toole'）

‘麻叶银红’（'Mayen Yin Hung'）

‘塔莉尔小姐’（'Miss Tulare'）

‘冉冉明月’（'Moon Rise'）

‘牡丹茶’（'Moutancha'）

‘巴黎圣母院’（'Notre Dame'）

‘诺约公主’（'Noyo Princess'）

‘南茜·里根’（'Nancy Reagan'）

花呈浅玫瑰红色，花瓣波曲状，瓣上杂缀浅粉红色条纹和色晕，半复瓣型至复瓣型，花径约12cm。树性强健、直立。

‘南茜·里根’（'Nancy Reagan'）

美国加州圣·马里诺（San Marino）市W. F. 戈齐先生（Mr. W. F. Goertz）在1964年从云南山茶种子培育出，1975年首次开花，1981年公布。

花呈粉红玫瑰色，半复瓣型，花径约15cm。树性直立，强健。

‘巴黎圣母院’（'Notre Dame'）

美国加州林边（Woodside）市玛乔里·奥马利夫人（Mrs.Marjorie O'Malley）在1965年用云南山茶‘佛陀’（'Buddha'）与云南山茶‘红威廉’（'William Hertrich'）相杂交后所得种子培育出，1973年首次开花，1977年公布。

‘牛西奥新红宝石’（'Nuccio's Ruby var.'）

‘牛西奥新红宝石’（'Nuccio's Ruby var.'）

花呈深绯色，松散牡丹型，花径约17cm。树性直立。

‘诺约公主’（'Noyo Princess'）

花呈粉红色，少数花瓣上杂缀乳白色条纹，或一些雄蕊瓣呈乳白色，瓣缘呈波形，花径约12cm。2005年美国加州纳帕（Napa）市茶花展览上陈列该品种。史实不详。

‘牛西奥新红宝石’（'Nuccio's Ruby var.'）

系‘牛西奥红宝石’受病毒侵染后，瓣从出现白色斑晕，经分离，培养成为‘牛西奥新红宝石’，其余性状都与母树相同，于1984年已列入怒起乌苗圃（Nuccio's Nurseries）商品目录中。

帕克斯教授未命名品种（Prof. Parks grow unnamed variety）

‘松子鳞’（'Pagoda'）

‘帕特’（'Pat Pinkerton'）

‘帕屈西’（'Patricia Haskee'）

‘珍品’（'Pearl Terry'）

‘帕特’（'Pat Pinkerton'）

美国加州屋宅市弗兰克·珀塞尔先生（Mr. Frank Pursel）用云南山茶杂交种‘凯旋门’与另一云南山茶杂交种（‘大桃红’× 琉球连蕊茶）相杂交、培育出，1997 年公布。

花呈暗红色，半复瓣型，花径约 13cm。树性直立。

‘松子鳞’（'Pagoda'）

系中国古老传统云南山茶品种之一，早在公元 1857 年英国人从中国引种去。

花呈红色，复瓣玫瑰型至重瓣型。树性强健，枝丛稠密，被园艺界认为云南山茶中树型最优美的品种。

帕克斯教授未命名品种（Prof. Parks grow unnamed variety）

由北卡罗来纳州帕克斯教授（Prof. Clifford R. Parks）培育出，至今尚未命名，现由美国加州怒起乌苗圃（Nuccio's Nurseries）养护、繁殖中。

花呈淡紫红色中泛微微蓝色光泽，半复瓣型，花径约 12cm。

‘帕屈西’（'Patricia Haskee'）

美国俄勒冈州大渡口市（这是 2002 年美国南加州山茶协会编《山茶品种目录》中资料。而在《国际山茶登录》1997 年版第三册中却说是美国加州 J . 曼达里奇。两种不同地址是否是迁移呢？还是其他原因？）J. 曼达里奇先生（Mr. Jack Mandarich）用云南山茶杂交种‘里来特’（'Lilette Witman'）与另一云南山茶杂交种‘史密斯’（'Hulyn Smith'）相杂交、培育出，1995 年公布。

花呈粉红色，半复瓣型至复瓣玫瑰型，花径 12 ～ 15cm。树性直立。

‘珍品’（'Pearl Terry'）

美国加州屋宅市弗兰克·珀塞尔先生（Mr. Frank Pursel）在 1967 年用云南山茶杂交种‘比尔斯老兄’（'Buddy Bills'）与另一云南山茶种间杂交种‘珍妮·泊赛尔’（'Jean Pursel'）相杂交、培育出，1982 年首次开花，1992 年公布。

花呈粉红玫瑰色，复瓣玫瑰型至重瓣型，花径约 15cm。树性直立、强健。

‘法老’（'Pharach'）

美国加州埃斯康迪多市霍华德·阿斯珀先生（Mr. Howard Asper）用云南山茶‘大玛瑙’种子培育出，1971 年公布。

花呈紫红玫瑰色，花瓣波曲，半复瓣型至牡丹型，花径约 18cm。树性直立，枝丛扩张。

‘菲利浦’（'Phillip Mandarich'）

美国加州门罗公园市杰克·曼达里奇先生（Mr. Jack Mandarich）在1974年用云南山茶杂交种‘凯旋门’与云南山茶种间杂交种‘珍妮·泊赛尔’相杂交、培育出，1985年首次开花，1992年公布。

花呈粉红色，半复瓣型，花径约15cm。树性直立，枝丛横张。

‘菲莉斯’（'Phyllis Hunt'）

澳大利亚维多利亚州南克罗多（South Croydon）市约翰·亨特先生（Mr. John Hunt）用云南山茶杂交种‘苏珊娜’（'Suzanne Withers'）与红山茶‘奇戴夫人’（'Mrs. D. W. Davis Special'）相杂交、培育出，1998年公布。

花呈玉色至浅红色，一些花瓣上半部和瓣缘都呈粉红色，复瓣玫瑰型，花径约16cm。树性直立，茁壮。

‘霍姆耶’（'Pop Homeyer'）

美国佐治亚州麦康市霍姆耶博士(Dr. W. F. Homeyer）在1955年用云南山茶‘大桃红’与山茶原种大苞山茶相杂交、培育出种间杂交种，1968年首次开花，1978年公布。

花呈深玫瑰红色，瓣上偶尔出现白色或淡粉红色斑晕，半复瓣型至牡丹型，甚或武瓣宝珠型，花径13～17cm。树性直立。

‘紫袍’（'Purple Gown'）

为中国云南山茶中传统名种之一。美国加州迪斯坎索植物园（Descanso Gardens）和另一位山茶爱好者拉尔夫·皮尔（Ralph Peer），在1948年向中国引种。澳大利亚、新西兰亦先后向中国引种。其后，发展迅速，成为人们喜爱的品种。

花呈淡紫红色或紫红色，有时花瓣上偶然会出现些许浅粉红色细条纹或隐约斑晕，牡丹型至复瓣型，花径15～18cm。树性直立、强健，枝丛稠密。

‘菲利浦’（'Phillip Mandarich'）

‘菲莉斯’（'Phyllis Hunt'）

‘法老’（'Pharach'）

‘霍姆耶’（'Pop Homeyer'）

‘紫袍’（'Purple Gown'，新西兰海登先生供稿，Courtesy of Mr. N. Haydon, New Zealand）

‘紫袍’（'Purple Gown'）

'圣·马里诺'('San Marino')

'鲁塔'('Ruta Hagmann')

'鲁思'('Ruth Jernigan')

'萨拉'('Sarah Jane')

'粉桑迪'('Sandy Clark')

'红宝石'('Red Jewel')

'红宝石'('Red Jewel')

为中国云南山茶名贵品种之一。1980年美国加州大学伯克利分校植物园由中国引种。

花呈深红色至暗红色,半复瓣型,一些花瓣上缀有淡粉红色纵条纹,花径约12cm。树性直立。

'鲁塔'('Ruta Hagmann')

美国加州奥林达(Orinda)市戴维·哈格曼先生(Mr. D. Hagmann)在1976年从云南山茶杂交种'谢幕'('Curtain Call')种子培育出,1986年首次开花,1992年公布。

花呈淡粉红色,牡丹型,花径约15cm。树性直立,枝丛扩张。

'鲁思'('Ruth Jernigan')

美国佐治亚州沃纳·罗宾斯(Warner Robins)市马文·杰尼干先生(Mr. Mavin Jernigan)在1977年用云南山茶杂交种'先驱'('Harbinger')与云南山茶'大桃红'相杂交、培育出,1987年首次开花,1991年公布。

花呈暗红色,半复瓣型,花径约17cm。树性直立、强健。

'圣·马里诺'('San Marino')

美国加州圣·马里诺(San Marino)市W. F. 戈齐先生(Mr. W. F. Goertz)在1964年从云南山茶种子培育出,1974年首次开花,1975年公布。

花呈暗红色,半复瓣型,花径约11cm。树性直立。

'粉桑迪'('Sandy Clark')

新西兰杰克·克拉克先生(Mr. Jack Clark)用云南山茶'佛陀'与山茶原种怒江山茶相杂交、培育出,1972年公布。

花呈绯色,半复瓣型,花径10～12cm。树性直立、强健。

'萨拉'('Sarah Jane')

澳大利亚K. 斯特罗威克先生(Mr. K. Strudwick)从一个不知道亲本的云南山茶种子培育出,1978年首次开花,1987年公布。

花呈粉红色,复瓣玫瑰型至重瓣型,花径12～14cm。树性直立,强健。

‘夏·迪安’（'Shay Dean'）

美国佐治亚州沃纳·罗宾斯市马文·杰尼干先生（Mr. Mavin Jernigan）在1974年用云南山茶杂交种‘克雷格·克拉克’（'Craig Clark'）与‘牛西奥红宝石’（'Nuccio's Ruby'）相杂交、培育出，1988年首次开花。

花呈粉红色，复瓣玫瑰型，花径约13cm。树性直立、强健。

‘大银红’（'Shot Silk'）

据传该品种是在20世纪早期从云南黑龙潭‘柳叶银红’的种子培育出。1948年，美国加州迪斯坎索植物园（Descanso Gardens）向中国引种。

花呈粉红色，半复瓣型，花径约10cm。树性直立、强健。

‘白斑墨尔董爵士’（'Sir Robert Muldoon var.'）

新西兰曼纳爱州（Manaia）盖姆林先生（Mr. A. P. Gamlin）在1978年从云南山茶杂交种种子培育出，1987年首次开花，1991年公布。

花呈粉红色，牡丹型，花径约13cm。树性直立。因受病毒侵染，花瓣上出现白色斑晕，经分离出，成为‘白斑墨尔董爵士’。

‘小叶牡丹’（'Small Leaf Peony'）

源于中国云南省。1980年，美国加州大学伯克利分校植物园向中国引种。

花呈红色，松散牡丹型，花径约13cm。

‘白斑南方口岸’（'South Port var.'）

美国加州奥克兰市弗兰克·珀塞尔先生（Mr. Frank Pursel）在1970年，用云南山茶杂交种‘凯旋门’、‘大玛瑙’与‘戴氏夫人’相杂交、培育出，1977年首次开花，1980年公布。

花呈深红色，半复瓣型至牡丹型，甚至，偶尔会出现武瓣宝珠型，花径约14cm。树性直立。其后，受病毒侵染，花瓣上出现大小不一白色斑晕，经分离，成为新品种。

‘欢腾’（'Standing Ovation'）

美国加州怒起乌苗圃（Nuccio's Nurseries）在1977年从云南山茶种子培育出，1981年首次开花，1984年公布。

花呈深红色，半复瓣型，花径12～15cm。树性直立。

‘夏·迪安’（'Shay Dean'）

‘大银红’（'Shot Silk'）

‘白斑墨尔董爵士’（'Sir Robert Muldoon var.'）

‘小叶牡丹’（'Small Leaf Peony'）

‘白斑南方口岸’（'South Port var.'）

‘欢腾’（'Standing Ovation'）

‘赛牡丹’（'Superior Peony'）

‘白斑探戈舞’（'Tango var.'）

‘特雷尔织娘’（'Terrell Weaver'）

‘纪念品’（'Trophy'）

‘情人节’（'Valentine Day'）

‘斑色情人节’（'Valentine Day var.'）

‘赛牡丹’（'Superior Peony'）

云南山茶中名贵品种之一。1980 年美国加州大学伯克利分校植物园由中国引种。

花呈红色，松散牡丹型，花径 12～15cm。树性直立。

‘白斑探戈舞’（'Tango var.'）

美国加州圣·安塞尔莫（San Anselmo）市霍尔先生（Mr. Houghton S. Hall）用云南山茶杂交种‘卡尔·图尔吉’（'Carl Tourje'）与另一个云南山茶杂交种‘克雷格·克拉克’（'Craig Clark'）相杂交、培育出，1996 年公布。

花呈深红色，重瓣型，花径约 12cm。树性直立，枝丛扩张。其后，受病毒侵染，花瓣上出现白色斑晕，经分离，培养成‘白斑探戈舞’。

‘特雷尔织娘’（'Terrell Weaver'）

美国佐治亚州麦康市小霍姆耶博士（Dr. W. F. Homeyer Jr.）用云南山茶‘大桃红’与红山茶‘白斑康乃馨’（'Ville de Nantes'）相杂交、培育出种间杂交种。

花呈红色，半复瓣型至松散牡丹型，花径约 12cm。树性直立，枝丛扩张。

‘纪念品’（'Trophy'）

美国加州怒起乌苗圃（Nuccio's Nurseries）在 1961 年用红山茶‘戴氏之歌’（'Mrs. D. W. Davis Descanso'）与云南山茶杂交种‘牛西奥红宝石’（'Nuccio's Ruby'）相杂交、培育出，1976 年首次开花，1988 年公布。

花呈青紫色，不规则复瓣玫瑰型，花径约 14cm。树性直立、强健。

‘情人节’（'Valentine Day'）

美国加州埃斯康迪多市霍华德·阿斯珀先生（Mr. Howard Asper）用云南山茶‘大桃红’与红山茶‘丝纱罗’（'Tiffany'）相杂交、培育出，1969 年公布。1975 年获英国皇家园艺协会“梅里特奖”（"Award of Merit"）。

花呈橙红色，重瓣高心型，花径 18～20cm。树性直立。

‘斑色情人节’（'Valentine Day var.'）

系‘情人节’受病毒侵染后，花瓣上出现白色斑晕，经分离，培养成另一个白斑品种，于 1975 年公布。其余性状都与母树相同。

‘怒特森山谷’（'Valley Knudsen'）

由美国加州埃斯康迪多市霍华德·阿斯珀先生（Mr. Howard Asper）用山茶原种怒江山茶与云南山茶‘佛陀’相杂交，培育出种间杂交种，1958 年公布。

花呈青紫色，半复瓣型至松散牡丹型，花径 18～20cm。树性直立，长势旺盛。

‘怒特森山谷’（'Valley Knudsen'）

‘白云飘’（'White Retic'）

‘范奈恩’（'Vannine'）

美国加州拉斐亚市戴维·L. 菲塞尔斯先生（Mr. David L. Feathers）用红山茶‘范西塔特夫人’（'Lady Vansittart'）与云南山茶‘大桃红’相杂交，培育出种间杂交种，1968 年公布。

花瓣前端呈白色，下半部呈淡粉红色，瓣上杂缀细短紫红色条纹，半复瓣型，花径约 11cm。树性呈灌木型。

‘朱砂紫袍’（'Vermillion Purple Gown'）

系中国云南山茶‘紫袍’芽变出突变品种。1980 年美国加州大学伯克利分校植物园和拉尔夫·皮尔先生（Mr. Ralph Peer）向中国引种。

花呈暗朱砂红色，松散牡丹型至复瓣牡丹型，花径 15 ～ 18cm。

‘花吉利’（'W. P. Gilley var.'）

美国佛罗里达州山岭（Grand Ridge）市保罗·吉利先生（Mr. Paul Gilley）在 1972 年用云南山茶‘莫昌’种子培育出，1980 年首次开花，花径 13 ～ 16cm，1983 年公布。其后，受病毒侵染，粉红色花瓣上出现白色斑晕，经分离，培养成为红白杂晕品种。其他性状都与母树相同。

‘雪娇’（'Xuejiao'）

别名‘白鹤飞舞’（'White Dancing Crane'）。1987 年从云南腾冲县红花油茶林中选出自然杂交新品种，

花呈白色，瓣前端略呈淡粉紫色色晕，花瓣波曲，中央雄蕊瓣短小卷曲，有时呈蝶翅状，半复瓣型，花径 12 ～ 15cm，花期 1 ～ 2 月。

‘花吉利’（'W. P. Gilley var.'）

‘白云飘’（'White Retic'）

由美国加州圣他克鲁兹（Santa Craz）市汉密尔顿·菲什（Hamilton Fish）培育出，在 1977 年公布。1979 年，美国加州怒起乌苗圃接手栽培、繁殖。

该花绽蕊舒瓣时，瓣背前沿略呈微微粉红色色晕，盛放时杂色褪去，花朵几乎呈白色，半复瓣型，花径 8 ～ 10cm。树性直立，长势旺盛。

‘朱砂紫袍’（'Vermillion Purple Gown'）

‘雪娇’（'Xuejiao'）

‘范奈恩’（'Vannine'）

‘常胜将军’（'Winner's Circle'）

‘红威廉’（'William Hertrich'）

‘银粉牡丹’（'Spinel Pink Peony'）

‘冬令特有品种’（'Winter's Own'，澳大利亚肯尼思·塔特先生供照，Courtesy of Mr. Kenneth Tate, Australia）

2003年尚未命名杂交云南山茶之一

‘红威廉’（'William Hertrich'）

美国加州埃斯康迪多市霍华德·阿斯珀先生（Mr. Howard Asper）从云南山茶‘大玛瑙’种子培育出，1962年公布，1981年获英国皇家园艺协会梅里特奖。

花呈深樱桃红色，花瓣反曲、厚实，半复瓣型，花径约18cm。树性横张，长势旺盛。

‘常胜将军’（'Winner's Circle'）

美国加州怒起乌苗圃（Nuccio's Nurseries）在1975年用云南山茶种子培育出，1980年首次开花，1984年公布。

花呈橙红色，半复瓣型至牡丹型，偶然会出现宝珠型，花径约15cm。树性直立，枝丛稠密。

‘冬令特有品种’（'Winter's Own'）

澳大利亚新南威尔士州格林特里先生（Mr. M. F. Greentree）用云南山茶杂交种‘拉斯卡娇娇’（'Lasca Beauty'）与‘杨梅口香糖’（'Arbutus Gum'）相杂交、培育出，1983年首次开花，1985年公布。

花呈粉红色，半复瓣型至牡丹型，花径15～18cm。树性直立。

‘银粉牡丹’（'Spinel Pink Peony'）

该品种史实不详。1980年，美国加州大学伯克利分校植物园曾由中国引种。

花呈粉红色，松散牡丹型，花径15～18cm。

2003年尚未命名杂交云南山茶之一

花呈粉红色，瓣端作磬口状，雄蕊瓣化，部分雄蕊瓣卷缩花朵底部，半复瓣型，花径约15cm。在美国加州红木城茶花展览会展出。为评选公正，对培育者姓名、地址都不予公开列出。

2003年尚未命名杂交云南山茶之二

花呈绯色，瓣缘作内扣状，重瓣型，花径约17cm。为便于评选公正，对培育者姓名、地址都不予公开。

2003 年尚未命名杂交云南山茶之三

花呈淡紫红色，花瓣圆阔，作覆瓦状排列，雄蕊退化或少数瓣化成乳白色卷曲瓣丛短缩花朵底部，花径约 14cm。为便于评选公正，对培育者姓名、地址都不予公开。

尚未命名杂交云南山茶之四

由美国加州马蒂尼茨（Martinez）市唐和玛丽 · 伯高米尼（Don & Mary Bergamini）培育出。

花呈大红色，牡丹型，花径约 12cm。

尚未命名杂交云南山茶之五

由美国加州马蒂尼茨市唐和玛丽 · 伯高米尼（Don & Mary Bergamini）培育出。

花呈紫红色，牡丹型，花径约 13cm。

尚未命名杂交云南山茶之六

由美国加州马蒂尼兹市唐和玛丽 · 伯高米尼（Don & Mary Bergamini）培育出。

花呈白色，半复瓣型，花径约 8cm。

尚未命名杂交云南山茶之七

由美国加州马蒂尼茨市唐和玛丽 · 伯高米尼（Don & Mary Bergamini）培育出。

花呈白色，部分花瓣瓣缘或前端呈浅粉红色，花瓣波曲，半复瓣型，花径约 6cm。

尚未命名杂交云南山茶之八

由美国加州克莱顿（Clayton）市伊迪丝 · 梅泽尔夫妇（Mr. & Mrs. Edith Mazzel）培育出。

花呈大红色，花瓣波曲，雄蕊瓣化呈乳白色、簇聚，个别发育不完全黄色雄蕊杂缀瓣丛间，牡丹型，花径 15 ～ 18cm。

尚未命名杂交云南山茶之九

美国加州康柯（Concord）市詹姆斯·托兰夫妇（Mr. & Mrs. James Toland）培育出。

花呈淡紫色，花瓣圆阔，部分花瓣缀有浅粉红色竖条纹，覆瓦状排列，重瓣型，花径约 10cm。

2003 年尚未命名杂交云南山茶之二

尚未命名杂交云南山茶之六

2003 年尚未命名杂交云南山茶之三

尚未命名杂交云南山茶之七

尚未命名杂交云南山茶之四

尚未命名杂交云南山茶之八

尚未命名杂交云南山茶之五

尚未命名杂交云南山茶之九

尚未命名杂交云南山茶之十

尚未命名杂交云南山茶之十一

尚未命名杂交云南山茶之十二

尚未命名杂交云南山茶之十三

尚未命名杂交云南山茶之十四

尚未命名杂交云南山茶之十五

尚未命名杂交云南山茶之十六

尚未命名杂交云南山茶之十

由美国加州阿瑟顿市丹尼斯·库普曼女士（Mrs. Denisae Kupperman）培育出。

花呈暗玫瑰红色，花瓣波曲，花朵中心几枚花瓣缀浅粉红色色晕，半复瓣型，花径 12～13cm。

尚未命名杂交云南山茶之十一

美国拉斐亚市戈登和妻子芭芭拉·戈夫（Mr. & Mrs. Gordon & Barbara Goff）培育出。

花呈大红色，花朵内部多轮花瓣呈波曲状直立，并有少数雄蕊瓣呈浅血牙色，有少数发育不完全雄蕊瓣短缩底部，牡丹型，花径 12～13cm。

尚未命名杂交云南山茶之十二

美国加州拉斐亚市戈登先生偕夫人芭芭拉女士（Mr. & Mrs. Gordon & Barbara Goff）培育出。

花呈血牙色，花瓣宽润，瓣尖部内折，少数雄蕊瓣缀乳白斑块，雄蕊退化，短缩，半复瓣型，花径 11～12cm。

尚未命名杂交云南山茶之十三

由美国加州拉斐亚市戈登夫妇（Mr. & Mrs. Gordon & Barbara Goff）培育出。

花呈淡紫色，外轮瓣丛呈波形，内轮瓣丛作兔耳状矗立，雄蕊短缩，半复瓣型，花径约 15cm。

尚未命名杂交云南山茶之十四

美国加州核桃溪市罗伯特·H. 斯特尔夫妇（Mr. & Mrs. Robert H. Steele）培育出。

花呈淡紫色，花瓣圆阔，雄蕊瓣簇聚矗立，少数雄蕊瓣呈浅粉红色，短缩底部，半复瓣型至牡丹型，花径约 10cm。

尚未命名杂交云南山茶之十五

美国加州马科（Marco）市莱斯·M. 奥斯托尔先生（Mr. Les M. Orstor）培育出。

花呈浅紫色，花瓣特别圆阔，花朵中央矗立瓣丛呈兔耳状，雄蕊发育不健全，短缩底部，半复瓣型，花径约 16cm。

尚未命名杂交云南山茶之十六

美国加州牡丹（Modesto）市弗吉娜·兰蒂（Virgina Ranti）培育出。

花呈橘红色，花瓣波曲形，半复瓣型，花径 16～18cm。

尚未命名杂交云南山茶之十七

2003 年美国加州洛杉矶地区塞吉乌·布拉西先生（Mr. Sergio Bracci）的同

好逝世不久，家属把遗留下来的山茶中有一棵尚未命名的云南山茶赠送给塞吉乌·布拉西先生聊作纪念。其后，塞吉乌·布拉西先生又转赠挚友怒起乌苗圃第一代业主朱利叶斯·怒起乌（Julius Nuccio）。是日，笔者恰住在汤姆·怒起乌（Tom Nuccio）家中，适逢其会，及时拍摄得照片，现供读者们分享、鉴赏。

尚未命名杂交云南山茶之十八

系美国加州山茶爱好者从怒起乌苗圃（Nuccio's Nurseries）的‘牛西奥红宝石’（'Nuccio's Ruby'）种子培育出。

花呈浓艳大红色，花瓣圆阔，半复瓣型至复瓣型，花径 12～14cm，其余性状都与母树相同。

尚未命名杂交云南山茶之十九

由美国加州怒起乌苗圃（Nuccio's Nurseries）培育出。

花呈淡青紫色，瓣端色泽稍深，外轮花瓣微波形，花朵中央花瓣丛中杂缀细短、卷曲小花瓣，半复瓣型，花径约 11cm。

尚未命名杂交云南山茶之二十

由美国加州怒起乌苗圃（Nuccio's Nurseries）培育出。

花呈深绯色，花瓣圆阔，半复瓣型，花径 8～9cm。叶脉内陷，叶肉凸出，叶面呈微微内折状，黛绿色，叶面有光泽。树性直立。

尚未命名杂交云南山茶之二十一

由美国加州怒起乌苗圃（Nuccio's Nurseries）培育出。

花呈淡紫红色，瓣基呈大红色，半复瓣牡丹型，花径约 11cm。

尚未命名杂交云南山茶之十八

尚未命名杂交云南山茶之二十

尚未命名杂交云南山茶之十七

尚未命名杂交云南山茶之十九

尚未命名杂交云南山茶之二十一

秘境云南的奇葩——云南山茶花

○ 朱象鸿 撰文 朱象鸿 朱洲 李跃年 摄影

云南山茶花以她古老而又充满活力，艳而不妖，傲霜斗雪而赢得世人的喜爱，以至千年不衰，有文人赞曰："古代云南先民在花事上最大成就和贡献之一，是选育出被后人誉为'十德'的云南山茶花"。

茶花是对山茶科（Theaceae）中山茶属（*Camellia*）植物所有种类的泛称。日常所称的茶花则是山茶属植物中具有观赏价值种类的总称。云南山茶花就是山茶属中观赏价值极高的一种。

一、秘境概况

占全国土地面积1/25的云南，有高等植物约1.7万种，占全国高等植物总数的62.9%，故有"植物王国"之称。而王国中奇葩之一的云南山茶花，就是在得天独厚的沃土上发生和发展。

1. 古云南概况

古地理学、古气象学家研究，距今2亿5000万年前，云南地势平坦，浅海广布，气候温和，雨量充沛，许多古生种子植物在这里发生、滋长和繁衍。经过漫长的地质变迁，到1亿年前的中生代后期，被子植物开始大量发生，许多山茶科近缘植物也在这里繁生，为山茶科植物的发生形成创造了生存演化条件。大约5000万年前的新生代始新世时期发生了喜马拉雅山造山运动。随着青藏高原的升起，北方变冷而干燥，使一些喜温植物向南迁徙。到第四纪，现代植物种都已具备，由于北半球发生4次冰川的侵袭，而云南的南部、西部未遭到冰川的袭击，保留了许多古老的植物。起源于第三纪早期的山茶植物，生长在这特定的地理条件下，反而滋生、演化繁衍。由于喜马拉雅山造山运动所形成的横断山脉，南北起伏，山岭交错，以澜沧江、怒江水系为主的江河纵横其间，峡谷平坝，海拔高低悬殊，温度垂直分布差异很大，加之受印度洋和南太平洋季风影响，形成了热带和南亚热带季风气候。这一特定的地理位置，地势地貌和季风气候，以及所形成的土壤植被条件，不仅屏障了第四纪冰川的侵袭，保留了不少古老树种，也为山茶植物种族的形成、演化和传播提供了特有的理想生态环境。

2. 得天独厚的生态环境

由于优异的天时地利条件而创造了丰富多样的生态环境。云南地处东经97°31'39"～106°11'47"，北纬21°08'32"～29°15'8"，北回归线（指北纬23°30'）横穿云南南部。云南属低纬度地区，热量比较充足，适合亚热带植物生长。由于所处的区位优势，冬天北方来的干冷空气受青藏高原和横断山脉的层层山峦阻隔，有明显阻滞作用。同时，由于青藏高原影响季风环流，因此许多地方，冬季处于南支西风急流之下，晴天多，日照长，空气温暖干燥。夏天，夏季风正好与水气来源方向一致，整个云南高原面便接受夏季印度洋西南季风和太平洋东南季风的湿润气流，它带来了丰沛的雨水。所以，云南虽地处内陆，却能得到海洋性气候的润泽，形成干湿季分明，"夏无酷暑，冬无严寒"的气候环境，对植物生长十分有利。另外海拔高低也影响生态环境，地球上大多数地区，海拔高度每上升100m，气温就下降0.5～1℃。云南地处高原，大部分地区高山深谷间隔分布。在滇西北，纵横南北的横断山脉，海拔一般在3000m以上，高的超过5000m。高原中央一般在2000m左右。而滇东南的河口县海拔最低点只有84m。这种高纬度同高海拔相结合，低纬度同低海拔相一致的地势特点，加剧了南北之间、海拔高低之间热量资源的巨大差异，在河口县，年平均气温为22.5℃，属热带气候范围；而德钦县年平均气温4.6℃，是温带气候类型。两个县南北纬度相差只有6°，海拔高差就有3700m，温度则差17.9℃。另外从德钦境内的梅里雪山主峰——卡格博峰海拔6740m到澜沧江的西当索铁桥海拔1980m，整个坡面的直线距离大约12km，纬度变化不大，但气候差异竟相当于从黑龙江到广东的几千公里之遥，包括5个气候带的变化。云南由于地形错综复杂，地貌形态独特多样，造成丰富多彩的生态环境，寒、温、热三带气候兼而有之，并形成“十里不同天”、“一山有四季”的立体气候。在云南，内陆高原峡谷地形，众多的河川湖泊，还形成了基本静风，多雾露，多夜雨，无台风，无强寒风，冬暖夏凉，冬干夏湿，昼夜温差较大，光照量多，紫外线强等良好的生态环境，十分有利于植物的生长发育。有些科学家曾指出：与邻近的省份相比，同类植物的花在云南，不但开得早而且开得多，色泽更佳。云南山茶花也在生态环境多样的土地上，在最适宜的环境中生长、演化和繁衍而跨入世界名花之列。

3. 云南是人类的发祥地之一，历史上也有过辉煌时期

云南是人类发祥地之一，自古就是祖国不可分割的一部分，但在古代的诗歌记事中，云南被描绘为不毛之地，令人生畏的烟瘴之区，作为流放充军之地，以致外地人把云南视为蛮荒不可近的地区。

1965年5月在我省元谋县发现猿人牙齿化石，经大规模多学科认真研究证明，它比“北京人”和“蓝田人”更为原始，被古人类学家定名为直立人元谋新亚种，俗称元谋猿人或元谋人。经古地磁测定生存年代距今约170万年前，比北京人早约100万年。1972年冬，在西畴县洒街仙人洞内发现5枚晚期智人牙齿化石，定名为西畴人，是我省首次在洞穴中发现的。1956年和1964年在丽江县发现一种古人类化石而定名为丽江人，经研究，属于旧石器时代晚期人类。1977年在呈贡县三线水龙潭山（西距滇池约4km）发现原始社会古遗址，分布在一些洞穴中，到1983年5月昆明人化石已发掘近百件之多，如头骨、颌骨、脊椎骨、肩胛骨、肋骨、肢骨等。昆明人是3万年前生活在热带的滇池畔，过着狩猎和采集为主的原始共产主义生活，是迄今为止最早一批穴居原始先民。

西畴人、丽江人、昆明人同属1万年前的晚期智人，代表云南旧石器晚期的原始人类。

7000～8000年前，云南进入新石器时代，有1/3的县市都有其文化遗迹，尽管境内山高谷深，河流湍急，把先民分隔成一个个小的部落，但也并非过去人们所想象那样“永世与世隔绝”“自古未尝通中国”，他们彼此之间以及和内地之间，在种族上、文化上仍存在或多或少的联系。从出土遗迹遗物来看，这时期先民尽管族系复杂，主要仍属同一经济类型，即以石斧、石刀、竹木工具经营原始农业，以稻作为生活主要来源，也兼营捕鱼捞螺、狩猎或采集。原始社会的先民为改善生活，在长时期的实践中，到商代晚期（约3000年前）已掌握冶铜技术。到春秋末期（约公元前7—公元前4世纪）已形成一种具有独特风格的青铜文化。到汉武帝（约公元前2世纪）时，青铜文化在滇池地区发展到最高阶段，开始向铁器阶段过渡。这时期，云南历史上有三件大事：一是战国末期（约公元前300年）七雄之一的楚国，农民起义军斗争失败，首领庄蹻率义军队伍到达滇池地区。二是秦开“五尺道”和“置吏”。三是汉武帝通“西南夷”设置郡县。由于义军把楚国及中原先进的文化和生产技术带到滇池地区，加之交通的开辟和王朝的直接统治加速了云南社会的发展。

东汉—初唐（公元1—7世纪）：东汉以后，云南铁器普遍使用，牛耕的兴起，水田的开辟，使一些地区农业生产有了飞跃的发展，矿冶业也进一步发展，除铜、锡、铁外，还有银，而内地文化对云南的影响更为深远。在内地战事不断的南北朝期间，云南仍臣服中原王朝，云南一些大姓统治者，过的是纯汉式生活方式，在一些开发较早的地区，经济文化已达到或接近内地水平，但广大山区和边远地区，仍保持自己的特殊文化。由于农业的发展，经济文化水平的提高，加之丰富的植物资源及多方面的利用，如药用，提高生活质量的观赏植物都纳入农业生产的范畴，如云南山茶花，据文献资料推算，在南北朝期间滇西古道沿线多有云南山茶花原始种源多而较集中的地区，就开始了引种并选出了半重瓣的群体。

唐—宋（公元8—13世纪），云南是民族地方政权南诏—大理国时期：约7—8世纪在云南洱海地区形成6个最强大的乌蛮部落，即施浪诏、浪穹诏、邓赕诏、越析诏、蒙巂诏、蒙舍诏（因在其他五诏南面又称南诏），史称“六诏”。唐初“六诏”的农业和畜牧业迅速发展，手工业水平更高一筹，其中以冶铁铸剑最为突出。由于社会经济的发展，氏族内部的分化和贵族权力的确立，导致部落之间吞并，当时最为繁荣的南诏，得到唐王朝的扶植，统一了“五诏”，建立了以洱海为基地的“南诏国”，公元738年，唐王朝册封国主皮罗阁为“云南王”，从此云南历史进入一个新的时期。公元902年南诏亡。公元902—937年在原南诏疆域之内，先后建立了大长和、大天兴、大义宁三个短命小王国，公元937年“大义宁国”亡。“大理国”建立，通过“更易制度，损除苛令”的改革和整理，使政权得以巩固，经济文化也得到发展。南诏到大理国时期的变化是：一是社会经济继续发展，唐初，居住在洱海周围以及祥云、凤仪、永仁、姚安、大姚、永胜一带的“白蛮”被称为“西洱河蛮”，它有大小上百个部落，大的五六百户，小的二三百户，其中杨、赵、李、董是豪族大姓。这一地区农业发达，农作物有稻、粟、麦；蔬菜有葱、韭、蒜等；水果有梅、桃、李；并掌握了养蚕缫丝、种麻纺织技术，生产各种精美的丝麻、棉织物及染色织物，畜牧业和家禽饲养业也很发达。洱海周围自然条件很适宜人类居住，附近坝区也宜耕作。南诏统一洱海地区各部落后，农业更有发展。文献记载，在山坡上修梯田已积累了丰富的经验，牛耕和铁犁进一步推广，而耕犁技术已达到或接近当时内地水平，并具备在植物引种驯化方面的经验及成熟技术。手工业方面，各项冶炼技术进一步发展，包括金、银的大量开发。而城镇建设，关塞的修建，巨大建筑物的出现，反映建筑水平的显著提高。二是政治方面，出现两个与中央王朝保持密切联系、又有一定独立性的地方政权。三是佛教的传入，因其深刻的影响形成一种既有浓厚地方特点，又和内地保持联系的文化。总的看，这一时期的政治、经济、文化中心是洱海一带，而且各方面都有很大发展，但与内地相比仍有差距。

政治经济文化中心的东移：公元11—12世纪时，在今蒙古草原的蒙古孛儿只斤部的贵族铁木真，在部落掠夺财富长期的战争中，不断壮大，公元1206年统一了大漠南北，铁木真被各部落尊称为“成吉思汗”。公元1234年蒙古政权灭金，即准备进取南宋王朝，并决定先征服“西南诸蛮”，以形成对南宋的南北包抄。公元1252年宪宗蒙哥令其弟忽必烈率军征服“大理国”，抵金沙江“乘革囊及筏以渡”到丽江，攻占大理。公元1254年春忽必烈立“平云南碑”于点苍山。不久班师北还，留兀良合台镇守云南，并攻取其他地区。秋，蒙古军从滇北进军直抵押赤城（今昆明），经过数日攻城而占领押赤城，又追破城而逃的大理国王，在昆泽（今宜良）俘获了大理国王，大理国亡。大理国王被俘后，被送到北方见宪宗，宪宗赐以金符，让其回大理与兀良合台，宣抚使刘时中共同“安辑大理”，宪宗赐段兴智以“摩诃罗嵯”（意为大王）称号，任为“大理总管”，并世袭总管之位。公元1271年11月，忽必烈废除“蒙古”国号，改为“大元”，将大都（今北京）作为元朝首都。1274年元世祖忽必烈决定派赛典赤·瞻思丁到云南建立行省，“行中书省”是元政权的地方最高行政机构。1276年赛典赤将行省治所由大理迁往鄯阐（今昆明），行中书省初具规模。自蒙古军平定大理，标志着从南诏政权的建立到大理国灭亡500余年间，云南分裂于中央的局面结束，重新进入全国统一的行政建制，这有利于云南各族人民与内地的政治、经济、文化交往，有利于云南社会的发展，而“云南”也正式成为我省的省名。

云南行省建立后，赛典赤遵忽必烈“抚治”的方略，兴利除弊，制定税赋，发展生产，如“屯田”，滇池水利的兴修等，在一定程度上打破了南诏、大理国时期的小区域闭关自守。对生产恢复和发展，社会前进大有好处。另是兴办教育，“创造孔子庙，购经史，置学田，率民以礼之”，进一步传播了汉族文化，使各族人民从思想上接受元政权统治。

公元1368年正月明政权建立：洪武十四年出兵进征云南，公元1382年1月明军进入昆明，然后分兵进取滇中、滇南各地。公元1384年，明军班师回京，镇守云南的沐英，遵明王朝规定，以3/10的士卒从事耕作，交纳的谷物供作军粮，推动了军屯的发展。明初，鼓励人民移居宽乡，兴办民屯，据记载公元1384年明政权“移中土大姓以实云南”，公元1387年又“招湖广常德，辰州二府，民三丁以上者出一，往屯云南。”公元1389年沐英入觐后受命还镇“携江南、江西人民二百五十余万入滇，政府给予种子，资金，区划地亩，将之安置于临安、曲靖……各郡县。”第二年又“奏请江南居民八十万实滇”。沐统治云南七年，“再移南京人民三十万”，上述数字可能夸大，可见当时云南民屯规模是很大的。屯田使大批带着先进生产技术的汉族劳动力来到云南，给社会发展带来深远影响。此后由于汉人增多，土著民族渐成少数。由于军事上卫所制和军屯的推行，今天云南名为“卫、所、营、屯、堡”的村落星罗棋布都是明代的遗迹。更因土地大量开垦，规模更大的水利工程的兴修也相应开展，先进生产技术与经验的传播，大大促进农业的发展，生产技术提高了，农作物优良品种也增多了，内地有的品种，云南大部地区也有，同时也大大推动了植物引种驯化水平。在花卉方面更胜于中原，特别是云南山茶花，有来滇为官者都赞叹“滇中花事之盛为中原所未有，山茶数以万计，映日如锦”。也由于社会生产力的提高，也促进了各个行业的发展，如手工业、冶炼铸造、开矿业、商业、城市建设等。文化教育的发展，促进了云南与内地及省内各民族间思想文化的交流，使不少地区的文化逐渐接近于内地，有的得到“文风不让中原盛，民俗还如太古醇”的美誉。

公元1644年，明亡，清政权建立：雍正年间，开始废除少数民族聚集地区中普遍实行的世袭土司制度，按内地制度重新建立行政区划，委派有任期的“流官”，进行直接统治，加强了中央王朝对这些地区的控制，史称“改土归流”。自元以来，在少数民族中推行土司制度，是与当时经济落后、社会发展水平低相适应。随着社会经济的发展，与中原政治、经济、文化各方面联系日益加强，土司制度则成为生产发展、社会进步的障碍，更不利于多民族的统一。虽然明代也在一些条件较好的地区推行“改土归流”，可收效甚微。云南是土司势力较强的地区之一，一些顽固的“土司”“土官”为维护传统世袭地位及种种特权，竭力反对清政府的“改土归流”，甚至发生武装叛乱。土司制度废除后，分别设置府、厅、州、县，委派非世袭的流官任职，与内地各省实行相同政治管理，同时制定了一些恢复、发展社会经济的措施，可以说云南是在繁荣的发展中。从一些当时的官员、文人赞颂云南山茶的诗、词记述中，都可看出当时社会的繁荣。从公元1840年与当时最强大的资本主义国家英国的第一次鸦片战争开始，到清帝退位前，资本主义列强不断对中国进行侵略，软弱无能的清政府则成为帝国主义统治中国的工具，中国沦为半殖民地半封建社会。公元1912年中华民国成立，虽结束了2000多年的封建帝制，但仍处于国穷民弱、战事不断的多事之秋。在屈辱的年代，云南的植物资源也成为列强掠夺的对象，从19世纪末，有六七个国家、几十人来云南收集调查植物资源，拿走数以万计的标本，新发现数以千计的新种，拿走奇花异卉数千种，包括茶花、杜鹃、报春等。

云南的古人类虽然出现得很早，在以后的历史中也有过辉煌。在云南近94%是山区，只有6%左右是平地，这些平地则是星罗棋布的分布点缀在群山之中，形成一个个孤立分散的山间小盆地，俗称“坝子”。全省$1km^2$以上的坝子有1400多个，总面积约$24000km^2$，平均每个坝子仅有$17km^2$。人口分布大体上是以坝子为中心，边缘山地为外围，形成相对孤立的社会单元，而且是多民族的交叉立体分布。由于山峦阻隔地形复杂，谷深水急，加之古时交通困难，坝子之间相互交往受到极大的限制，人们生产生活大多以坝子为中心，就易形成一种内向的封闭性，所以有“隔山不同语，隔村不同音”之说。云南气候非常适宜各种作物生长，加之过去人少地多，人们一年中只花几个月从事耕作，就可维持简单生活。但山多地少，不能大规模开垦种植，靠农业致富很难办到。这种封闭和闭塞形成云南的特点：生存容易，致富困难。明、清云南地方志书形容云南人“既无赤贫，亦无巨富”，这些也造就了古代云南人淳朴、俭约、温和、散漫、闲适的气质，他们安贫知足，乐天知命，与世无争，恬淡寡欲。这就使先民们有更多时间接触周围的植物，加之宗教的传播，以花供佛渐成礼佛拜寺的规范，为奉神佛，人们都选最好的花，就加快了对一些观赏性好的花的引种和选育，既奉神佛，也美化了人的生活。云南山茶花以它诸多观赏部位，使它成为最早的奉佛植物之一。以前云南的封闭，严重影响云南的发展，但也因封闭而保存了一些民族的原始文化和原始社会结构，这也成为发展的财富，如云南山茶花就是一种极富民族性、宗教性的特色花卉。

二、山茶属植物资源

1. 概况

山茶属植物产于亚洲，1958年英国植物学家J. R. Sealy首次将该属订正为82种，附系统未定的20种。到20世纪70年代末，山茶植物中饮料、油料、观花三个领域，由于生产发展需要，都从摸清家底入手，并从中筛选更有价值的资源，把资源优势转化为经济优势，于是开展了全国性的普查工作，胡先骕、张宏达等教授，以及南方一些省区的科技工作者，先后都有新种报道，数量之多犹如雨后春笋。1981年张宏达教授的《山茶属植物的系统研究》有196种，分类系统为4个亚属19个组。1987年不完全统计有269种，分类系统为4个亚属20个组。到90年代初则达300余种。2000年闵天禄教授的专著《世界山茶属的研究》内容涉及形态学、解剖学、孢粉学、细胞学、胚胎学、分类学、地理学等学科，将300多种山茶属植物归并为119种，分类系统订正为2个亚属14个组，我国有98种，占种数的82.4%，其中特有种85种。山茶属分布于亚洲东部和东南部的亚热带地区，大致在南纬7°到北纬35°，东经80°～140°之间，其中观赏价值高的山茶组约12种，全产我国，广布长江以南的亚热带地区，其中有两种较原始的种分布在热带边缘。而山茶花 *C. japonica* 自华东沿海（浙江舟山群岛和山东半岛）分布到朝鲜半岛南部和日本南部。另有一群自南岭向西分布到达云贵高原和横断山脉，演变出一些多倍体群（2n=45、60、75、90、105、120），如毛蕊山茶 *C. mairei* 和云南山茶花 *C. reticulata*，这是因本组中一些广布种形态变异较大，种间、种内的自然杂交及人工栽培的影响，增加了变异的多样性和复杂性。云南山茶花的观赏价值也是在历史长河中经过自然杂交、变异积累、自然和人工选择而来的。

云南山茶花的别名较多，如滇山茶、云南红花油茶、野山茶、大红茶、单瓣滇山茶等，分布在四川西南部、贵州西部和云南，但以云南分布面积大，利用程度高，近年研究，云南山茶花可能是西南山茶 *C. pitardii* 和怒江山茶 *C. saluenensis* 自然杂交的异源多倍体复合群。

明代王象晋的《群芳谱》中载山茶（云南山茶花、山茶花两种通称）又有曼陀罗之别名。

云南山茶花是云南名花之首，也是国内选出的十大名花之一，更是公认的世界名花。1983年3月10日昆明市人大七届常委会第十一次会议听取了市政府的报告，审议并同意，决定云南山茶花为昆明市“市花”。

2. 山茶属植物的经济价值

山茶属中有些种具有很高的经济利用价值，长期以来备受各界人士的关注，如饮料、油料、观赏等。

饮料：主要是原产中国的茶 *C. sinensis* 和普洱茶（又称大叶茶）*C. sinensis* var. *assamica*，它们是山茶属中最具世界性的经济作物。

中国茶树栽培历史：《史记·周本记》记有：周武王伐纣时（公元前1122—1116年）参战的小国部落，就用茶叶作“贡品”。我国第一部药物学著作《神农本草》记有用茶叶作解毒治病药物，相传神农氏尝百草日遇七十二毒得茶而解之。说明3000多年前，我国先民就发现了茶，并加以利用。唐代的《茶经》是世界上第一部论述茶叶的科学技术专著，并把唐以前代表茶的“荼”“槚”“蔎”“茗”“荈”等字作了统一，把“荼”去一横成“茶”。

中国茶对世界的贡献：多数学者认为，南北朝（公元483—493年）我国与土耳其贸易，茶叶是出口商品之一。唐代（公元805年）日本由我国带回茶籽试种。印度尼西亚公元1684年引种。公元1763年传至瑞典，为欧洲种茶之始。公元1780年印度第一次引种。公元1812年传至巴西，为南美种茶之始。公元1858年美国试种。现已有50多个国家种茶。茶叶成为世界三大饮料之一。

云南是茶树起源中心：茶是第四纪冰川劫后的幸存者，云南在20世纪80年代茶树资源调查的5年中，统计发现27个县境内有野生型、过渡型、栽培型的古茶树单株或群落，如巴达大茶树树龄约1700年（野生型古茶树王），帮崴大茶树树龄约1000年（过渡型茶树王），南糯山大茶树树龄约800年（栽培型茶树王）。在此之前，位于哀牢山与无量山中北部的镇源县九甲乡的李世由翁婿就发现比上述茶王还大的古茶树。1982年地区科研人员在茶树品种资源调查中，证实千家寨有大面积的野生大树，但对于更大的古茶树，却无法掂量其身价。直到1995年中央电视台记者与当地外贸局的工作人员，又深入千家寨，并把这片古茶树在央视《今日云南》中推出。1996年中国农业科学研究院茶叶研究所等10家研究所的专家深入千家寨考察，论证了该地野生茶树属野生茶树型，原无法掂量身价的古茶树高25.6m，基部直径1.12m，树龄2700年，为千家寨1号古茶树；另一株树高19.5m、基部直径1.02m，树龄2500年为千家寨2号古茶树。首次确认为“世界茶王”。更可喜的是两茶王枝叶繁茂，毫无衰老之象。2001年4月第三届普洱茶国际学术研讨会在思茅举行，中外专家深入千家寨考察，结论是：肯定了对古茶树的类推测算法，认为 280hm^2（4200 亩）野生古茶树是迄今为止发现的世界上最原始、面积最大、植被最完整的野茶树植物群落；树龄达 2700 年的古茶树，是到目前为止发现的世界上最古老的野生大茶树。自 1996 年国内专家论证了“世界茶王”，2001 年中外专家又深入产地考察论证。重新确立茶王之位后，镇沅到底还有没有古茶树？有多少？分布在什么地方？因为千家寨只占全县 109 个乡（镇）的极小部分。为了摸清家底，当地政府组织两个工作队开展调查。2006 年记者深入“世界茶王”的故乡，在无量、哀牢两山探访古茶树。据介绍，两个工作队人员行程 2500 多公里，走访调查了 80 个自然村，发现海拔 1800m 以上有野生茶分布，1350m 以上有栽培茶分布，野生茶主要分布在哀牢山上中部和无量山支脉的老乌山、大亮山一带，海拔 1850m 以上的原始森林和次生林中，多以点位集中分布并向四周辐射和地带式分布为特征，或沿高海拔箐谷成零星分布，树体大小差异大，树形呈乔木或小乔木，面积约 23 万亩（15333hm^2）。栽培型古茶树分布于海拔 1700 ～ 2100m 的自然村寨附近，分布密度大，有规则的行株距，树体大小均匀，分布集中连片，大部分茶园中间作玉米及其他作物，面积达 3 万亩（2000hm^2）。这些都证明，滇西、滇南是世界茶树的原产地。1958 年山茶属植物专著中茶组有 5 种，1997 年则增至 38 种，2000 年的专著中，则归并为 12 种 6 变种。云南的古老大茶树多为普洱茶，它是茶组中原始物种。现在茶叶商品生产的种以茶、普洱茶为主。据化学成分研究，茶叶内含物主要有茶碱、维生素、蛋白质、咖啡因、茶多酚、单宁、色素、挥发油等。其中茶碱、茶多酚有强心和利尿作用，咖啡因对心血管和神经系统有兴奋作用，过量摄入，对人体健康不利。据研究茶组植物野生种类中，发现有 3 种不含咖啡因。

油料：山茶属中另一种经济用途是作油料。我国长江流域以南各地有一种木本食用油料树种，即山茶属植物中的油茶 *C. oleifera*，江西、湖南、浙江、广西为主产区。据中国林科院统计，1981 年国内油茶面积 5500 万亩（366 万 hm^2），产茶籽 6.45 亿 kg，折茶油 1.6 亿 kg，约占当年全国食用植物油产量的 8%。以后由于经济技术等原因，栽培油茶热情下降，面积、产量缩减。在云南腾冲县原有大面积的红花油茶（又称云南红花油茶、单瓣滇山茶 *C. reticulata* f. *simplex*），现并入云南山茶花，在当地是作为油料植物，其油为高级食用油。其他如浙江红花油茶 *C. chekiangoleosa*，广东的南山茶 *C. semiserrata*，四川、湖北、湖南的攸县油茶 *C. grijsii*，广西的红皮糙果茶 *C. crapnelliana* 等都可作油料植物。

观赏：山茶属植物中观赏价值极高的物种，除云南山茶花外，还有山茶花、茶梅、金花茶等。

山茶花 *C. japonica*，又名海榴、海石榴、耐冬、川茶、华东山茶，是观赏茶花中栽培最广泛的一种，也是世界名花之一。自然分布于我国华东沿海的山东、浙江及日本、朝鲜南部。山茶花栽培历史，在 1800 年前，三国蜀汉张翊的《花经》以九品九命的等级品评当时的花卉，将“山茶”列为七品三命。在南朝陈代官至尚书令的江总（公元 519—594 年），他在《山庭春日》诗中写道“岸绿开河柳，池红照海榴”。隋炀帝（公元 569—618 年），在《宴东堂》诗开头四句是“雨罢春光润，日落暝霞辉。海榴舒欲尽，山樱开未飞”。唐代对山茶花的栽培是较普遍的，一些大诗人都有赞山茶花的诗，如李白、韦应物、李嘉佑、元稹、皮日休、孙逊、皇甫冉、皇甫曾、司空图、曲信陵、白居易、刘言史、李绅、杜牧、贯休、柳宗元、卢肇、温庭筠、方干、宋之问等。而其写作地点是在当时海榴的栽培地区山东南部、山西南部、陕西南部、湖北、湖南、河南、江苏、浙江、江西、广西等地。

宋代以后，山茶花一直处于全面发展之中，如山茶花品种的增多，文献记载大量出现。这一时期已收集到诗 200 多首，曾巩、苏轼、苏辙、杨万里、王十朋、陆游、范成大、文征明等著名诗人都曾为山茶花写过诗。山茶花词也发现近 30 首，如宋代著名词人辛弃疾的《浣溪沙·与客赏山茶一朵忽坠地戏作》：“酒面低迷翠被重，黄昏院落月朦胧。堕髻啼妆孙寿醉，泥秦宫。试问花留春几日？略无人管雨和风。瞥向绿珠楼下见，坠残红”。“元曲四大家”之一的马致远写过一首《(双调·挂玉钩)题西湖》：“曲岸经霜落叶滑，谁是秋潇洒。最好西湖卖画家，黄菊绽东篱下。自立冬，将残腊，雪片似红梅，血点般山茶”。随着山茶花栽培的发展，欣赏也从赞美外形深化到对花品德的赞颂，从高层次的文化产物逐渐走向商品市场。特别是在20世纪80年代，山茶花已成为一些地区的农业产业结构中的一员，如浙江、江苏、四川、福建等地。

茶梅 *C. sasanqua*，日本有野生种分布。但明代王世懋的《学圃余疏》中记有"……红，白茶梅等种"。明末清初陈淏子所著《花镜》中提到"茶梅叶似山茶而小，花似鹅眼钱而色粉红，亦有白花者"，说明在明代已有茶梅栽培。茶梅枝叶紧凑，树形极美，花期早于其他茶花，深受各界人士喜爱。

金花茶 *C. petelotii*，为广西特产野生种，1965年发表后，即引起国际茶花界的极大关注，因为茶花工作者一直梦想有黄色茶花的出现，使茶花色彩更为丰富，所以黄色茶花一直被称为"梦幻之花"。当梦幻变为现实，茶花界庆幸会给茶花事业带来飞速的发展。昆明植物研究所在该种发表的当年就派人深入产地调查，但因当时的政治环境，使工作停顿。到1973年工作正常开始后，我们又多次深入产地调查、引种等综合研究，并大力宣传希望当地政府能重视这一世界珍稀物种的开发。昆明植物研究所在当时不重视花的背景下，大力做着先期性工作，在推动国内花卉界对金花茶的重视并逐步推向世界，真是功不可没，为世界茶花飞速发展做了启动先驱。金花茶在当地各界的重视下，又发现大量新种，逐步使这一资源优势转化为经济优势。在云南也发现一种云南金花茶 *C. fascicularis*。

三、云南山茶花在云南

1. 云南山茶花栽培历史及文献

花的栽培，特别是各地所产的名花追溯历史，则多从古籍文献、诗词曲赋中考证，在我国"无诗不成名花，名花必然有诗"成为花卉栽培、花文化的特点之一，也是考证花的发展历史的重要依据。

云南山茶花的栽培，约在1500年前。公元899年（正史唐昭宗光化二年）绘制的《南诏图传》画卷第一组图中，南诏第一代主细奴罗（约公元653年，正史唐高宗永徽三年前后）之家，图中回廊正面，对称地种植两株古老的云南山茶花，左侧一株，主干虬曲似龙，红花盛开；右侧一株只有植株顶部，两株树冠上各有一鸟栖息。在《南诏图传》文字卷中所述"瑞花两树，生于舍隅，四时常发，俗称橙花，其二鸟每栖息此树焉"。"瑞花"、"橙花"从民族语言、植株形态、花形、南诏国发祥地习俗、气候等多方面考证，"橙花"即云南山茶花，植株粗度参照建筑物推算，胸径应在30cm左右，树龄在200年以上，以此推算，在南北朝前期，云南山茶花就有人工栽培的半重瓣园艺品种。从南诏当时的经济文化水平，作为吉祥之树的橙花，只是少数栽植于宫苑或官宦之家，其他无资料可考。元代云南山茶花的栽培，也局限于寺庵、祠堂，如晋宁县盘龙寺在元代至正七年（公元1347年），临济大师莲峰崇照亲手种植两株云南山茶花，明初，寺毁于兵燹，茶花亦毁，后重建，茶花又萌发，崇祯年间为极盛时期，拥有佛道建筑八大院。清咸丰十年（公元1860年）寺又毁于战火。光绪五年（公元1879年）又募资修复。之后又多遭破坏，但茶花仍在，是否是莲峰禅师所植，无法确认，因几次寺毁，茶花亦毁的情况下，能从基部萌发几率极小。明代，由于社会的稳步发展，生产力的提高，也促使茶花发展达到前所未有的盛况，有关云南山茶花的诗词和记述，也是空前的，正如明万历年间云南巡按邓渼的《茶花百咏》序中说："因考唐人以前，此花独不经题咏，以僻远故不通中土，遂使奇姿艳质，沦落无闻。近代有作，率多不能为此花传神。暇日因戏为百咏诗一首，牵辍比拟，未免儿态，庶几为此花吐气，传之四方，或有采焉"。"滇茶甲海内，种类之繁，至七十有二，其在省城内外者尤佳"，"时值冬末春初，此花盛开，名园精舍，间获寓目，烁日蒸霞，擒文布绣，火齐四照，

■《南诏图传》图中的两株云南山茶花

云锦成帷，信天壤之奇观，品物之巨丽也。昔人谓此花有七绝，余以为未尽厥美，有十德焉；色之艳而不妖，一也；树之寿有经二二百年者，犹如新植，二也；枝干高竦有四五丈者，大可合抱，三也；肤文苍润，黯若古云气樽罍，四也；枝条黝斜，状似尘尾，龙形可爱，五也；蟠根兽攫，轮困离奇，可屏可枕，六也；丰叶如幄，森沉蒙茂，七也；性耐霜雪，四时常青，有松柏操，八也；次第开放，近二月始谢，每朵自开至落，可历旬余，九也；折入瓶中，水养十余日不变，半吐者亦能开，十也。此皆它花所不能全”。自此云南山茶花被誉为“十德花”，成为赞颂茶花的著名典故。另外在官修的地方志、游记、专著、诗词中都有云南山茶花的记载，如杨慎（公元1488—1559年）在明正德六年（公元1511年）殿试第一，后因“上大礼仪疏”获罪，公元1524年流放云南永昌（今保山），在云南三十多年间，写了一些赞美云南山茶花的诗词，如《渔家傲》“正月滇南春色早，山茶处处齐开了，艳李妖桃都压倒。妆点好，园林处处红云岛”。云南嵩明县人兰茂（公元1397—1476年）生活在明代洪武至成化年间，少年时代起就喜欢中草药，青年时不畏严寒酷暑，跋山涉水，足迹遍及云南各地，寻方找药，终于在正统元年（公元1436年）完成了富有地方民族特色的独创性药物专著《滇南本草》，书中有云南野山茶 *C. pitardii* var. *yunnanica*（又称山茶花）的记载，原文述“山茶花，气味甘，微辛。专治一切大肠下血，肺中有瘀血或吐血之症，急用此花煎汤服之。无花，即叶亦可，但不如花之神效也”。民间认为云南山茶花的花亦有药效。现云南野山茶已并入云南山茶花，这说明在明代初年，云南山茶花不但是极有声誉的名花，同时也有药用疗效。王世懋（公元1536—1588年）的《闽部疏》“滇茶不宝珠，而色鲜好娇于宝珠茶，其大如椀，瓣有重台交覆，可当芍药……”。冯时可（公元1567年）的《滇中茶花记》“滇中茶花甲海内，种类七十有二，冬末春初盛开，大于牡丹，一望若火齐云锦，烁日蒸霞”。陈仁锡（公元1581—1636年）的《潜确类书》“山茶有数种，而滇茶第一，大如椀，红如血，中心满如鹤顶，来自滇南，名曰滇茶”。王象晋（公元1621年）的《群芳谱》“山茶一名曼陀罗，树高丈余，低者二三尺，枝干交加，叶拟木樨……花有数种，十月开至二月，有鹤顶茶，大如莲，红如血，中心塞满如鹤顶，来自云南曰滇茶……闻滇南有二三丈者，开至千朵，大于牡丹，皆下垂，称绝艳矣”，“且艳称之，至于茶花之色，尽态极妍，实足以压倒群卉”。徐宏祖（公元1587—1641年）的《滇中花木记》“滇中花木皆奇，而山茶，山鹃为最，山茶花大逾碗，攒合成球，有分心、卷边、软枝者为第一。省城推重者，城外太华寺。城中张石夫所居朵红楼前，一株挺立三丈余，一株盘垂几及半亩。垂者丛枝密干，下覆及地，所渭软枝也；又为分心大红，遂为滇城冠”。顾养谦的《滇云纪胜》“山茶花在会城者，以沐氏西园为最，西园有楼名簇锦，茶花四面簇之，凡数十树，树可二丈，花簇其上树以万计，紫者、朱者、红者、红白兼者，映日如锦，落英铺地，如座锦茵，此一奇也。仆尝以花时登簇锦赏之，有‘十丈锦屏开绿野，两行红粉拥朱楼’之句。及登太华，则山茶数十树罗殿前，树愈高，花愈繁，色色可念，不数西园矣”，他曾赞叹曰“滇中花事之盛，为中原所未有，山茶数以万计，映日如锦”。《旧云南通志》有“茶花奇甲天下”。明晋安谢肇淛谓其品七十有二。豫章邓渼纪其十德，为诗百韵。赵壁作谱近百种，以深红软枝分心卷瓣者为上。明天启年间，昆明人刘文正修撰的《滇志》中，收录了赞美云南山茶花的两篇作品，一是邓渼的五言古诗《山茶诗一百韵》；另是唐尧官的《茶花赋》。诗序上面已介绍，赋序大意是：云南花卉盛多，众花中茶花最奇，是中原所没有的，但缺少对茶花的赞颂之作。看古代陈思王曹植作《芙蓉赋》、钟会有《菊花赋》、虞繁有《蜀葵赋》、宋璟《梅花赋》成为古今佳作。作者自认仿效前人，作《茶花赋》，虽极尽铺陈夸张的能力，但还是没能把茶花的好处、妙处、奇异之处全部讲清楚。明代，省城最好的茶花在西山。嘉靖四十五年（公元1566年）来滇为官的四川铜梁人张佳胤在《游太华山记》中“(至太华寺）见两墀山茶树八本，皆高二丈余，枝叶团扶，万花如锦，杂以黄杨，绕以松桧，红绿争奇，光彩夺目”。万历十九年（公元1591年）宦滇的浙江临海人王士性在《泛舟昆池游历太华诸峰记》中“滇迤东西，花事之盛，甲于中原，而春山茶尤甚"，游太华寺后又写道"文陛前两墀，山茶八本，高三丈，万花霞明，飞丹如茵，列绣如幄，倦坐其下，神怵怵，复疑入石家锦步幛也"。太华寺位于西山，又名佛严寺，始建元代大德十年（公元1306年）。清代，有关云南山茶花的记载更多。重要的有康熙（公元1708年）刘灏等著《广群芳谱》；道光（公元1827年）阮元等撰《云南通志》《云南备征志》；道光（公元1849年）吴其濬著《植物名实图考》；光绪（公元1896年）檀萃著《滇海虞衡志》，作者是湖北人，来滇为官。在志中不但记述了昆明各种主要花卉，并对其作了品评，选拔了他认为最好的三种花为前三名。选拔的是：

滇南茶花甲天下……此花宜为第一；

红梅莫盛于滇而龙泉之唐梅……极人间所未有，此花宜为第二；

紫薇花树既高大，花又繁盛，多植于官署庭堂，满院降雪，不复草茅气象，此花宜居第三。

滇无鼎甲，以三花鼎甲之，足以破荒而洗陋矣。

作者以他的标准选定茶花、黑龙潭的唐梅、紫薇为群花前三名，并以科举考试作比，说云南人在科举考试中从未得过前三名，而昆明的花所居百花中前三名，也可为滇人争气。清代前期，云南山茶花处于鼎盛阶段。在一些志书中也赞为"茶花有数种，而滇茶为第一"，"滇中茶花，天下绝品"，"滇中山茶天下第一"，"滇中茶花最甲海内外"，等等。清代后期，国运日衰，云南茶花发展处于低谷，这种低迷一直延续到民国。1930年知名文人方树梅的《滇南茶花小志》全面收集了有关云南山茶花（也包括少部分山茶花）的文献、品种、诗赋等。现仍有栽培的云南山茶花品种有'牡丹茶''宝珠茶''大银红''柳叶银红''紫袍''恨天高''狮子头''大玛瑙''大理牡丹'（'大理茶'）'大桃红''松子鳞''早桃红''厚叶蝶翅''菊瓣'等。山茶花有'小玛瑙''醉娇红''锦搂春''十样锦''小五心''白玉杯'（'白秧茶'）等。这是一本难得宝贵的研究云南山茶花的重要参考资料。抗日战争期间，国内一些知名学者来到云南，开创了云南山茶花的研究工作。如俞德浚、蔡希陶、冯国楣等前辈。他们在极其艰苦的条件下为云南山茶花的发展作了坚实的基础工作。这一时期，昆明有位民主人士刘幼堂，酷爱园艺活动，特别对云南山茶花的栽培有极高的造诣，在昆明北郊龙头街瓦窑村建有花园，栽有各种花卉近万株。昆明和平解放后，刘表示愿将所有苗木捐赠给植物所。1951年2月28日，当时的所领导蔡希陶教授在《清册目录》上签字，正式接收所捐赠苗木，尤其是6126株茶花、1876株杜鹃等名贵花卉，使昆明植物园雏形基本形成，刘也被聘为技正。正是这批可贵的资源，使茶花的研究工作建立在厚实的基础上，在云南山茶花的发展过程中，刘幼堂是位可圈可点的人物。1950年俞德浚教授的《云南山茶花及其园艺品种》在英国皇家园艺协会上宣读，在国外引起了极大反响，1952年、1958年他又出版了《云南的茶花》《云南山茶花图志》。1959年上海园艺家庄茂长总结了云南山茶花在上海栽植的经验，编著了《云南山茶花》。1961年冯国楣教授等撰写了《云南山茶花植物学特性及花型分类的探讨》。1981年冯国楣、夏丽芳、朱象鸿的《云南山茶花》以中、日、英三种文字出版，是较为系统的介绍了云南山茶花的一本专著，并推向国外。也使云南山茶花在发展中有了初步规范化的依据。

2. 云南山茶花与古代通道的关系

公元前316年，秦惠王灭蜀，古滇国与蜀接界的两个部落在接受秦的统治之后，主持修筑都江堰的李冰在任蜀郡太守期间，开始在川滇交界的僰道（今四川宜宾）地区，用积柴火烧方法，使岩石松裂修筑通往滇东北的道路，这是兴修"五尺道"的开始。秦始皇统一全国的过程中，又派常頞继续李冰的事业，把道路由僰道经盐津石门关、朱提（今昭通）延伸到味县（今曲靖）附近。因路宽5尺，史称"五尺道"。在秦汉之际川滇之间，史称"栈道千里，无所不通"。"五尺道"的开辟，使云南和内地的经济文化联系、交流加强，把云南、四川、关中连成一片。是秦国对西南进行长期经营和开发的结果，是先民智慧和力量的产物。

公元前122年，张骞出使西域归来，向汉武帝奏报说：他在离中原万里之遥的大夏（今阿富汗）见到了"蜀布"和"邛竹杖"。据他了解，蜀地商人在身毒（今印度）开有店铺，大夏的"蜀布""邛竹杖"就是从那里转运去，估计有一条由巴蜀通往身毒的道路。这一发现，汉武帝大为高兴，派出四路使者南下，试图沟通西南与身毒的联系。在这条古道发现之前，汉武帝为加强对“西南夷”的控制，曾派员修治过“南夷道”和“西夷道”，后因故停止。现又派四路使者南下，是西汉对“西南夷”经营的重新开始，其中一路曾到大理（古名叶榆），古道走向基本探明，形成古道开发的宏伟计划，在实施之后，汉武帝出动大军，直进西南到大理，设置了西南四郡，又征卒修筑永昌古道，全线古道的拓修工程在汉武帝时基本完成。古道的形成，充分体现古代先民为求自身发展，而不畏艰险、不怕牺牲地从开拓出一条条部落之间、地区之间的人行便道开始，在漫长岁月中逐步连通由民间往来，拓宽而形成了“南方陆上丝绸路”，它是由“五尺道”“灵光道”在大理会合，走永昌道（又称博南古道）到“陆上丝绸路”的终点站腾冲，这三条古道统称“蜀身毒道”。“五尺道”从成都沿岷江而下—宜宾—云南石门关—昭通—曲靖—昆明—安宁—楚雄—大理。“灵光道”从成都—邛崃（古名临邛）—芦山（灵关）—雅安（严道）—汉源（笮都）—喜德（登相营）—西昌（邛都）—盐源—渡金沙江到云南大姚（青蛉）—大理。会合“五尺道”，踏上“永昌道”：大理—保山（永昌）—腾冲（腾越）。这一条“南方陆上丝绸路”是通往国外的古道，它默默无闻地发展中外经济、文化交往约两个世纪，才为汉武帝所知，比“北方陆上丝绸路”开通早约两个世纪。古道的繁荣发展，必然带动沿线城市经济、文化的发展，加之有的部落已从事定居的农耕，为提高生活质量就会扩大引种驯化与生活相关的植物，内地文化的传入扩大了观赏花木的驯化、选种和交流，据推算公元450年前后的南北朝前期，云南山茶花已成栽培植物，并沿古道传播，从古道沿线的一些城镇的地方志中的记载和所存古树，就是有力的证明。现代“南方陆上丝绸路”已成历史，代替它的是现代交通网，令人惊奇的是交通网与古道路线惊人的吻合，如滇缅公路、川滇公路、成昆铁路。这些出滇入川进入中原的经济干线，会更好地促进经济的发展。

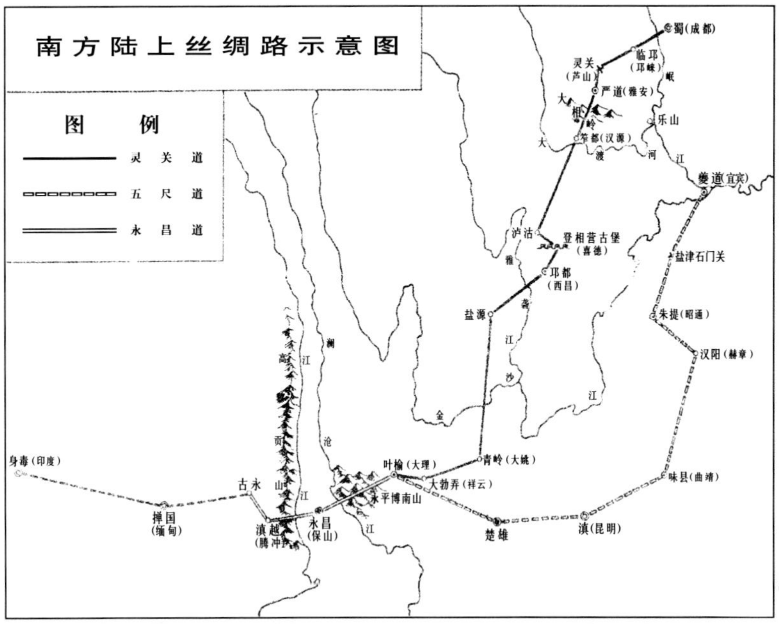

■ 南方陆上丝绸路示意图（引自《西南文化初探之一：南方陆上丝绸路》，徐冶等）

3. 云南山茶花与宗教的关系

南诏统一云南之前，云南各民族所信奉的是原始宗教，各部落都有政治、宗教合一的首领——鬼主。公元738年皮罗阁统一五诏后，原始宗教已不适应统一政权组织的需要，与此同时，东南亚地区佛教势力强大。西北方的吐蕃也有了佛教，而南诏则处于佛教势力包围之中，加之南诏政权也急需一种强大的宗教充当其统治的精神支柱，使佛教的传入具备了条件，但开始也受原始宗教的反抗，民间信仰者少，佛教势力不大。到第七代主异牟寻（公元780年）时，南诏与中原唐王朝关系恶化，双方频繁征战，国势日渐衰弱，内部王族与权臣之间矛盾激化，社会各阶层都有一种不安全感，在这样的社会背景下，南诏开始大力倡导佛教，寻求宗教的保护。自寻阁劝（第八代主）开始，每代诏主都大修佛寺、佛塔，并劝民每家供佛像一堂。到十二代主世隆（公元860年）时，已建大寺八百、小寺三千遍于云南境中，家知户到，皆以敬佛为首务，是佛教盛行的时期。佛教传入南诏而盛行的是大乘佛教的一支密宗阿吒力教，其特殊之点是僧人可以娶妻纳妾生子，另是持咒念诵，并有吞刀吐火等巫术，与南诏时各民族所信奉的原始宗教极为相似，故能在社会上传播。南诏亡国后，经过三个短命小王朝，最后由大理国取代，并以该教为护法神，使其更广泛而深入的发展，以致设科选士，选官置吏，从相国到一般官吏，多从阿吒力中选取，所以大理国有“佛国”“妙香国”之称。元代始，以禅宗为主的佛教，自内地传入中庆城（昆明），而后传入洱海地区。明代滇邑文人郭文撰有《重修玉案山邛竹禅寺记》碑文，备述元以前滇人所奉为西域密教，并无禅讲。元统一中国后，有洪镜雄辩法师者，入中原求学，始将禅宗传入滇邑。雄辩以后，云南僧人多有往内地求学者学成回滇，大力宣传禅宗教义，加之统治者崇尚释氏（佛祖），并大力倡导，使禅宗在民间得到广泛传播和发展，元中后期，佛教禅宗传入滇南。元代，统治云南120多年，在中庆城建佛寺30余座，现存者或用原名在原址上重建者有，圆通寺、佛严寺（现太华寺）、海源寺、妙湛寺、曹溪寺、盘龙寺、五华寺等。五华寺在五华山上，明清以后则改为行宫、王室、学堂、府署、政府所在地等。另是大德寺现仅存双塔。滇南建水著名寺院为指林寺。明代，王朝维护佛教，认为他可以导民良善，是一种极好的巩固统治者的思想工具，镇守云南的将领沐氏大事修建庙宇，据万历《云南通志·寺观志》载，当时云南14个府僧纲司管辖寺共202座、庵12座，由于皇室的支持，各府、州、县官吏的护法，使佛教处于极盛时期，当时滇池地区已是“无山不寺，无寺不僧”，就连昆明东郊的彝族村寨，已是村村有寺庙，家家有佛堂。在洱海地区，佛教禅宗也很盛行，鸡足山已发展为以寂光寺为首的八大寺71庵的规模，成为滇中地区佛教盛地，到天启四年，鸡足山八大寺中，有一半以上得到明皇室的赐藏。清代初期的4位皇帝都是极为虔诚的佛教崇奉者，使佛教仍处盛世。以后由于民族矛盾加剧，国势日衰，社会动乱，列强入侵等社会因素，统治者已无法对佛教进行有力支持，故云南的佛教处于急剧衰落状态。道光时的《云南通志》所载的云南寺庵1650余座，实际上所剩寥寥无几，众多名刹，只能从“志”中或石刻碑碣中寻找到一些遗迹了。

据学者研究，云南上古巫教崇拜之一的有神树、神花，如年年祭祀，要在墓前种树。有的民族在大祭天的祭台上栽神树，有的地区的“堆沙塔”节，总要插上众多的花、树。据一些墓葬考古发现，至少在东汉以后，昆明已盛行荷花供养，但它是封禁在地下墓中。荷花是净土的象征，解脱的境界，它寄托着死者的归宿和向往。南诏中期以后，佛教盛行，寺院如雨后春笋，拔地而起，“香花供奉”成为礼佛拜寺的行为规范，花的供奉从地下走向地上，首先进入寺庙。据《唐会要·三三》和《新唐书·南蛮下》载：南诏时，云南西近天竺，媚神奉祖，多以乐舞演释氏之词，以花献佛……献乐时必须以人作舞，舞者又必扮作天人神像，如今之藏地跳大神，而舞人的化装必须是“冠金宝花”“裙八彩杂花”“曳罗彩花履”，从头到脚饰以杂花，“非此不能奉神”。此俗延及寺院，则处处“禅房花木深”。由于南诏大理国时期盛行的是阿吒力教，僧人是出家不出世，在家修行，过俗人生活，但家家必有佛堂。元郭松年《大理行记》：“此帮之人西去天竺为近，其俗尚浮图法，家无贫富，皆有佛堂”。佛堂必有“五宝”及净水，五宝为：香炉一；烛台二；花瓶二。瓶中所奉鲜花，知有莲花、菊花、紫薇等。元以后佛堂所奉鲜花以“滇中三甲”茶花、梅花、紫薇为多，鲜花供佛就从寺院走进百姓家。据记载，明天启（公元1620年）以前，昆明先民就有在每年春节买茶花供佛的习俗，而种花的园丁也特别重视提供好的茶花以便得到更高的收入，如天启的《滇志》中引述的一首有关茶花的诗中有句“园丁贵价赢”，注曰：“每岁元日，市卖此花以供佛，红紫溢目。”百姓都想更多得到佛的保佑，都愿以最好、最美、最奇的鲜花供奉，这就扩大了花卉的选育力度，而云南山茶花特有的气质与花德很符合佛教教义的内涵要求，自然成为供佛、伴佛的最佳树种、最特有的树种之一，并使其能稳步的持续发展。云南自唐到清代前期，佛教盛行，佛化之普及，论众生崇信三宝之广，遵行遗教之虔诚，则较他地有过之而无不及，由于广建寺庙，特别是在古道沿线，而寺庙的选址则以名山、胜水、生态环境极为和谐、清静优美的地方，而寺庙内种花植树，一是美化环境，更利于修行布教，二是起到敬佛、伴佛的虔诚，所以寺庙环境的绿化、美化，保护周边生态环境，也是僧侣们除佛门功课外的重要活动，这也是云南佛、道两教的优良传统。而寺庙内伴佛树种的选择，具有“十德”又具神性的云南山茶花，则是必选树种之一，也是云南山茶花千年不衰的原因之一，也是茶花古树多存于寺庙，并因寺庙的生态环境与云南山茶花的要求极为一致而长寿。

4. 云南山茶花的传说和赏花习俗

云南山茶花自被引入宫苑栽培，就被先民视为“吉祥之树”“神树”，特别是元代以前，大理是云南山茶花集散和栽培中心。各族先民对茶花也有特殊的感情，茶花被选为“花后”，有关茶花的神话传说，也在一代代传颂。相传很久以前的一个春天，百花姐妹在大理坝子召开选“花后”大会，会上姐妹们推选茶花做“花后”，从此茶花与大理人民的生活密不可分，白族人民更是十分喜爱并崇敬茶花，在他们心中茶花是吉祥和幸福的象征，是智慧和才能的表现，是坚贞不渝的信物。

马嘶花放：大理城南圣应峰麓，有一座感通寺，由于环境和殿宇轩昂极为和谐，被誉为“苍洱驰名第一山”。明洪武十五年，感通寺主持无极禅师到南京朝拜明太祖朱元璋，进献大理白马一匹和云南山茶花一株，朝觐时值初春，忽白马嘶啸，茶花开放，太祖非常高兴，认为“马嘶花放”是明朝吉祥兴旺之兆，赋《僧居点苍》一诗，群臣随和，集诗十二首，太祖并为无极赐名“法天”赠袈裟。无极禅师回到大理，将御赐《归云南诗》十二章，镌刻在大云堂前。

朝佛不朝王：《陆良县志》载：普济寺在治北五里许，中有茶花一株，枝干茂盛，花瓣较多，颜色鲜丽。清吴三桂移植省垣安埠园，花忽萎，三桂怒挞还之，仍植寺中，花复重开，谚有“朝佛不朝王”之说。普济寺现为小学。

不图富贵，根在故里：《滇南杂志》载：通海三元宫旧有茶花一本，奇艳异于常树，月夜姿尤妍妙，花落时瓣皆仰而不俯，明弘治年间，贡入御苑不花，后仍发回本观始花。三元宫在通海县秀山，始建于明宣德三年，弘治年间，宫内茶花作为贡品入御苑而不开花，又发还三元宫，又开花，现宫在而花无存。

从上述传说中可以看出，人们赏花，不仅观其形，看其色，赏其韵，还喜欢把花人格化，赋予某种人化的性格和品德。云南山茶花，在各族人民、各阶层人民的心中，是一位完美人格化的吉祥瑞花，是不畏权势，不图富贵，对宾朋满腔热情，所以人们对她的喜爱真是世代相传。千百年来，她都给人们带来美好的精神享受，陶冶人的情操，激发人的热情，鼓舞人们战胜困难，努力上进，就形成每当开花季节，必然全家外出拜访茶花的赏茶花习俗，或在春节前后买茶花花枝，作为瓶花以增添节日气氛。清人吴铭道的滇池竹枝词：“霜绫雪椀尽吴商，僰妇青裙罗帕装；卖徧茶花杜鹃血，香云穿出碧鸡坊”。记述了少数民族的妇女身着青裙罗帕装，在碧鸡坊（碧鸡坊为明代所建）卖茶花或杜鹃花的情景。

清末经济特科一等第一名（位同状元）袁嘉穀，云南石屏人，在《袁嘉穀滇绎》中有：滇茶花为全国冠，推为省花人无异词，三泊废县入安宁，有大茶花，折枝运省岁售数百金，供一小学校岁费之半。这说明春节昆明喜用茶花贺岁习俗；其次是一株大树部分花枝出售可供小学经费的一半，其价格应该是高的。这也印证了“园丁贵价赢”的诗句含意；二是滇茶花已成为人民心中的省花。他并作诗：“培士如培树，艰难迥不伦；岂知千岁木，翻树百年人；天艳霞无色，花浓寺永春；雄州古南诏，物与地常新。”现在基本没条件让云南山茶花作切花销售。但农民多以野生怒江山茶作切花在春节前出售。

四、云南山茶花花型演化及选种

云南山茶花可算是云南特产而又有特色的花卉，分布于四川、贵州、云南海拔 1500～2800m 的阔叶林或混交林中。在云南则多生长在滇中到滇西古道沿线的广大半湿润常绿阔叶林中，为森林群落内的中层树种，也

■ 朝佛不朝王的云南山茶花

是较为典型的半荫性树种。除少数湿热河谷未发现茶花外，其他地区都有零星分布。

1. 云南山茶花在云南分布概况

从文献记载、分布面积和栽培水平综合比较，云南山茶花以凤庆、腾冲、大理、楚雄、昆明等地为好，近几年保山市的云南山茶花栽培重新驶入快车道，形势喜人。

凤庆县：《顺宁县志·蒲门岁时花木记》中有“云南茶花甲天下，蒲门茶花甲云南矣！”元代天历元年（公元1328年）始置顺宁土府。1954年8月改名为凤庆县，蒲门应是该县种植云南山茶花最好、最多的地方。顺宁种茶树历史悠久，素有茶乡之称，古时以它为中心，在原有驿道的基础上，形成两条茶马古道，一是北道顺（宁）下（关）线：由顺宁出发，横渡澜沧江，经鲁史、犀牛、渡黑惠江、最后抵达下关。二是西南道，即“迤方道”：从顺宁出发，经锡腊（今营盘区）、过德党、进镇康、最后达缅甸腊戌。其中以北道对顺宁政治、经济、文化、教育影响最为显著。因它连上南方陆上丝绸路可达中原，以前临沧地区对外通道主要是以顺宁为中心。自昆明到临沧公路修通后，茶马古道逐渐失去它传布先进文化作用的地位，交通要冲为临沧所代替。凤庆县均为山区峡谷，仅营盘区有少许丘陵盆地，全县有16个区（镇）。1979年10月18日至1980年2月23日，临沧行署林业局木本油料工作组，对凤庆十二个公社（现在的区）54个大队（乡）的野生油料资源进行调查，另有3个公社，因交通不便未深入现场，只是在会上进行访问。资料表明，全县山茶属植物丰富，分布较多的是既可油用、又可观赏的凤庆红花油茶（*C. reticulata* f. *simplex*），也就是习惯称的云南红花油茶、腾冲红花油茶、单瓣型云南山茶花，现统称为云南山茶花。分布在海拔1800～2700m地区，但以2000m左右地区为多、为好。年降雨量1100～1400mm，年平均气温13～15℃，极端最高温32℃，极端最低温－9℃。酸性、微酸性红壤、黄壤。几亩、几十亩或上百亩为小块成片集中生长的特点。多分布在阳坡、半山坡，通风透光条件好的林缘，则开花结果好。红花油茶在全县15个公社都有数量不等的分布。踏查估算，野生油茶分布面积约32900亩，株数224000株，其中红花油茶约占50%以上。1980年1月26日，工作组部分工作人员与诗礼公社的工作人员共同对公社灵宝山南麓的4个大队9个生产队（自然村）进行粗放的测量和调查，面积约12000亩，其中红花油茶约占半数，均为野生。生长较好的约占5300多亩。每亩植株多的达110株，少的只有5株，多与木兰科、壳斗科、木犀科、樟科、忍冬科等20个科48个主要树种混生。红花油茶最高可达12m，胸径36cm（约200年左右），冠幅可达4.5m，开花1500朵左右。一般植株高3～4m，胸径7～15cm。在调查中也发现毁林开荒、乱砍滥伐的林地。因此保护和利用的问题，使资源优势向多方发掘利用的途径，包括观赏方面，都值得很好研究。在以前茶花资源调查中，感到凤庆不但历史

■ 卖花姑娘

■ 在晨雾中进城的卖花姑娘

悠久，云南山茶花的资源也极其丰富。也是适生地区之一，引种野生变异单株也有一定的历史。因在古时就有对外的通道及交易的重要物资——茶叶，所以其经济文化在当时是发达地区。云南山茶也选育出自己的地方品种，如‘蒲门茶’、‘凤山茶’。

腾冲县：是古南方陆上丝绸路的终点站，文化、经济较为发达，由于优越的自然环境，蕴藏着极为丰富的高等植物资源2000多种，其中有一种木本油料植物，称红花油茶，又称单瓣型云南山茶花、腾冲红花油茶，全县境内21个区、镇，有19个区都有数量不等的红花油茶。据腾冲县人民政府1982年8月编的《云南省腾冲县地名志》中载：当时的云华公社有红花油茶林21752亩。其特点：一是历史悠久，相传有500年以上历史，当时仍生存有400年以上的老树；二是林龄极不一致，有的达百年以上，有的仅是一二十年，林相参差不齐，稀密不匀，无一定株行距，这说明成片而较集中的红花油茶林可能原系半野生或野生，种子落地天然萌发，加之一定的人为保护逐渐成林。腾冲除了大小不等的半原始老林外，在1982年还发展了4.7万亩的人工林。1959年离城12km的国营沙坝林场营造了约1万亩的红花油茶林，种子来源于云华公社，由于全为自然杂交种，性状的分离在后代是明显的。腾冲地处横断山脉南段偏西部分，是伊洛瓦底江最东的支流源头所在地。境内南北走向的岭谷相间，地形呈马蹄状。由于腾冲正处于印度与欧亚大陆两个板块边缘，地壳运动活跃，火山多次喷发，有明显的火山锥20个，突出的有打鹰山、马鞍山、老龟坡、来凤山、大小黑空山等，腾冲坝子处于年轻的火山群的怀抱中。整个县坝区面积占总面积的2.54%，山区、半山区面积占97.46%。云南山茶花在省内的分布，从目前看，腾冲数量最多，老树亦多；有大面积分布的云华公社，也有零星分布，另有人工营造的大面积林地；也是全省对这一古老植物利用最早的地区，虽是作为食用油，但群众普遍认为是高级营养滋补食用油。不知从什么年代开始，成片红花油茶林中的变异单株，群众称“仙叶茶”或“公茶花”（因其雄蕊瓣化或退化不能结果而称之），引回庭院栽培。丰富的植物资源，千姿百态的花卉，吸引了更多的爱花人的亲

‘蒲门茶’

‘凤山茶’

■ ‘白鹤飞舞’（‘雪娇’）

■ ‘牡丹魁’

■ ‘粉通草’

■ ‘桃红牡丹’

近，使腾冲在花卉方面，如茶花、兰花、竹类、盆景造型等选种技艺诸方面都有很高的造诣。现有云南山茶花正式发表的品种，包括所有的老品种，仅从腾冲所选出的品种，占全部品种数的40%以上，其中不乏珍品，如‘白鹤飞舞’（‘雪娇’）‘牡丹魁’‘粉通草’‘桃红牡丹’等。腾冲是云南山茶花资源的宝库，也是茶花可持续发展的仓库，里面还蕴藏着我们不认识的奥秘。

大理市：有“文献名邦”之称，是我国历史文化名城之一。是横断山脉和哀牢山脉交汇处，西部点苍山属横断山脉云岭余脉，由19座南北走向的山峰组成。海拔3500～4122m。南部及洱海东部的众多山峰均属哀牢山脉的北端支脉，由大笔架山、定西岭、牛角山等20座南北走向的大小山峰组成，海拔2303～3187m。大理在唐、宋500多年期间，一直是云南政治、经济、文化中心，加之气候温暖湿润，土质肥沃，适宜花木生长，而滇西一带的花木也都运到大理集散。由于佛教盛行，香花供佛成为日常活动，使大理成为“家家院里都养花，户户门外有清流”，真是“香风满道，芳气袭人”。在花的选择中云南山茶花则是其主栽品种，在较早期的品种资源调查中，发掘了一些大理的地方品种，如‘赛菊瓣’‘玫红桂叶’‘细桂叶’‘淡大红’‘松子壳’‘鹤顶红’‘朱砂紫袍’‘九心紫袍’等，大理也成为云南山茶花集散和栽培中心之一。云南山茶花在大理，从某种角度看，比省内其他各地更能体现其深厚的民族文化内涵。因多种原因，云南山茶花无法形成大宗商品。一个极好的机遇，打破了这沉闷的局面，2003年云南省出台了《省花卉产业发展规划》，大理州、保山市列入了“滇西特色花卉发展规划”中，当时大理市云南茶花存储量约5万株，年繁殖仅1万～2万株。同时“三江并流”列入自然遗产，滇西特色花卉资源是“三江流域”自然文化遗产的重要组成部分，纳入“三江流域”旅游资源综合开发的框架内，这也加大了茶花发展的空间。二是滇西特花面临省花卉业升级机遇，《云政发（2002）152号》精神，省府继续对花卉产业发展给予财政和金融支持，财政每年安排资金用于培植全省花卉产业发展。《云花产联（2003）47号》文件，省花卉将滇西区作为特色主要规划布局区，为滇西花卉商品

‘赛菊瓣’

‘玫红桂叶’

‘细桂叶’

生产启动提供良好机遇。三是大理市建设滇西中心城市发展机遇，2003年省委、省政府在大理召开城市建设现场大会，明确提出构建滇西中心城市的战略部署。“民族文化大州，旅游产业活州，以及山水园林大城市，风花雪月大花园”的战略性建设，也推动了茶花业的发展。在发展中坚持“以政府引导，龙头企业带动，科技支撑，市场化运作，产业化经营”的原则。经过几年努力，到2007年2月，云南山茶花储量约40万株，年繁殖量有80万株以上的能力，发展思路是，力争5年内成为省重要的花木供应基地，到2010年，培育一批销售过千万元的龙头企业，建成特色花木基地10万亩，实现年销售20亿元。为了使规划顺利进行，州政府还成立了特色花木产业发展领导小组，成员由州政府、州农业局、林业局、规划设计局、发改委、财政等多部门领导组成，主要负责指导、监督、检查和协调。今年州将重点实施两大花木工程，一是州园艺站将建设50亩以上公益性的大理州特色花木资源保护与开发利用科技研发基地。二是州农业局承担，以大理市为主要项目建设地点的1000亩“三花”（茶花、杜鹃、兰花）产业化开发基地建设工程，建设时间三年，项目完成后，年产规格化商品，其中云南山茶花100万盆。上述规划和政策，

‘淡大红’

‘松子壳’

‘鹤顶红’

‘朱砂紫袍’

极大鼓舞了茶花生产者，会加快茶花事业发展步伐。

楚雄市：20 世纪 80 年代以前，楚雄市被认为是没有茶花的地区，80 年代初昆明植物研究所在紫溪山考察，发现了树龄近 600 年的云南山茶花中的珍品‘童子面’，才引起各方的关注。

楚雄位于云南高原中部，地势西北高，东南低，山地面积占总面积的 83.5%。属北亚热带季风气候区，冬干夏湿，温度平稳，日照充足。具有亚热带、温带、寒带的植物类型。

楚雄市在历史长河中，一直是滇中重镇之一，2300 年前就能铸造出世界迄今发现最早的铜鼓。南诏时期佛教开始盛行，到大理国时期，从国主到平民多是虔诚的信教者，其间一位颇有声名的人物高量成，在宋高宗绍兴十一年（公元 1141 年）任大理国相位，9 年后，让相位于其侄高寿贞，自己退隐楚雄，并在紫溪山修建别墅。由于他的倡助，禅林寺院拔地而起，为该山佛寺兴盛起了极大推动作用。民间传说紫溪山有“66 座寺，77 座庵，88 座林”，在风景名胜区规划 $43km^2$ 的范围内，有如此众多的寺庵，说明佛教之盛。近年普查，实有寺庵遗址 68 处。山上所有云南山茶花古树，基本与遗址有关，这与《南诏图传》中带神性的瑞花嘉木相吻合，而使紫溪山保留下一批宝贵的云南山茶花古树资源。1985 年楚雄市园林局与昆明植物所共同调查茶花资源之后，当地又继续不断调查，1989 年正式通过省专家组鉴定筛选出十个地方品种，‘鹿城春’‘楚雄茶’‘泽荷’‘紫焰’‘楚蝶’‘色奔’‘东林’‘国楣’‘胭脂’‘紫溪’。楚雄市因其云南山茶花古树多、树龄老的独特优势而申请获得 2012 年国际茶花大会的举办权。近年在中山镇黑牛山发现大面积野生云南山茶花，据不完全统计，50 株以上的云南山茶地块 66 处，共 3 万多株，其中基围 80cm 以上的有 1000 多株，这片野生云南山茶花的发现，为楚雄市茶花生产的发展奠定雄厚的物质基础。为迎接国际茶花大会的召开，政府对云南山茶花的全方位发展极为重视，起步高，走得也快。

昆明市：是国家历史文化名城。元初，云南政治、经济、文化中心，从洱海地区转移到昆明，云南山茶花的栽培、集散中心也移到昆明。全市坝区面积只占总面积的 15%，共辖 1 市 8 个县 5 个区，即安宁市；晋宁、宜良、石林、寻甸、嵩明、禄劝、富民、呈贡等 8 县；五华、盘龙、官渡、西山、东川等 5 个区。昆明地区属低纬高原山地季风气候，大部分地区为亚热带，低热河谷为中亚热带，山地为南温带气候，全地区处于云贵高原西部，纬度低，海拔高，有群山阻隔南下冷空气，滇池、阳宗海调节温湿度，形成冬暖夏凉、得天独厚的宜人气候，也是云南山茶花适生地之一。明、清有关云南山茶花的诗、词及记载文献较多，反映出云南山茶花栽培兴旺盛况及昆明一些古刹茶花盛开的奇景。在城市发展过程中，绝大多数寺庙已不复存在，茶花亦随之死亡。茶花生产，受诸多因素影响，只能在低调下缓慢前进，它虽为市花，

■ 图中小学内有‘国楣’茶和‘胭脂’茶

■ ‘鹿城春’

■ ‘鹿城春’

■ ‘楚雄茶’

■ ‘楚雄茶’

■ ‘东林’

■ ‘东林’茶母树

■ ‘国楣’茶

■ ‘图楣’茶

■ ‘楚雄茶’

■ ‘楚雄茶’

■ ‘楚雄茶’

■ ‘楚雄茶’

■ ‘泽荷’

■ ‘泽荷’

■ ‘紫焰’

■ ‘紫焰’

■ ‘胭脂’

■ ‘胭脂’

■ ‘紫溪’

■ ‘紫溪’

■ 楚雄中山镇黑牛山野生云南山茶花原始花型——玉兰型

■ 楚雄中山镇黑牛山野生云南山茶花原始花型——喇叭型

■ 黑牛山丛状古树。幼年时一干可能因外界因素倒地，形成现在似根的匐伏主干（左图及右下图）

■ 楚雄中山镇黑牛山野生云南山茶花

■ 楚雄中山镇黑牛山野生云南山茶花

■ 楚雄中山镇黑牛山野生云南山茶花

■ 楚雄中山镇黑牛山野生云南山茶花

却得不到“市”的扶持和关怀。春城昆明各族儿女热爱云南山茶花，也为她而自豪，更希望她代表云南到更多地方落户，带去更浓的春天信息，希望春城能为云南特有而又具特色的云南山茶花的发展做出应有的贡献。普遍认为，促进茶花生产发展的优势是：一是区位优势；二是市花；三是云南山茶花品种资源丰富而齐全，并有茶花专类园。茶花古树资源，宜良、安宁、嵩明、富明、呈贡、晋宁、禄劝、寻甸等市、县均有。这就成为宣传云南山茶花的形象窗口；四是技术力量较强，并有最适宜茶花生产的宜良县。昆明不但有生产技术高的企业个人，又有专门研究茶花的科研人员，加之宜良县的悠久栽培历史和文化内涵底蕴，也是目前存储量最大、年生产量大、生产技术最全面的地区，其存储量达 60 万株以上，年生产量一般达 15 万～20 万株。从优势及生产能力上比较，昆明仍居全省之首。但从当前花卉业发展的趋势导向：观念的转变，传统花卉业向现代花卉业转变等，仍制约、影响昆明市云南山茶花的发展和走向。

保山市：《滇南杂志》载：明张南园侍郎著《永昌二芳记》内载茶花有三十六种、杜鹃花有二十种，皆永昌所产者。虽然书已失传，但说明保山在明代时，云南山茶花盛行栽培，并有品种 36 个。36 岁的杨慎被充军到永昌，《永昌二芳记》的作者已 67 岁，而这时的保山应是茶花栽培的兴盛期，杨慎在保山住的时间较长，茶花也成为他赞颂的花卉之一。保山坝子年平均气温 15.5℃，最冷月平均气温 8.2℃，最热月平均气温 21℃，极端最高气温 32.3℃，极端最低气温 − 1.3℃，其西边是属其管辖茶花资源极其丰富的腾冲县。保山历来都是保山地区的政治、经济文化中心，腾冲的茶花集中到保山而使保山云南山茶花品种增多。遗憾的是茶花栽培盛况没有延续，在省内也列不上茶花生产地区。在省花卉产业发展规划中，保山市列入了滇西特色花卉发展规划，使云南山茶花的生产再次起步，经过几年努力，已初具规模，有腾冲作后盾，两地联合，取长补短，加上政府的扶持，对云南山茶花的发展会起加速推动作用。

丽江市：地处滇西北高原，1986 年 12 月国务院公布国家第二批历史文化名城之一，古城的特色是“家家泉水饶诗意，户户垂柳赛图画”。在 10 万年前已有旧石器晚期智人“丽江人”生息，从旧石器到青铜器的发展，证实丽江是古人类摇篮之一。西汉时丽江称遂久县。元初忽必烈征服大理到达遂久县，设茶罕章管民官，后改丽江路宣抚司。1383年（明洪武十五年）明派军统一云南，纳西族首领阿得首先归附，并协助明军统一纳西地区，因而得到明太祖朱元璋的“钦赐姓木”的殊荣，封任世袭丽江土知府。清雍正年间，改土归流，仍设丽江府。由于木氏大量吸收内地的先进文化和生产技术，使生产有很大发展。同时引进藏族地区的喇嘛教，修建了各种寺观25处之多，相应的促进了云南山茶花在丽江的发展。在玉龙雪山海拔2700m的玉峰寺，寺的规模不大，在丽江的寺院中还算不上名寺，但是其中一株云南山茶花使寺的声望日益增高，茶花也博得“环球第一树”“万朵茶”美誉。1980年调查：“万朵茶”主干在离地30cm处，直径为40.8cm，主干50cm处分二大主枝，分叉处主枝直径为25.2cm、35.3cm，各向左右扩张，经长期的人为攀扎整形，成为现在的“三篱壁棚架形”，三篱壁和棚顶皆为茶花枝条交错盘结，另一方留为出入口，这种用云南山茶花作棚架整形，实为一绝，每壁高约2.5m，长约6m，估计树龄在300年左右。二绝是25.2cm粗的侧主枝上有一大侧枝，所开的花为荷花型，与全株的牡丹型差别极大，这一大侧枝与侧主枝间有切口痕迹，可能是靠接后剪下了砧木下半部，留下了上半部在原侧主枝上，故所开的花为砧木的荷花型的花。这种剪错砧木部位而使一树开两种花型的古树，不止一株，推测是僧侣为给茶花增添神秘感而有意佳作，这也使万朵茶产生了有趣的传说。每年三月是茶花盛开之际，红花满树，映以玉龙雪山山顶的白雪，真是“树头万朵齐吞火，残雪烧红半个天”。“万朵茶”的造型，反映出先民对云南山茶花的生长习性与环境相互关系的深刻认识。玉峰寺在玉龙山麓，气温变化大，寺是小四合院，中间天井不大，云南山茶花按常规栽培，很难在天井中良好生存，只有改变树形，使其矮化不超过屋顶，利用四面房屋起挡风保暖作用，同时要使树冠有最大接受阳光的面积，先民经多年实践，造成现在的三篱壁棚架式树型，使云南山茶花能数百年正常旺盛生长，由于花多和独特的造型技巧，充分体现了先民的聪明才智，在不利的环境中，改变植物树型与环境相适应。在另一建筑物前也有一株云南山茶花，胸径35.7cm，树龄约260年，树高约5m，只顶部有少许枝叶，主干离地4m之间无枝叶，这是按常规栽培的结果。另外在离城22km的三区，姓段的家有基径31cm树龄约210年的云南山茶花；另姓和的家有一株胸径34cm约240年。

■ 万朵茶

■ 玉峰寺万朵茶，有环球第一树的美誉

2. 云南山茶花花型演化创花卉演化史之奇

据专家研究，我国花卉发展走的是花文化之路，开始以赏花为主，卖花为辅，是为了满足文人雅士、达官贵人的爱好，是在花文化带动和影响下发展花卉业的，故行业存在着太多的小农经济成分，如小而全，目光短浅，求新创异的意识淡漠等。云南山茶花1000多年的发展历程，走的也是花文化之路，同时还受宗教文化的深刻影响，她不但要满足人的需要，也要满足宗教文化的需要，就使云南山茶花一直成为高雅、高价位的并带有迷信色彩的商品。一般民众因多种原因，如价格、种植条件和地点，又怕渎犯神灵等而很少种植，这些都严重阻碍了云南山茶花的发展和栽培技术的提高、新品种选育等。到民国年间，仍是如此。文人方树梅的《滇南茶花小志》使我们了解到先民选育云南山茶花品种七十有二（其中有部分山茶花），现在仍栽培者并不多，多数品种已无法考证。20世纪50年代末《云南山茶花图志》正式统一记载了20个品种，60年代昆明植物所在昆明、大理、凤庆、腾冲等地发掘一些地方品种，使云南山茶花的正式品种达37个。1972年科研工作也开始逐步走向正轨，云南山茶花的新品种选育种工作也全面展开，如从植物园中所种云南山茶花一些种子实生苗中筛选新品种；另是到腾冲的油用红花油茶林中进行选种工作。

腾冲县县城海拔1640m，据1951～1973年20多年的气象资料综合，年平均气温14.8℃，最热8月平均气温19.8℃，极端高温30.5℃，最冷1月7.5℃，极端低温－4.2℃，年降雨量1463.8mm。离城18km的云华公社（现为云华乡）境内多为火山岩坡地，东有宠炊山巍然屹立，海拔2764m。西南有高耸云天的打鹰山，海拔2614m，平面似"玉兔奔月"。历史上是以农、林、牧为主的三结合而偏重林、牧的山区公社，红花油茶在海拔1900～2200m之间的山地，年平均气温13.2℃，最低温－3℃，年降雨量1560mm左右，林地土壤为灰化红壤（当地称抹香土），pH值6左右，质地疏松，土壤深厚。常绿阔叶的原始林相已不可见，多为受人为影响而残存的次生林，主要种类有木兰科Magnoliaceae、樟科Lauraceae、壳斗科Fagaceae、山茶科Theaceae等，在村庄附近有茂密的大金竹*Phyllostachys* sp.、棕榈*Trachycarpus fortunei*等。20世纪60年代前期，冯国楣教授等主要从食用油方面，在云华开展研究工作。1973年笔者又从观花的角度来到云华，至今难忘的最初印象是，遍山红花，真是美与磅礴气势自然而巧妙的结合，纯朴而神奇的人间仙境，比文学作品中的仙境更为自然，说它是花的海洋，也不夸大。假如现在仍保持当年的原貌，肯定会成为冬末春初的原生态超级旅游胜地。当年云华有红花油茶林面积近2万亩，每亩最少有油茶10株算，则总数达20万株左右。大面积红花油茶林地，因地势起伏，村庄分布而分割成片，每片林中都有树龄不等的古老大树。红花油茶也称单瓣滇山茶*C. reticulata* f. *simplex*，是作为云南山茶花的单瓣类型，现并为云南山茶花，但仍习惯称为红花油茶，它是异花授粉，经多年观察，自花结实率仅为3.3%，在遗传上属于高度杂合的类型，所结种子，实为自然杂交的籽实，由于漫长岁月相互混杂，重复的自然杂交，在后代发生基因重组的几率增大、性状分离而出现变异的单株，特别是在大面积成片的林中，树龄参差不一，高者百年或数百年，低者仅二三十年，更利于细微变异的积累传递，出现优良变异的单株就有可能。另是长年累月不断受外界各种因素的相互影响，个体的遗传基因也会出现细微变异，并融入自然杂交过程中，其变异表现涉及叶形、株形、花芽形状及着生部位和数量，叶芽萌发能力，花的大小和形状，雌雄蕊的瓣化或退化，花的色泽，花瓣的大小、形状及排列方式等，在经过逐代积累而更加丰富，具观赏价值的变异单株也是丰姿多彩。经过多年不断的定点观察，为了更好、较全面的了解红花油茶的基本情况，有利于选种工作的进行，在公社境内选择了5个红花油茶分布多的大队，即新大门、沟坡头、红木树、火麻冲、朝云山为工作主要范围，并从上述大队林地中选出最大的大树57株（表1），群众公认的3株油茶王也在其中。据多年在云华及相邻公社的调查资料，如固东公社宝嘉大队有一株胸径70cm的红花油茶，树龄约400年以上。明光公社鸦乌大队有零星红花油茶200多株，胸径31cm左右，树龄约180年左右的植株最多，最大的达57cm约340年左右。老华寨有一片红花油茶林，其中两株最大的胸径分别为77cm、76cm，估约450年左右，这些古树的花均为喇叭型。从这些古老的大树可以印证两点，一是当地老人普遍认为红花油茶在当地有500多年历史。二是在云华公社有一些农民声称他们的祖籍是应天府（明初的都城南京），来云华时已有这些林子，那么这些人的祖先应是1381年明太祖朱元璋派兵进征云南后留守云南的士兵，从事防务或军屯的后代。但这印证也有值得推敲的地方，在明崇祯十二年（公元1639年）四月二十一日伟大的旅行家、地理学家、史学家、文学家徐宏祖来到打鹰山，该山为腾冲火山群中最典型，也是我国少有的几座活火山之一，山体地面直径12km，顶部火山口直径约300m，深度超过100m，火山口上覆盖近20cm的尘土和火山灰混合物，以下则是暗红色的浮石和火山弹。当地土人言，20年前（应为明万历三十七年，公元1609年），其上皆大木巨竹，蒙蔽无隙，中有龙潭四，深莫能测，足声至则涌波而起，人莫敢近。后有牧羊者，一雷而震毙羊五六百及牧者数

表1 红花油茶大树

1977年

编号	树高（m）	胸径（cm）	花色	花瓣（枚）	花径（cm）	树龄（年，估算）	地点	备注
喇叭型								
1	9~10	74.5	桃红	6	6~8	440	朝云山	
2	9	离地30cm，65.6	桃红	6	6~8	380	朝云山	
3	9~10	64.0	桃红	6	6~8	380	红木树	40cm处分枝
4	8	61.0	桃红	6	6~8	360	红木树	
5	9~10	50.3	桃红	8	6~8	290	朝云山	
6	7	48.4	桃红	6	6~8	270以上	朝云山	
7	8~9	47.8	桃红	6	6~8	270	红木树	
8	8~9	46.2	桃红	6	6~8	260	红木树	
9	8~9	45.9	桃红	6	6~8	260	红木树	
10	9	42.0	银红	6	9	240	新大门	
11	8~9	41.2	桃红	6	6~8	240	红木树	
12	8	41.4	桃红	6	6~8	240	红木树	
13	8~9	20cm处41.4	桃红	6	6~8	240	火麻冲	30cm处分杈
14	8	40.8	银红	9	10	230	红木树	枝条微下垂
15	7	38.2	桃红	6	6~8	210	红木树	
16	7	38.2	桃红	6	6~8	210	红木树	
17	8	37.6	桃红	6	6~8	210	红木树	
18	7	30cm处37.2	桃红	6	6~8	210	红木树	40cm处分杈
19	7	35.7	银红	6	10	200	红木树	
20	7	35.0	桃红	6	6~8	200	红木树	
21	8	34.4	桃红	6	6~8	190	红木树	
22	8	34.1	桃红	6	6~8	190	红木树	
23	7~8	33.7	桃红	6	6~8	190	红木树	
24	7~8	32.1	桃红	6	6~8	180	红木树	
25	8	30.6	桃红	6	6~8	160以上	红木树	
26	7	30.2	桃红	6	6~8	160以上	火麻冲	
27	7	30.1	桃红	6	6~8	160以上	火麻冲	
28	7~8	29.3	桃红	6	6~8	160	红木树	
29	6~7	29.3	桃红	6	6~8	160	红木树	
30	7~8	28.3	桃红	6	6~8	150以上	红木树	
31	7	25.3	桃红	6	6~8	140	红木树	
32	7~8	24.2	银红	6	10	130	沟坡头	
33	7	22.9	桃红	6	6~8	120以上	红木树	
34	6~7	21.0	银红	6	6~8	120	红木树	
35	7	20.7	银红	6	10	110以上	沟坡头	
玉兰型								
1	8~9	45.1	银红	6	6	250以上	红木树	
2	8~9	42.0	桃红	6	6	240	火麻冲	
3	8~9	40.7	桃红	6	6	230	新大门	
4	8~9	36.6	桃红	6	6	200以上	新大门	
5	8	34.1	桃红	6	6	190	火麻冲	
6	8	34.0	桃红	6	6	190	新大门	
7	8	33.7	银红	6	6	190	新大门	
8	8	32.1	桃红	6	6	180	火麻冲	
9	7~8	31.5	银红	6	6	170以上	新大门	
10	7~8	28.6	银红	6	6	150以上	火麻冲	
11	7~8	28.6	银红	6	6	150以上	火麻冲	
12	7	28.4	银红	6	6	150以上	红木树	
13	7~8	27.0	银红	6	6	150	新大门	
14	7	25.8	桃红	6	6	140	火麻冲	
15	7	24.5	桃红	6	6	130	火麻冲	
16	7	24.4	桃红	6	6	130	火麻冲	
17	7	23.2	银红	6	6	120以上	新大门	
18	7	21.0	桃红	6	6	110以上	新大门	
19	7	19.1	桃红	6	6	100以上	火麻冲	
20	7	19.0	桃红	6	8	100以上	新大门	
21	7	19.0	桃红	6	6	100以上	新大门	
22	7	18.8	桃红	6	6	100	火麻冲	

人，连日夜火，大树深篁，燎无孑遗，而潭亦成陆，今山下有出水之穴，俱从山根分逗云。山顶之石，色赭赤而质轻浮，状如蜂房，为浮沫结成者，虽大至合抱，而两指可携，然其质仍坚，真劫灰之余也。这段记录在光绪十三年的《腾越厅志》也有转载。徐宏祖记载了难得的火山爆发的真实情景，及火山爆发前后的变化。打鹰山20世纪70年代属云华公社名打云山大队。1985年云南人民出版社的《徐霞客游记校注》中对这条记载，并未质疑而是认同，就是说400年前，打鹰山火山曾经爆发，云华公社必受波及，另是徐宏祖在这两日，只是在固东（打鹰山旁与云华乡相邻）时有“……野人时以茶，蜡，黑鱼，飞松四种入关易盐布……”关于红花油茶只字未提。可能是火山爆发之后原有的被毁，新产生的还没有成林，当然更不会有大场面的壮观油茶林，所以土人无法在外地人前炫耀，也有可能是当时有红花油茶，不受当地人重视，加之又未见花，无法吸引徐的注意，因这之前徐的《滇中花木记》中认为“滇中花木皆奇，而山茶，山鹃为最”，他在云南只要见到山茶都有记录，如昆明、丽江。据《世界山茶属的研究》探讨认为：“近年的研究表明滇山茶 *C. reticulata*，起源于金沙江流域，是由分布区相互重叠的怒江山茶与西南山茶自然杂交形成的多倍体，而腾冲红花油茶 *C. reticulata* f. *simplex* 集中分布的马站区（云华乡属该区）、固东区一带的高黎贡山西坡，在原生植被中并没有这种若干近缘种共生现象，因此不能排除从人工栽培而逸生的可能性”。上述记载和探讨都给云华乡红花油茶面积大而古老的历史深入探讨提供了线索。所以对在火山附近的云华公社，红花油茶分布面积大，长寿古树多，及当地人的记忆都还有深入探讨的必要。

红花油茶最早的利用是从油用开始，能结果又结得多的是成片油茶林中占绝对优势的喇叭型植株，这种情况在人工营造的林地也是如此，从随意选出的57株古老大树，有37株是雌雄蕊发育良好能正常结实，花似喇叭。另22株与上述37株不同的只是花形似玉兰，树龄较喇叭型小，树株也不及前者高大。经过20世纪70~80年代，每年不断的普遍深入观察比较，令人惊奇地发现，在云华公社能看到云南山茶花花型由简单—复杂；单花花瓣由单瓣—半重瓣—重瓣的演化全过程和一定的规律性。在一个地区同一时间能看到演化全过程，这在花卉史上是史无前例的。

观赏植物中以观花为主的花卉，其观赏部位的花，是决定商品价值高低的主要部位，花部位的不同变化，会造成花的多样性，为了消费者便于记忆，又不造成流通过程中的混乱，都会给不同类型的花取上一个动听的名字，就出现了品种。人类对品种的共识和应具备的条件是：人类在生产实践中采用一定的技术手段，经过选育和繁殖的栽培植物类群，它不是分类学上的单位，但应该具备有：一是具有一定的经济价值，二是遗传性比较一致，三是适应一定的生态环境，四是一种生产资料。在人类发展的长河中，生产的发展，生活水平的提高，选育品种的经济指标也不断增多和提高，为了同一物种中所选育的品种能相互比较，找出相互的差异和欠缺的指标，为以后选育指出方向，品种的分类就成为生产环节中不可缺少的一环，对于生产者或消费者都是同等的重要，更是保证市场顺利流通重要的一环。昆明植物研究所在多年研究云南山茶花的基础上，于1981年《云南山茶花》书中正式提出以花形和花瓣数量、形状、排列，将云南山茶花品种分为三组八型。

(1) 单瓣组，花瓣5～7片，1～2轮排列，雌蕊、雄蕊发育良好，雄蕊基部连合成筒状，结实力强，有两型。

①喇叭型：花瓣平整，瓣片较短，花开时若喇叭状。

②玉兰型：花瓣长而较直，花开时形若玉兰花。

(2) 半重瓣组：花瓣8～30片，3～5轮排列，雌蕊、雄蕊多数发育良好，雄蕊基部连合成筒状或分束夹于曲折花瓣中，结实力弱或不结实，有三型。

③荷花型：花瓣平整，花开时形似荷花。

④半曲瓣型：花瓣先端微波状或内曲，雌蕊、雄蕊发育良好或少数变为花瓣状。

⑤蝶翅型：外围花瓣大而平伸，内轮花瓣曲折起伏直立呈蝶翅状，雄蕊成束混生于曲旋的花瓣中或不分束，雌蕊发育正常或退化呈扁平状。

(3) 重瓣组：花瓣30片以上，5～10轮排列，雌蕊、雄蕊变成花瓣，少数发育良好，有三型。

⑥蔷薇型：花瓣呈规则的覆瓦状排列，5～10轮，雄蕊高度瓣化或仅留少数几枚，雌蕊变成扁平状。

⑦放射型：花瓣平伸或内曲，呈规则的重叠排列，整个花冠呈放射状。

⑧牡丹型：花瓣呈不规则排列，曲折层叠耸起，形成饱满的圆球形花冠。

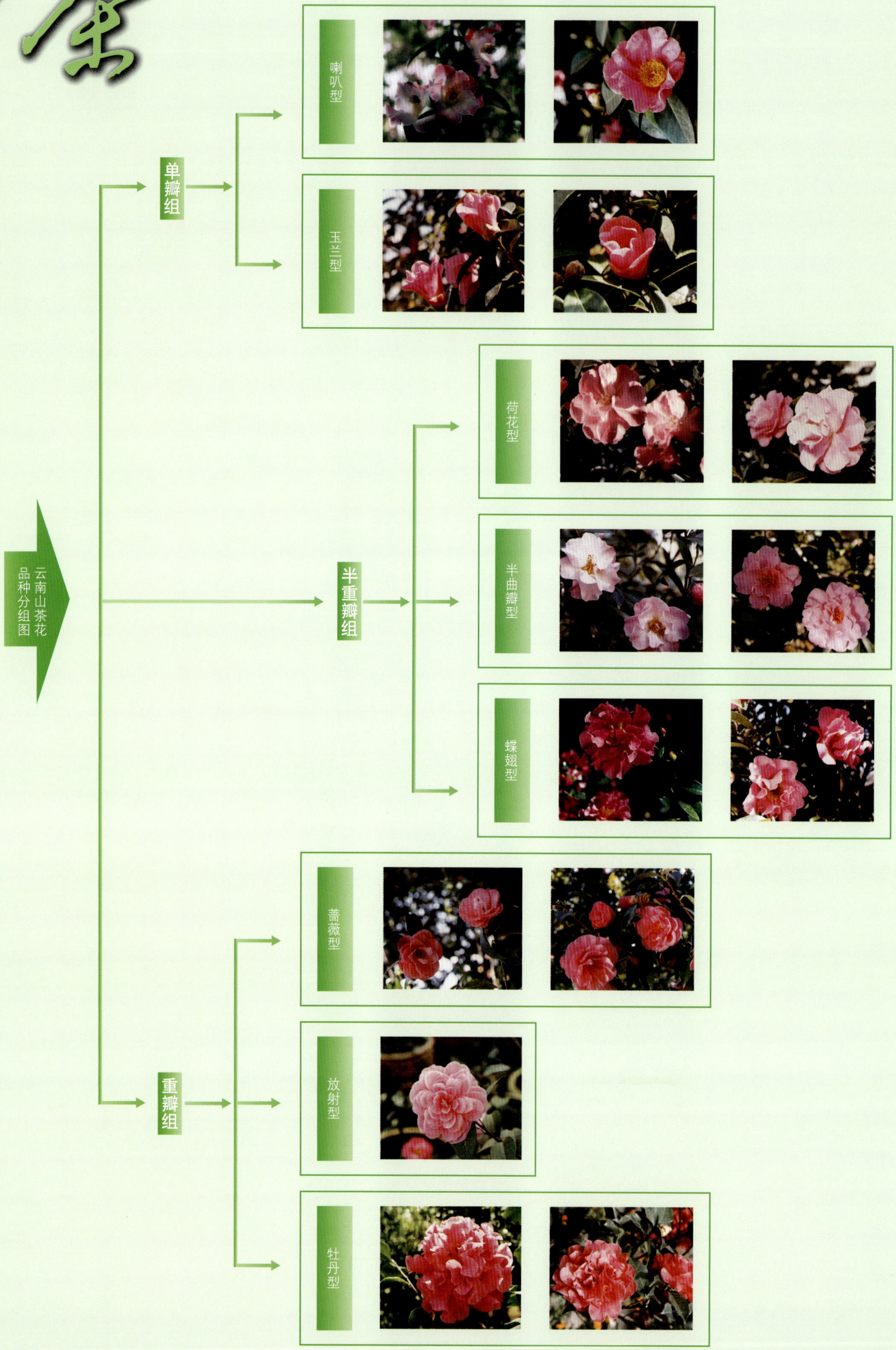
云南山茶花品种分组图
单瓣组
喇叭型
玉兰型
半重瓣组
荷花型
半曲瓣型
蝶翅型
重瓣组
蔷薇型
放射型
牡丹型

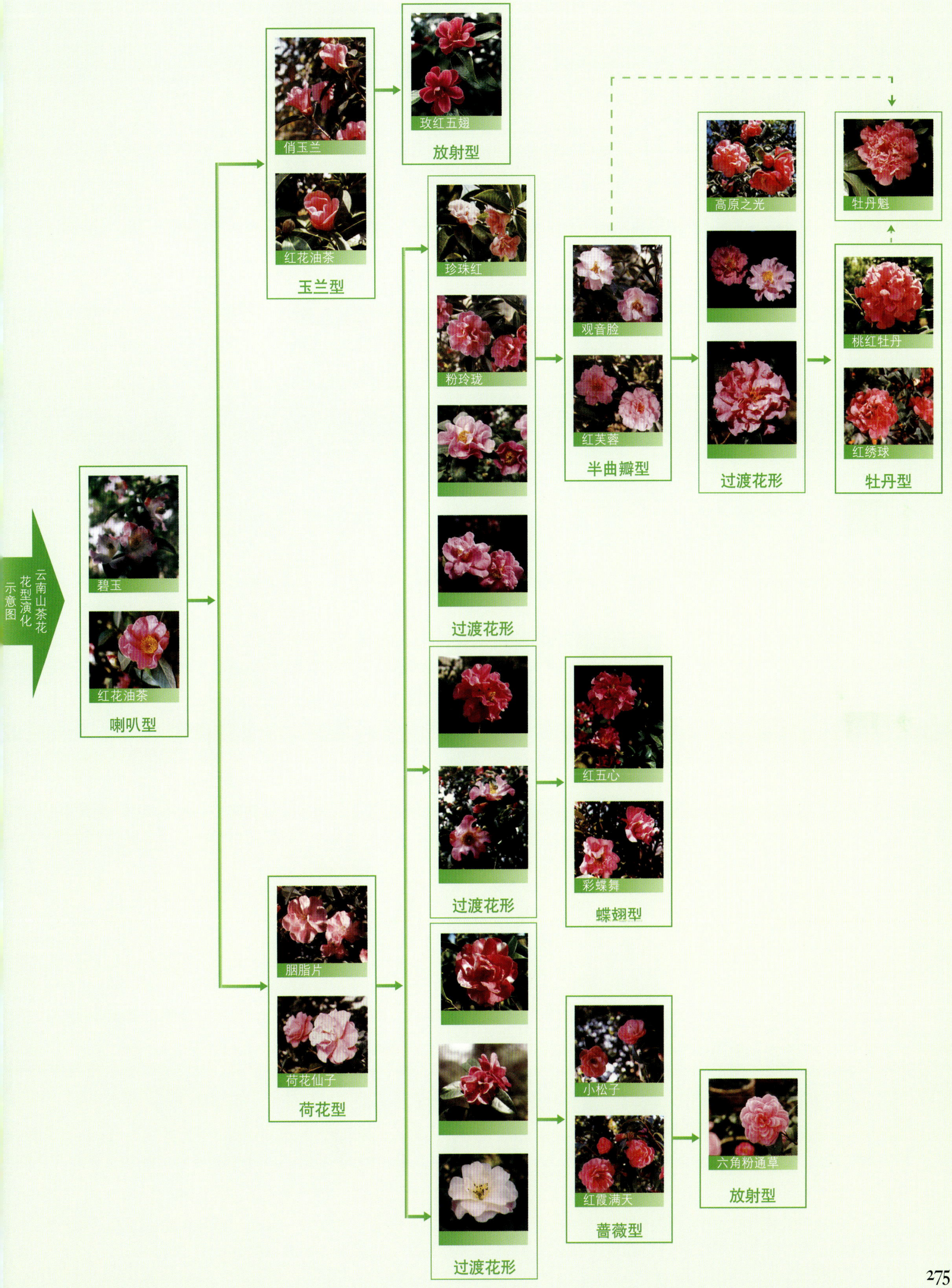
云南山茶花花型演化示意图
碧玉
红花油茶
喇叭型
俏玉兰
红花油茶
玉兰型
玫红五翅
放射型
珍珠红
粉玲珑
过渡花形
观音脸
红芙蓉
半曲瓣型
高原之光
过渡花形
牡丹魁
桃红牡丹
红绣球
牡丹型
过渡花形
红五心
彩蝶舞
蝶翅型
胭脂片
荷花仙子
荷花型
过渡花形
小松子
红霞满天
蔷薇型
六角粉通草
放射型

云南山茶花品种的分类，经过20多年的使用，基本能为茶花生产者和工作者所接受，在腾冲大面积的茶花林中所观察到的也证实这种花型分类是科学的，也符合云南山茶花花型演化过程。当然云南山茶花在变异演化中也有多样性，这种分类方法也有一些特殊的对待，即以主要单项花形为主的划分，有的品种花瓣数达不到重瓣组的要求但花形却可为其中的三个花型，特别是除传统品种之外所选的新品种更为常见，如放射型，这个型的建立，最先是在品种园内从蔷薇型的品种中芽变的花型，如‘六角恨天高’，‘六角菊瓣’，‘六角粉通草’等，其花瓣都在30片以上。但在昆明植物研究所植物园从自然杂交的实生苗选出的‘一品红’，花瓣20片左右，花冠则呈放射状；在云华红花油茶林中选出的‘玫红五翅’花瓣仅20片左右，花冠也呈放射状，这两个具有观赏价值的品种，虽然花瓣达不到要求，放入其他花型又不合适，只有放入放射型。另外在腾冲选种中选出的‘小松子’‘红霞满天’是蔷薇型的花型，但花瓣达不到30片也放入蔷薇型。这几个实例可看出花型的分类是便于生产和市场需要，人为根据所拥有资料综合提出，难免有不足之处。又如腾冲选出的‘牡丹魁’，这是现有云南山茶中最特殊的品种，目前仅此一种，8种花型都无法接纳它，只有给它暂时空着。现根据在腾冲云华公社和沙坝林场的各类花型综合探讨其花型演化路线。在所有红花油茶林中，以结实的喇叭型为绝对主体，颜色以红色系列为主色，但也有极其罕见以白色为主，但在外瓣或瓣尖微带红晕的单株如‘碧玉’‘二乔’‘粉玉’等。喇叭型的花，向两个方面演化，一是花瓣增长，花开呈玉兰花状的玉兰型，如‘俏玉兰’‘玉兰茶’等。向前再发展是花瓣增多，花冠呈规则放射重叠的排列，称放射型，如‘玫红五翅’，这种花型极其罕见，十多年中所到过的油茶林仅发现这一株。二是花瓣变宽变大增多，但较平整，花开似荷花的荷花型，这种花型在所有变异单株中所占比重最大，是简单花型到复杂花型的过渡，如‘胭脂片’‘荷花仙子’等。荷花型再向前发展分为三支：一是花瓣增多，花瓣内曲或先端微波状，称半曲瓣型，如‘观音脸’‘红芙蓉’等，其数量所占比重与荷花型略相等。这两种花型之间的区别，要从花瓣数量、波状姿态、花冠的伸展，配合叶形进行选优，再观察变异稳定情况来决定取舍。这一支再向前发展，是花瓣再增加并扭曲，折裂呈不规则排列形成内折、层叠高耸饱满的牡丹型，如‘桃红牡丹’‘红绣球’等。这应该是云南山茶花演化中的高级花型，在油茶林中比例极小。二是外轮花瓣变大，内轮花瓣呈扭曲、微直的蝶翅状，称蝶翅型，如‘红五心’‘彩蝶舞’等，这种花型在林中的比例比牡丹型略大。三是花瓣多，平整或微波状，勺状，呈规则的覆瓦状排列的蔷薇型，如‘小松子’‘红霞满天’等，这种花型在油茶林中比例比牡丹型还小，但其花瓣数却达不到重瓣组的要求，而花冠则成蔷薇型，也许是这种花型的初级阶段，蔷薇型中的一些传统品种的花瓣都在30片以上，而‘松子鳞’‘紫袍’‘恨天高’的花瓣则在40片以上，其中有几个品种的芽变变异，花瓣是向规则的放射状重叠排列称放射型，如‘六角恨天高’‘六角粉通草’等。除上述8种花型外，还有一个特殊品种即‘牡丹魁’，花径9～12cm，桃红色，外轮花瓣大，先端有不规则的内凹缺口，微曲，9～11片，内轮呈饱满冠状，花瓣40～42片，多数对折，有的花药形成小花瓣，但保留花丝，有的雄蕊与花瓣合生成束，加之所有花瓣先端不规则的缺口，给人视觉是内层花瓣细碎，这种花型在山茶花*C. japonica*是常见花型，在云南山茶花中，则是独一无二，其次是花期早，延续时间长，在昆明地区因气温不同而不同，最早是在10月下旬初开，最后一朵是在2月下旬初开，它可称得上是云南山茶花中的特早花品种，‘牡丹魁’无论从花型、花期、生长健壮、树形紧凑优美等综合评价，是云南山茶花中难得的珍品，应是8种花型之外的另一型，演化路线可能是由半曲瓣型或牡丹型变异而成。综观红花油茶林中除基本结实的喇叭型、玉兰型，其变异类型中以荷花型最多，半曲瓣型次之，蝶翅型较少，牡丹型更少，蔷薇型和放射型特少。从所选出的51个新品种中也可看出这规律（表2）。

云南山茶花花的演化进程是极其缓慢的，它需要漫长的岁月。花的演化主要是花瓣的增多，形态的变化，排列的方式，颜色的变化等。而花瓣的多少，则是优选条件之一，经多年观察，花瓣增多的途径是：一是花瓣自然增多，有一些花瓣多的花，雌雄蕊多数发育良好，内轮花瓣扭曲，纵裂，这些花瓣多数是自然形成，多见于牡丹型品种。二是雄蕊瓣化，在漫长岁月的演化中，有的重瓣花的花瓣增多，是多数雄蕊变成花瓣状，并具有花的颜色，如蔷薇型的品种。在半重瓣组花中雄蕊瓣化现象亦很明显，有的还保留雄蕊的痕迹，这多见于半曲瓣型的品种。三是雌蕊瓣化，随花瓣数目的增多，有的雌蕊变小或退化成扁平状，蔷薇型品种多有此现象，'麻叶桃红'的雌蕊花柱从基部分裂成扁平的2～3条，变宽成花瓣状，具花瓣颜色，中间则保留雌蕊黄绿色痕迹，而这种瓣化现象较少见。四是萼片的瓣化，云南山茶花多数品种的部分萼片上半部或全部变成了花瓣，有花瓣颜色或残留萼片多毛的痕迹。

8种花型的花，各有特点，云南各族人民则偏爱花瓣多的半重瓣和重瓣的花型，而这些花型又是演化历程中的高级阶段，其几率较低，这也许是传统品种较少的原因之一。花卉从低级到高级的演化，是一个历史过程，

表2 单瓣型云南山茶花林中所选新品种简介

1973—1987年

序号	品种	花瓣数(枚)	花色	花径(cm)	结实情况	叶			地点
						形状	长(cm)	宽(cm)	
喇叭型									
1	碧玉	6~8	外轮淡桃红 内轮乳白带微红	7~8	结实	长椭圆至宽椭圆形	10~11	5~6	朝云山
2	二乔	6	外瓣带红晕内瓣乳白	9.5	结实	狭长椭圆形	8~9	3~3.5	新大门
3	粉玉	10~12	淡粉红	8~9	结实	长椭圆形	7.5~8.5	3~3.5	朝云山
玉兰型									
4	俏玉兰	7~8	银红	9	结实	长椭圆形	7.5~10	4~4.5	新大门
荷花型									
5	大金穗	7~13	艳红	10~11	结实	椭圆至宽椭圆形	6~8	3~3.4	沟坡头
6	金心大红	12~15	艳红	14~15	结实	椭圆形	7.5~11	5.5~6.5	红木树
7	莲片托珠	17~20	桃红	12	结实	长椭圆形	6.5~8	2.5~4	朝云山
8	彩玉	10~16	银红	6~9	少结实或不结	长椭圆形	6.5~10	2.2~4.7	红木树
9	大云片	13~15	桃红	13	少结实或不结	宽椭圆形	7.5~8.2	4.4~5.4	打云山
10	虞美人	16~18	桃红	15	少结实或不结	长椭圆至倒卵形	7~9	4~6	火麻冲
11	喜迎春	18~20	桃红	13	少结实或不结	长椭圆至卵圆椭圆形	9~10	3.5~5	朝云山
12	银荷花	20~22	银红	12	少结实或不结	椭圆至长倒卵形	9~11.5	3.5~4.5	红木树
13	粉朝云	15~17	桃红	8~10	少结实或不结	椭圆形至长椭圆形	7~8.5	3.5~4	朝云山
14	荷花仙子	25~27	深银红	11~13	不结	椭圆形至宽椭圆形	9~11	3.5~5.5	沙坝林场
15	胭脂片	15~17	银红	9~11	不结	长椭圆至宽披针形	7~10	2.5~4	沙坝林场
半曲瓣型									
16	桃红朝阳	22~25	桃红	13	结实	椭圆形至长倒卵形	9.7~11.5	4.7~6.5	打云山
17	水芙蓉	15	桃红	11	不结实	长椭圆形	7.5~11	3.5~6	朝云山
18	曲瓣桃红	14	桃红	10	极少结实	椭圆至椭圆倒卵形	7~9	4.5~5	新大门
19	粉红星	15	桃红	9.5	极少结实	长椭圆形	10	3.2~5	朝云山
20	桂叶桃红	22	桃红	13	结实	长椭圆至长椭圆卵圆形	9~12	4.7~5.7	红木树
21	朝霞	20	桃红	9	不结实	宽披针至长椭圆形	8~11	2~4	沟坡头
22	云华茶	14~23	桃红	15	极少结实	椭圆形	6~9.5	3.7~5	新大门
23	小桃红	19	桃红	11	极少结实	长椭圆形	8.5~12	4~6	朝云山
24	仙叶茶	16	银红	10~11	极少结实	椭圆至长倒卵形	9.7~11.5	4.7~6.5	沟坡头
25	观音脸	18~20	白色，外轮花瓣微红	10~12	少结实	长椭圆形	7~10.5	3.5~4	沙坝林场
26	粉玲珑	21~23	深银红	7~9.5	少结实	长椭圆形	8.5~11	3.7~4.3	沙坝林场
27	珍珠红	16~18	桃红	6~8.5	少结实	卵状椭圆至椭圆形	7.5~10	2.8~7	沙坝林场
28	莲台帆影	14~15	银红	11~13	少结实	长椭圆形	8~10	3.2~4.7	沙坝林场
29	红芙蓉	20~23	银红	10~13	少结实	长椭圆至宽椭圆形	8.5~10.5	3.5~4.7	沙坝林场
30	洞山春	20~21	桃红	9~10	不结实	长椭圆形	6~9.7	2.5~5	沙坝林场
31	富贵茶	20~22	桃红	10~14	不结实	卵状椭圆至椭圆形	7~12	3~5.6	沙坝林场
32	腾娇	20~22	桃红	10~12	少结实	长椭圆形	6.5~9.5	4~4.8	沙坝林场

（续表）

序号	品种	花瓣数(枚)	花色	花径(cm)	结实情况	叶			地点
						叶形状	长(cm)	宽(cm)	
蝶翅型									
33	飞霞	15~20	大红	13~14	结实	椭圆至宽椭圆形	7~7.5	5~5.5	朝云山
34	玉狮子	21	桃红	12	少结实	倒卵至宽椭圆形	9.5~10.5	4.2~6	火麻冲
35	团叶蝶翅	19	桃红	13	少结实	宽椭圆至倒卵形	8~11	4~7	朝云山
36	粉丹	20~27	桃红	13~14	少结实	长椭圆形	10~13	5~6	红木树
37	桃红绣球	25	桃红	10	少结实	长椭圆至宽椭圆形	8.5~9	3.5~4.2	朝云山
38	红梅	20	深桃红	13	少结实	椭圆至宽椭圆形	7.5~10	3~5	火麻冲
39	红五心	17	桃红	10	少结实	椭圆形	6.7~7.5	3~4	沟坡头
40	送春归	14~17	桃红	11	结实	长椭圆至椭圆形	8~10	3.5~5.5	红木树
41	卷瓣牡丹	19	桃红	14	少结实	长椭圆形	7.5~8.3	2.8~5	新大门
42	卷瓣蝶翅	15	桃红	15	少结实	宽椭圆至椭圆倒卵形	9.5~10	5.5~6	打云山
43	彩蝶舞	13~20	桃红	12~14	少结实	长椭圆至宽椭圆形	7~10.5	3.5~5	沙坝林场
蔷薇型									
44	红霞满天	19~21	深银红	11~12	不结实	椭圆形	7.2~8	3.4~3.8	沙坝林场
45	小松子	20~24	玫瑰红	8~9	不结实	长椭圆形	7.5~9	3.2~3.7	沙坝林场
放射型									
46	梅红五翅	19	桃红	7.5	不结实	长椭圆形	6.5~8	2.5~3.5	红木树
牡丹型									
47	桃红牡丹	37	桃红	13	少结实	椭圆形	6.5~7	3.3~4.5	火麻冲
48	洋红绣球	19枚以上	桃红	15	少结实	宽椭圆至卵形	7.5~9.5	5~6.5	火麻冲
49	白鹤飞舞	25~27	纯白或微带红晕	12~15	少结实	椭圆或倒卵长椭圆形	7.5~11	4~5.8	沙坝林场
50	红绣球	30~31	桃红	11~13	不结实	狭长椭圆形	6.2~10.2	2~4	沙坝林场
51	高原之光	21~23	桃红	12~13	少结实	长宽披针形	7.5~11	2~5	沙坝林场

所以要看到一种花卉的演化过程，绝非易事，令人不可思议的是，在开花季节，能在一个地区内，完全可以看到云南山茶花花型演化的程序和全部花型，从原始单瓣组直至重瓣组的蔷薇型、牡丹型，这是花卉史中的奇迹，而这奇迹的前提是：云南山茶花种质资源分布面积大并较为集中，如腾冲的成片2万亩林地，不同地块株数密度不一，而所有地块植株树龄悬殊亦大，各年龄阶段均有，整个林地就是其生长的历史过程。这就有利于茶花广泛的自然杂交而形成异源多倍体和多倍体的复合群。这前提还有一个不可忽视的重要因素，是先民对它的利用和保护，完整的自然选择和人为选择和谐结合。另是上述林地的籽实营造的大面积而较集中的林地，更是漫长岁月的浓缩再现，这些条件具备，才能创造花卉史上未见报导的奇迹，就是能在一地一时看到云南山茶花花型演化的历史过程。这对更深入研究其演化的内在规律，定向育种的亲本选择等，都具有重要的科学研究意义，同时也是新品种选育的场所。

3. 云南山茶花的选种及品种命名

自古以来，先民根据自身需要，逐步在丰富的植物宝库中进行引种驯化工作，而这工作却受到社会发展和经济基础的制约。清代后期至民国，由于国力等多种因素，只有少数人进行此项工作。可我国丰富的资源却被英美学者赞誉为“园林的母亲”，而这些可贵的资源，却白白任其在山野自生自灭。新中国建立到改革开放前夕，花卉事业是提不上议事日程，甚至有“谈花变色”之惧，在这背景下，昆明植物研究所植物园，从珍稀、特有植物资源的研究出发，在前辈研究的基础上，于20世纪70年代初到腾冲进行云南山茶花选种工作，这在国内花卉界可以说是最早迈出的一步。经过十几年的不断反复观察、比较、筛选，最后选出众多变异单株，在理论上也得到深入和提升，也带动了当地茶花爱好者、林业工作者的选种激情。同时印证了国外山茶育种家的统计，认为山茶花品种有80%是从自然杂交的实生苗得到的，而云南山茶花的发展和品种来源也是走的这条路线。1989年的《中国山茶》一书，第八章山茶花的选种部分就是以笔者的研究结论为主线论述。为了有的放矢，不走弯路，选种者应对现有品种进行全面了解，每型花的花形变化，品种应具备的条件进行选优，优株选好后，还应进行2～3年观察观赏性状的稳定性，并按品种的定义进行最后评定取舍。

云南山茶花，从植株形态看，有高大的乔木、小乔木、灌木、多干丛生，有的枝条稀疏，有的枝条则茂密健壮。叶形犹如柳叶，有的则是长圆状椭圆形，有的叶脉深陷，叶肉上凸。从花的形状看，由瓣少的喇叭型到瓣多而复杂的蔷薇型、牡丹型。颜色则以红色为主，少有白色微带红晕或红中夹有白块等，这些综合性状在所选优良单株中表现，给它取一个能够突出特征，并富有诗意，雅俗共赏的芳名，如用象征手法的‘童子面’‘观音脸’‘红五星’‘白鹤飞舞’，用假借手法的‘大玛瑙’‘虞美人’‘碧玉’‘二乔’。用比拟手法的‘松子鳞’‘卷瓣蝶翅’‘玉兰茶’‘莲片托珠’，用寄意手法的‘恨天高’‘喜迎春’，用夸张手法的‘赛菊瓣’‘赛桃红’‘赛牡丹’，用产地说明出处，如‘蒲门茶’‘凤山茶’‘云华茶’‘洞山春’‘靖安茶’‘鹿城春’‘楚雄茶’‘泽荷’‘紫溪茶’‘东林茶’‘昆明春’等，用人名纪念其在茶花发展中的贡献如‘国楣茶’，用综合手法的‘团叶蝶翅’‘柳叶银红’‘麻叶桃红’。另有几种特殊情况，一是丽江玉峰寺的‘万朵茶’，当地在20世纪80年代以前都称她为‘九心十八瓣’，并赞其花期开花三四批，每批数千朵，共开万朵以上。自1978年香港拍摄的《云南奇趣录》影片，1979年又出版了《云南奇趣录》一书，在“硕果仅存的万朵茶花树”的奇趣内“……原来这棵茶花树，实际上不是一棵，而是两棵。这在三百多年前，大概是恋爱成功吧，他们扭合在一起了。现已扭合得天衣无缝……也都很难分得出是两棵树了……原来左边的茶花，都是双蕊、三蕊和多蕊的，学名叫做九心十八瓣……右边的茶花，却是单蕊的……而且体积也要显著得袖珍些……。”“……这是一棵有五百多年高龄的茶花树。每年在农历二月上旬的时候，它还会开花，而且开出的花，不是一朵、十朵，也不是百朵千朵，而是多到一万朵，一万几千朵。”凡是影片上映的地方或看过图书的人，都为这奇异的茶花所倾倒，真是风靡一时，但也给管理者带来困惑，文学上的描述，很吸引人，科学的解释又当如何？笔者有幸与当地工作人员，对该古树进行了认真全面的检查，找到了靠接口，确定了是在靠接中剪去砧木下部而形成右边有部分砧木的单瓣花（前面已详述这现象）的科学解释。经过媒体的宣传，使古茶树的原名被万朵茶所代替而成为丽江知名名花之一，所以在整理品种时，采用了这张名片‘万朵茶’。二是带有纪念友好含义的取名，如17世纪后期，从云南直接引种到日本的一个半重瓣品种（品种名称不详），1973年日本朋友寄来该品种枝条，经过40多天到达昆明，嫁接成活后，为了纪念该茶花在日本生活了近300年，其后代又回到故里，以及中日茶花界的友谊，给它取了一个纪念这段佳话的名字‘归霞’。三是传统名品‘大理茶’，人们习惯认为是大理培育的品种，而以地命名，但令人不解的是，从昆明到滇西原古道沿线，除大理外，腾冲、楚雄、昆明及沿线有的地区都有大理茶古树，而大理却未见有古树，当地栽培该品种也很少，这使人联想到外地人一说起云南茶叶都认为是普洱出产的普洱茶，实际上以前只是普洱为茶叶集散地而常年形成的品牌。大理在元以前是云南的政治、文化、经济中心，更是物资交易集散中心。元开始，云南的各项中心转移到昆明，但大理仍是滇西的物资集散中心。可以设想‘大理茶’选育后，还没有正式命名或有名而不能体现该品种的优点，运至大理交易市场后，备受欢迎，为使该茶花更有身价而用当时的名城命名，这可能是‘大理茶’的来由。云南山茶花的品种名称与该品种的商品价值、群众的喜爱程度有很大关系，如‘恨天高’‘童子面’‘紫袍’等，是云南山茶花传统珍贵品种，因其品名就给人极其深刻的印象和遐想空间，以致长久地，一代一代地被人视为珍品而喜爱。

■ ‘归霞’

云南山茶花在云南有大面积的古老林地和人工营造林地，是选种的极佳宝地。在长年累月种内植株或品种间自然杂交，或受到各种自然因素的限制，其后代很难超越或突破现有变异，这就不能满足生产发展的需要，如花色、香味、花期、树型、抗逆性等，要想有大突破，只有充分利用我国丰富的山茶属植物资源，开展多用途、先进的育种技术，才有可能。

五、云南山茶花古树概况

在《城市绿化条例》(1992年5月20日国务院第104次常务会议通过。自1992年8月1日起施行）第二十五条“百年以上树龄的树木，稀有、珍贵树木，具有历史价值或者重要纪念意义的树木，均属古树名木。对城市古树名木实行统一管理，分别养护。……严禁砍伐或迁移古树名木。因特殊需要迁移古树名木，必须经过城市人民政府，城市绿化行政主管部门审查同意，并报同级或上级人民政府批准”。这条例明确指出古树名木应具备的条件。云南山茶花树龄百年以上的大树，完全可以达到古树名木的标准，她是国务院环境保护委员会(84）国环字2号文件的第一批珍稀濒危保护植物名录中二级保护植物中的一员，另是开发利用达1500年左右，三是云南特有的特色油用兼观赏木本花卉，是国内名花之一，也是世界名花，四是昆明市花也是云南的特有名花之一,五是她虽是自然生长的植物，但她还有特殊的文物价值，是有生命的文物，是活着的古董和国宝。陕西省文物保护技术中心学者认为：第一，“古树与其他文物一样，也是各个时代人类在生产、生活活动中遗留至今的具有历史和一定科学价值的遗物，是一种特殊的文物，将自然景观与人文景观巧妙地融为一个整体……”。第二，古树作为文物，同时也具备了树的所有特征，形成了该文物独具风格的自然景观……。第三，古树作为文物，其本身就成为人们参观游览的对象，有着很高的文物价值，有许多古树甚至成为该文物点的象征而被载入史册。如已有4000多年历史的陕西黄帝陵庙内的“手植柏”，四川青城山有1800多年历史的镇山之宝“白果树”等。第四，古树作为文物，以顽强生命力传递着古老的历史文化信息。……必然会产生一个具有一定历史研究价值的丰富多彩的“树文化”……长期以来，我们只重视那些历史遗物的保护，而忽视了对古树这一文物的保护工作……从而导致了某些人为的破坏……古树的科学管理与保护工作已是迫在眉睫，应当引起有关部门的高度重视。专攻文物保护的专家们的真知灼见，阐述了古树的特殊文物价值，云南山茶花古树是云南的瑰宝，是活的历史文物，活资料，活教材，更是不可再生的珍稀种质，她还是云南悠久民族文化的有力见证，也是研究民族史、宗教史的实物依据。但这些并没有得到真正的普遍重视、管理和保护，使这些不可再生的文物无法得到延年益寿的保护关键举措。笔者在工作中就曾看到单瓣油用云南山茶花的众多古树，也包括极有观赏价值的变异单株被毁，在城市快速发展过程中，省内栽培的云南山茶花树龄达600年及500年左右的老寿星，也不明不白地相继痛离人世。云南由于有诸多适于云南山茶花生存繁衍的条件，加之从古到今偏受人们的喜爱，无论是单瓣型，还是演化的园艺品种，都应受到保护。

■ 腾冲‘大理茶’，树龄约300年

■ 腾冲‘大理茶’，树龄约200年

1. 古树在云南的分布

腾冲县：是云南红花油茶多而成片集中的地区，也是开发利用最早的地区，在油茶林中都有数目不等的百年古树，特别是20世纪70年代中期以前，当时的山区农村，生活极为艰苦，可每到开花季节，特别是春节前后，每家的神龛前都有由房前屋后的油茶林中折回花枝供奉，有女孩的家中是屋外茶花开放，神龛前也必有茶花，这有力地说明了人类爱花的本性，生活再难只要条件允许也不会忘记精神的寄托和享受，更说明了云南山茶花的原始祖宗，在先民的生活中是一种精神物质，会给在困境中的先民一种精神慰藉和战胜困难的精神力量。在花的海洋中，点缀着极为协调的村庄，真是远离尘世的世外桃源，更是和谐良好的生态环境典范。谁也无法理解一个因地制宜的以林、牧为主的山区公社，却要融入全国以粮为纲的统一发展中去，为了突出生产粮食，只有毁林增地，很多茶花林地和大树，也在势不可挡的洪流中被卷走，结果是耕地多了，林子少了，水源

■ 腾冲红花油茶林

■ 腾冲红花油茶林中小道

■ 腾冲红花油茶古树

■ 腾冲红花油茶古树

■ 腾冲红花油茶大树

也少了。笔者在20世纪70年代后期在云华公社就经历过清晨天还没亮必须起床跑去排队接水供漱洗之用，在水困难的环境中，粮食生产也无法达到预期设想而呈现恶性的生态失调，粮食无法自给，林子毁了，牧畜也无法发展，昔日的和谐良好的生态环境已不复存在。原在5个大队所选观察的57株大树树龄在130～400年之间，应属古树行列，在相邻公社的个别生产队也有古树，所以，腾冲单瓣云南山茶花的古树，应该是多的，遗憾的是那时没有全面调查。1981年笔者在云华工作之后在县城休整时，当地的花友陪同去看县城古树，如六街276号王延祈家‘大理茶’离地40cm分二杈，在30cm处干径43cm，树龄300年左右。汽车客运站附近，有一株‘大理茶’胸径30cm，树龄约200年。另有一株‘柳叶银红’胸径17.8cm，树龄约120年。另有姓陈的家中‘大理茶’，在离地50cm处干径23.8cm，树龄约170年。四街109号有一株‘恨天高’砧木径18.5cm，接穗径12.7cm，主人称该树为清光绪年间所栽，‘恨天高’生长较慢，这样大的树，至今还没发现有第二株，

■ ‘大理茶’，树龄约170年

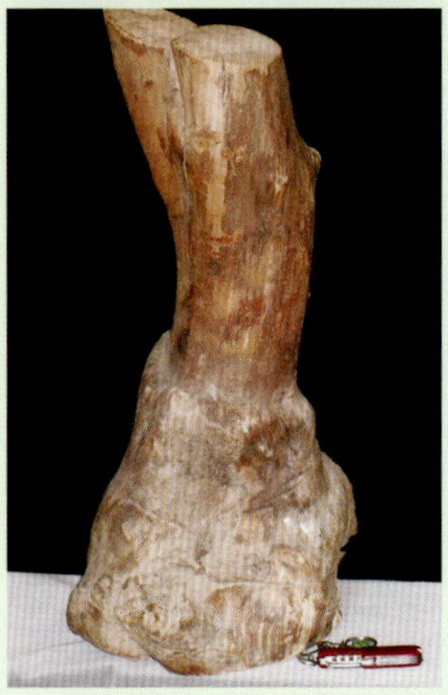

■ ‘恨天高’

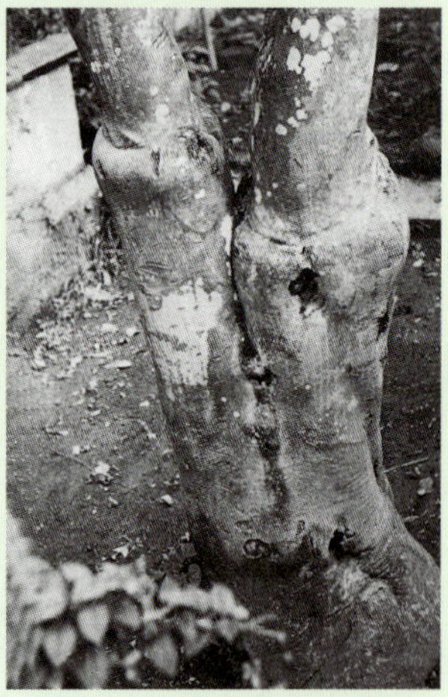

■ 腾冲‘大理茶’，树龄约270年

对研究该品种出处极有价值，该树树龄估计应在120年左右，当年年底因迁移不善而死亡。著名侨乡和顺公社，二队新巷道李生堂家中‘大理茶’，离地40cm处干径40cm，分二杈径为18cm、25cm，估算树龄在270年左右。另是寸石浪家‘大理茶’，离地高20cm处干径20cm，树龄约130年（1973年调查）。在离城8km的东关村有一株‘大理茶’，离地20cm处干径34cm，树龄约240年(1973年调查)。从上述7株古树可看出特殊现象，即古茶花树都是分布在私人庭院中，并有5株是‘大理茶’，另外还有树龄50年左右的7株，推想腾冲先民很早以前就开始在红花油茶林中进行选种和驯化栽培，从古树看其嫁接所用砧木是红花油茶本砧或白秧茶 C. *japonica* ‘Albo-plena’，因为用白秧茶作砧木到后期与接穗部分生长速度不一致而接口处下粗上细现象特别突出和普遍，而在1973年就发现腾冲种有离地25cm处干径22.5cm的白秧茶，树龄约140年左右，但什么时候用白秧茶作砧木，无资料可考。腾冲先民在云南山茶花栽培发展进程中，最大贡献之一是在优良单株引种、选育中，形成了众多的园艺品种，另在云南山茶花植株造型的技巧，也有很深的造诣，访问爱花老人时，他们讲述茶花造型的技巧，真令人神往。但这个传统技艺正在消亡，当时能见到的只是普通的造型，精品都已流失，现在也很少有人涉及此领域。

2008年1月应腾冲县邀请参加“云南省保山市第二十六届兰花暨腾冲首届兰花、茶花交易博览会”，会期参观了该县在云华乡又发现的古老红花油茶，一株主干离地30cm处干径104cm，估测树龄在600年左右；另一株离地10cm处干径86cm，估测树龄在500年左右。到目前为止前者应是单瓣云南山茶花的长者。

凤庆县：是单瓣云南山茶花林、单瓣古树和栽培古树较多的地区之一，也是在红花油茶林中进行选种和驯化栽培最早的地区之一。在洛党区白鹤山茶花岭，有一株基径99cm，树龄约500年以上的单瓣云南山茶花。20世纪80年代初对栽培品种进行重点调查，由于当时交通等诸多因素，只对洛党区的少数乡开展工作，如群岳乡寺路李正德家有胸径73cm花为蝶翅型，树龄约450年左右的古树，另有一株为‘蒲门茶’，胸径50cm，约350年左右；还有一株，基径40cm，树龄约250年。群岳乡新房子董其杰家有两株‘蒲门茶’，一株离地30cm处干径46cm，约320年，另一株胸径34cm，约240年，还有一株白秧茶胸径25cm，约170年。另是董其宗家后园有一株‘宝珠茶’，胸径36cm，约260年，另一株‘菊瓣’胸径32cm，约220年。桃花

■ ‘狮子头’整形植株

■ ‘粉通草’整形植株

■ 腾冲首届兰花茶花交易博览会

■ 腾冲云华乡红花油茶，估测树龄约600年左右

■ 腾冲云华乡红花油茶，估测树龄约500年左右

■ 花为蝶翅型、树龄约450年的古树（右）和350年的‘蒲门茶’（左）

■ 左图中蝶翅型古树树干下半部

■ 树龄约320年的‘蒲门茶’

左为树龄260年左右的‘宝珠茶’，右为树龄约220年的‘菊瓣’

树龄约270年的‘蒲门茶’（左）

树龄约140年的‘宝珠茶’

树龄约400年的‘宝珠茶’

400年‘宝珠茶’的单花

乡杨怀仁家有两株‘蒲门茶’，一株胸径38cm，树龄270年左右，另一株胸径15cm，树龄100年左右。另桃花村中寨杨建华家‘蒲门茶’离地60cm处干径38cm，树龄270年左右，另一株‘宝珠茶’胸径16.5cm，树龄110年左右。洛党小学有一株‘蒲门茶’，离地60cm处干径35cm，树龄240年左右。箐头乡石洞寺的‘宝珠茶’离地60cm处干径59cm，约400年，是该品种现存最古老的母树。另是凤山区前丰乡甘家村李存堂家中的‘宝珠茶’，胸径39cm约270年。华严完小有株云南山茶花，从地面分两枝，基径为20.4cm，约140年。后山村毕朝易家的‘凤山茶’，胸径22.8cm，约150年。上述资料只是凤庆县的一部分，有些线索因交通、食宿、经费等困难而放弃。

楚雄市：年平均气温15.6℃，最热7月平均气温20.8℃，最冷1月平均气温8.1℃。城中心海拔1773m。自从20世纪80年代初，在紫溪山发现传统品种中树龄最大的‘童子面’后，当地有关部门仍不断的调查古树资源，在2000年楚雄市建设局编的《紫溪山志》中的古树名录中，列云南山茶花（包括单瓣）130株，树龄200年以上72株，其中600年以上有1株，500年以上的3株，400～480年的8株，300～390年的16株，200～290年的44株，另58株均在100年左右。在市辖的区、镇中，有4个区都有古树，树龄200年左右的有3株，210～250年的2株，360～390年的2株。如此众多的云南山茶花古树，在此之前，却鲜为人知，紫溪山的‘童子面’以其古老的树龄，健壮的树姿，成为镇山之宝，使无数中外学者、游人惊叹不已，也使楚雄名噪一时，慕名造访者，日益高涨。由于说不清的原因，2002 年紫溪山镇山之宝，悲惨离别盛世，损失无可估计，也使紫溪山不再有昔日光彩，但在世的众多古树，仍为中外学者关注，更因古树的绝对优势和开展研究工作的巨大潜力，而获得2012 年国际茶花大会的申办权。也使资源优势转化为经济优势的操作提到议事日程，政府对云南山茶花的全方位发展极为重视。

昆明市：市区年平均气温 14.5℃，最热 7 月平均气温 19.7℃，最冷 1 月平均气温 7.5℃，市中心海拔 1891m。元初，云南的政治、经济、文化中心，从洱海地区转移到昆明，使滇池地区生产得到较大发展，佛教禅宗传入滇池地区，并在民间传播，大型佛寺增多。明代有关云南山茶的诗、词记载增多，这些都与寺庙及达官贵人的私家庭院有关，根据赞颂诗句推测，

■ 楚雄紫溪山古树

■ 楚雄紫溪山‘大理茶’

■ 楚雄树龄约209年的‘大理茶’

■ 楚雄树龄约240年的‘大理茶’

■ 楚雄树龄约262年的‘大理茶’

■ 楚雄‘大理茶’

■ 松鹤林古树

所颂古树应为元代中期所植。清代，赞颂云南山茶花的诗词及记载较明代为多，除了有名的规模大的寺院外，有的村一级的寺庙也成为赏花对象，如林则徐是禁烟、抗英有功的民族英雄，却被革职，下放新疆 4 年，道光二十七年（公元 1847 年）平反任命为云贵总督，这时林已是积劳成疾的 63 岁老人，在昆明两年间，为民做了很多好事，道光二十九年正月十七日，林邀约云南巡抚程晴峰等友人畅游昆明近郊塔密左（在今跑马山附近）的万寿寺赏花，写下了“滇中四时常见花，经冬尤喜红山茶，奇观首数塔密左，树大十围花万朵……”的名句。清代的众多古树，从诗词描述盛况推测多为明代所植，但这些古树，在城市发展过程中，因多种原因，绝大多数寺院已不复存在，茶花亦随之死亡，只有为数不多的著名寺庙，及偏远交通不便的村级寺庙，还保留少数古树，如金殿名胜区：‘厚叶蝶翅’，树龄在 300 年以上，20 世纪 80 年代初死亡；魁星阁前的‘狮子头’，胸径 48cm，约 340 年，于 21 世纪初死亡，“金殿朝晖”石碑后的‘狮子头’胸径 23cm，约 160 年。西山森林公园，华亭寺内“八德池”旁的‘狮子头’，胸径 31cm，约 220 年；藏经楼前‘狮子头’，胸径 21cm，约 140 年。太华寺在明、

■ 昆明金殿魁星阁树龄约340年的‘狮子头’

■ 昆明树龄约160年的‘狮子头’

■ 昆明西山华亭寺树龄约220年的‘狮子头’

■ 昆明西山华亭寺树龄约140年的‘狮子头’

■ 昆明黑龙潭树龄约200年的‘早桃红’

清时茶花古树为该寺的一大胜景，现在古树无存。黑龙潭名胜区龙泉观内的‘早桃红’，胸径 28cm 约 200 年左右，这株茶花传为明代所植，故称明茶，从树龄推测观内原有一株明茶，因死亡重新所植而非明茶。龙泉镇龙头街棕披营解放前为李萌村的花园，解放后由村农会接收，1982 年将该花园归其子段连成，园中有两株‘狮子头’，一株胸径为 44cm，树龄 310 年左右。另一株胸径 54cm，树龄 380 年左右。昙华寺公园的诗碑园内‘狮子头’胸径 16cm，树龄约 110 年其旁小院内的‘狮子头’，胸径 23cm，约 160 年左右。

安宁市：为昆明所辖市，距昆明约 30km，年平均气温 14.7℃，最热 7 月平均气温 21.5℃，最冷 1 月平均气温 4.7℃。据记载云南山茶花古树，如温泉区关庄清泰庵的两株‘狮子头’，一株胸径 37cm，树龄 260 年左右，另一株胸径 35cm，树龄 250 年左右，该庵原为小学，茶花管理尚好，20 世纪 80 年代中，学校迁离，管理不善而相继死亡。县街乡在元代至清代是三泊县治，民国，三泊县并入安宁，县街小学内有一株茶花，因办学经费全靠售花所得，加之袁嘉穀作诗赞其养花育人，而使茶花声誉日增而称三泊茶花，后因单位发展，茶花

■ 昆明棕披营树龄约310年的‘狮子头’

■ 昆明昙华寺诗碑园内树龄约110年的‘狮子头’

■ 昆明棕披营树龄约380年的‘狮子头’

■ 昆明昙华寺树龄约160年的‘狮子头’

失去立足之地而死亡。一六街区新街关圣庙，又称三圣庙，建庙碑文称该庙建于清嘉靖初年（公元1796－1805年）间。庙内有一株基径33cm、花深银红色半曲瓣型的云南山茶花，属红花油茶中变异单株，树龄约220年左右。八街区樟富营村大庙内有一株‘大理茶’基径36cm，树龄240年左右。禄脿区白冲乡村有一株‘大理茶’，基径33cm，约220年。

晋宁县：晋城镇盘龙寺，元代建寺时植有两株云南山茶花‘麻叶桃红’‘松子鳞’。何作辑作诗《题盘龙山药师院双茶》：“年年春市斗奇花，苦忆龙山双古茶。硬绿凌空撑玉树，肥红曜日灿珠华。大材岂必凡人谕，通德何嫌众口夸。小院闲阶相对立，万松深处足为家”。其中‘麻叶桃红’于1983年死亡，‘松子鳞’今仍健在，主干部分中空，基径49.7cm，约350年。

嵩明县：距昆明城区约60km，县城海拔1921m。年平均气温14℃，最热7月平均气温19.8℃，最冷1月平均气温6.4℃。20世纪80年代初，到白邑区中所皮家营调查，当进入该地古树群时，令人感到惊奇兴奋，

■ 安宁新街关圣庙树龄约220年的红花油茶

■ 安宁树龄约220年的红花油茶

■ 安宁禄脿区白冲乡树龄约220年的‘大理茶’

■ 安宁树龄约240年的‘大理茶’

■ 安宁樟富营村树龄约240年的‘大理茶’

■ 安宁树龄约220年的‘大理茶’

■ 晋宁盘龙寺树龄约350年的‘松子鳞’

■ 嵩明皮家营小龙潭树龄约480年的山茶古树

■ 嵩明皮家营小龙潭4株山茶古树，最左一棵树龄约380年

在不大的面积内，竟有云南山茶花古树9株，最大一株胸径69cm，约480年，另一块地有4株，最大一株胸径54cm，约380年，另一块地也有4株，估计9株中树龄290年左右的有5株，260年左右的2株。另在白邑区的甸尾促家营，也有云南茶花古树，其中一株胸径62cm，树龄410年以上。另两株均在250年以上，据群众反映，有的村还有古树。这一带云南山茶花如此丰富，实感有深入研究的必要。1998年，《昆明日报》2版的“云南发现一株600多年树龄的茶花……”在云南嵩明白邑乡发现一株有600多年树龄的特大山茶树，该树树龄长，树身大，开花盛，花品优而为世罕见，堪称“茶花王……”。并附有植株全貌照片，同一天的《云南日报》也刊登了此幅照片。这是一则振奋人心的消息。2000年1月又专程到白邑拜访所报道的古树及其同伴，进入皮家营，15年前的古树群已不复存在，当地老人告诉我们，皮家营是个大村，是明代进军云南后的兵营，内分小龙潭、大园子两块。15年前的古树群是在小龙潭，全部死亡。《昆明日报》报道的古茶树是在大园子，其旁还有两株树龄较小的古树，其中一株已奄奄一息，另一株生长亦弱；而600多年（实测约460年左右）的老寿星生长健壮，极少衰老之态。2003年底再去拜访，经历数百年风风雨雨的老寿星，却在不该死亡的岁月死亡。生长较差的一株，处境也不令人乐观。原奄奄一息的古树也已死亡。

富民县：距昆明城区30多公里，县城海拔1681m。年平均气温15.8℃，最热6月平均气温21.2℃，最冷1月平均气温8.3℃。1998年1月去拜访富民赤就区平地村村庙的‘狮子头’，‘松子鳞’，前者胸径30.6cm，约

■ 嵩明皮家营小龙潭树龄约290年的山茶古树

■ 嵩明皮家营大园子古茶树

■ 嵩明皮家营大园子古茶树

■ 嵩明皮家营大园子古茶树

■ 富民县树龄约200年的‘狮子头’

■ 富民县树龄约200年的‘松子鳞’（右）和‘狮子头’（左）

200 年；后者基径 30cm，约 200 年。在路过杨家祠堂废墟时，当地人告诉其中一株古茶花盛况，但已死亡，其基径约 64cm，树龄在 400 年以上。

■ 富民县杨家祠堂树龄在400年以上的古茶花（已死亡）

■ ‘靖安茶’开花

宜良县：距昆明城区约 79km，县城海拔 1536m，年平均气温 16.3℃，最热 7 月平均气温 21.8℃，最冷 1 月平均气温 8.1℃，素有“滇中粮仓”之称。由于优越的气候条件，种花、爱花的历史悠久。据元代李京《云南志略》记载，当时属于僰人聚居区的中庆路（包括宜良县境在内）“冬夏无暑，旧时花木不绝……水秀山明，亚于江南，麻麦蔬果，颇同中国”，这说明在元以前就有种花习俗。研究者认为：宜良县种花历史悠久绵长（广义的花卉），还来源于宜良传统庞大的宗教文化势力，他们以其自身存在的文化需要，也为宜良县花卉文化的发展做出了不容忽视的贡献。据民国《宜良县志·祠祀志》统计：县内“典祀”有庙 26，“俗祀”有宫庙 56，“寺观”有 193，总计达 275 处之多，其数量越过邻郡乃至会城。按传统习俗，这些寺庙宫观都曾种植过大量山茶、桂花、紫薇、梅花、扶桑、杜鹃、木槿等木本花卉，见于县志的有：宝洪寺萝月庵的‘牡丹茶’，胸径 18cm，约 120 年，惜于 20 世纪 60 年代死亡。靖安哨白云庵的‘靖安茶’，胸径 38cm，但当地曾在植株茎基刨土观察，证明原为一茎双干，现存一干，其根径约 50cm，测算树龄应在 350 年左右，这是该县仅存的一株古茶花。木希村后“西华庵”明代万历年（公元 1573—1620 年）僧人寂昌建庵，内有两株茶花古树，现已无存。

■ 宜良县靖安哨树龄约350年的‘靖安茶’

大理市：年平均气温 15.1℃，最热 7 月平均气温 20.1℃，最冷 1 月平均气温 8.7℃，市中心海拔 1976m，是云南山茶花的主要栽培地和集散地之一。在凤仪镇三哨村有一株胸径为 39cm、树龄约 260 年的云南山茶古树。

巍山县：古南诏的发祥地，距大理 62km，县城海拔 1740m，年平均气温 15.6℃，离城 13km 的巍宝山，峰峦叠翠，古木参天，殿阁棋布，方圆 15km 处，有寺庙建筑群 15 处，是西南道教名山之一，是南诏第一代王细奴罗发迹地。在灵光殿有一株古茶花，胸径 38cm，270 年左右，高 17m，超越狭小的天井，高出殿宇之上，这景境与丽江玉峰寺截然不同，这里的温度因子适合云南山茶生长，但光照和空间却限制其生长，所以促进了向上生长，其枝条主要集中植株顶 5m 之间。巍宝区茶克矿三官殿的‘朱砂紫袍’，胸径 40cm，约 280 年。

宾川县：有天然温室之称，距大理市约 70km，县城海拔 1438m，年平均气温 17～19℃，最热 6 月平均气温 24℃，最冷 1 月平均气温 9.4℃。离县城东北 25km 的鸡足山，以天柱峰为中枢，前列三峰，后拖一岭，形若鸡足而得名，海拔高度2500～3248m，在方圆100余公里的山岭中，有40余座小山，100余个溪泉，清康熙年间编修的《鸡足山志·序》写道："鸡足奇秀天下，与峨嵋、天台、雁宕（荡）为伯仲"。该山佛教建筑，始于唐，继于宋元，盛于明清，康熙时已有大寺八，小寺三十四，庵观六十有五，静室一百七十余所，寺僧千余人，其间高僧辈出，成为我国著名佛教圣地之一。古人曾以"四观八景"盛赞鸡足山，今人赞景中有"二茶"之名，即海拔2750m的慧灯庵内有一株云南山茶花古树，胸径57cm，高仅6m，约400年以上，这是适应较高海拔抑制了植株向上生长的结果。另华严寺内的'菊瓣'，胸径35cm，约250年。

祥云县：西汉时就在这里设置郡县，有"彩云之乡"的美誉，距大理约68km，县城海拔1996m，年平均气温14.7℃，最热7月平均气温19.7℃，最冷1月平均气温8.1℃。距县城西南约20km的水目山，因泉涌清莹如眸而得名"水目"。据史料记载，唐元和八年（公元813年）普济庆光禅师首建水目寺，此后历代修建，曾有水目寺、宝华寺、普贤寺、地藏寺等梵刹庙宇，逐渐开创为云南佛教圣地。六诏诸王前来问道，大理国王族中曾有不少人在此出家为僧。水目寺有3株古老的云南山茶花，一株是下庵后殿的'童子面'，胸径38cm，约270年；上庵有两株胸径各为42cm、34cm，年龄分别为300年左右、240年左右。桂花乡芦子沟茶花寺的'大玛瑙'，胸径50cm，约350年。马街乡宝华寺的'大理茶'，胸径42cm，约300年。

鹤庆县：距大理约158km。气候随地势高低而变化，从东南向西北，分属南亚热带、中亚热带、北亚热带、南温带、中温带、北温带。县城海拔2196m，境内年平均气温13.5℃，最热6月平均气温19.3℃，最冷1月平均气温6.3℃。在金墩区龙华山妙明居内的'菊瓣'基径29cm，约200年；化龙村金山小学（原为留云阁）有胸径30cm的古茶花，树龄210年左右。松桂区梅长头三庄小学有胸径39cm的古茶花，树龄270年左右；大石石南村的古茶花，胸径23cm，约160年。北街区西邑登村的古山茶基径45cm，约310年。

永平县：古称博南，是南方陆上丝绸路的重要通道，距大理市约99km，县城海拔1620m，年平均气温15.8℃，最热6月平均气温21.4℃，最冷1月平均气温8.0℃。1981年2月省与下关市联合组成野生动植物资源考察组，在厂街区宝台山约15万亩的原始森林中发现基径70.63cm的半重瓣的云南山茶花，估计树龄在500年左右。衫阳区的永国寺有两株云南山茶古树，胸径为63cm、47cm，树龄430年、330年左右。水泄区大河沟禅房的云南山茶花古树基径74cm，约500年。

武定县：距昆明约100km，是立体气候显著的山区县，县城属温暖坝区，海拔1740m，年平均气温15.1℃，最热7月平均气温20.7℃，最冷1月平均气温7.4℃。在城西4km处，有山状如雄狮，故名狮山，总面积113km^2，海拔1700～2500m，年均气温13.2℃，山上有正续禅寺，始建于元至大四年（公元1311年），到明永乐、宣德年间续建，为古代宫殿式建筑，颇具规模。相传明建文帝在"靖难之役"后，出亡曾来此为僧隐居。大雄宝殿后的藏经阁楼下为帝王宫，神龛内塑三尊佛像大小与真人相似，中为建文帝，身着袈裟，正襟危坐。神龛额曰"明惠帝"。楼前悬着许多匾联，其中较脍炙人口的是："僧为帝，帝亦为僧，数十载衣钵相传，正觉依然皇觉旧；叔负侄，侄不负叔，八千里芒鞋徒步，狮山更比燕山高"。殿前留有建文手植云南山茶花的遗迹。狮山因这段历史吸引无数墨客骚人登临凭吊，狮山也成为云南名山之一。在海拔2400m左右的狮子山大村徐兰兴家，有一株半重瓣的云南山茶花，主干离地60cm处分三大枝，其中两大枝又各分三枝，干径59.8cm，约420年。花深红色，花径12cm，半曲瓣型，长势正常（1979年2月调查）。

禄丰县：距楚雄市83km，距昆明市104km，禄丰腊玛古猿化石的发现，证明云南是人类起源的重要地区之一。禄丰恐龙化石的发现，研究认为是阐明恐龙起源、演化和发展的珍贵化石证据，所以被国内外誉为"恐龙之乡"。该县属中亚热带季风气候，县城海拔1566m，年平均气温16.2℃。最热6月平气温21.7℃，最冷1月平均气温8.4℃。在土官区下寨脚有1株'大理茶'古树。从土面分两干，干径分别为36cm、23cm，在240年以上（1984年2月调查）。

南华县：古名镇南县，是滇西与滇中的交通枢纽，古有"九府通卫"之称。县城海拔1857m，县境坝区平均气温 14.9℃，最热 6 月平均气温 20.3℃，最冷 1 月平均气温 7.6℃。在龙川镇见性寺内有株茶花古树，胸径 50cm，350 年左右。西沙桥镇的南泉寺（南山寺）玉皇阁前，有株粗需合抱、高达数丈许的云南山茶古树，20 世纪 20 年代末，郭燮熙曾作"忆南泉寺茶花三首"，现寺存树亡。

师宗县：距昆明市约 220km，县城海拔 1850m，年平均气温 13.8℃，最热 7 月平均气温 20.6℃，最冷 1 月平均气温 4.3℃。在葵山区耿家村有一株'大理茶'，胸径 52.2cm，约 370 年。

易门县：是云南重要铜产地之一，距昆明市约 98km。县城海拔 1570m，城区年平均气温 15.9℃，最热 6 月平均气温 21.6℃，最冷 1 月平均气温 8℃。在静乐庵有两株云南山茶花古树，1 株胸径 16cm，约 110 年，1 株胸径 32cm，约 220 年。

通海县：距昆明约 130km，海拔 1820m，年平均气温 15.6℃，该县历史文化悠久，加之县城与秀山连成一片，素有"秀甲南滇"之誉。据史书记载，秀山的建设，从汉武帝元始年间就开始了，因当时的畇町侯母波为朝廷立了大功，被晋封为畇町王，为了纪念他的功名，他就在青山（后称秀山）顶上修建青山寺，在山腰修建了畇町园。经过历朝的续建，构成了以三元宫、普光寺、玉皇阁、清凉台、涌金寺为主的建筑群，并成为云南佛教圣地，三元宫，位于秀山下部，由三元宫、畇町王庙两个建筑群组成，始建于明宣德三年（公元 1428 年），明代就有以宫内云南山茶花作为贡品之说。玉皇阁（红云殿）：始建于明万历年间（公元 1573 ～ 1620 年），清代重修，原有古山茶 2 株。在现存云南山茶花的诗中，文人、官员在秀山及红云殿所吟达 9 首之多，现古树无一幸存。涌金寺：始建于宋代，明代重建，在 20 世纪 90 年代初，大殿前有 1 株'松子鳞'，胸径 20.7cm，约 150 年，惜已死亡。秀山以其秀丽的景色，古色古香的古建筑，和谐的生态环境，有宋柏、元杉、明玉兰等古木，更有历代墨客骚人之

■ 禄丰县土官区下寨脚树龄在240年以上的'大理茶'

■ 师宗县耿家村树龄约370年的'大理茶'

吟咏而有“匾山联海”之誉，有一幅名联“秀山青雨青山秀，香柏古风古柏香”。这是对秀山景物之总结，更奇的是对联正念倒念其意不变。

建水县：距昆明约220km，是1994年1月4日国务院颁布的第二批历史文化名城，县城坝子属亚热带气候，北回归线从坝子南缘通过，年平均气温18.5℃，最热7月平均气温22.8℃，最冷1月平均气温11.8℃。县城西北隅的文庙，始建于元至元二十二年（公元1285年），经明清两代按山东曲阜孔庙的布局扩建，形成占地114亩，主要建筑有一殿，二庑，两堂，一阁，三祠，四门，八坊，气势宏伟，风格独特，被列为全国第二大孔庙。在大成殿东侧有株云南山茶花古树，胸径35cm，约250年，主干部分木质部已腐。

石屏县：距昆明市约240km，俗称“文献名邦”，有“山川东迤无双境，文学南滇第一州”之誉。属南亚热带气候，立体气候明显，县城海拔1420m，年平均气温18℃，最热6月平均气温22.2℃，最冷1月平均气温11.6℃。在宝秀镇西南笔架山北麓有古刹秀山寺（原名真觉寺），始建于唐天宝十一年（公元752年），清光绪二年（1875年）河西僧圆泰重建，内有云南山茶花1株，胸径35cm，约250年。

2. 云南山茶花树龄的估算

植物树龄的估算，一般是用主干适当部位的粗度测估，如植株已死，可锯断主干测定年轮，而正常生长的植株，虽也有相应的方法，但少有使用。

2000～2001年冬英国学者马丁布里奇，在伦敦西部Chiswick House温室，对死亡的山茶花（*C. japonica*）古树进行年轮研究认为：确定年轮环边很困难，应对多样品种进行测定。云南有着众多的云南山茶花古树，她蕴藏着云南各族先民在各个时代生产、生活活动中遗留至今的具有历史和一定科学价值的遗物，但对古树树龄的测算则无人进行科学的研究，只是由古树所在地的估测，由于古树的身价提高，使测算也无法让人信服。云南山茶花在自然或栽培条件下，生长的好坏，与环境条件的变化，物种本身的遗传基础，人为管理的水平有密切联系。根据多年观察比较及相关资料分析，在估测云南山茶花主干的年增粗数据时应考虑下面因素：

(1) 繁殖方式不同所形成的植株：云南山茶花是异花授粉植物，广泛的自然杂交成为特性之一，特别是大面积的古老林地，如腾冲的云华乡的红花油茶林地所结种子，实为自然杂交种，用其造林的表现是，既有杂种优势，又有明显的个体差异。1959年主要用该乡的种源为主的国营沙坝林场营造的近万亩红花油茶林就是证明。1985年在该场蹲点工作期间，利用林场间伐过密的红花油茶植株，选其中粗度为林场多数，

■ 建水县文庙内树龄约250年的云南山茶花

■ 石屏县香山寺树龄约250年的云南山茶花

具有一定代表性的植株中的5株观察年轮，其主干粗度年增长为0.2～0.25cm；另选4株生长较差的增长则为0.14～0.17cm之间。在林中有极个别植株优势特别突出，平均年生长粗度达0.5～0.54cm。2008年1月应邀到腾冲县，参观了下列地区：①在保山一家企业1998年播种杂交种子所成植株，主干适中部位，年平均增粗0.32cm。②在腾冲县云华乡寻找到1973年选中的优良单株幸存之一的'玉狮子'，1973年测胸径为23.9cm，2008年则为30.9cm，即35年间平均年增长粗度达0.2cm。③参观了沙坝林场较边远的鸡素林区的一片红花油茶林，也有极少数植株年平均增长粗度达0.5～0.55cm，较差的仅为0.18cm。2007年在宜良县一位种了20多年云南山茶花花农的母本园中参观，地栽母树100多株，砧木是当地主要自繁的白秧茶 *C. japonica* 'Albo-plena'，1989年定植。经过几家比较，这一家属上等水平，其母树高约1.6m，普遍生长势好，园主认为长得最好的几株'靖安茶'(该县地方品种)主干平均年增粗0.23cm，有个别植株达0.3cm；长得差的'芙蓉茶'有一株平均年增长为0.13cm。多数植株，平均年生长为0.17cm。一般商业性苗木，生长量都比母树园内的植株生长差。从上述资料看出，在适宜的环境中，种子造林前期生长是快的，再加上精细管理，更能保证其正常快速生长。嫁接苗因砧木与云南山茶花的亲和能力，砧木的质量，都会影响云南山茶花的生长，在一般条件下生长略比实生苗慢。

(2) 立地条件及管理水平：省内云南山茶花分布地区比较，腾冲县是较为集中的主要地区之一，也是开发利用历史最久的地区，从生态因子比较，是综合相互弥补而能满足云南山茶的综合需要，并能充分体现云南山茶花刚柔兼备的神韵，即使是单瓣型的林地，也是如此。所以在20世纪80年代中期以前，云华乡的大面积林地及沙坝林场的大面积人工营造林地，不但有云南山茶花演化的各种花型，在云华乡，更有数量较多的古老大树，真是仙境般的古老茶花林地。但两地从管理水平评价，应该说是极粗放的，这不足却被协调的生态环境、植株保留完好的直根系统所弥补，均能很好的生长，保证良好的生长势。园艺品种栽培的立地条件是否能满足云南山茶花需要，管理是否到位都会影响茶花的生长势，从宜良县云南山茶产地就可印证。

(3) 不同生育阶段：云南山茶花在生命周期中，阶段不同，生长快慢也不同，如在苗期或树冠形成期生长较快，花期一般是相对慢一点，应该说进入百年后，生长又会减缓，至于各个阶段有多长年限？快慢是多少？都受多种因子制约，不能一概而论，只能根据资料综合估测。

(4) 品种间差异：不同品种都有各自不同的遗传基础，并要求相应的生态条件，这反映在年生长量及全面生长势上，如'恨天高'长得极慢，与一般品种有极大差异。宜良的'靖安茶'在当地的同样条件及管理下，年生长量就比其他品种大。就综合品种而论，一般是单瓣型的品种比半重瓣或重瓣的年生长量为大。

(5) 生态因子：一般生态因子不超越云南山茶花要求范围，云南山茶花都可以生长，如都能满足其需求，则会长得更好，在1991年昆明举办中国第二届茶花展期间，楚雄送展的茶花得到国内业内人士的好评，表现在枝条粗壮、叶色浓绿，这也反映出楚雄的生态环境能充分满足云南山茶花生长发育的需要，也是栽培古树之多，列入省内前茅的原因之一。20世纪80年代笔者利用出差到曾引种云南山茶花的城市，如南宁、宁波、重庆、桂林等地的园林部门或林业部门，了解引种生长情况，结果令人失望，其中有个别避暑地区，在森林内种植的云南山茶花，虽然也能开花，但总的评价是：除栽后的死亡外，余下的无论是生长势或花的欣赏价值，都与云南本地的种植有一定的差距。所以生态因子会直接影响云南山茶花的生长好坏和树势。如遇上灾害性较多的年份，必然会影响茶花正常生长，风调雨顺则能促进茶花生长。所以在估算古树树龄时，必须考虑上述因素，在两植株粗度相同时，离地高度不同部位估测都有差别，应摸索自己习惯高度，多次估测，再配合古树所在寺院或所在地的历史记载，综合估测出大致参考树龄。

六、云南山茶花形态特性

云南山茶花是多年生常绿木本花卉，异花授粉植物，因而有着广泛自然杂交的特性，杂种后代所产生的多样性形态的变异，经人为选择具有观赏价值，优良性状稳定的单株，通过无性繁殖而形成品种，而优良单株的形态与其亲本，必然会有差异，加之繁殖方法的不同，更增添了变异的多样性。

1. 根系

根的生理功能：把植株固定在土壤里，直立于地面不致倒伏；从土壤中吸取植物所需的水分和无机盐类，如氮、磷、钾、钙、锰、铁等，输送到叶片中进行光合作用，制造有机物质，保证植株生长发育需要。同时也向下输送到根部，满足根系生长需要；根系也能合成十几种氨基酸、植物碱、有机氮和某些激素，保证植株正常生长；根系还能储存营养物质，保证根系生长及更新需要。

云南山茶花播种萌发，是胚根先突破种皮，向下伸展，形成主根，特点是：主根较粗而长，侧根则生长较少，是云南山茶花成为较典型的直根系、深根性，也称轴状型深根性树种。据研究，油茶 *C. oleifera* 主根占根重约80%左右。在主根上分生侧根较少，一般2～3根，多为4～6根，随植株长大，侧根上还会分生二级、三级侧根，而形成根系骨架，又称骨干根。主根与侧根形成的角度，因在土中分布层次而异，一般越接近土面，角度越大，几与地平行，称水平根。向土层下面生长，则角度变小，几与地面垂直，称垂直根。水平根、垂直根分布范围和深度，因砧木、品种、土壤条件、栽培技术而异。露地栽培，土壤肥沃、结构好、栽培管理好，则水平根延伸较长，相反则垂直根向下伸长。在骨干根上，会着生一次根或多次根，这些统称为须根，生长季节，须根的先端会着生白色的初生根，根前生长点可分化新生细胞，其前端有根冠，是保护根幼嫩的先端深入土壤不致损伤。生长点上部为延长部，着生密集的根毛，称根毛区，是吸收水、养分的主要器官。根毛寿命很短，并随初生根的木栓化而死亡。须根的寿命与骨干根相比也很短促，根系的生长寿命与生态环境和栽培技术有极为密切的关系。干旱、积水、土壤结构不良、栽培技术粗放，都能抑制根系的正常生理功能，甚至加速根系死亡。油茶是云南山茶花的近缘植物，可作参考。

根幅与冠幅的关系：在单瓣型的云南山茶花林中，多使用种子直播造林，从理论上分析，根系水平分布范围比冠幅大，主要吸收器官应在冠幅之外。据美国学者对果树、根毛吸收能力的研究认为：在水、肥充足的土壤里，根的许多末端（吸收器官）是不越出树冠冠幅范围，而是处于冠幅范围之内，但在干燥瘦瘠的土壤里，根却能伸展到树冠范围外近冠幅3倍以上。此研究只能作为茶花栽培的参考。

云南山茶花的根具有一定再生能力。如用无性繁殖的苗木作砧木，繁殖园艺品种，则无主根，盆栽时，一定要苗、盆大小相适应，并要定期换盆，使土壤经常保持良好的理化性状。

2. 树形

云南山茶花地上部分，由主干和树冠组成。当种子萌发成苗形成植株，从地面根颈以上到第一个侧主枝的树干，称主干。第一侧主枝以上各级侧枝枝条形成树冠。有主干的植株称乔木；无明显主干或从地面就分枝成丛状者称灌木。云南山茶花树形以乔木为主，有高达10m以上，也有少数是灌木。树皮灰褐色，平滑无毛，小枝黄褐色，无毛或被细毛。在较为集中成片的以油用为主的云南山茶花林中，由于植株间密度不一，而树形各异，总的看，多数是枝叶繁茂，树形紧凑而美观。园艺品种，由于无性繁殖所选用砧木不同，树形就有差异，如选用云南山茶花结果的种子育成小苗作砧木，俗称本砧，以后植株则为高大乔木，现存各地的古老大树，均为高大乔木，应该说，云南山茶花创造靠接法，就是使用本砧，如楚雄紫溪山的‘童子面’，丽江玉峰寺的‘万朵茶’，晋宁盘龙寺的‘松子鳞’，嵩明白邑区皮家营的‘白邑早桃红’，昆明棕坡营的‘狮子头’，凤庆洛党区石洞寺的‘宝珠茶’等。如用灌木型，即无明显的主干或小乔木型的白秧茶作砧木，则成灌木或小乔木。嫁接后的小苗通过修剪也可影响树型。另是树姿，由于树干与主枝，主枝与分枝间角度不同而分直立型、开展型和半开展型，在现有品种中，多数是半开展型，但其中有的品种如‘菊瓣’‘大理茶’，由于枝条较长，开花时花的重力而使树姿逐渐成为开展型，并随树龄增大而趋明显。主干与主枝，主枝与分枝角度在30°～40°之间，树姿呈直立型，如‘小桂叶’‘恨天高’‘童子面’‘玫红桂叶’等。角度在45°以上，呈开展型，如‘麻叶桃红’‘麻叶银红’‘牡丹茶’‘凤山茶’等。角度介于直立型和开展型之间，即为半开展型。

3. 叶

叶是植株进行光合作用，制造有机养分，也是呼吸作用、蒸腾作用的主要器官。云南山茶花的叶常绿，互生，革质，形状有椭圆形、宽椭圆形、长圆状椭圆形、长圆状披针形等。长 4 ～ 14cm，宽 2.5 ～ 7cm。叶先端渐尖或急尖，基部楔形、宽楔形或近圆形。叶缘具锯齿或细锯齿，叶面深绿，微具光泽，背淡绿。侧脉 6 ～ 10 对，明显。网脉在叶面平或下凹，沿主脉被短柔毛或平滑无毛，叶柄极短。叶片在植株上的寿命一般为 3 ～ 4 年，如管理不善或立地条件不好，寿命则会缩短。叶是鉴别品种的依据之一，如叶形、叶尖、叶基、叶面、叶缘等，由于栽培条件的差异，即使同一品种，叶形也会发生差异，有的品种较为明显，表现在色泽、厚薄、叶面凸凹、叶边的波状等。如植株在阳光暴晒下和有遮荫的地方，叶片厚薄、大小均有差别。肥水充足则叶片肥大具光泽。

4. 花

云南山茶花的花是由苞片、花萼、花瓣、雄蕊、雌蕊组成，生于极短花梗的花托上，其中苞片、花萼在形态上没有明显的区别。由于在一朵花内有雄蕊和雌蕊，所以又称为两性花。常 1 ～ 3 朵生枝条顶端及下方叶腋，无花梗或具极短花梗，苞片、萼片 8 ～ 12 枚，革质或薄革质，绿色，圆形或阔卵形，密被银褐色绒毛，呈覆瓦状排列，最外苞片小，向内苞片逐渐增大，内轮的几枚萼片常呈花瓣状，即萼片上半部具明显花瓣颜色，下半部绿色，密被绒毛，具光泽，径 2 ～ 3cm。花瓣 5 ～ 7 枚（原始单瓣类型）或 8 ～ 50 枚以上（园艺品种），花瓣倒卵形至匙形，长 3 ～ 7cm，宽 1 ～ 6cm，先端凹头或微裂，基部楔形，边全缘，平坦或呈波状起伏，一般外轮花瓣较大而宽，内轮花瓣较小，有白、粉红、银红、桃红、紫红等色。雄蕊多数，长 2 ～ 3cm，基部联合呈筒状或分数束，并连于花瓣基部。花药黄色，呈丁字形着药，花丝水红色。雌蕊 1 枚，子房上位，密被丝状绒毛，3 ～ 5 室。花柱线形，3 ～ 5 条或集成 1 条，长 1 ～ 3cm，淡绿色，基部联合，有时变化为扁平带状，柱头头状。

花是云南山茶花的主要观赏部位，也是人们长年选择、驯化栽培的主要对象，由于花的各部分变化而构成丰姿多彩的品种。

5. 芽

芽是枝条和花的原始体，植物体上所有枝条和花都是由芽发育而来。

叶芽：分定芽和不定芽。凡芽的生长有固定的位置称定芽，如生长在枝条顶端的芽叫顶芽；生长在顶芽下部的叫腋芽或侧芽。云南山茶花顶芽健壮，生长能力强，对腋芽的发育有抑制作用，腋芽萌发的数量因品种、树龄、植株健壮程度而异，一般可萌发 1 ～ 6 枝。不定芽则是芽的着生没有固定的位置，云南山茶花一般不易形成不定芽，只有少数品种的健壮植株，如‘大银红’‘菊瓣’‘玫红桂叶’等，当其茎或粗壮的枝受到机械损伤后，可形成少量不定芽，并萌发成枝，有利于树形更新。

花芽：花是由花芽发育而来。花芽着生于枝条顶端及其下 1 ～ 3 节叶腋处，故一枝条可有花 1 ～ 4 朵。花芽比叶芽肥大，其大小、色泽、形状因品种不同而有差异。

6. 果实和种子

云南山茶花的原始单瓣类型，是一种极好的木本油料树种，所以又习惯称为“红花油茶”。当花授粉受精后，形成扁圆形、秤锤形、球形的蒴果，直径 4 ～ 8cm。果壳木质，厚达 0.8 ～ 1cm，淡绿褐色，粗糙，3 ～ 5 瓣裂，每室具种子 1 ～ 3 粒，形似板栗，种仁苦涩，富含脂肪，子叶肥厚，无胚乳。种子所榨的油称茶油，可食用，还是极佳的滋补剂，有强身健体的功效，茶油为半透明茶褐色，冬季可凝结成乳白色颗粒状结晶。云南山茶花园艺品种，有的雌蕊、雄蕊畸形发展或着生位置不利授粉而不能结实，传统品种仅‘张家茶’‘大理茶’‘狮子头’‘大桃红’‘早桃红’等能结实。自然杂交中选出的新品种也只有部分能结实，如‘牡丹魁’。云南山茶花种子的特点是含油量高，干燥失水就丧失发芽能力；其次是种子脱离母体后，要经历一段休眠过程，采种后马上播种也不会很快发芽，因为它要完成幼胚的生理后熟过程。如果是作种用的种子，是将采收的果实摊放在通风处，待蒴果裂开，取出种子进行沙藏。沙藏应注意的事项是，沙应清洗干净，不带杂物；沙的含水量以手握成团，手松团裂为好；一层沙一层种子堆放，种子与沙的比例为 1 ∶ 3。在沙藏过程中，要保持沙的湿度，约 30%左右；定期检查，除去质量不好的种子。云南山茶花是直根系植物，在自然条件下，种子发芽后，其直根一直向下伸延，形成数倍于地上部分的直根系，为了使小苗能适应以后盆栽、移栽的需要，据贵州林学院岳季林等人，在 1980 年《贵州林业科技》4 期上发表的《油茶催芽断胚根育苗实验研究》的论文中介绍，经过几年实验，他们在 1 月底催芽，3 月 20 日大部分种子长出胚根，长约 1cm。22 日播种，其中部分种子作断胚根处理，5 月 20 日大批种子出苗，6 月 16 日取出未断胚根的苗作切根处理，保留主根 7cm，其余切除。12 月 26 日取苗测定苗高、地径、地上部分和地下部分鲜重、主根长度、≥0.1cm 的侧根条数及总长度、须根鲜重、根幅乘积等，结果以断胚根处理最好，除无主根外，所有测定数据，均好于切根及对照，如侧根数及总长度、须根鲜重、根幅乘积分别为对照苗木的 5 倍及 10.3 倍、4.7 倍、3.1 倍。切根苗约在两者之间。这实验说明，可用栽培手段改变根系生长，有利于提高苗木质量。

■ 红花油茶果

■ ‘狮子头’果

■ ‘大理茶’果

■ ‘大桃红’果

■ ‘早桃红’果

■ ‘牡丹魁’果

七、云南山茶花的生物学特性

1. 生命周期的生长发育特性

云南山茶花原始类型的生命周期是从胚的形成开始，直到植株死亡为止的全部生命过程。它可划分为营养生长阶段、生长初花阶段（初果阶段）、盛花生长阶段（盛果阶段）、衰老阶段。在不同阶段中，生命过程和新陈代谢规律是各不相同，加之在长期生长和栽培过程中，对各生态因子产生特定的要求，了解这些规律，就能更好地对其利用和改造。园艺品种是用无性繁殖生产小苗，其生命周期是从小苗到植株死亡。生产小苗所用枝、芽，是从发育阶段成熟的优良单株上选取，因而已具备开花能力，为了协调营养生长和生殖生长的关系，小苗时应加强营养生长，保证形成丰满的树冠，为以后开花打基础。在初花和盛花阶段，应使营养生长和生殖生长长期处于平衡，才不会形成由于营养生长过剩、枝叶繁茂而开花少，影响观赏价值，相反，开花过多又会影响树体寿命。衰老阶段，应加强营养管理和树体修剪，保证其吸收和消耗均衡而不失调。云南山茶花嫁接苗因砧木种类不同，管理技术不同，栽培环境的不同，都会影响其寿命的长短。云南山茶花是长寿木本花卉，从文献、诗词赞美对象的盛况，估计树龄应在200～400年左右。目前调查资料，单瓣型云南山茶花树龄最大者，基径120cm应在700年左右，仍然生长健壮。栽培品种如紫溪山的‘童子面’，基径90cm，约600年左右；嵩明皮家营古树，胸径65cm，约450年左右。两株古树都无衰老表现，遗憾的是在2002年、2003年却相继非正常死亡。

2. 年周期中的生长发育特性

云南山茶花在一年中的生理活动表现：

(1) 枝的形成和花芽的分化：云南山茶花在昆明植物园内仅春天抽梢一次，一般在3月下旬。3月平均气温在11.3℃（据设在附近龙头街的昆明农业气象站1976—1985年10年平均资料，下同），芽开始萌动5～10天后开始展叶，晚花品种在4月中旬芽才萌动，叶片初呈紫红色，后逐渐变为绿色。多数品种新梢在5月上旬停止生长，个别晚花品种则在6月上旬停止生长，展叶到新梢生长，平均气温是15.0℃，到平均气温18.0℃则生长停止，逐渐木质化，由绿色变为褐色。新梢的长度因品种而异，一般长3～30cm，之后新梢顶端及其下叶腋处的芽形成，并逐渐膨大分化出花芽和叶芽，基本是从6月开始，平均气温达19.4℃，7月为19.6℃，8月为18.9℃。从花芽开始生理分化、形态分化，花芽发育形成，直到开花，需时210天以上。云南山茶花的枝条，顶端优势极为明显。

(2) 开花习性：云南山茶花为多年生木本花卉，每年都可开花的植物。实生苗在加强管理的条件下4～5年就可进入花期。嫁接苗为了保证植株能健壮成长，一般在2～3年苗期内摘除花芽不让它开花。一株正常的植株，多在树冠中上部形成花芽并率先开放。一个枝条，顶花芽比腋花芽先开。一个茶花园，品种配置恰当，从10月底就可见花，直到第二年4月上旬。但主要盛花期则在1、2月，尤以春节前后为佳。一株健壮大树或保护很好的古树，从第一朵花开始到最后一朵花凋落，可历时两个月左右，这与当年气候有很大关系。在正常情况下，无论是开花时间或茶花最佳神韵都能保证。如遇几天0℃以下低温或温度偏高，日夜温差偏大，也会影响开花时间和达不到最佳欣赏效果。

单花的开放过程：露红、现瓣、初开、半开、盛开、始萎、全凋，各个过程的天数与品种、气候、生态环境、栽培管理水平有关，一般在5～15天。云南山茶花开放的早迟与品种关系极大，如'粉通草'11月上旬（11月平均气温10℃左右）开始开花；'童子面'3月上旬（3月平均气温11.3℃）才开始开花；多数品种是在1～2月（6.2～8.1℃）开花。茶花园早、中、晚品种搭配，有100天以上最佳观花期，恰巧又在冬末春初，这也是云南山茶花的独特优势。国内名花难有超越她的。云南山茶花花期开放的早迟、盛花期出现的时间与集中程度、花期长短、单花色彩、观赏效果等，除品种和栽培条件影响外，还受气候条件的制约。云南山茶花花期（11月至翌年4月），正是昆明的干季，特点是晴天多，降雨少，湿度小，昼夜温差大，如11月至翌年3月，共5个月，降雨量仅占全年的3.3%（约32.5mm）；全年有177天降雨，则干季5个月降雨天数仅占18.6%；昼夜平均温差，1月份为11.2～15.6℃，2月为10.2～17.0℃。如这段时间白天最高温达15℃以上，昼夜温差在10℃左右，则花朵开放数量多，寿命短，一般仅开8～10天即凋谢。白天最高温在10℃左右，昼夜温差在10℃左右，单花寿命可达15天，但开花数量相应减少。如气温降至－5℃，则会使花朵受冻，部分花蕾脱落。1974年1月上旬，昆明植物所茶花园夜温降至－4℃，所开的花受冻；1975年12月13日下雪至15日雪仍未融，14日上午茶花园气温为－3℃，15日上午为－2℃，部分花蕾受冻；1983年12月23～26日降温，27日下雪，夜间室外气温为－3℃，28日雪深30cm，为500年未遇（1376年雪深65cm以上），白天室外－3℃，晚则达－7.8℃，所开花及大部分花蕾受冻，但树体其他部位未有受冻表现，是因低温逐步下降，而最低温度时间又不长。晚花品种如'童子面''恨天高'，盛花期的平均气温达11℃左右，日最高气温可达22℃左右，最低气温有时可至－2℃，平均气温差在16℃左右，加之日照强，空气湿度小，花朵极易失水凋萎，寿命仅达4～7天。

八、云南山茶花生长发育的生态条件

云南优越的生态环境，使多数地区都是冬暖夏凉、冬干夏湿、干湿季分明、昼夜温差大、光照量多、紫外线强，这些都非常有利于植物生长和发育。云南山茶花就在这种生态环境中进化和繁衍，也形成了依赖这种生态环境的极端保守性。虽然人类利用和改造它也有1500多年的历史，到现在她的栽培范围仍局限在故乡，这说明了云南山茶花在进化过程中所形成的对生态环境相适应的遗传基础既顽固又保守。在生态因子改变的条件下，就无法适应，表现出生长不良，丧失观赏价值，最终导致死亡。

1. 光

云南山茶花的自然分布，多在半湿润常绿阔叶林中，而形成了对光的特殊要求。在生命周期中的小苗阶段，必须有遮荫条件，随着小苗的逐步进入营养生长，生长初花阶段，只能是略有遮荫，如和小苗阶段的一样遮荫，就会阻碍植物的光合作用和花芽的形成。当进入盛花生长阶段，则可不需遮荫，这从多数古树所在地得到证实，如楚雄紫溪山东林寺遗址上600多年的'童子面'，寺毁后，就立于空旷的农地上，四周已无其他大树，可古树仍生机盎然，她不但要经受烈日的暴晒，还要忍受冬日的降温、严寒考验，但她还是年复一年地把美好献给人间。在凤庆、腾冲、大理等云南山茶花主栽区，在城镇的古老民宅，都会有一个院子，适宜养花种菜，茶花爱好者，都会有盆栽茶花置于院中，院子不需要遮荫设备，也可调节植株不同大小对光的需要。在城郊的农村，她也逐步成为庭院经济中的成员。如要建茶花专类园或成片种植在公共绿地，在园地最好选植遮荫树，树种以当地常用不易感染病虫、常绿、高大、枝叶开展为佳。让茶花种植在有遮荫条件的环境。随着茶花的长大，遮荫树也要逐步间伐，使茶花有接受光照的足够空间。

种植云南山茶花不考虑她在不同阶段对光照的要求，就难培养出生长健壮、花多、色艳的高质量茶花植株。如幼苗处于无遮荫而暴晒的环境，则植株表现瘦弱。过度遮荫，幼苗也不会健壮，理想的遮荫条件是植株顶端有稀疏的阳光射入。进入开花时期，就要有足够的阳光，促进花芽分化，植株愈大，就要更多的阳光。

2. 温度

温度是云南山茶花能否正常生长发育的主要制约因素。

昆明以西、腾冲以东的广大地区，有云南山茶花的原始分布中心，古代茶花栽培中心，现代茶花栽培中心，这些地区的温度情况如下 ：

产地	海拔 (m)	年平均温度 (℃)	月平均温度 (℃)							绝对高温 (℃)	绝对低温 (℃)
			5	6	7	8	12	1	2		
凤庆	1587.1	16.5	20.1	20.8	20.7	20.6	10.6	10.3	12.2	32.7	－0.9
宜良	1532.1	16.3	21.5	21.5	21.8	20.9	9.2	8.1	10.2	35.6	－10.0
楚雄	1772.0	15.6	20.3	20.8	20.8	20.1	8.4	8.1	10.5	33.4	－4.8
大理	1990.5	15.1	18.9	19.9	20.1	19.3	8.8	8.7	10.6	34.0	－4.2
腾冲	1647.8	14.8	18.1	19.5	19.5	19.8	8.5	7.5	9.3	30.5	－4.2
昆明	1891.4	14.5	19.1	19.5	19.7	19.1	8.2	7.5	9.6	31.5	－7.8

资料引自云南省气象部门20世纪70～80年代平均数。

从上述资料可以看出，云南山茶花栽培的年平均温度 14.5 ～ 16.5 ℃ ；5 月 18.1 ～ 21.5 ℃ ；6 月 19.5 ～ 21.5℃ ；7 月 19.5 ～ 21.8℃ ；8 月 19.1 ～ 20.9℃ ；12 月 8.2 ～ 10.6 ℃ ；1 月 7.5 ～ 10.3 ℃ ；2 月 9.3 ～ 12.2 ℃ ；极端高温 30.5 ～ 35.6℃ ；极端低温 － 0.9 ～ － 10.0℃，极端高低温不是每年都会出现，有的 20 多年才出现一次，高温仅出现在一天中午的几个小时，低温则是深夜几个小时，对云南山茶花伤害不大。上海市引种云南山茶花，现以温度因子作一个比较。上海市年平均气温 15.7℃，5 月平均气温 18.5℃，6 月 23.2℃，7 月 27.9℃，8 月 27.8℃，12 月 6.1℃，1 月 3.4℃，2 月 4.5℃。极端高温 40.2℃，极端低温 － 12.1℃，两者比较，关键是 7、8、1、2 月 4 个月和极端高低温，7 月、8 月其平均气温近 28℃，仅算这 60 天，从全国天气预报得知 30℃以上的天数应该是多的，而且是连续不断的。虽然云南山茶花在云南主产地，7、8 月在偶尔年份有 30℃以上，甚至是 35.6℃，但仅几个小时，茶花能忍受，而长时间几十天的 30℃以上甚至 40℃则难以适应。1、2 月的低温长时间也使茶花无法忍受。上海市引种栽培了 5 年，虽然有成功的表现，可能管理投资会远远超出其社会效益，如其中一个环节有所疏忽，就会前功尽弃。所以要引种云南山茶花，就必须为她营造一个夏无酷热，冬无严寒的生长环境。另外昼夜温差应有明显的变化，也是正常生长发育应具备的条件，相差极小或过大都会影响观赏价值。

3. 土壤

云南山茶花的原始类型分布地区，土壤多数为酸性沙壤土、轻黏土黄壤、红壤等类型。在昆明传统栽培云南山茶花的盆土，是用近郊未耕种的红土，并划出质量等级，黑龙潭附近的红土排位中等。红土作盆栽用土的程序是 ：先挖回大块红土，暴晒，然后敲碎筛成 3 种规格，一般是 3 ～ 4cm 约核桃大小为大粒，1.5cm 左右约蚕豆大小为中粒，0.3 ～ 0.5cm 约绿豆大为小粒或不成粒的粉状土。要用大盆种大苗，土粒规格应加大。盆、苗大小应相称，盆大苗小或盆小苗大，都不利于苗木生长。种小苗时，盆的出水孔先用破盆凸形碎片 2 ～ 3 片，相互半重叠盖在出水孔上方，放大粒土占盆高的 1/5，上放几块牛角片，放入小苗，再放入混有牛羊角末或磷肥、骨粉的中粒土到 2/5，提动小苗，用竹棍将盆内四周土壤捣实，再放入 1/5 小土粒，上盖一层粉状土，盆要留 1/5 作为浇水蓄水之用。栽苗深度，应与原苗栽植深度一致，不能过深或过浅。这种用土和栽培方法，是符合云南山茶花的生长要求的，即盆土保持通气透水而保证根系生长，加之牛角碎块的缓慢分解，保证了生长对养分的需要。不足之处是，红壤较黏重，缺乏养分 ；其次是费工，土壤不经过筛选分级则不能保证通气透水的良好状态 ；三是红壤质量不好，会使分级的土粒过快的粉碎而使土壤板结，影响透气排水。后不断改进，底层大粒土用烧煤锅炉的炭渣代替，中上层土中加入 1/3 的腐叶土或泥炭，也有混入适量珍珠岩，并放入少量磷肥或骨粉。

云南山茶花原生态环境的土壤，多为酸性红壤或黄壤，也形成其对土壤酸碱度的敏感性，如在碱性环境中，则会生长不良而慢慢死亡。但在酸性土壤中，氢离子较多，可能改变原生质的胶体特性，减低植物对钾、钙、铁的吸收，影响植物体的机械组成，易产生失绿症。酸性土壤中比较多的氢离子、铝离子对植物有害，增施过磷酸钙，可以减轻这些物质的危害，有利于植物生长。

植物体所需要的氮、磷、钾、钙、镁、硫、铁等元素和硼、锌、铜、镁等微量元素，主要从土壤中吸收，如土壤中缺少某一种元素，植株即发生机能不协调现象。云南山茶花为常绿植物，全年都要吸收养分，对氮、磷、钾的需求最大，在开花前、新梢旺盛生长时期、花芽分化阶段，都需保证养分的供给。

为了改进传统栽培中盆花重量大，基质结构、肥力不够理想的状况，昆明植物所植物园茶花组在1983～1984年用山茶花*C.japonica*作栽培基质及肥效试验，同时也用少量云南山茶花作不同基质栽培及施营养液观察。由于时间仅两年，加之试验方案考虑不周，无法得出全面的结论，但观察资料的印象是试验所用苗木的发枝数量、生长量、花芽形成数，均多于对照苗木，长势、花色、叶色也比对照好，这印证了茶花在全年均处于生长发育的生命活动时期，对营养的需求也是不间断的。如在传统栽培盆土中或地栽的种植穴中，放入牛羊角块或碎屑，在其缓慢分解中，不断为茶花提供养分。2008年1月在腾冲县发现一有趣现象，极个别品种的个别单株，在春梢抽至55cm，还未木质化又抽夏梢43cm，直到7月末到8月初又抽秋梢28cm，共长126cm，当然这是极个别现象，抽秋梢现象近年均较普遍，不抽秋梢者如‘白鹤飞舞’（‘雪娇’），春梢也可达72cm。栽培者认为上述现象主要是盆土肥沃，结构好，定期使用清淡有机肥，这也为种花者所公认。如用单因子气温分析，腾冲比昆明3月到7月低0.3～1℃，8月高0.7℃，9月高1.6℃，但在昆明仅抽春梢，即个别年、个别品种、个别单株罕抽秋梢。在基质肥料试验中，不同基质都混入相应的无机肥料，并每周定期施用定量营养液，盆中基质结构，营养的充足，并不亚于腾冲，仅9月平均气温比腾冲略低，在两年试验中，未有秋梢抽出，而腾冲抽三次梢的现象，也仅2007年发现一株，因而抽梢的机制与生态因子的关系值得深入研究。同时提示：要提高云南山茶花质量，则必须常年提供多元素均衡的营养。为适应社会发展需求，创造适宜的土壤条件，基质的使用势在必行，也是花卉生产现代化的需求。酸碱度5.5～6.8的酸性土壤，如用基质栽培也必须是酸性。这是云南山茶花的基本要求。

4. 水分

云南山茶花原始类型分布地区，一年中干湿季分明。但由于所处地理环境，如森林覆盖面积大小，湖泊，周围高山等影响，而使全年空气湿度相对较大，就形成了根系需要足够的水分，同时也需要空气有相应的湿度。云南山茶花的栽培不但在干季要保证水分的供应，还要保持相对湿度60%～80%，才能使茶花生长健壮，叶色明亮翠绿，叶片肥大。如供水不足，空气湿度小，就会给植株带来巨大损伤，并产生一系列不利的生理变化，如削弱光合作用，减少营养物质的积累，妨碍根系、新梢的生长，影响花芽形成及开花。开花期水分不足，空气过分干燥，则花色不艳，花期偏短，花瓣早脱，严重影响观赏效果。

盆栽云南山茶花对土壤水分的要求是，既不太干又不过湿。盆土过干，会妨碍根系生长或是根部受伤，使部分或全部叶片枯萎，但又不立即脱落。水分过多，而土壤结构又不好，会导致土壤缺氧而破坏根系的正常生理活动；土中缺氧又会引起嫌气性微生物活动，而根也只能进行无氧呼吸，不但消耗过多的营养物质，呼吸所产生的酒精和乳酸会使根系中毒、腐烂、叶片脱落，甚至整株死亡。对空气要求相对湿度保持在60%～80%。地栽山茶花，应根据当地降雨多少及不同生长时期对水需求进行供水，特别是开花前、新梢生长时期、花芽分化时期应保证其对水的需求。平时也要通过不同灌水方式，增加土壤水分及空气湿度，才能保证山茶花正常生长。雨季必须防止积水。

云南山茶花浇灌用水，以软水为好，硬水或含有盐分的水均不宜用。一般多用河水、泉水、食用井水或池塘水，或建池积蓄雨水为佳。

云南山茶花云南分布地区及栽培地区，年降雨量在1000～1460m左右，但干湿季分明，雨水主要集中在6～9月，其他月份则雨水偏少，特别是在开花前后、新梢生长及花芽分化阶段，应保证水分的供应。

5. 空气

正常清鲜的空气，含氧21%、二氧化碳0.03%、氮78%和微量的其他气体，云南山茶花也只能在这种空气中才能正常生长，如空气受到污染，含有对茶花生长不利的气体，就会影响茶花的正常生长，这也是现在多数云南山茶花古树多存于寺庵中的原因之一。

九、云南山茶花诗词欣赏

明 代

山茶花

绿叶红英斗雪开，黄蜂粉蝶不曾来。
海边珠树无颜色，羞把琼枝照玉台。

华亭寺僧德林送山茶花

宝地香风吹雨花，林公分送子云家。
玄亭丈室同岑寂，相望白牛山月斜。

宿华亭寺

花树高于屋，红霞夜照人。
声声枝上鸟，也似惜余春。

次沐希甫山茶花韵

山茶竞开如火然，山城淑气销寒烟。
几经南国芳华远，忽忆上林花信前。
赏心避地月多阻，抱病闭门春可怜。
黄须紫萼莫相恼，青镜绿樽非壮年。

渔家傲

正月滇南春色早，山茶处处齐开了，艳李妖桃都压倒。妆点好，园林处处红云岛。

彩驾秋千骑巷笊，冰丝宝料星毬小，误马随车天欲晓。灯月皎，碧鸡三唱星回卯。

杨慎（1488－1559年）字用修，别号升庵，四川新都人。明正德四年（公元1511年），殿试第一。后因议大礼案，谪流云南永昌卫。著有《升庵全集》。

正觉庵千叶山茶对饮

缥缈诸天色界中，看花独上最高峰。
多情丽日开千叶，为谢东风酹一钟。
鹤顶鲜鲜犀甲衬，红镫焰焰绿盘笼。
几回欲去还成醉，回首青山报夕舂。

弘圭寺见山茶

繁霜十月见花开，山北山南未放梅。
半夜月明星数点，长明镫照碧运台。

杨士云　字从龙，号宏山，太和人。明正德丁丑进士，改翰林院庶吉士。著有《弘山诗文集》。

山茶

南中山茶被陵谷，家家移种成风俗。
丹焰高擎玛瑙盘，白英细镂羊脂玉。
王家已比猩唇红，坡老更怜犀甲绿。
蓓蕾十月阴阳功，阅历四时霜露浴。
冬与寒梅争放花，未许春葩殿芳躅。
芙蕖茎短不离泥，牡丹虽奇红不足。
其余品类空纷纷，堪与山茶做奴仆。
惜哉开谢万山甲，不种上林花药局。

李元阳　字仁甫，号中溪，太和人。明嘉靖丙戌进士，改庶吉士。著有《中溪全集》。

昆池咏山茶

薄暖轻寒别有天，名葩开烂政嫣然。
千条浥露娇无力，万朵酣春醉欲眠。
掩映绿沙调马地，迂回芳港钓鱼船。
看花莫待花残去，把盏消魂兴自骞。

王元翰　字伯举，号聚州，宁州人，明万历辛丑进士，选庶吉士。著有《凝翠集》。

题红云殿茶花

谁借春阳金殿头，南天佳气为花留。
柔枝偏解凌霜发，寒夜如看秉烛游。
丹穴成群文鸾下，元都迎岁锦云浮。
东风若选千红冠，京洛林园逊几筹。

张坦　字五瞻，通海人，明崇祯丁丑进士。

题红云殿茶花

每于京国看名花，选胜还推秀岭茶。
密叶细分金谷障，高枝全起赤城霞。
千年锦绣留宫剪，十丈珊瑚共海槎。
恰是雪晴丹陛下，红云多处玉皇家。

张炜台　字图南，通海人，明崇祯庚午举人。

通海茶花第一株，闻明季诏取入京，其花不开，复赐还里至梨阳梅子哨堡，彼弃于篱畔，其花复开，为路人折几尽，赋此志感。

佳人空谷久流离，过客犹寻半老枝。
已是斧斤难免后，可怜风雨薄情时。
当年不愿先皇顾，到底空余故老悲。
烟火虽然无一点，红妆冷落淡胭脂。

咏茶花

通海茶花俗传明怀宗召赏之复赐还

高枝炙日照栏杆，端为昆明气弗寒，
赤玉不沈烧封土，红绡争裹火龙团。
春中强伴樽前醉，天下多从画里看。
闻说怀宗曾召见，归来欲告百花难。

叠瓣怜伊红玉肥，花王觉许牡丹非。
条条似线过三尺，树树飘霞可二围。
锦绣石家夸大帐，旗枪北塞拥明妃。
滇池冰雪榴裙薄，昨日东风有信归。

陆天麟　字玉书，宁州人。著有《烟坪诗钞》。

唐育之示约赏山茶诗步韵二首

正日春寒燕未来，山茶闲向内园开。
火齐斜繁枝枝锦，猩血初鲜叶叶苔。
彩色还疑金谷障，老颜也似玉山隤。
偏予不与花神约，妙奕清尊笑一回。

南国名花斗雪寒，嵇含作志可曾看。
海棠欲比无香易，桃李争夸有色难。
仙子丹砂非火炼，佳人绿鬓似云盘。
东君自是能招客，肯负春光不尽欢。

黄梦禧　字鬯公，晋宁人。明季诸生。

冬至日咏茶花

万朵如云散绮霞，曾携酒榼对僧家。
若教移植宜春院，更是人间富贵花。

石亭郊　号鸡足山人。生平不详。

山茶花

谁种山茶隔路歧，萌芽吐蕊未冬时。
遥看不与花相似，冷水清烟满树枝。

浪蕊浮花数万种，寒枝冷叶数千丛。
朔风忽作有情物，吹起火星满树烘。

陈佐才　字翼叔，别号睡隐子，明季官把总。著有《何菴叫天集》、《石棺集》。

山茶花

冷艳争春喜烂然，山茶按谱甲于滇。
树头万朵齐吞火，残雪烧红半个天。

释普荷（1593—1673年）号担当，俗姓唐，名泰，字太来，晋宁人，明末高僧。著有《修园集》。

归化祠

鸳鸯梦断彩楼空，马首萧萧故向东。
归化寺前多少泪，年年三月蜀茶红。

施放　无锡人，明洪武宦滇总兵。

清代至现代

咏山茶

火色宁妨腊月寒，猩红高下压迴栏。
滇中品有七十二，一一谁能取次看。

清高宗　乾隆。

题红云殿茶花

山茶何处冠南中，螺髻峰阴路向东。
粉灌渭桥脂点晕，珠擎隋室火齐红。
冰天已觏花王国，霞盖真开玉帝宫。
独发艳阳当领袖，肯同凡卉待春风。

姚卜相　通海人，清康熙癸卯亚元。

题秀山茶花

名花开处玉山寒，雪夜何人竟晓看，
瓣剪红绡千叶绿，春前芍药倚栏干。

阚祯兆　字东白，号大渔，通海人，清康熙癸卯举人，著有《大渔集》。

茶花

能与寒梅争一时，宝珠火焰烁寒枝，
非关人事催呼急，意是春工剪刻奇。
冷艳喷霞堪入画，猩红粲日不胜吹，
可怜国色淹边地，千古曾无绝妙词。

段昕　字浴川，号皆山，安宁人，清康熙三十九年进士。著有《皆山堂诗集》。

秀山茶花

瑶池对杖两株花，似待神仙醉九霞。
万古青山留物色，十轮红日照窗纱。
发荣不借三春暖，辉映多承六出华。
应笑寒梅烟月笼，冰容寂寞少人夸。

赵河　字燕邻，通海人，清康熙壬午举人。著有《待焚草》。

同刘钦程归化寺看茶花

名花丽与老僧孤，寂寞红颜天一隅。
万朵盈盈擎日出，几枝软软倩霞扶。
绛纱幔拥香深浅，赤玉盘堆艳有无。
有客朝来怜七绝，倚根爱坐锦氍毹。

颖明上人除夕送茶花一枝报谢

何处山中种紫霞，东风吹到野人家。
隔年春染胭脂冷，向夕光含日月华。
残雪几曾凋锦蒂，奇香多半植僧迦。
尊前谁遣嫣然笑，爱杀人间七绝花。

孙鹏　字乘九，号南村，昆明人，清康熙戊子举人。著有《南村诗集》。

太鼎山海潮阁看茶花

观色观空未着空，看花真得此花红。
碧桃红杏三千树，输与山茶半亩宫。

吴铭道　字复古，清贵池人。著有《滇海集》。

山茶花滇中最盛，春来万山如火，艳过宝珠，但不能移植园亭耳

艳比石榴别样红，高低错落万山中。
苌弘滴血凝春树，杜宇凄魂散晓风。
甘向深林嗟露处，耻随别院话雷同。
若教谱入丹青里，窃恐胭脂画未工。

吴自肃　字克庵，山东德川人，清康熙甲辰进士，戊戌官滇，著有《万行草》。

春景堂赏茶花

牡丹不羡洛阳春，厚叶深花闻雪新。
几朵鹤头分秀岭，一枝猩血属诗人。
琉璃屏冷烧雷火，琥珀杯浓醉麴神。
好是画堂吟赏处，满天星月夜留宾。

叠韵

已落犹开烂五云，重吟细把衮余芬。
冰心雪性春生色，宋艳班香品绝群。
最坚酒旗观火阵，狂魔诗将却秦军。
诸君肯结茶花社，儒雅风流有几分。

傅为詝　字谨斋，号岩溪，建水人，清雍正癸丑进士。著有《藏密斋诗集》。

茶花

曾记珊瑚碎石崇，谁教幻出此花红。
软枝弄影娇堪对，细舌含香语欲通。
休问鹤丹千载上，竟分猩血一鞭中。
还怜绝色沉边徼，零落胭脂泣晓风。

倪蜕　本名羽，字振九，清松江人，自号蜕翁，寄籍昆明。著有《蜕翁诗文集》《滇小记》。

山茶

曼陀万朵绽猩红，一树亭亭丽旭中。
转忆故乡花事好，珊瑚十丈影曈胧。

李翊　字桂圃，号衣山，晋宁人，清乾隆丁丑进士。著有《衣山集》。

寄题惠风堂茶花

尘世山茶非一种，品题高出数滇中。
一枝占尽人间艳，千朵飞来鹤顶红。
雪里开花梅不压，春前斗色槿难同。
官衙此日堪吟赏，满树珠联映惠风。

刘秉恬　字竹轩，洪开人，清乾隆间举人。著有《述职吟》。

山茶花

独放蚕春枝，与梅战风雪。
岂徒丹砂红，千古英雄血。

段琦　字魏肇，号可石，河阳人，清乾隆庚子进士。著有《可石小草》。

定光寺山茶

谁从天半剪朱霞，攒作西南第一花。
晴雪扫开金马道，红云擎出梵王家。
低头草木谁能竞，举眼楼台半被遮。
火齐簇成千百朵，庄严佛地最清华。

谢琼　字石臞，昆明人，清嘉庆戊辰举人。著有《彩虹山房集》。

重题云安寺茶花二首

又此风云又此春，寺楼遮覆又圆匀。
诸天合掌看花眼，四海谁为种树人。
草木无才难富贵，文章有寿必精神。
英雄奇气名姝影，君信留侯是化身。

神仙无醉亦无醒，作夜东皇觞百神。
来路岂真狮子国，番风长压牡丹春。
梦中彩笔传名士，天半朱霞立异人。
难怪外间桃李笑，此花肝胆太轮囷。

宋湘　字换襄，号芷湾，广东嘉应人，清嘉庆己未翰林，1813年来云南为官十三年。著有《红杏山房集》。

茶花

容光不待晓云烘，鹤顶丹砂别样红。
佩解绛珠霞绮丽，冠垂赤玉日曈胧。
奇姿并列神仙品，绝艳长存富贵风。
独立春寒如耐冷，华桩辉映雪初融。

马旒林　字西园，号雪渔清道光初，官丽江府知府。著有《万里吟》。

栖贤山看茶花

塞垣烽火化春烟，有客招游醉老禅。
风月可谈来问道，水云留迹想栖贤。
连山翠抱看无地，一树花开撒满天。
楼阁上灯归骑晚，夜间林壑梦犹牵。

伊里布　字莘农，长白人，清道光间官云南巡抚。

嗒密箕茶花

盘错非朝夕，人间树艺难。
生机包混沌，兵燹屡平安。
今古无双艳，乾坤一大观。
定光堪伯仲，形彩未为单。

顾文彬　字东林，河阳人，岁贡生。著有《东林诗集》。

咏山茶

滇海编花谱，山茶冠牡丹。
艳名满天下，旧梦断云安。
得气先炎帝，争春傲冷官。
边材老无用，谁与护朱栏。

宋嘉俊　字镜澄，晋宁人，光绪戊戌进士。著有《落落轩诗集》。

华亭春茶

可惜山茶云锦披，雪天开到暮春时。
赤球绿甲攒高树，大朵细心压软枝。
第是名园争载酒，即教海客亦相思。
华亭寺隔盈盈水，十丈明霞何处垂。

孙髯（?—1775年）字髯翁，号颐庵，陕西三原人，清代昆明寒士，因撰一百八十字大观楼长联名扬后世。

忆南泉寺茶花三首　有序

吾乡镇南南泉寺，有茶花一株在后宫玉皇阁前，大几合抱，高可数丈许，花时如绛云在霄，光焰万丈，真奇观也，倾因方子臞仙著《滇南茶花小志》乃诗以张之。

空山兰若得春光，斗大茶花玉磬圆。
万绿扶持如捧日，千红灿烂欲烧天。
英华早许超群卉，根柢还知厚百年。
老树奇葩何处所，东风吹梦到南泉。

记得诸天住上方，入林便觉界清凉。
松涛谡谡含风响，竹粉娟娟带露香。
花笑牡丹空富贵，草怜冬绿独芬芳。
山中最是山茶好，万朵红云礼玉皇。

孙枝多少竞春华，记取滇南定市花。
借问旗枪舒白日，何如锦彩蔚朱霞。
爱乡品物私宁害，寿世文章兴转赊。
会假杏坛天下少，小诗亦赋故山茶。

郭燮熙　字理初，镇南人，光绪戊子举人。著有《梅雪山房诗抄》。

茶花

曼陀罗树倚云栽，劲节堪追傲骨梅。
寒到十分方努力，烂红如火雪中开。

山茶最喜是红妆，岁晚枝头放火光。
天恐世人夸太好，只容吐艳不容香。

释元位　字以端，寻甸人，钟灵山音吼庵僧，著有《笑云诗集》十卷。

太和宫道院红茶

鹦鹉桥边一树茶，繁枝池映影横斜。
便将百斛胭脂水，难画瑶台万朵花。

无名氏。

贺信凉

丁亥，滇巡抚署东偏，有茶花一株，春已过半，忽然向茂含苞，因填此阕。

苒苒春将暮，羡邻家妖桃艳李，靓妆如故。开到荼靡花事了，忽又猩红满树。问十载韬踪何处。偃蹇名山能耐久，仗东风永远韶颜驻。荣枯事，安所遇。

结茅便合林间住，且安排嘉宾杯勺，才人豪素。记否牡丹放后，富贵忽忽一度，都付与残霞薄雾。眼前识得盈虚数，养幽姿不待金铃护。听好鸟，天方曙。

张凯嵩　字月卿，江夏人，清同治六年任云贵总督。

满江红·太华寺茶花故老
相传为明建文帝手植

照眼花光，浑凝是赤城霞赤。香国里，不同凡艳，独标高格。翠羽遥分滇水绿，红绡界断华峰碧。散丹砂飞上树梢头，东风力。

金川启，愁无敌，来燕子，春无色。帐南天辽远，逊荒飞锡。结习久忘尘梦醒，拈花微笑禅心寂。问朱明锦绣旧河山，空陈迹。

陈古逸　字琴禅，原名度，泸西人，清光绪甲辰（1904年）进士。著有《泡影集》。

江城子·忆滇中茶花

一枝百朵散仙葩，似赤霞，非赤霞，疑是炎皇火伞焰人家。洛邑牡丹虽富贵，下垂池，上擎天，让此花。

红桃绛杏满山斜，杏休夸，桃亦差，不及朱苞正色又高华。阅尽群芳无此偶。离上苑，堕边隅，孰尔嘉？

陈荣昌(1860—1935年)　字小圃，号虚斋，昆明人。

茶花赋并序

茶花以滇南为第一，明于若瀛称其绝艳。南城邓渼为诗百韵赏之，著其有十德，不虚也。会城定光寺二本，其大不减沐氏西园。宋芷湾（湘）诗有句曰：“诸天合掌看花眼，四海谁为种树人”。又曰：“莫怪外间桃李笑，此花肝胆太轮囷。”寄兴之远，岂流俗人所能道乎。余辛已初春，与友人过访归，因为此赋。其词曰：

披滇云之胜产，粲佛日以名葩。优昙钵而耦异，曼陀罗而雨华。百千朵之花呈烂漫，五六寻之干擢查桠。香国孰如君耐久，时从古寺访红花。尔其艳而不妖，贞则能寿；枝干高耸，肤纹苍黝。幄垂密叶以森沉，翠佛长条而蚴蟉。根蟠可枕，瓶供犹开。听莺吭之老后，想鹤顶之丹绕。几阅冬春之代谢，肯缘霜霰以先催。十德无惭，古称珍木。赤玉杯擎，红鞋带束。宵分而日皱丹霞；晓起而雾开晴旭。谁道花深殊少态，笑杀昔年苏玉局。寻常儿女花，争春媚红紫。宫粉号杨妃，花心愧应死。劲节鸿文两不刊，蓬庐卧雪几袁安。愿同葵藿倾忠赤，肯后柏松凋岁寒。

戴䌹孙(1795－1857年)　字袭孟，昆明人，清道光年间进士。

茶花

已报山茶占岁先，千枝万树竞婵娟。
含杯我向梅花问，何故沉酣尚睡眠。

艳说茶花是省花，今来始见满城霞。
人人都道牡丹好，我道牡丹不如茶。

拓东地暖四时春，风物山川最可人。
信数茶花为第一，千家万树泛红霞。

游黑龙潭名胜区，赋“三异木”诗

茶花一树早桃红，百朵彤云啸傲中。
惊醒唐梅睁眼倦，衬陪宋柏倍姿雄。
崔嵬笔立天为纸，蜿转横陈地吐红。
黑水祠中三异木，千秋万代颂东风。

郭沫若(1892—1978年)　四川乐山人。著述特多。

四、茶梅

(一) 概述

学名：*Camellia sasanqua* Thunb.

日文：サザンカ（平假名）、山茶花（片假名）

英文：Sasanqua

中国有关茶梅的文献资料记载，可追溯到北宋时期，陶弼（公元 1015—1078 年）所作山茶七言绝句："浅为玉茗深都胜，大白山茶小海红，名誉漫多朋援少，年年身在雪霜中"。根据 2003 年《中国茶花文化》主编张乐初教授从古籍《林类》中考证"新罗国多海红，即浅红山茶而差小，自 12 月至 2 月，与梅同时，故名茶梅"，由此可证，海红即茶梅。宋仁宗皇祐年代（公元 1049—1054 年）周师厚在《洛阳花木记》中记载："茶梅、千叶茶梅"，由此可以看出当时已有复瓣茶梅了。下及明代，王世懋《学圃余疏》中记载："……黄山茶白山茶，红白茶梅皆九月开……"；画家陈道复"茶梅"诗中对植物形态、性状作了较为清楚描述："花开春雪中，态较山茶小。老圃谓茶梅，命名亦端好"；高濂的词《梅花令·茶梅》，不仅描述了茶梅品种不同花色，如"淡粉"、"微红"之别；也描绘了花形、花径："花却是，与梅浑"。上述宋、明二代中那些描写茶梅诗词及相关文献中记述充分说明 900 多年前中国栽培茶梅概况了。惟遗憾者，历代竟没有流传下来专著，甚或与茶梅相关的山茶专著、杂著中也没有附录茶梅品种名录，原因何在？再者，那时的茶梅是否就是现代的茶梅呢？值得探索。

日本鹿儿岛县宫之城町野生茶梅（日本名古屋山茶协会会长杉原信司先生摄影）

世界植物分类学鼻祖、瑞典人卡尔·林纳（Carl Linnaeus）的学生，瑞典人卡尔·彼得·瑟伯杰（Carl Peter Thunberg, 1743—1828 年），于公元 1775 年访问日本，经过多年实地勘察，按植物分类学和地质学观点，认为油茶（*C. oleifera*）原产于中国，并在公元 1784 年出版《日本山茶志》（Flora Japonica）中论定。其后，国际园艺界都引用了这观点。可是，大家忽视了历史。卡尔·彼德·瑟伯杰在公元 1784 年出版《日本山茶志》时，琉球群岛是臣服中国岁岁来朝的藩属，岛上原生野茶梅，岂不是中国茶梅原种？

"早在 1810 年英国人已从中国引去一棵单瓣白色茶梅原种（species）；1826 年英国东印度公司船长理查德·罗韦斯从中国引去一棵玫瑰红色复瓣茶梅（Sansanqna rosea）原种（species）。"上述记载引自 1838 年《山茶属专论》，从这二则事例说明中国是有茶梅原种的。可是，在当今国际山茶协会《国际山茶登录》中把这红色复瓣茶梅介绍为单瓣园艺品种。不知何故。

按现代日本山茶界和一些国际山茶著作中谈及茶梅原产地时大都认为起源于日本。他们的论据是，至今，在日本九州岛和四国松山镇，以及琉球群岛，仍有原生野茶梅群落。

至于日本人工栽培茶梅可追溯到 14 世纪足利（室町公元 1338—1573 年）年代。至今在平户一所寺院中尚存活着一棵 400 多年树龄的茶梅古树；在琦玉县和爱知县，以及京都等地方还存活着江户时代（公元 1603—1867 年）遗留下来的一些茶梅古树。上述这些历史遗存原生野茶梅群和一些茶梅古树，在其他国家是没有的。

日本鹿儿岛县和熊本县久七峰的野生茶梅群（日本名古屋山茶协会会长杉原信司先生摄影）

日本茶梅文献至今有史可寻者有公元 1695 年《花坛地锦抄》、公元

1789 年《诸色花形帐》、公元 1827 年《草木奇品家雅见》、公元 1841 年《古今要览稿》，这些书籍中有的收录了一些古典茶梅品种；有的列述了茶梅品种性状；有的谈及茶梅独特花形品种。在英国皇家园艺协会林迪利图书馆（Lindley Library, Royal Horticultural Society, London）收藏一幅在公元 1755 年（即中国清代乾隆二十年）日本木刻黑白色茶梅花版画，画面右上角刻有日文片假名（形若中国汉字）书写体茶梅花三个字，中间为二枝向左斜垂枝条上杂缀 4 朵单瓣茶梅花画面。

1885 年，日本有了用中国汉字般日文片假名字体的茶梅专著封面，如《日涉园茶梅谱》；1898 年《茶梅花大集》，1905 年《茶梅花铭鉴》等。有关日本茶梅历史肇端何时，鉴于笔者才疏学浅，故此，不敢贸然断定。

日本鹿儿岛县宫之城町，高尾野海拔 400m 地方的野生茶梅（日本名古屋山茶协会会长杉原信司先生供稿）

美国加州大学伯克利分校植物园引种的日本野生茶梅

台湾引种的日本野生茶梅（朱国栋先生摄影）

朝鲜半岛自古以来就有原生茶梅，在古籍《林类》中谈及："新罗国多海红……与梅同时，故名茶梅"之说，足以证明。按 16 世纪，朝鲜半岛分别有高丽、百济、新罗三个小国，乃新罗（其疆域即现今韩国南部沿东海一带）就是其中之一。由此，足证朝鲜半岛南部盛产茶梅历史不会晚于中国宋代。鉴此，中、韩、日三国茶梅在历史上定位，孰先孰后，实难分轩轾，这疑窦有待学者、专家们作进一步考证、厘定。

16 世纪以来，茶梅在自然演变和不断杂交的过程中培育出许多杂交品种，日本在研究、开发工作中一直处于世界领先地位。19 世纪末叶，欧美从日本引种了一些品种，此后，遂得以迅速发展。20 世纪以来，澳大利亚、新西兰除大量引种日本和欧美培育出的茶梅新品种外，亦用怒江山茶（*C. saluenensis*），能高连蕊茶（*C. nokoensis*），红山茶（*C. japonica*），云南山茶（*C. reticulata*）相杂交、育种，培育出许多新颖杂交种。欧美、澳大利亚、新西兰培育出茶梅新品种迅速崛起，就它们的形态、习性、花型，各有特色，以至与日本茶梅之间形成了竞相媲美、鼎立局面。美国、澳大利亚、新西兰在开发新品种方面，大有后来者居上之势。

中国在 20 世纪末，浙江杭州花圃徐碧玉教授级高级工程师通过各种渠道引进许多茶梅品种，并进行了科学研究，为促进茶梅发展起了先导作用。2007 年 7 月出版了中国第一本茶梅专著。在研究、培育茶梅新品种工作中成绩最为突出者当为浙江金华市第三中学退休老师卢始华先生，从 20 世纪 80 年代初就利用业余时间，克服了种种困难，成为培育茶花和茶梅的有心人。20 多年来，他进行了茶梅、山茶种间杂交育种工作，先后培育出 30 多个新品种。而今，年届 79 岁，仍壮心不已，继续进行杂交、育种工作，令人敬佩。

茶梅经过长期自然演变或杂交，形成繁多品种，园艺界按它们的形态特征和生物学特性，将其分为：

原生野茶梅　花呈白色，单瓣型，花瓣 6～8 枚，波形，花径 5～7.6cm，顶生或腋生，花期自秋末至冬初。叶呈椭圆形，先端渐尖，叶缘具小锯齿状叶齿，叶的主脉被短柔毛。灌木或小乔木，嫩枝常覆短柔毛。日本园艺界认为它是日本特有原生种。

冬茶梅（*C. hiemalis*）　该类园艺品种植株低矮、耐寒，花季主要在冬末期间，花朵多数呈单瓣，亦有一些品种雄蕊瓣化成半复瓣或重瓣花。在日本称这类茶梅为寒椿（椿是日文片假名，译成中文即山茶之意）。

春茶梅（*C. vernalis*）　该类园艺品种花季自冬末至翌年初春期间，有些晚花品种花期可延长至 4 月初。它们是经由茶梅（*C. sasanqua*）与红山茶（*C. japonica*）杂交、培育出，花多数为半复瓣型，余如复瓣型、宝珠型。花径和叶片比冬茶梅品种大一些。树形大小、高低介于茶梅与山茶之间。

茶梅在长期栽培、杂交的影响下，其形态特征变化亦很大，现按主要性状列述如下：

叶色　大多数品种呈墨绿色、碧绿色，少数品种呈黄绿色、翠绿色、灰绿色。另有一些品种叶面上杂缀黄色或白色异色斑晕；或黛绿、浅碧相叠相晕；亦有异色镶边等，这类称作锦叶茶梅。

叶型　按国际上描述茶梅叶型时术语有椭圆形、狭长椭圆形、倒披针状椭圆形、披针状椭圆形、广椭圆形、倒卵状椭圆形、卵状椭圆形。

花型　有单瓣型、喇叭型、半复瓣型、月季型、牡丹型、宝珠型、重瓣型等。花径4～11cm不等。

花色　基本上以红色、粉红色、绯色、白色为主，亦有罕见浅乳黄色，以及各种色泽深浅之分，另有异色杂晕、镶边等。2004年美国山茶协会新品种登录号#2610、名称为‘格氏蓝色’('Green's Blues')的品种呈淡紫罗兰色（详见其后彩照和简介），堪称别致。

树型　多数为横张性，少数呈直立性。20世纪下半叶，美国加州怒起乌苗圃(Nuccio's Nurseries)培育出枝、干都呈游龙般S形式品种，堪称新奇；另有垂枝形和匍匐形。

香味　茶梅有些品种是有香味的，可是并不浓郁，另有极少数品种的花能够发出一些微微似香非香味儿，人要用鼻子凑近花蕊细细地闻，方能嗅到些微味儿。

庭园绿化　茶梅种类绝大多数为灌木型，花期根据不同品种有的早在秋冬之交就绽蕊舒瓣了，加上有些品种具芳香味，别具韵致，故此，爱好山茶的人们常把茶梅点缀庭前宅后院落中，有的把它盆植，或截干蓄枝、攀扎、修剪养蓄成艺术盆栽桩景，或堪做树墙、绿篱。

美国尤里·潘丘尔先生后园地植茶梅景观。尤里·潘丘尔先生为业余茶梅爱好者，广泛收集茶梅品种，并研究杂交、培育新品种工作（Courtesy of Mr. Yuri Panchul，U.S.A）

笔者与尤里·潘丘尔先生阖府合影（Mr. Yuri Panchul and Mrs.Sayaka Panchul with children of Elizabeth, Albert, Anthony）

(二) 品种简介

'海神之子'('Albino')

花呈乳白色，花朵外轮瓣丛微微泛浅青紫色晕，半复瓣型或复瓣型，花径5～7cm。叶呈椭圆形，碧绿色，有光泽。树性低矮，枝丛稠密。

'朝仓'('Asakura')

'朝仓'为中文沿用日文片假名；'Asakura'为日本地方名称朝仓的英文读音。

该品种源于日本福冈县久留米市，由久富舜介命名，1970年公布。

花呈乳白色，外轮瓣丛呈浅微红色，半复瓣型，花径约6cm，具有微香，花期早，属于冬茶梅(*C. hiemalis*)。叶呈椭圆形。树性直立。

'见惊'('Astonishing Sight')

日本传统品种，早在1898年《茶梅花大集》中已有记载。

花呈白色，单瓣型，花径8～9cm。叶呈椭圆形。树性直立。

'秋天曙光'('Autumn Dawn')

美国加州怒起乌苗圃(Nuccio's Nurseries)培育出。1994年美国山茶协会"山茶季刊"冬季号第30页中提及该品种。

花呈白色，外轮一些花瓣瓣前端覆些微粉红色，花径约5cm。叶呈椭圆形。树性横张。

'金秋'('Autumn Gold')

澳大利亚维多利亚州诺布尔公园市(Noble Park)埃里加·麦克明山茶苗圃(Erica McMinn, Camellia Lodge Nursery)培育出，1976年首次开花，1981年公布、登录。

花呈玫瑰红色，半复瓣型，花径约5cm。叶呈倒卵形，碧绿色、杂缀深绿色斑块，为茶梅中少数锦叶品种之一。生长缓慢。

'海神之子'('Albino')

'见惊'('Astonishing Sight', 美国尤里·潘丘尔先生供稿, Courtesy of Mr. Yuri Panchul, U. S. A)

'朝仓'('Asakura')

'秋天曙光'('Autumn Dawn')

'金秋'('Autumn Gold', 澳大利亚肯尼思·塔特先生供稿, Courtesy of Mr. Kenneth Tate, Australia)

'秋天宝石'('Autumn Jewel')

'东方的牡丹'('Eastern Peony')

'比特丽斯·埃米莉'('Beatrice Emily')

'比特利斯·埃米莉'('Beatrice Emily')

'玉芙蓉'('Beautiful Cotton Rose')

'伯特·琼斯'('Bert Jones',由美国尤里·潘丘尔先生供照,Courtesy of Mr. Yuri Panchul, U. S. A)

'秋天宝石'('Autumn Jewel')

该品种由茶梅与怒江山茶杂交、培育出,2000年公布、上市。

花呈淡玫瑰红色,重瓣型,花径约6cm。叶呈披针形,叶面具沟,碧绿色。树性直立。

'东方的牡丹'('Eastern Peony')

'东方的牡丹'为中文译名;'东牡丹'为日文片假名原名;'Eastern Peony'为英文译名。

20世纪70年代由日本福冈县久留米市上野芳胜选出。

花呈暗红色,牡丹型,花径约6cm。叶呈椭圆形,叶色苍碧。树性直立。

'比特丽斯·埃米莉'('Beatrice Emily')

系澳大利亚新南威尔士州的布朗先生(Mr. Brown)开设"五旬节"(Pentecost)苗圃中一个不知道亲本的实生种培养而成。1957年澳大利亚山茶协会(ACRS)年刊上曾介绍该品种。

花呈乳白色,外轮瓣缘覆紫红色色晕,半复瓣型至牡丹型,花径8～9cm,初冬就盛花。叶呈倒披针形,苍绿色。树性直立。

'玉芙蓉'('Beautiful Cotton Rose')

'玉芙蓉'为中文沿用日文片假名;'Beautiful Cotton Rose'为英文名称,有的资料中用'Beautiful Lotus'。源于日本,在东京琦玉县发现。

花呈白色,花瓣背面覆些微粉红色,复瓣玫瑰型,花径约7cm,花期在11～12月期间。叶呈狭长椭圆形。树性横张。

'伯特·琼斯'('Bert Jones')

由澳大利亚新南威尔士州山茶园林苗圃(Camellia Grove Nursery)前业主伯特·琼斯先生在1958年获得实生苗。

花呈银色光辉粉红色,半复瓣型,花径最大可达11cm。树性直立。

‘比尔’（'Bill Wylam'）

美国加州帕萨迪那市麦卡斯基尔植物园（McCaskill Gardens）从‘狮子头’的种子培育出，属于冬茶梅。1955年美国山茶协会年鉴中刊有彩色照。

花呈玫瑰红色，半复瓣型，波形，花径约7cm。树性横张，枝条柔软。

‘微红玫瑰花饰’（'Blush Rosette'）

由美国加州怒起乌苗圃（Nuccio's Nurseries）培育出。美国山茶协会1994年“山茶季刊”第4期第30页上有介绍该品种。

花呈浅粉紫色，瓣基呈粉红色，半复瓣型，花径7～8cm。树性横张。

‘财神’（'Bonanza'）

美国亚拉巴马州（Alabama）塞弥斯（Semmes）市汤姆·小多德先生（Mr. Tom Dodd Jr.）从‘红潮’（'Crimson Tide'）实生苗中选出，1959年首次开花。1962～1963年美国山茶年鉴中曾有报道该品种。

花呈红色，半复瓣型至牡丹型，花瓣20～30余枚，花径9～10cm，系冬茶梅类。叶呈椭圆形，苍绿色。树性直立。

‘傲气十足’（'Boastful Flower'）

‘傲气十足’为中文译名；‘花自慢’为日文片假名原名；‘Boastful Flower’为英文译名。

该品种出自‘荣久绞’实生种。

花呈曙白色，瓣前沿覆参差不齐淡玫瑰红色及红晕，单瓣型至半复瓣型，花径约7cm，初冬期间盛花不已。叶呈椭圆形。树性横张。

‘布鲁克西’（'Brooksie Anderson'）

美国R. E. 梅（R. E. May）培育出。1962年美国南加州山茶协会《山茶目录》（Camellia Nomenclature）曾有描述：“淡青紫色，小花、复瓣，早花性。枝丛稠密，生长缓慢。”

‘钱桑纳特’（'Chansonette'）

由美国得克萨斯（Texas）州波特·阿瑟（Port Arthur）市玛乔里·华谢

‘比尔’（'Bill Wylam'，由美国尤里·潘丘尔先生供照，Courtesy of Mr.Yuri Panchul, U.S. A）

‘傲气十足’（'Boastful Flower'）

‘微红玫瑰花饰’（'Blush Rosette'）

‘财神’（'Bonanza'）

‘布鲁克西’（'Brooksie Anderson'）

‘钱桑纳特’（'Chansonette'）

‘艳姿’（'Charming Appearance'，由美国尤里·潘丘尔先生供照，Courtesy of Mr. Yuri Panchul, U. S. A）

‘朝日鹤’（'Crane at Sunrise'）

‘樱月夜’（'Cherry Blossom in the Moonlight'，由美国尤里·潘丘尔先生供照，Courtesy of Mr. Yuri Panchul,U. S. A）

‘绝代佳人’（'Cleopatra'，美国尤里·潘丘尔先生供，Courtesy of Mr. Yuri Panchul, U. S. A）

伯恩（Marjorie Washburne）从‘狮子头’（'Shishigashia'）实生苗中选出。1959 年荣获拉尔夫·皮尔（Ralph Peer）“茶梅奖”（"Sasanqua Award"）。1960 年美国山茶年鉴第 156 页上有彩页刊出该品种彩照。

花呈玫瑰红色，复瓣玫瑰型，花径 6～7cm。叶呈披针形，碧绿色。树性低矮。

‘艳姿’（'Charming Appearance'）

‘艳姿’为中文沿用日文片假名原名；‘Charming Appearance’为英文译名。

由日本熊本县斋藤清房培育出。1958 年《日本茶梅命名目录》（Nomenclature List of Sasanqua of Japan）中有记载。

花呈粉红色，复瓣型，花径约 6cm。叶呈狭椭圆形。树性横张。

‘樱月夜’（'Cherry Blossom in the Moonlight'）

日本熊本县斋藤清房培育出。其后，由斋藤时子从实生苗中选出。1976 年日本肥后茶花协会命名。

花呈粉红色，单瓣型，花瓣宽阔，花冠轮状平展，花径 7～8cm。叶呈卵状椭圆形。树性直立。

‘绝代佳人’（'Cleopatra'）

系‘弗洛埃’（'Floy'）实生种，由美国撒威达(Sawada)命名。1839 年霍格(Hogg)著《园艺杂志》(Magazine of Horticulture)中已有记载。

花呈淡玫瑰紫红色，单瓣型，花径约 8cm。叶呈狭椭圆形。树性直立，枝丛垂软。

‘朝日鹤’（'Crane at Sunrise'）

‘朝日鹤’为中文沿用日文片假名；‘Crane at Sunrise’为英译名称。

源于日本熊本县。明治年代末由皆川治助先生从实生苗中选出。

花呈白色，瓣前端覆玫瑰红色，单瓣型，花瓣 7～8 枚，花径 7～8cm。叶呈狭长椭圆形。树性直立，长势缓慢。

‘腊月玫瑰’（'December Rose'）

‘大冰雹’（'Double Hailstone'，由美国尤里·潘丘尔先生供照，Courtesy of Mr. Yuri Panchul,U. S. A）

‘镜中樱花’（'Cherry Blossom in a Mirror'）

‘斑叶腊月玫瑰’（'December Rose var.'）

‘乳白色斑叶腊月玫瑰’（'December Rose var.'）

‘白斑腊月玫瑰’（'December Rose var.'）

‘镜中樱花’（'Cherry Blossom in a Mirror'）

‘镜中樱花’为中文译名；‘樱鏡’为日文片假名原名；‘Cherry Blossom in a Mirror’为英文译名。

该品种在日本都无法查明史实，不过，在日本中部地区各地尚存活一些大树。

花呈绯色，半复瓣型，花径6～7cm。叶呈狭长椭圆形，叶缘微波形，苍绿色，有光泽。树性直立。

‘腊月玫瑰’（'December Rose'）

‘腊月玫瑰’为中文译名；‘December Rose’为英文原名。

美国加州怒起乌苗圃(Nuccio's Nurseries)从‘笑颜’('Egao')实生苗中选出。

花呈红色，半复瓣型，花径7～9cm。叶呈狭长椭圆形，浓绿色，有光泽。树性直立，长势旺。其后，又出现白斑玫瑰红色花朵和乳黄色斑叶品种，以及乳白色斑叶品种。

‘大冰雹’（'Double Hailstone'）

‘大冰雹’为中文译名；‘八重霰’为日文片假名原名；‘Double Hailstone’为英文译名。

20世纪早期，由美国加州海沃(Hayward)市日裔堂本先生从日本引进。其后，由加州怒起乌苗圃(Nuccio's Nurseries)接手繁殖，1951～1952年已列入商品目录中。

花呈白色，单瓣型，有一些花瓣瓣端呈浅玫瑰红色，花径7～8cm。树性直立，枝条垂软。

‘矮狮子’（'Dwarf Shishi'，由美国尤里·潘丘尔先生供照，Courtesy of Mr. Yuri Panchul,U. S. A）

‘矮性白狮子’（'Dwarf White Shishi'）

‘七宝殿’（'Ediface of 7 Treasures'，由美国尤里·潘丘尔先生供照，Courtesy of Mr. Yuri Panchul, U. S. A）

‘斑叶龙游笑颜’（'Egao Corkscrew'）

‘小精灵的玫瑰’（'Elfin Rose'，新西兰 N. 海登先生供照，Courtesy of Mr. N. Haydon, New Zealand）

‘矮狮子’（'Dwarf Shishi'）

由美国加州海沃市日裔堂本先生从‘狮子头’实生苗中选出。其后，由美国加州怒起乌苗圃（Nuccio's Nurseries）接手栽培、繁殖、发展，在 1988 ～ 1989 年商品目录中已有记载。

花呈玫瑰红色，半复瓣型，花径 5 ～ 6cm。叶细短。树性低矮，枝丛稠密。

‘矮性白狮子’（'Dwarf White Shishi'）

20 世纪中期，由美国加州海沃市堂本苗圃业主堂本先生培育出。其后，归由怒起乌苗圃（Nuccio's Nurseries）接续繁殖、发展，至今尚未上市。

花呈白色，半复瓣型，花径约 4cm，为茶梅品种微型花之一。叶细短，椭圆形，长约 4cm，幅宽约 2.5cm，深绿色，有光泽。树性低矮。

‘七宝殿’（'Ediface of 7 Treasures'）

源于日本，1905 年《茶梅花铭鉴》中有记载。

花呈粉紫色，单瓣型，花瓣波形，花径约 7cm。树性直立，枝柔、垂悬。

‘斑叶龙游笑颜’（'Egao Corkscrew'）

由美国加州怒起乌苗圃（Nuccio's Nurseries）培养出，猜想它是茶梅和山茶的杂交种‘笑颜’（'Egao'）的突变种。

花呈粉红色，杂缀白斑，半复瓣型至牡丹型，花径约 7cm。叶呈椭圆形，苍绿色，杂缀黄色斑、晕，甚至全叶都呈黄色。树性低矮、横展，枝干都呈弯弯曲曲状。

‘小精灵的玫瑰’（'Elfin Rose'）

美国加州帕萨迪那麦卡斯基尔植物园（McCaskill Gardens）培育出，1956 年南加州山茶协会“山茶目录”中已有记载。

花呈粉红色，半复瓣型至复瓣型，花径约 7cm。叶呈椭圆形，内折状，碧绿色。树性横张，枝丛稠密。属冬茶梅类。

‘初光’（'First Brilliance'）

‘初光’为中文沿用日文片假名；‘初光’为日文片假名原名；‘First Brilliance’为英文译名。

该品种系‘朝仓’自然实生种，1980 年年末在日本福冈县久留米市甚为流行。

花朵外轮一些花瓣前端呈桃红色色晕，内部花瓣呈白色，花径约 6cm。叶呈椭圆形，深绿色。树性直立，枝丛稠密。

‘霜星’（'Frosted Star'）

1993～1994 年，美国加州怒起乌苗圃（Nuccio's Nurseries）商品目录中有记载。别名‘假尾巴’（'Caudata False'）。

花呈微白色，半复瓣型，花瓣狭长，瓣端、瓣缘覆有淡粉红色色晕，花径约 6cm。叶呈狭长披针形，碧绿色。树性直立，有时呈灌木形。

‘好消息’（'Glad Tiding'）

由美国加州圣·安塞尔莫（San Anselmo）市豪夫顿·霍尔先生(Mr. Houghton S. Hall)从茶梅圣诞节日'（'Yuletide'）实生苗中选出，1981 年首次开花。

花呈红色，有时呈深玫瑰红色，半复瓣型，花径约 7cm。叶呈椭圆形，苍绿色。树性直立。

‘格雷戴的笑颜’（'Grady's Egao'）

‘格雷戴的笑颜’为中文译名；‘Grady's Egao’为英文原名。

该品种系‘笑颜’（'Egao'）变种。

花呈粉红色，瓣缘镶参差不齐白色，半复瓣型，花径 6～7cm。叶呈椭圆形，碧绿色。树性横张，枝丛稠密。

‘格氏蓝色’（'Green's Blues'）

由美国亚拉巴马州美景（Fairhope）市博比·格林先生（Mr. Bobby Green）在 1986 年从‘狮子头’种子培育出，1998 年首次开花，2004 年公布、登录。

花呈淡紫色，玫瑰型，花径约 6cm。叶呈椭圆形，碧绿色，长约 4.5cm，幅宽约 2cm。树性横张，枝丛稠密，生长缓慢。由于花色罕见，堪称珍稀品种。

‘格氏蓝色’（'Green's Blues', Courtesy of ACS）

‘初光’（'First Brilliance'）

‘霜星’（'Frosted Star'）

‘好消息’（'Glad Tiding'）

‘格雷戴的笑颜’（'Grady's Egao'）

‘斑叶花大臣’('Minister of Flowers var.')

‘光辉公主’('Princess Koki')

‘休·埃范斯’('Hugh Evans'，由美国尤里·潘丘尔先生供照，Courtesy of Mr. Yuri Panchul, U. S. A)

‘飞龙’('Flying Dragon')

‘插曲’('Interlude')

‘斑叶花大臣’('Minister of Flowers var.')

‘斑叶花大臣’为中文沿用日文片假名；‘Minister of Flowers var.’为英文译名。

该品种系‘花大臣’发生突变，叶片呈灰绿色，杂缀淡黄、乳白色斑块，经分离，定向培养成观叶、观花品种，花呈玫瑰红色，单瓣型。树性直立，但生长缓慢。

‘光辉公主’('Princess Koki')

‘光辉公主’为中文译名；‘姬光辉’为日文片假名原名；‘Princess Koki’为英文译名；‘Himekoki’为日文读音。

1974 年，日本浜北市村松冈发现。

花呈桃红色，半复瓣型，花径 5cm，形若荷花。叶呈长椭圆形，反曲，短小。树性横张。

‘飞龙’('Flying Dragon')

‘飞龙’为中文沿用日文片假名；‘Flying Dragon’为英文译名；‘Hiryu’为日文读音。

该品种早在 1847 年已在关西一带流行，不过，名为‘绯龙’。

花呈紫红色，有时花瓣上杂缀白瓣，半复瓣型，花径约 6.5cm。叶呈狭椭圆形，碧绿色，有光泽。树性直立。

‘休·埃范斯’('Hugh Evans')

美国加州东帕萨迪那市科利吉稀有植物园（Coolidge Rare Plant Gardens）向日本引进茶梅种子培育出，1935 年命名为‘青春女神’('Hebe')。但是，在 1947 年南加州山茶协会的“山茶目录”中却以‘休·埃范斯’('Hugh Evans')作为登录名称。

花呈樱花色，瓣缘覆淡青紫色，单瓣型，花径约 7cm。树性直立。

‘插曲’('Interlude')

美国得克萨斯州波特·阿瑟（Port Arthur）市玛乔里·华谢伯恩先生（Mr. Marjorie Washburne）从茶梅‘狮子头’实生苗中选出。1958 年，美国山茶协会年刊中有介绍该品种。

花呈绯色，瓣中央常出现白色条纹，重瓣型或复瓣玫瑰型，花径约 7.5cm，花期较早，初冬时就盛花。叶呈椭圆形，碧绿色。树性低矮，长势缓慢。

'头奖'('Jackpot')

'珠宝盒'('Jewel Box'，美国尤里·潘丘尔先生供照，Courtesy of Mr. Yuri Panchul, U. S. A)

'贾理克的惊奇'('Jarick's Surprise'，由澳大利亚肯尼思·塔特先生供照，Courtesy of Mr. Kenneth Tate, Australia)

'吉恩·梅'('Jean May')

'头奖'('Jackpot')

由美国加州怒起乌苗圃（Nuccio's Nurseries）在 1991 年培育出，其编号为 N#9136T。

花呈浅粉紫色，瓣缘色泽尤深，半复瓣型，花径约 5cm。叶呈狭长披针形，碧绿色。树性直立。

'贾理克的惊奇'('Jarick's Surprise')

澳大利亚新南威尔士（N. S. W）州阿尔伯里（Albury）提供种子给唐·科尔（Don Coe）培育出，1980 年开花，1988 年公布、登录。

花呈绯色，复瓣玫瑰型至松散牡丹型，花径约 8cm。

'吉恩·梅'('Jean May')

'吉恩·梅'为中文译名；'Jean May'为英文原名。

该品种源于不知道亲本的实生种，1951 年记载于美国南加州山茶协会（SCCS）杂志《山茶·培养和登录》(The Camellia. Its Culture and Nomenclature)。

花呈浅绯色，花瓣下半部色泽较深，半复瓣型至复瓣型，花径约 6cm。叶呈狭长椭圆形，果绿色。树性直立。

'珠宝盒'('Jewel Box')

花呈浅粉红色，单瓣型，瓣缘覆青紫色，花径 4～5cm。叶细狭椭圆形，树性横张。

'海南宝珠'('Hai Nan Bao Zhu')

系中国传统品种，据传原产于福建，清末传去上海。

另外，根据法国纳丁先生（Mr. Naudin）在 1850 年 7 月号《园艺评论》(Revue Horticole）和比利时维施艾费尔特（Verschaffelt）在 1853 年《新山茶图谱》(Nouvelle Iconographie des Camellia)，以及 1859 年英国《可的斯的植物杂志》(Curtis's Botanical Magazine）中都谈及 1848 年，英国植物搜集者罗伯特·福琼

(Robert Fortune) 在中国邻近上海的一家苗圃中买得一棵黄色油茶 (*C. oleifera*)，花呈宝珠型 (Anemone form)，其后，带去欧洲。之后，以西班牙文人名'晃'('Jaune') 作为命名；又以英文'福琼的黄色'('Fortune's Yellow') 作为别称。这个品种是否就是'海南宝珠'，尚待各界有志于此的人士作进一步探索。

'凯梅的抉择'('Kai Mei Choice')

美国北卡罗来纳州帕克斯博士 (Dr. Clifford R. Parks) 用茶梅 (*C. sasanqua*) 与云南山茶 (*C. reticulata*) 相杂交、培育出种间杂交种，并以爱妻作为命名。1995 年，美国山茶林苗圃商品目录 (Camellia Forest Nursery Catalogue) 中已有记载该品种。

花呈玫瑰红色，玫瑰花型，花径约 8cm，花期在秋季至初冬期间。

'勘次郎'('Kanjiro')

'勘次郎'为中文沿用日文片假名原名；'勘次郎'为日文片假名原名；'Kanjiro'为日本人翻译英文名称。

源于日本稻泽市，20 世纪 50 年代风行于市，为当今茶梅品种中广为引种栽培者之一。

花呈玫瑰红色，瓣缘色泽较深，瓣中央泛粉红色色晕。半复瓣型，花径约 7cm。叶呈长椭圆形，苍绿色。树性直立。

'吉良白色冬茶梅'('Kira's White Winter Camellia')

'吉良白色冬茶梅'为中文译名；'吉良白寒椿'为日文片假名原名；'Kira's White Winter Camellia' (*C. hiemalis*) 为日本人翻译英文名称。

该品种在 20 世纪 60 年代由日本西尾市吉良苗圃以白色冬茶梅名称出售，深受顾客们青睐，声名远扬，故此，园艺界都以'吉良白色冬茶梅'作为称呼。

花呈白色，半复瓣型至复瓣型，外轮花瓣覆有绯色色晕，花径约 6cm。叶呈狭长椭圆形。树性横张，枝丛稠密。

'勘次郎'('Kanjiro')

'吉良白色冬茶梅'('Kira's White Winter Camellia')

'海南宝珠'('Hai Nan Bao Zhu')

'凯梅的抉择'('Kai Mei Choice'，美国尤里·潘丘尔先生供照，Courtesy of Mr. Yuri Panchul, U. S. A)

‘小鼓’（'Small Drum'）

‘皇玉’（'Imperial Jewel'）

‘大锦’（'Large Brocade'）

‘李椿’（'Lee Chun'）

‘皇玉’（'Imperial Jewel'）

‘皇玉’为中文沿用日文片假名；‘皇玉’为日文片假名原名；‘Imperial Jewel’为英文译名。

该品种在 1930 年日本《实际园艺》中作为实生新品种介绍于世。

花呈浅微粉红色，有些外轮花瓣呈淡桃红色，重瓣型，花径 5～6cm。叶呈凹状椭圆形，碧绿色。树性直立。

‘小鼓’（'Small Drum'）

‘小鼓’为中文沿用日文片假名原名；‘小鼓’为日文片假名原名；‘Small Drum’为英文译名。

该品种在 1977 年由日本前田胜宏发现。

花呈桃红色，单瓣型，花径约 4cm，花期较早。叶呈狭长椭圆形，黄绿色。树性直立。

‘大锦’（'Large Brocade'）

‘大锦’为中文名称沿用日文片假名原名；‘大錦’为日文片假名原名；‘Large Brocade’为英文译名。

源于日本熊本县，为日本特别肥后茶梅中代表品种。

花呈白色，瓣前端覆玫瑰红色，瓣缘微波形，单瓣型至半复瓣型，花径约8cm，花期约在秋冬之交期间。叶呈长椭圆形。树性直立。

‘李椿’（'Lee Chun'）

‘李椿’为中文译名；‘Lee Chun’为英文译名。

花呈乳白色，瓣基部呈微黄色，复瓣型，花径约5cm。叶呈椭圆形，苍绿色。树型较矮。亲本、史实不详。

‘小琴’（'Paradise Little Jen'）

澳大利亚悉尼市北部天堂苗圃（Paradise Nurseries）用玫瑰连蕊茶（*C. rosaeflora*）与茶梅（*C. sasanqua*）相杂交、培育出，1994年公布。

花呈浅粉红色，半复瓣型至复瓣型，花径约5cm，花丛繁密。树性直立，枝条抽长。

‘小珍珠’（'Little Pearl'）

美国加州怒起乌苗圃（Nuccio's Nurseries）培育出，1972年商品目录中已有介绍。

花蕾含苞欲放至绽蕊舒瓣时呈粉红色，及至盛放时，除花朵外轮瓣丛色泽不褪外，其余花瓣都呈乳白色，半复瓣型，花径约7cm。

‘卢辛达’（'Lucinda'）

澳大利亚新南威尔士（N. S. W.）州林德菲尔德（Lindfield）市杜克尔博士（Dr. Ducker）培育出。1957年公布、登录。

花呈深绯色，半复瓣型至牡丹型，花径约7cm，花期极早。

‘米兰戴’（'Mirandy'）

美国加州帕萨迪那市麦卡斯基尔植物园（McCaskill Gardens）以‘狮子头’作为母本与不知道名称的茶梅花粉相杂交、培育出，1955年首次开花。

花呈玫瑰紫色，花瓣瓣幅中央纵向区域色泽转淡，花径约7.5cm。

‘桃园锦’（'Peach Garden Brocade'）

‘桃园锦’为中文沿用日文片假名原名；‘桃園錦’为日文片假名原名；‘Peach Garden Brocade’为英文译名。

该品种早在1898年日本芦泽著《茶梅花大集》中已有记载。

花呈桃色，单瓣型，瓣缘覆淡紫色，花径约6cm，花期在冬末期间。叶呈长椭圆形，黛绿色，树性直立。

‘小珍珠’（'Little Pearl'，美国尤里·潘丘尔先生供照，Courtesy of Mr. Yuri Panchul, U. S. A）

‘卢辛达’（'Lucinda'，澳大利亚肯尼思·塔特先生供照，Courtesy of Mr. Kenneth Tate, Australia）

‘小琴’（'Paradise Little Jen'，澳大利亚肯尼思·塔特先生供照，Courtesy of Mr. Kenneth Tate, Australia）

‘米兰戴’（'Mirandy'，美国尤里·潘丘尔先生供照，Courtesy of Mr. Yuri Panchul, U. S. A）

‘桃园锦’（'Peach Garden Brocade'）

‘鸣海湾’('Narumi Bay'，由美国尤里·潘丘尔先生供照，Courtesy of Mr.Yuri Panchul, U.S.A)

‘朦胧’('Obscure'，美国尤里·潘丘尔先生供照，Courtesy of Mr. Yuri Panchul, U. S. A)

‘美国国旗’('Old Glory'，美国尤里·潘丘尔先生供照，Courtesy of Mr. Yuri Panchul, U. S. A)

‘那伐鹤人’('Navajo')

‘鸣海湾’('Narumi Bay')

‘鸣海湾’为中文译名；‘鳴海瀉’为日文片假名原名；‘Narumi Bay’为日本人翻译英文名称。

系日本传统品种，早在1898年芦泽著《茶梅花大集》中已有记载。

花呈白色，单瓣型至半复瓣型，花瓣前端两面呈淡青紫色，花径约7cm。树性直立、茁壮。

‘那伐鹤人’('Navajo')

该品种在20世纪50年代由美国加州怒起乌苗圃（Nuccio's Nurseries）向日本引种。其后，名称标牌遗失了。怒起乌苗圃就以美国西南部的印地安人部落那伐鹤人(Navajo)作为名称暂代。按‘那伐鹤人’花色、花型与日本茶梅中一些品种，如‘大朱杯’‘若枫’‘明月’‘玉津岛’‘中国之都’‘菊冬至’等均极为相似，究属哪个品种有待读者们辨识。

‘朦胧’('Obscure')

‘朦胧’为中文译名；‘野田見返’为日文片假名原名；‘Obscure’为英文译名。

系日本传统品种。1934年，美国加州海沃市堂本苗圃向日本引种。

花呈玫瑰红色，单瓣型至半复瓣型，花径约8cm。叶呈椭圆形至宽椭圆形，深绿色，有光泽。树性直立。

‘美国国旗’('Old Glory')

花呈白色，单瓣型，花瓣波形，瓣缘覆紫红色色晕，花径约7cm。树性直立。史实不详。

‘画中沙漠’('Painted Desert')

美国加州怒起乌苗圃(Nuccio's Nurseries)培育出，编号为N#9223。

花呈浅粉红色，瓣前端周边呈淡紫色，单瓣型，花径7～8cm。树性直立。

‘罂粟花’('Papaver')

美国亚拉巴马(Alabama)州景色苗圃(Overlook Nurseries)培育出，在1942年商品目录中记载为‘玫瑰色罂粟花’('Rosea Papaver')。但是，其后历次目录中又列为‘罂粟花’('Papaver')。

花呈浅微粉红色，瓣前沿色泽稍深，单瓣型，花径约7cm。树性直立。

‘奥德利’('Paradise Audrey')

由澳大利亚新南威尔士(N. S. W)州库尔奴雷(Kulnura)市天堂苗圃(Paradise Plants Nursery)从‘希尔达’('Hilde')芽变中分离出，1995年公布、登录，成为‘天堂’系列品种之一。

花呈浅血牙色，半复瓣型，花径约6cm，花朵此起彼落，故此，花期可长达一个季节。树性直立。

‘珍妮娃娃’('Paradise Baby Jane')

澳大利亚新南威尔士州库尔奴雷市天堂苗圃(Paradise Plants Nursery)培育出，2002年之前已公布。

花呈乳白色，外轮花瓣呈淡红色，半复瓣型，花径约6cm。树性直立。

‘罂粟花’('Papaver'，美国尤里·潘丘尔先生供照，Courtesy of Mr. Yuri Panchul, U. S. A)

‘画中沙漠’('Painted Desert')

‘奥德利’('Paradise Audrey'，澳大利亚肯尼思·塔特先生供照，Courtesy of Mr. Kenneth Tate, Australia)

‘珍妮娃娃’('Paradise Baby Jane'，澳大利亚肯尼思·塔特先生供照，Courtesy of Mr. Kenneth Tate, Australia)

'玉腮红潮'（'Paradise Blush'，澳大利亚肯尼思·塔特先生供照，Courtesy of Mr. Kenneth Tate, Australia）

'富士之峰'（'Peak of Fuji'）

'粉红色林地'（'Plantation Pink'，美国尤里·潘丘尔先生供照，Courtesy of Mr.Yuri Panchul, U.S.A）

'玉腮红潮'（'Paradise Blush'）

澳大利亚新南威尔士州库尔奴雷市（Kulnura）天堂苗圃（Paradise Plants Nursery）培育出。1995年《澳大利亚花园指南》第14卷167期第4页（Australia Gardening Guide, 1995, Vol.14, No. 167, P. 4）刊出该品种彩色照片。

花呈粉红色，外轮花瓣瓣丛呈红色，或瓣缘覆红色色晕，花朵呈磬口形状，形若荷花般形式，半复瓣型至复瓣型，花径约6cm，花期特长，不同花蕾可以从早期先后绽蕊舒瓣，陆续开到晚期。树性直立。

'富士之峰'（'Peak of Fuji'）

'富士之峰'为中文译名；'富士の峰'为日文片假名原名；'Peak of Fuji'为日本人翻译英文译名。

日本明治初期（公元1868—）该品种在关西一带广泛流传，当时称为'峰之雪'。

花呈乳白色，瓣基呈浅黄色色晕，半复瓣型至重瓣型，花径约7cm，花期在11月到翌年1月份。叶呈长椭圆形，偏黄绿色。树性横张。

'粉红色林地'（'Plantation Pink'）

澳大利亚新南威尔士州E. G.沃特豪斯教授（Prof. E.G.Waterhouse）培育出。1948年山茶园林苗圃（Camellia Grove Nursery）商品目录中已有列名记载。

花呈粉红色，单瓣型，花径约8cm。树性直立。

'丹玉'('Red Jade')

'丹玉'('Red Jade')

'虹'('Rainbow')

'六位大诗人'('Six Great Poets')

'虹'('Rainbow')

'虹'为中文译名；'J#8'为从日本引种时代号；'Rainbow'为英文译名。

20世纪早期，美国怒起乌苗圃(Nuccio's Nurseries)从日本引种一批茶梅中选出。

花呈乳白色，瓣缘覆玫瑰红色，单瓣型，花径约5cm。叶呈椭圆形，苍绿色。树性呈匍匐型，或可把枝丛依附墙篱式棚架上栽植。

'丹玉'('Red Jade')

'丹玉'为中文名称；'Red Jade'为英文译名。

该品种出自日本福冈县久留米市'东牡丹'的突变品种。

花呈红色，杂缀大小不一白点、斑晕，半复瓣牡丹型，花径约6cm，具芳香。叶呈披针形，苍绿色，有时杂缀黄色斑块。树性横展。

'六位大诗人'('Six Great Poets')

'六位大诗人'为中文译名；'六歌仙'为日文片假名原名；'Six Great Poets'为英文译名。

1970年年末，在日本静冈县浜松市发现。

花呈红色，瓣上杂缀大块白色斑，喇叭形单瓣型，花径约5cm。叶呈狭长椭圆形，苍绿色，角质层较厚。树性横张、茁壮。

‘玫瑰花饰’（'Rosetti'）

‘玫瑰花饰’为中文译名；‘Rosetti’为英文原名。

由美国怒起乌苗圃（Nuccio's Nurseries）培育出。

花呈淡玫瑰红色，复瓣玫瑰型至牡丹型，花径约5cm。叶呈椭圆形，碧绿色，有光泽。树性直立。

‘萨利尔’（'Sarrel'）

花呈淡粉红色，瓣缘色泽尤深，有时出现零星白色小点或小块，牡丹型至宝珠型，花径7～8cm。叶呈长椭圆形或披针形，碧绿色。树性直立。

‘紧枝密叶’（'Sasanqua Compacta'）

‘紧枝密叶’为中文译名；‘Sasanqua Compacta’为英文原名。

由美国怒起乌苗圃（Nuccio's Nurseries）培育出。

花呈白色，单瓣型，瓣缘镶淡玫瑰红色，花径6～7cm。树性低矮，叶呈阔椭圆形，反曲，叶丛稠密。该品种不大容易生发花蕾。

‘粉红色缎子’（'Satin Pink'）

美国加州帕萨迪那市麦卡斯基尔植物园（McCaskill Gardens）培育出，1956年美国山茶年鉴中曾介绍该品种。

花呈粉紫色，瓣前端色泽尤深，花径约6cm。叶短小细狭、厚实。树性直立。

‘娇娃’（'Scarlet Maiden'）

‘娇娃’为中文译名；‘緋乙女’为日文片假名；‘Scarlet Maiden’为英文译名。

该品种源于日本，在20世纪后期盛行于池田市和宝塚市一带。另有一些与该品种同义词品种，如‘红乙女’‘昭和之誉’‘深雪’等。

花呈绯色，半复瓣型至玫瑰型，盛开时，瓣丛往往呈六角形状排列，花径约6cm。叶呈长椭圆形，黛绿色。树性直立。

‘萨利尔’（'Sarrel'，美国尤里·潘丘尔先生供照，Courtesy of Mr. Yuri Panchul, U. S. A）

‘玫瑰花饰’（'Rosetti'）

‘紧枝密叶’树（'Sasanqua Compacta'）

‘紧枝密叶’花朵（'Sasanqua Compacta'，美国尤里·潘丘尔先生供照，Courtesy of Mr.Yuri Panchul, U.S.A）

‘粉红色缎子’（'Satin Pink'，美国尤里·潘丘尔先生供照，Courtesy of Mr. Yuri Panchul, U. S. A）

‘娇娃’（'Scarlet Maiden'）

'绯音红'('Scarlet Toned Red')

'白斑笑颜'('Variegated Smiling Face')

'绯音红'('Scarlet Toned Red')

'绯音红'为中文沿用日文片假名；'緋音紅'为日文片假名原名；'Scarlet Toned Red'为英文译名。

由日本山崎貞嗣先生培育出，于1957年公布。

花朵初放时呈红色，盛放时色泽转为紫红色，花瓣圆阔，半复瓣型至重瓣型，花径约6cm。叶呈狭长椭圆形，黛绿色，有光泽。树性横张。

'白斑笑颜'('Variegated Smiling Face')

'雪月花'('Snow, Moon and Flowers')

'雪月花'为中文名称沿用日文片假名原名；'雪月花'为日文片假名原名；'Snow, Moon and Flowers'为英文译名。

该品种在1898年《茶梅花大集》中已有记载。

花呈白色，花蕾露色时花瓣背面呈浅粉红色，绽蕊舒瓣后，花瓣上隐约呈现些许微红色色晕，单瓣型，花瓣有7～9枚不等，花瓣波形，花径7～8cm。叶呈椭圆形，叶色偏黄绿。树性直立。

'雪月花'('Snow, Moon and Flowers')

'东云'('Daybreak'，美国尤里·潘丘尔先生供照，Courtesy of Mr. Yuri Panchul, U. S. A)

'白斑笑颜'('Variegated Smiling Face')

'白斑笑颜'为中文译名；'絞笑顔'为日文片假名原名；'Variegated Smiling Face'为英文译名。

源于日本久留米市。

花呈玫瑰红色，杂缀云状白斑，有时白多红少，半复瓣型，花径约6cm。叶呈椭圆形，因受病毒侵染，叶面常缀大小不一黄色斑块。树性低矮，枝丛横张。

'东云'('Daybreak')

'东云'为中文名称沿用日文片假名原名；'東雲'为日文片假名原名；'Daybreak'为英文译名。

日本传统品种，1898年《茶梅花大集》中已有记载。

花呈淡粉红色，单瓣型，花瓣较狭，花径7～8cm。叶呈长椭圆形，碧绿色。树性直立。

‘狮子头’('Lion Head')

‘狮子头’('Lion Head')

‘昭和之荣’('Glory of Showa Era')

‘高级昭和’('Showa Supreme')

‘银龙’('Silver Dragon')

‘西尔维拉多’('Silverado')

‘狮子头’('Lion Head')

‘狮子头’为中文名称沿用日文片假名原名；‘獅子頭’为日文片假名原名；‘Lion Head’为英文译名。

系日本传统品种，1894年日本《园艺会杂志》中已有详细介绍。至今在日本中部地区仍有一些‘狮子头’古树尚存活着。

花呈红色，半复瓣型至牡丹型，花径约6cm，花期冬末至春初。叶呈椭圆形，黛绿色，有光泽。树性横张。

‘昭和之荣’('Glory of Showa Era')

‘昭和之荣’为中文译名；‘昭和の榮’为日文片假名原名；‘Glory of Showa Era’为英文译名。

该品种在1950年石井勇义《园艺大辞典》中提及系关西地区实生种。

花呈绯色，花瓣上偶然出现白色斑晕，月季型至牡丹型，花径6～7cm，属于冬茶梅类。叶呈倒卵状椭圆形，碧绿色。树性横张。

‘高级昭和’('Showa Supreme')

系美国加州怒起乌苗圃(Nuccio's Nurseries)培育出。

花呈粉红色，牡丹型至重瓣型，花径约7cm。叶呈椭圆形，碧绿色。树性直立。

‘银龙’('Silver Dragon')

‘银龙’中文沿用日文片假名原名；‘ぎんりゅう’为日文平假名；‘Silver Dragon’为英文译名。

早在公元1798年，日本《诸色花形帐》中已有记载该品种名称了，1906年美国得克萨斯州阿尔文(Alvin)市阿尔文苗圃公司(the Alvin Nursery Co.)从日本引种时所得名称为‘曙’('Akebono')；其时，名为撒威达(Sawada)者将‘曙’翻译成英文‘Dawn’。至今，美国山茶界都以‘Dawn’作为品种名称了。但是，在日本人翻译茶梅‘银龙’英文名称时仍用‘Silver Dragon’。

花呈白色，半复瓣型，瓣端两面隐约泛微微粉红色，花径5～6cm，花期12月至翌年3月。叶呈狭长椭圆形，黄绿色。树性直立。

‘西尔维拉多’('Silverado')

‘西尔维拉多’为中文译名；‘Silverado’为西班牙文原名。

花呈浅微乳黄色，瓣缘覆淡玫瑰红色，瓣背所覆玫瑰红色尤多，单瓣型，有5～7瓣之分，花径约4cm。叶呈椭圆形，碧绿色。树性直立。史实不详。

‘苗条’（'Slim' N Trim'）

由美国加州怒起乌苗圃（Nuccio's Nurseries）培育出。

花呈淡玫瑰紫色，花瓣较狭，单瓣型，花径约 7cm。树性横张。

‘白雪公主’（'Snow White Princess'）

‘白雪公主’为中文译名；‘白雪姬’为日文片假名原名；‘Snow White Princess’为英文译名。

源于日本久留米市，20 世纪 60 年代从茶梅‘富士之峰’实生苗中选出。

花呈白色，牡丹型，外轮瓣丛覆淡桃红色，花径 6～7cm，花期在 11～12 月期间。叶呈椭圆形，翠绿色。树性直立。

‘特别重要的事’（'Something Special'）

澳大利亚新南威尔士州悉尼市帕特·古南先生（Mr. Pat Goonan）培育出。1985 年，戴维森斯苗圃商品目录（Davidsons Nursery Catalogue）中已有记载。

花呈白色，瓣缘覆深绯色色晕，半复瓣型，花径约 7cm。

‘发泡葡萄酒’（'Sparkling Burgundy'）

美国路易斯安那州山茶爱好者雷内·凯塞戴班（Rene Casadaban）用‘昭和之荣’与‘日出云’相杂交培育出，登录号 No.1539。

花呈玫瑰紫红色，半复瓣型至牡丹型，花径 8～10cm。树性直立。

‘春意盎然’（'Spring Daze'）

美国加州高地市克莱默苗圃（Kramer Bros. Nursery）用茶梅（*C. sasanqua*）与怒江山茶（*C. saluenensis*）相杂交、培育出。1990 年在美国南加州山茶协会登录。

花呈粉红色，花朵中央瓣丛色泽尤其淡薄，瓣丛前端呈绯色，半复瓣型至复瓣型，花径约 5cm，属春茶梅类。叶呈椭圆形，黛绿色，无光泽。树性直立。

‘苗条’（'Slim' N Trim'，由美国尤里·潘丘尔先生供照，Courtesy of Mr. Yuri Panchul, U. S. A）

‘白雪公主’（'Snow White Princess'）

‘特别重要的事’（'Something Special'，澳大利亚肯尼思·塔特先生供照，Courtesy of Mr. Kenneth Tate, Australia）

‘发泡葡萄酒’（'Sparkling Burgundy'）

‘春意盎然’（'Spring Daze'）

'晚霞'('Sunset Clouds')

'星上星'('Star Above Star')

'大明锦'('Taimei Nishike',美国尤里·潘丘尔先生供照,Courtesy of Mr. Yuri Panchul, U. S. A)

'星条旗'('Stars'N Stripes')

'天龙之舞'('Dance of Heavenly Dragon')

'星条旗'('Stars'N Stripes')

由美国加州怒起乌苗圃(Nuccio's Nurseries)用杂交山茶威廉姆斯(*C. williamsii* × *C. hiemalis*)与'圣诞节玫瑰'('Christmas Rose')相杂交、培育出。

花呈白色,瓣上杂缀宽狭不一玫瑰红色条纹,有时出现全红色花朵,这在茶梅中为少见花色品种,半复瓣型,花径4～5cm。叶呈狭长椭圆形,黛绿色。树性低矮,枝丛横张。

'晚霞'('Sunset Clouds')

据传该品种原为中国品种,1989年公布。

花呈玫瑰红色,单瓣型,花瓣有皱纹,花径5～6cm。叶呈椭圆形,碧绿色。树性直立。

'星上星'('Star Above Star')

美国加州巴萨迪那市麦卡斯基尔植物园(McCaskill Gardens)从春茶梅(*C. vernalis*)实生苗中选出。1964年美国山茶协会年鉴中有介绍该品种,并于1969年获拉尔夫·皮尔茶梅实生种奖(the Ralph Peer Sasanqua Seedling Award for 1969)。

花呈乳白色中泛桃红色色晕,瓣端色泽尤深,半复瓣型,花径约6cm。叶呈椭圆形,有光泽。树性直立。

'大明锦'('Taimei Nishike')

'大明锦'为中文沿用日文片假名;'Ming Dynasty Brocade'为英文译名。

早在公元1885年,日本《日涉园茶梅》中已有记载。

花呈白色,瓣背呈浅微粉红色,单瓣型,花径8～9cm。树性直立。

'天龙之舞'('Dance of Heavenly Dragon')

'天龙之舞'为中文译名;'天龙の舞'为日文原名;'Dance of Heavenly Dragon'为英文译名。

源于日本静冈县。

花呈绯色,单瓣型至半复瓣型,花径约6cm,有微香。花期早在10月中下旬就盛花不已。叶呈狭长椭圆形,苍绿色。树性直立。

‘怀特’（'T. S. White'）

多年前，美国加州怒起乌苗圃（Nuccio's Nurseries）从美国农业部管理局（USDA）获得一棵名为‘Tutcheria Shinkoensis’茶梅。其后，发现这个名称搞错了，但是，无法查出真正原名。怒起乌苗圃业主就把上述品种名称的每个单词的第一个英文字母T和S，再加上White（即中文‘白’，含意‘空白’）。

但是，在怒起乌苗圃2006～2007年商品目录介绍中却描述为白色，而且，出售植株所开花亦是白色。不知何故，不得其解。

花为复瓣牡丹型，花径约7cm。叶呈狭长椭圆形，微微向上内折状，长约5.5cm，中幅宽约2.5cm，黛绿色，有光泽。树性直立，萌枝力极强，新枝往往可达60多厘米。

‘眉开眼笑’（'Twinkle Twinkle'）

‘眉开眼笑’为中文译名；‘Twinkle Twinkle（N#8929）’为英文原名。

美国加州怒起乌苗圃（Nuccio's Nurseries）培育出。

花呈白色，尖瓣单瓣型或半复瓣型，有时花瓣上偶然染淡粉红色色晕，花径约4cm。叶呈椭圆形，黛绿色。树性低矮，灌木状，枝丛稠密。

‘波形翎毛’（'Wave Crest'）

美国加州帕萨迪那市麦卡斯基尔植物园（McCaskill Gardens）培育出，1957年商品目录中记载有这个品种。

花呈白色，花瓣较狭长、波形，花径7～8cm。树性直立。

‘白鸽群’（'White Doves'）

‘白鸽群’为中文译名，沿用美国‘White Doves’；‘峰の雪’为日文片假名原名；‘Snow of the Ridge’为日本人英文译名，在美国则称‘White Doves’。

约在1887年由日本伊藤小右门培育出。1932年《原色园艺植物图谱》中有记载。美国引种后改为‘White Doves’（‘白鸽群’）。

花呈白色，牡丹型，花径7～8cm。叶呈椭圆形，苍绿色。树性横张。

‘怀特’（'T. S. White'），笔者在怒起乌苗圃（Nuccio's Nurseries）母树园内，拍摄的彩照为淡青紫色

白花‘怀特’（'T. S. White'，美国尤里·潘丘尔先生供照，Courtesy of Mr. Yuri Panchul, U. S. A）

‘波形翎毛’（'Wave Crest'，美国尤里·潘丘尔先生供照，Courtesy of Mr.Yuri Panchul, U.S.A）

‘眉开眼笑’（'Twinkle Twinkle'）

‘白鸽群’（'White Doves'）

‘迷人’（'Winsome'，美国尤里·潘丘尔先生供照，Courtesy of Mr.Yuri Panchul, U.S.A）

‘圣诞节日变种’（'Yuletide var.'）

‘笑颜’（'Egao'）突变成宝珠型

N#9909

‘N#9821’

‘有希’（'Desire Possession'）

N#9421

‘迷人’（'Winsome'）

美国加州帕萨迪那市麦卡斯基尔植物园（McCaskill Gardens）从‘狮子头’种子培育出。1956年美国山茶年鉴P.25有介绍。

花呈白色中泛浅微青紫色，瓣前沿色泽尤深，半复瓣型至宝珠型，花径5～6cm。树性直立。

‘有希’（'Desire Possession'）

‘有希’为中文沿用日文片假名；‘有希’为日文片假名原名；‘Desire Possession’为英文译名。

源于日本，1960年代末在久留米市选出。

花呈粉红色，有时瓣端覆鲜红色，半复瓣型至牡丹型，花径约7cm，花期早在秋末就开始，陆续盛花至初冬。叶呈长椭圆形，碧绿色。树性直立。

‘圣诞节日变种’（'Yuletide var.'）

该品种系美国加州怒起乌苗圃（Nuccio's Nurseries）培育出‘圣诞节日’突变品种。花型细小，花径仅3.5cm。其余性状都与母本相同。

怒起乌苗圃尚未命名从‘笑颜’芽变宝珠型

2003年早春，美国加州怒起乌苗圃（Nuccio's Nurseries）业主之一汤姆（Tom Nuccio）发现茶梅‘笑颜’（'Egao'）植株上所开花朵突变成宝珠型，色泽亦变成红、白杂混，花径约7cm。其余性状都与母树相同。此日笔者恰巧住在苗圃中，有幸拍摄得彩照。

N#9821

美国加州怒起乌苗圃（Nuccio's Nurseries）在1998年培育出，至今尚未命名。

花呈粉红色，半复瓣型，花径约4cm。叶呈椭圆形，碧绿色，长约4cm，中幅宽约3cm。树性横张。

N#9909

美国加州怒起乌苗圃（Nuccio's Nurseries）在1990年培育出，至今尚未命名。

花呈玫瑰红色，半复瓣型至复瓣型，花径5～6cm。叶呈倒卵形，深绿色。树性横张。

N#9421

美国加州怒起乌苗圃（Nuccio's Nurseries）在1994年培育出，至今尚未命名。

花呈乳白色，单瓣型，花径2.5～3cm。叶形、大小、长短几乎都与茶树（*C. sinensis*）类似。为当今茶梅中花形、叶形最细小的园艺品种。

‘白斑锦叶茶梅’（'Sasanqua Variegata'）

该品种现由法国 Pepiniere Botanique 苗圃供应中。

花呈白色中泛浅粉红色，瓣前端呈桃红色，单瓣型，花径约 4cm。叶呈椭圆形，苍绿色叶面上杂缀杂晕白色。从花色、花形来看与英国特里威塞苗圃（Trewithen Nurseries）的‘斑叶茶梅’（'Sasanqua Variegata'）近似。不过，从斑叶色泽来看，英国斑叶所杂缀异色却是浅灰绿色、淡灰绿色相晕相杂，这是明显不同之处。

‘丁子车’（'Wheel of Anemone'）

‘丁子车’为中文名称沿用日文片假名原名；‘丁子车’为日文片假名原名；‘Wheel of Anemone’为英文译名。

该品种系日本传统老品种，早在 1789 年《诸色花形帐》中以‘金之采’称呼。不过，现代则把名称改为‘丁子车’。至于，当今中国山茶专著中把它称为‘丁字车’，那与‘丁子车’片假名截然相背了。况且，日本山茶协会在 1998 年出版《日本山茶·茶梅铭鉴》第 306 页上清楚用片假名‘丁子车’作为品种名称。

花呈淡红色，宝珠型（有时雄蕊瓣很散乱且少），花径 6～7cm，花期较早，秋末冬初已盛开了。叶呈倒披针形，碧绿色。树性直立。

‘白斑锦叶茶梅’（'Sasanqua Variegata', Courtesy of Jean THOBY, France, www. Thoby. com）

‘冬天玫瑰’（'Winter's Rose'）

美国马里兰州阿舒顿（Ashton）市阿克曼博士（Dr. W. L. Ackerman）在 1980 年用油茶‘珍妮’（'Plain Jane'）与冬茶梅‘乙女’（'Otome'）相杂交、培育出，1987 年公布、登录。

花呈玉色，瓣基部深粉红色，重瓣型，花径约 5cm。叶呈椭圆形，偶然呈狭长椭圆形。树性横张，能耐 – 20℃。

‘古金襕’（'Ancient Gold Brocade'）

‘古金襕’为中文沿用日文片假名原名；‘古金襕’为日文片假名原名；‘Ancient Gold Brocade’日本人英文译名。

系日本传统老品种，早在 1789 年《诸色花形帐》中已有记载。

花呈淡玫瑰红色，单瓣型，花瓣上杂缀密集长短不一、宽狭不等红色条纹、细点，花径约 6cm，花期约在初冬至早春时期。叶呈椭圆形，碧绿色。树性横张。

‘丁子车’（'Wheel of Anemone', 美国尤里·潘丘尔先生供照，Courtesy of Mr. Yuri Panchul, U. S. A）

‘丁子车’（'Wheel of Anemone'）

‘梦’（'Dream'）

‘梦’为中文译名；‘Dream’为英文译名。

日本在 20 世纪 80 年代末培育出。在 1991～1992 年新潟 Chinka-en 苗圃零售目录中已有介绍。系‘狮子头’与攸县油茶杂交种。乳白色花瓣杂晕粉红色斑，具有攸县油茶般香味，花径 6～7cm。树性横张。

‘梦’（'Dream'）

‘冬天玫瑰’（'Winter's Rose', 美国尤里·潘丘尔先生供照，Courtesy of Mr. Yuri Panchul, U. S. A）

‘古金襕’（'Ancient Gold Brocade', 浙江杭州花圃徐碧玉高级工程师供照）

‘肥后樱’（'Higo Cherry'）

‘肥后樱’为中文沿用日文片假名原名；‘Higo Cherry’为日本人英译名称。

1970年之前，在日本熊本县培育出。

花的颜色宛若浅粉紫色樱花般色泽，单瓣型（有5～9瓣之别），花径约6cm，花期约在秋末初冬期间陆续盛放。叶呈长椭圆形，苍绿色，有光泽。树性直立，枝丛横张。

‘肥后樱’（'Higo Cherry'）

‘绞昭和之荣’（'Dappled Glory of Showa Era'）

‘绞昭和之荣’为中文沿用日文片假名原名；‘Dappled Glory of Showa Era’为英译名称。

20世纪50年代，‘昭和之荣’花朵瓣缘或少数雄蕊瓣上出现白色斑晕。半复瓣型，花径约7cm。叶呈椭圆形，碧绿色。树性横张，枝条较软。

‘斑叶敷岛’（'Shikishima Splash'）

由美国北卡罗来纳州茶花林（Camellia Forest）业主发现日本茶梅‘敷岛’突然发生遗传物质变化，绿色叶面上出现大量黄色斑块、条纹，经分离后变异性状稳定，其余性状都与母树相同。花呈粉红色，复瓣型。

‘始华一号’（'Shi Hua's No. 1'）

由浙江金华市第三中学退休教师卢始华先生培育出，2006年登录为‘寒秀’。

花呈玫瑰红色，雄蕊都瓣化，玫瑰重瓣型至重瓣型，花期12月至翌年1月，盛开时具微香，花径8～9cm。

‘始华二号’（'Shi Hua's No. 2'）

浙江省金华市卢始华先生培育出。

花呈桃红色，复瓣玫瑰型，花径5～6cm，花期11月下旬至12月底，具有淡香。

‘始华三号’（'Shi Hua's No. 3'）

浙江省金华市卢始华先生培育出。

花呈深桃色，重瓣型，花径6～7cm，花期11月底至12月，具淡香。

‘始华七号’（'Shi Hua's No. 7'）

浙江省金华市卢始华先生培育出。

花呈桃红色，花瓣微皱，瓣缘波形、反曲，半复瓣型，花径8～9cm，花期在12月至翌年1月，具有淡香。

‘绞昭和之荣’（'Dappled Glory of Showa Era'）

‘斑叶敷岛’（'Shikishima Splash'）

‘始华一号’（'Shi Hua's No. 1'，卢始华摄影）

‘始华二号’（'Shi Hua's No. 2'，卢始华摄影）

‘始华三号’（'Shi Hua's No. 3'，卢始华摄影）

‘始华七号’（'Shi Hua's No. 7'，卢始华摄影）

对刘长卿海红诗的几点浅见

○ 宫树鼎

读了《中国茶花》2004 年第 1 期的《唐代刘长卿茶梅诗初考》文章后，我认为有值得商榷之处。现将我的意见写在下面，谨供山茶界同志参考。

1. 陶弼咏茶花诗的诗句是："大曰山茶小海红"。

其意是："大者名叫山茶，小者名叫海红"。其中大与小，是对花形大小的比较而言的，与花名无关，故"海红"前面不应加上一个"小"字。

2. 刘长卿这首诗的诗题是："夏中崔中丞宅见海红摇落一花独开"。

此一段文字的断句应是："夏中，崔中丞宅，见海红摇落，一花独开"。夏，是唐代的夏州或夏口，是地名。夏州在今之湖北汉阳县北，夏口即今之汉口，此二地相邻。在刘长卿的诗集中有不少是到夏口的送别诗，以此推测这首诗的"夏"可能是夏口，即今之汉口。汉口是长江的水运码头，送客乘船由此而别。"中"字是"其中"、"其地"的意思，即"夏这个地方"。"崔中丞"是姓崔的中丞官。至于崔中丞是谁？我限于学识浅薄和资料缺乏，加之唐代姓崔的官员和文人也太多，故不敢断定。但有两个人有可能，一个是崔瓘，曾任御史中丞，卒于唐大历五年，即公元 770 年，与刘长卿是同时代人；另一个是刘长卿的朋友崔昇(崔玄晖之弟)，曾任司刑少卿，此官也属司法部门的大官。这两人中我认为崔昇的可能性为大。因为刘长卿的诗集中有送崔昇归京城的诗。但不论是谁，都应该是姓崔的中丞官，而不会是夏中崔这个人。

刘长卿为人耿直，因谗获罪，被贬于随州（湖北北部)。在一个秋天，见到崔中丞家里有一棵落叶的海红花，经过一场雨，居然又生出新叶并开放一朵花来。此种景象，触动了自己的心思，感叹"过时独秀难"的世道而写出此诗以抒胸臆。

另外，摇落为凋零之意，非为"遥落"，因为"遥落"二字在此无解。至于将"遥落一花"断为一句则与全文不合，因为"遥落一花"之后的"独开"二字与落花岂不矛盾！

3. 唐开元二十九年应为公元 741 年，而不是 733 年。

4. 我认为刘长卿诗中的海红不是茶梅而是海棠花。理由如下：

① 刘长卿诗中的海红，秋天已经凋零落叶，而茶梅为常绿植物，开花于冬季，二者显然不是一种植物。

② 因为茶梅开花于冬季，故《广群芳谱》将茶梅附于卷二十四《梅花》栏目之后，而将海红单列在卷五十三之中，并仅录刘长卿的这一首诗，没有关于形态和其它说明。我想当时以汪灏为主的编写班子，可能一时弄不清刘长卿笔下的海红是个什么植物，只好把它另立门户了。这也是我国古代没有统一的植物分类和名称而造成的混乱。

③ 陈淏子《花镜》卷四载："西府海棠，一名海红。"又《中国花经》第 319 页载："海棠果，别名奈子、海红。"

④ 从《广群芳谱》和宋·陈思的《海棠谱》可以看出，在唐宋那个年代，从皇帝、大臣到文人，对海棠花情有独钟，因而产生了大量咏海棠花的诗篇。杜甫入蜀，因生活潦倒而未有咏海棠花的诗篇，还被后人叹为憾事。所以皇宫、官家、富户争相在庭院园林中种植海棠，还把海棠誉为"花中神仙"。湖北也是海棠的种植区，崔中丞的宅院里又何尝不种海棠呢！

⑤ 海棠花是落叶植物。但落叶后或半落叶时，如遇秋后回暖，又逢小雨，往往会生出新叶，也可能少量地孕蕾放花。我家的海棠花就有这种情况。其他像红叶李、桃花、杏花、苹果都有秋花现象。刘长卿的诗中分明写道："绿滋经雨发，红艳隔林看。"

综上五点，我认为刘长卿笔下的"海红"应是海棠花而不是茶梅。正确与否，还请方家指正。

第7章

山茶和茶梅的应用

一、园林景观

唐宋以来，山茶广为人们用作点缀园林、庭院，或寺庙、宫观中造景的花树品种，常散植于亭榭池畔，花廊曲栏前，或倚偎瘦皱假山，傍粉壁漏窗，辉映成趣，相依成景，充分体现出造景中诗情画意格韵。

20世纪以来，中国有些大中城市在开放式绿地或商场绿化地带栽植一些树性强健的山茶品种，春暖花开时既美化市容，又可让群众欣赏各种应时应景的花树品种。

山茶花窗景（苏州园林局左彬森先生供稿）

苏州市拙政园十八曼陀罗馆菱形玻璃窗外山茶花盛开时窗景（苏州园林局左彬森先生供稿）

上海市闵行区欧尚超市门前绿化地带山茶花盛开景象

苏州市拙政园内十八曼陀罗馆前山茶树盛花景致（苏州园林局左彬森先生供稿）

上海市闵行区街道绿化地带树荫庇护下山茶花盛开时，附近居民去接近、欣赏山茶花之美

上海市闵行区街道绿化地带树荫庇护下山茶花盛开景象

欧美国家民间常在房前或宅后绿化地带种植一些花草树木，其中不乏山茶、茶梅品种，或群植，加以修剪，构成花墙、花篱形式，增加绿化、彩化艺术气氛。

在一些公园或专业植物园中则往往大面积种植各种山茶、茶梅，间植杂树，布置成林木翳如，曲径通幽，散石参差、错落树丛。早春时际，红翠相间，信步入林，游目骋怀，野趣横生。

另外，西方公园中大都辟有草坪，周边或设绿篱，或群植参天古树，就近间栽一些山茶、杜鹃，或各种应时草本花卉，花树丛中坐放一些文艺复兴时代模样人物雕塑石像作为陪衬。阳春三月，芳草如茵，花树烂漫，优美雕像兀立其中，多了一份西方艺术浪漫气氛。

美国白色茶梅花篱

美国加州萨克拉门托市大厦前地植山茶树

美国山茶协会主席芭芭拉·塔弗利（ACS President Barbara Coates Tuffli）宅后山茶花树丛

日本高速公路旁山茶树墙（美籍华人莫宜馨女士拍摄）

美国南加州塞吉乌·布拉契（Sergio Bracci）先生宅前茶花墙

美国南加州迪斯坎索公园（Descanso Gardens）山茶林之一

美国南加州迪斯坎索公园（Descanso Gardens）山茶林之二（Courtesy of Descanso Garden）

美国南加州迪斯坎索公园（Descanso Gardens）山茶林之三

美国南加州迪斯坎索公园（Descanso Gardens）山茶林之四（作者立在山茶林中）

亨廷顿公园（Huntington Garden）内山茶、杜鹃配合景致

美国加州亨廷顿公园（Huntington Garden）内山茶地植景致

美国加州亨廷顿植物园（The Huntington Botanical Gardens）景观之二［左为该园园艺监督安·理查森（Ann Richardson），中间为作者沈荫椿，右侧为亨廷顿植物园亚洲花园掌管者戴维·麦克拉伦（David Maclaren）］

美国加州亨廷顿植物园（The Huntington Botanical Gardens）景观之一

山茶枝丛依附栅栏式木架生长之一

二、栅栏式棚架栽植

这是一种用细木条构造成栅栏式木架，有的把它插入花盆内作为山茶植株枝丛作扇面形散开依附的支架；有的把栅栏式木架直接沿墙插入花坛土层中，把枝丛分散依附着木架作平面生长，年久后，形成花墙般景观。

三、荫棚地栽

用尼龙细格遮荫网作幔，或用细狭木条做成栅栏式棚顶，四周用方形柱支撑棚幔。山茶植株直接种植土地中，这样，春季可以避免阳光直射灼伤花朵，夏季可以防止炎阳灼伤叶丛，秋冬可以防止受霜雪冻害。但是，荫棚地栽有其局限性，如在冬季气温达冰冻严寒地区不宜使用这种方式栽植，除非在西北向设有风障，树干周身缠绕草绳或缚以稻草，地面覆盖麦秸、秫秸、松针、落叶等保护根系免受冻伤，否则，极易受冻害致死。

荫棚地栽山茶，由于棚中光照柔和，土层深厚，湿润度较盆植为高，所以植株生长健壮，叶色黛绿、厚实，花容更为丰丽，花径尤大。

山茶枝丛依附栅栏式木架生长之二

美国加州洛杉矶地区塞吉乌·布拉契先生（Mr. Sergio Bracci）用尼龙细格遮荫网作幔荫棚地栽山茶

茶梅依附墙壁生长

美国加州洛杉矶地区塞吉乌·布拉契先生（Mr. Sergio Bracci）用木栅栏式棚顶遮荫棚地栽山茶

美国山茶协会前会长罗伯特·E. 爱尔哈特（Robert E. Ehrhart）宅后松林中盆植山茶群之一

美国加州山茶育种家王大庄（Jhon Wang）先生在好友罗伯特·E. 爱尔哈特宅后松林中参观山茶花盛开景致

美国山茶协会前会长罗伯特·E. 爱尔哈特（Robert E.Ehrhart）在宅后松林中驾车巡查盆植山茶群生长情况

美国加州怒起乌苗圃（Nuccio's Nurseries）利用高耸棕榈树丛下养护山茶盆植群

四、疏林丛中地栽或盆植

山茶生性喜爱生长在有散光照射，土壤润湿，空气流通的环境中。鉴此，美国山茶协会前会长罗伯特·E. 爱尔哈特先生（Mr. Robert E. Ehrhart）在宅后宽广山坡稀疏松林中地栽和放置了3000多盆山茶，由于树高数丈，株干挺直，针叶丛簇生顶部，因此，阳光仍能从树丛、叶丛中稀疏照射进来。另外，怒起乌苗圃（Nuccio's Nurseries）利用场圃中高耸棕榈树丛和高干大树之下放置盆植山茶群都不失为相宜遮荫又有散射阳光照射的栽培场所。在高耸疏林中光照柔和，空气流通，林地湿润，冬暖夏凉，因此，无论盆植、地栽，山茶都生长健壮，效果良好。

美国加州怒起乌苗圃（Nuccio's Nurseries）利用高干大树之下养护山茶盆植群

五、山茶树桩盆栽艺术

盆栽艺术，是中国独特的一门园林艺术，它是以花、草、树、石经过刻意加工，在盆盎之内构成多姿多态的造型，令其有刚柔相济、神韵兼备的神态，含蓄的艺术意境，把大自然的风貌缩龙成寸，成为咫尺天涯，妙趣横生的艺术品，用以布置厅堂走廊，或陈设于明窗净几之上，聊作寓情赏玩。

作者先父沈渊如先生，早在20世纪30年代就开创性地对一些盆植山茶予以攀扎、修剪，或截干蓄枝，培养成具有诗情画意般姿韵的桩景盆栽。但是，这些艺术作品在十年浩劫期间，或是失散了，或是死亡了。所侥幸者，笔者尚保存着先父旧作黑白照2帧，及笔者在20世纪70年代末期及1985年起在美国所作山茶盆景聊以堪作山茶树桩盆栽的历史遗存、见证。

日本特产一些花、叶较小的原生山茶，如薮椿（系日文片假名，译成中文即野生山茶）、雪椿（系日文片假名，译成中文即雪山茶）、侘助（系日文片假名；另一片假名为胡蝶，译成中文即原生山茶），它们中间有一些品种花、叶较细小，并且即使在苗株时，只要加强肥水管理，适度予以整枝、攀扎，经过2～3年养植，往后就能年年孕育花蕾，移植于6～7cm长、4～5cm高的彩釉陶盆中，株形娇小玲珑，花开如常，令人叹为观止。

近十多年以来，美国山茶界培育出许多微型山茶花品种（详见本书专论章节），有些品种花朵小如梅花般，且有单瓣、半复瓣、宝珠型之分，它们的叶片、树形亦相应矮小。故而，是很好的小型、中型盆栽桩景材料。

沈渊如先生在20世纪30年代所作山茶截干蓄枝式古桩盆栽

山茶桩景（种植在白色长方形花盆中），树高约40cm，由作者在美国培养成景

茶梅桩景（蓝色长方形花盆），树高约45cm，由作者在美国培养成景

红色单瓣薮椿，株高约14cm，栽植在口径为7cm的四方小釉盆中（作者培养）

粉红色单瓣侘助，株高约11cm，种植在口径为7cm的釉盆中，与红苹果对比（作者培养）

沈渊如先生在20世纪30年代对‘小桃红’山茶截干蓄枝后培养成树桩盆栽

2005年2月19日，美国旧金山金门公园植物园展厅内由旧金山半岛山茶协会举办第44届年度山茶花展时，笔者示范山茶树桩盆栽制作

山茶‘岩根绞’半悬崖式桩景，由作者在 20 世纪 60 年代，经截干蓄枝、攀扎，培养成景

日本国际曙流派（Ikebana International）插花协会山茶插花作品

餐桌上山茶花插花形式。系美国旧金山湾区山茶协会 2005 年展览会获奖作品之一（SFPCS）

餐桌上山茶花插花形式。系美国旧金山湾区山茶协会 2005 年展览会获奖作品之二（SFPCS）

餐桌上山茶花插花形式。系美国旧金山湾区山茶协会 2005 年展览会获奖作品之三（SFPCS）

六、山茶花插花艺术和相关工艺品

山茶花，雍容富贵，色泽妍丽，花期按品种不同，从雪里开花直至春晚。因此，自古以来，在中国人民生活中被认为是具有高度观赏价值的名贵花木之一。自宋、元以来的工艺美术品中，诸如绘画、刺绣、漆器、木器、石雕、金银器与镶嵌工艺品，以及插花艺道中，以茶花为题材的作品相当普遍，传世的工艺珍品散见于海外博物馆藏品者为数不少，除了欣赏之外，亦让人们知道，在 17 世纪之前，西方还不知山茶花为何物之前，中国艺术家们早已在工艺品中展现它的灵秀之美了。

明代，中国的插花艺术东渡日本，深受人民喜爱，进而推陈出新，逐渐形成自己的风格和流派，乃至成为日本的“花道”艺术，至今仍享誉世界。

“花道”西传欧、美后，赢得各界好评，广为学习，并把这一东方艺术融合西方现代美学，展现出西方审美情趣中人文生态的风采，如在宴会餐桌上敷设山茶花插花，与餐具、桌布、彩烛，以及室内布置调和，衬托出宴会餐桌的华丽堂皇，让山茶花插花艺术融入家庭，使这一艺术更加生活化。

西方插花艺术家们在器皿插花构图中往往运用富有线条美的虬曲枯枝，搭配草物、花枝，配合主体山茶花色彩，与构图形式相调和，对构图设想，恣意尽情的发挥，不受任何格式限制，使插花构图、色彩、线条、质感，以及与器皿的对比，相互渲染、辉映，达到形与型，色与美的艺术共鸣。

东西方人民在制陶、木雕、漆器等艺术中，艺术家们以各自民族的审美观，运用各自独特手法、技巧，创造出许多别有姿韵图案景象的作品，呈现出源于自然、高于自然的山茶花艺术品的美而永恒留存。随附美国陶瓷山茶花朵，南非木雕山茶花饰木碗，日本漆器图绘山茶花等彩照，展现出它们不同的艺术风貌。

陶罐中山茶花插花艺术（美国加州旧金山湾区山茶协会会员作品（SFPCS））

美国加州萨克拉门托市（Sacramento）山茶协会路易丝（Louise Davatz）女士创作插花作品

美国加州萨克拉门托市埃莉达女士（Mrs. Elida）创作插花作品

美籍华人庄人仪女士获奖插花作品①

美籍华人庄人仪女士获奖插花作品②

巴巴拉·戈登（Barbara Gordon）女士的微型器皿插花

粗陶罐中山茶花插花艺术（美国加州旧金山湾区山茶协会会员作品（SFPCS））

玻璃长颈瓶中山茶花插花艺术［美国加州旧金山湾区山茶协会会员作品（SFPCS）］

美国加州萨克拉门托山茶协会美籍日裔汤普逊斯女士（Yushiko Tompsons）创作插花作品

鸡形插花，2005年适值中国鸡年，美国克劳迪娅·马歇尔女士（Claudia Marshall）巧思插花构图，作品适逢其时，可谓妙品之作

美国加州洛杉矶美籍日裔费尔顿（Mitsuko Felton）女士作池坊派插花作品

美国加州萨克拉门托市罗戴女士（Mrs.Rhody）创作插花作品

美国加州洛杉矶罗西（Rosey Bell Moribana）女士创作插花作品

美国加州萨克拉门托市罗戴女士（Mrs. Rhody）创作插花作品

美国加州萨克拉门托市罗戴女士（Mrs. Rhody）创作插花作品

美国陶瓷制作山茶花之一

美国陶瓷制作山茶花之二

美国陶瓷制作山茶花之三

美国陶瓷制作山茶花之四

美国陶瓷制作山茶花之五

日本古瓷瓶上彩绘山茶花
美国加州萨克拉门托市日裔爱好者收藏

第四届中国茶花展苏州馆内陈设什锦架山茶瓶插小品（苏州园林局左彬森先生供稿）

日本山茶花浅雕彩绘木质墨盒
美国加州萨克拉门托市日裔爱好者收藏

南非木雕碗钵底部山茶花图像雕饰
美国加州圣荷西市加里夫妇收藏（Gary & Card Schang，U. S. A）

日本山茶花浅雕彩绘笔盒
美国加州萨克拉门托市日裔爱好者收藏

七、山茶花展览

每年山茶花盛开时节，许多国家各地山茶协会都举办山茶花展览。

每年山茶花展这一盛事，吸引各地爱好者纷纷携带具有保鲜作用的设备盛放花朵驱车或甚搭飞机前往亮相，共襄盛举，展览规模小者，展品约有几百朵，规模大者则有数千朵，按不同种类，分门别类展出。

展览时由具有山茶花评审资格证书的人员组成庞大评审组，分门别类对每朵花审核，挑选出姿韵、色泽优秀者。其后，进行严格复选，选出最佳花型、花姿、花色、花径（包括巨型和微型之别），移放特殊奖台上，每朵获奖者获赠送奖品，如镀银器皿，或水晶、车料玻璃器，或陶瓷工艺品，或专业书籍，或彩印山茶花明信片、贺卡、餐巾纸等相伴获奖花朵旁，以资鼓励，以示荣耀。

2005 年 3 月 22 日国际山茶大会在瑞士罗卡诺 (Locarno) 开幕时海报（游慕贤先生供照）

2005 年 3 月 25 日国际山茶大会在瑞士罗卡诺举行时，茶花展览展台别开生面，以弧形回旋式伸展（游慕贤先生供照）

美国南加州亨廷顿公园每年举办山茶展览时悬挂海报

2005年3月25日国际山茶大会在瑞士罗卡诺（Locarno）举行茶花品种展览时一改常规，不只是以单朵或几朵花陈列，而是以自然花枝一束束展出（游慕贤先生供照）

美国加州半岛山茶协会（Peninsula Camellia Society）茶花展览盛况

2007年3月4日美国加州萨克拉门托山茶协会获奖奖品陈列台

美国加州萨克拉门托山茶协会陈列彩绘山茶花信封、贺卡、餐巾纸等奖品

美国加州萨克拉门托山茶协会陈列彩绘山茶花贺卡、纸盘等

参 考 文 献

[清] 圣祖敕撰 . 广群芳谱 . 中华民国二十四年 . 商务印书馆 .
[清] 陈淏子辑 . 伊钦恒校注 .1962. 花镜 . 北京 ：农业出版社 .
[清] 顾禄著 . 1980. 桐桥倚棹录 . 上海 ：上海古籍出版社 .
黄岳渊 , 黄德邻著 .1949. 花经 . 上海 ：上海新纪元出版社 .
庄茂长编著 .1959. 云南山茶花 . 上海 ：上海科学技术出版社 .
中国科学院植物园工作委员会编辑 .1966. 植物引种驯化集刊 第二集 . 北京 ：科学出版社 .
张乐初，游慕贤，陈德松，施德法 . 2003. 中国茶花文化 . 上海 ：上海文化出版社
高继银 , 陈绍云 , 徐碧玉主编 .1998. 世界名贵茶花 . 杭州 ：浙江科学技术出版社 .
闵天禄主编 . 2000. 世界山茶属的研究 . 昆明 ：云南科技出版社 .
高继银 ,Clifford R.Parks(帕克斯)，杜跃强主编 .2005. 山茶属植物主要原种彩色图集 . 杭州 ：浙江科学技术出版社 .
黄桂枢主编 .1994. 中国普洱茶文化研究 . 昆明 ：云南科技出版社 .
陈介等 .1981. 云南植物知识广播讲座 . 云南省植物学会 .
刘小兵 .1991. 滇文化史 . 昆明 ：云南人民出版社 .
云南日报社新闻研究所编 .1984. 云南——可爱的地方 . 昆明 ：云南人民出版社 .
李昆声 . 祁庆富 1985 南诏史话 . 北京 ：文物出版社 .
张大林主编 . 2002. 中华上下五千年 . 北京 ：中央民族大学出版社 .
昆明市政协文史学习委员会 .1999. 昆明花卉史话 . 昆明 ：云南美术出版社 .
王玲 .1992. 中国茶文化 . 北京 ：中国书店
龙诚 .1998.4.4.“龙头”与“龙尾”. 云南日报 .
龙诚 .1999.4.5. 封闭保存了原始的社会结构 . 云南日报 .
龙诚 .1999.5.11. 封闭当“龙尾”. 云南日报 .
张俊 .2004.3.23.“世界茶王”的发现和确认 . 春城晚报 .
李兴鸿，李汉勇 . 2006.9.18. 镇沅发现 26 万余亩古茶树 . 春城晚报 .
方树梅 .1930. 滇南茶花小志 .
徐冶，王波华，段鼎周 . 1987. 南方陆上丝绸路 . 昆明 ：云南民族出版社 .
颜思久等 .1991. 云南宗教概况 . 昆明 ：云南大学出版社 .
邹文红 .1991.11.15. 大理古塔与佛教在大理的传播 . 云南日报 .
邱宣充主编 .1999. 云南名胜古迹辞典 . 昆明 ：云南科技出版社 .
陈开心 . 2002.9.18. 凤庆古道与文化变迁 . 云南日报 .
战庆荣，杜学光 .1980 (2). 关于凤庆县野生油茶初步调查情况 . 临沧科技通信 .
行署林业局 .1980（2）. 关于凤庆县诗礼公社灵宝山南麓 . 临沧科技通信 .
油料调查组 . 野生油茶资源初步调查报告 .
省志政策研究室 .1988. 云南地州市县概况 .
省志编篡委员会 .1988. 临沧地区分册 . 昆明 ：云南人民出版社 .
省志编篡委员会 .1988. 保山地区分册 . 昆明 ：云南人民出版社 .
省志编篡委员会 .1988. 曲靖地区分册 . 昆明 ：云南人民出版社 .
省志编篡委员会 .1988. 玉溪地区分册 . 昆明 ：云南人民出版社 .
省志编篡委员会 .1988. 楚雄彝族自治州分册 . 昆明 ：云南人民出版社 .
省志编篡委员会 .1988. 大理白族自治州分册 . 昆明 ：云南人民出版社 .
省志编篡委员会 .1988. 红河哈尼族自治州分册 . 昆明 ：云南人民出版社 .
省志编篡委员会 .1988. 昆明市分册 . 昆明 ：云南人民出版社 .
省花卉产业联合会 .2004. 云南花卉产业发展规划的研究 . 昆明 ：云南美术出版社 .
黄正秉 .2006.11.16. 靠特色带动花木业发展 . 中国花卉报 .
柏斌 .2006.12.17. 特色引领大理花卉发展 . 中国花卉报 .
宝洪峰 .1995. 神奇美丽的大理 . 北京 ：中国环境科学出版社 .
楚雄市建设局 .2000. 紫溪山志 . 昆明 ：云南美术出版社 .
冯国楣，朱象鸿 .1978（3）. 红花油茶——一种云南特有的高海拔地区木本油料兼园林树种 . 云南植物研究

冯国楣，夏丽芳．朱象鸿 .1981. 云南山茶花．昆明：云南人民出版社．
夏泉生 .1989（1）．《南诏图传》中古山茶的研究．昆明园林．
朱象鸿，刘明亮，周德章 .1989. 从云南红花油茶中优选茶花新品种．西南农业大学学报．
朱象鸿 .1998. 从云南红花油茶自然林中优选新品种．杭州国际茶花学术研讨会论文集．
[明] 徐弘祖著．朱惠荣校注．徐霞客游记校注 (下). 昆明：云南人民出版社．
彭阳生，奚如春等 .2006. 油茶栽培及茶籽油制取．北京：金盾出版社．
[英] 马丁布里奇 .2003. 英国伦敦 Chiswick House 的红山茶‘莲花’品种年轮宽度的研究 .2003 国际茶花协会金华大会论文集．
椿花图谱．宫内厅藏本．昭和四十四年十一月二日影印本．
日本ツバキ协会编 .2001. 日本ツバキ・サザンカ名鑑．诚文堂新知社．
安達瞳子编 .2003. 安達瞳子の世界の名花椿物語展．株式会社サンオスイフ出版．
Monography of The Genus Camellia By I' Abbé Berlèse 1838.
New Iconography of The Camellias 1848-1860 By Alexandre Verschaffelt Translated from the French By E. A. Mcilhenny 1945.
Camellias By G. G. Gerbing 1945.
Camellias In AMERICA By H. Harold Hume 1946.
The American Camellia Yearbook 1947.
American Camellia Catalog 1949-1963 By American Camellia Society.
Camellias Illustrated And How to Grow Them By Morrie L. Sharp 1948.
Camellias And Common Sense By Claude Chidamian 1951.
Camellias Kinds and Culture By H. Harold Hume 1951.
Camellia Culture By E. C. Tourje 1958.
You Can Grow Camellias By Mary Noble And Blanche Graham 1962.
Camellias By Beryl Leslie Urquhart 1964.
Camellias For Every Garden By Geoffrey R. Wakefield 1964.
The Colour Dictionary of Camellias By Stirling Macoboy 1981.
The Camellia Review (A Publication of the Southern California Camellia Society) January-February, 1998 No.3.
The Illustrated Encyclopedia of Camellias By Stirling Macoboy First published in North America in 1998 by Timber Press. Inc.
The Camellia Review (A Publication of the Southern California Camellia Society) November-December, 2002 N0.2.
Antiche Camelie By P. Hillebrand & G. Bertolazzi, Italy 2003.
Camellias-The Gardener's Encyclopedia By Jennifer Trehane 2007.
The International Camellia Register Volume One 1993.
The International Camellia Register Volume Two 1993.
The International Camellia Register Supplement to Volumes One & Two 1997.

种及品种中文索引

H

J

K

L

M

N

O

P

Q

R

S

T

W

X

Y

Z

种及品种外文索引

T

U

V

W

X

Y

Z

图书在版编目（CIP）数据

山茶/沈荫椿著. –北京：中国林业出版社，2009.3
ISBN 978-7-5038-5419-4
Ⅰ.山… Ⅱ.沈… Ⅲ.山茶–观赏园艺 Ⅳ.S685.14
中国版本图书馆CIP数据核字（2009）第010687号

策　　划：胡永红　邵权熙
责任编辑：贾麦娥　李　惟
装帧设计：北京美光制版有限公司

出　　版：中国林业出版社
地　　址：北京西城区德内大街刘海胡同7号
邮　　编：100009
网　　址：www.cfph.com.cn
E-mail：cfphz@ public.bta.net.cn
电　　话：(010）83227584
发　　行：新华书店北京发行所
印　　刷：北京外文印刷厂
版　　次：2009年3月第1版
印　　次：2009年3月第1次
开　　本：305mm × 235mm
印　　张：23.5
字　　数：645千字
定　　价：360.00元